家具造型与结构设计

Furniture Modeling and Structure Design

朱毅　主编

化学工业出版社
·北京·

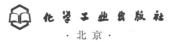

家具造型与结构设计是家具设计的两项重要内容，一方面表现家具的艺术形态与文化内涵，另一方面则是为这种艺术形态与文化内涵提供技术支撑。本书从家具设计概论入手，阐述了中外家具发展简史，在此基础上全面系统地介绍了家具造型设计、家具功能尺寸设计、家具造型设计程序与表达方法、家具结构设计和专题结构设计等内容，全面丰富、叙述严谨、图文并茂，力求理论与实际相结合，注重实用性。

本书可供产品设计、家具设计与制造、室内与家具设计、室内装饰设计、环境设计、木材科学与工程等专业教学使用，也可供家具行业和建筑与室内装饰行业的工程技术人员、设计人员和管理人员学习参考，或作为企业员工培训教材和自学参考书。

图书在版编目(CIP)数据

家具造型与结构设计/朱毅主编. —北京：化学工业出版社，2017.9（2023.1 重印）
ISBN 978-7-122-30285-4

Ⅰ.①家… Ⅱ.①朱… Ⅲ.①家具-设计 Ⅳ.①TS664.01

中国版本图书馆 CIP 数据核字（2017）第 191119 号

责任编辑：成荣霞　　文字编辑：孙凤英
责任校对：边　涛　　装帧设计：王晓宇

出版发行：化学工业出版社（北京市东城区青年湖南街 13 号　邮政编码 100011）
印　　装：北京科印技术咨询服务有限公司数码印刷分部
787mm×1092mm　1/16　印张 16　字数 414 千字　2023 年 1 月北京第 1 版第 6 次印刷

购书咨询：010-64518888　　售后服务：010-64518899
网　　址：http://www.cip.com.cn
凡购买本书，如有缺损质量问题，本社销售中心负责调换。

定　　价：49.80 元

前　言

FOREWORD

家具历史悠久，是人类日常生活与工作中不可缺少的物质器具，是一个国家或地区物质文明的标志，更是社会进步的一个缩影。

自改革开放以来，我国的国民经济取得了举世瞩目的高速发展，家具行业的发展也突飞猛进。据中国家具行业协会统计，2015 年全国家具工业总产值超过 1 万亿元，出口 542.83 亿美元，中国当之无愧地成为世界上家具制造大国和出口大国，正向着家具生产强国迈进！然而，我们也清醒地看到家具行业快速发展的同时还存在很多不足之处，家具设计与创新能力与发达国家相比存在一定的差距，亟待解决与提高。家具的发展体现了社会物质文明和精神文明的发展历程，是人类文化发展的积淀；家具设计是一种生活态度与状态的表露，更是一种社会责任！

家具造型设计与结构设计是家具设计的两项重要内容，一方面表现家具的艺术形态与文化内涵，另一方面则是为这种艺术形态与文化内涵提供技术支撑。全面系统地学习家具造型与结构设计专业理论知识，并在实践中不断丰富，正所谓理论指导实践，实践又反作用于理论的具体实践过程，是提高设计能力与水平的必由之路！艺术与技术的结合就在于此。

本书首先简明扼要地介绍了中外家具发展历史，接着对家具造型设计、家具功能尺寸设计、家具造型设计程序与表达方法、家具结构设计和专题结构设计等内容进行了详细阐述，全面丰富、叙述严谨、图文并茂，力求理论与实际相结合，注重实用性。

本书是黑龙江省高校创新创业人才培养模式改革项目“室内与家具设计创新创业人才培养模式研究与实践”的教学研究成果。在此有幸将多年的教学经验与研究成果撰写成文，共同交流与学习。本书可供产品设计、家具设计与制造、室内与家具设计、室内装饰设计、环境设计、木材科学与工程等专业教学使用，也可供家具行业和建筑与室内装饰行业的工程技术人员、设计人员和管理人员学习参考，或作为企业员工培训教材和自学参考书。

本书由东北林业大学朱毅教授主编。参加编写人员有：朱毅（第 2 章、第 3 章 3.4 节、第 4 章、第 6 章 6.1～6.4 节、第 7 章）、东北林业大学万辉

（第3章3.1、3.2节、第5章5.1节）、东北农业大学赵桂玲（第1章、第3章3.3节、第5章5.2节）、广西大学孙建平（第6章6.5、6.6节）。在本书编写过程中参考和借鉴了许多学者的著作、教材和文献资料，以及一些企业的产品图册，在此向各位编著者表示感谢！感谢东北林业大学孙慧良老师、张雅利和叶望同学，青岛一木集团王国涛设计师等为本书插图和施工图绘制提供的帮助！

由于编者学识水平有限，书中难免有疏漏、欠妥或不当之处，敬请读者指正。

编 者

2017年5月于哈尔滨

目　录
CONTENTS

第1章

家具设计概论

家具的存在受多种因素影响，是多种文化作用的产物。历史、社会、文化、地域、时代、艺术、建筑、室内环境、科技、新材料等都对其产生着不同程度、不同角度的影响。同时，家具也以其独特的艺术形式进行着空间的整合、生活方式的引导等，并承载着具体的使用功能。

1.1 家具概述

家具是人类日常生活与工作中不可缺少的物质器具，好的家具不仅使人的生活与工作便利舒适、效率提高，还能给人以审美的快感与愉悦的精神享受。

1.1.1 家具的定义

广义的家具是指人类维持正常生活、从事生产实践和开展社会活动必不可少的一类器具。狭义的家具是指人们在生活、工作或社会实践中供人们坐、卧或支撑与贮存物品的一类器具。

家具有着悠久的历史，是人们社会生活和生产劳动中必不可少的器具，也是一个国家或地区物质文明的标志。家具设计是家具实体存在的必要形式。由于满足同一用途的形态不是唯一的，这就给家具设计提供了极其广阔的想象空间和自由度。但无论怎样，家具设计必须同时具有物质与精神双重功能。物质功能是家具设计所应具有的安全可靠、使用方便、舒适合理等宜人性因素。精神功能是家具造型艺术形象通过人的感官给人的一种心理感受，影响人们的精神世界、陶冶情操、装点生活空间，体现时尚感与品位感。只有将物质功能与精神功能完美结合，才能使家具设计更全面，不断超越家具自身的局限性，为人类创造出更科学、合理、舒适的工作与生活空间。

1.1.2 家具的分类

家具是室内的物质装备之一，它的基本功能是辅助人类生活中的各种活动。建筑的功能因家具才最终得以实现。家具是建筑与人类生活的汇接点，比建筑更直接地与人类生活相关联。室内能够移动的设备是家具重要的特征，是室内设计至关重要的组成部分。

1.1.2.1 按家具的基本功能分类

(1) 支撑类家具

支撑类家具是指直接支撑人体，供人们坐、卧的家具，也称为坐、卧类家具，是一切家具中与人体关系最为密切的家具，是使用最多、最广泛的一类家具。如椅、床、沙发等。

(2) 凭依类家具

凭依类家具是指供人们学习和工作，同时又兼有贮存物品功能的家具。这类家具虽不直接支撑人体，但起到支持人类作业的重要作用。其功能尺寸一部分与人体有关，另一部分与贮存物品有关。如写字台、餐桌、会议桌、梳妆台等。

(3) 贮存类家具

贮存类家具是指用来贮存人们日常生活用品、工作与学习中所需物品的一类家具。如各类衣柜、文件柜、书柜、装饰柜、资料柜、陈列柜等。由于贮存类家具大多是柜类，所以，贮存类家具也称为柜类家具。这类家具设计主要是要处理好物与物之间的关系，研究贮存物品的种类、数量与贮存方式等，其次是处理人与物品之间的关系。

1.1.2.2 按家具的固定形式分类

(1) 移动式家具

移动式家具是可根据室内布置的使用要求灵活移动的家具。包括单件和组合两种不同形式。

单件家具是功能明确而形式独立的一般家具，如独立存在的椅、凳、桌、几、沙发、柜橱等。从节省面积、方便运输角度还可以将单件家具分成堆积式、折叠式、拆装式等形式。堆积式家具主要是用于公共建筑中众多人数使用的座椅，以解决座椅大量的存放问题。折叠式家具的主要部位设置若干个折动点，这些折动点用铆接或用螺栓连接，互相牵连而起连动作用。当家具不用时可以折叠合拢，便于存放和运输。拆装式家具是在结构上不用榫接合、焊接接合等固定死的接合方式，而是用连接件或部件插接，将零部件组装成整体的家具。

组合家具是采用单位尺度的系列单元组件，可以按空间和功能需要做自由配合的多用途家具，也称单元家具和组件式家具。由柜类家具组合在一起的称为组合柜，由几种沙发组合一起的称为组合沙发，由不同类型的家具组合在一起的是多功能家具。这种家具是纯粹的工业设计产品，要求简化家具的组合单元，以利于批量化生产和减少生产成本，消费者可以按自己的意愿随意组合，其特点是功能和造型上的简明和美感，尤其是变化的功能富有造型上的统一感。

(2) 固定式家具

固定式家具是与建筑结合在一起的家具，也称嵌入式家具。该类家具以壁柜的形式布置在建筑物墙壁或房间的分隔部位，将贮藏柜、桌椅、床等家具设计成建筑的结合部分。特别适用于狭小室内空间，并兼顾功能与形式的双重需要，充分发挥空间效用。

1.1.2.3 按家具的使用场合分类

(1) 民用家具

民用家具是指人们日常生活使用的家具，是人类生活离不开的家具。由于是用于个人生活，有特定的使用者，所以这类家具类型多、品种复杂、形式多样，是家具市场所占份额最大的一类家具。其设计受使用者的特定要求、个性化需求以及人文、经济状况影响较大。按现代民用住宅空间功能不同可分为卧房家具、书房家具、客厅家具、厨房家具、餐厅家具、儿童家具、浴室家具等。

(2) 公用家具

公用家具是指公共建筑室内使用的家具。由于社会活动内容不同，专业性很强，每一类场所家具的类型不多，但是数量很大。如办公家具、酒店家具、学校用家具、商业展示家具、医院用家具、影剧院用家具等。这类家具的设计是以使用者群体的平均、共性的数据为依据。虽然有些与民用家具相差不多，但是设计时要求条件要高些，要适应环境气氛，并充分利用有效空间。

(3) 室外家具

室外家具泛指供室外或半室外的阳台、平台使用的桌、椅等家具，要求与外环境的风格和功能相吻合，具有抗御外界气候条件的功能。

1.1.2.4 按制造家具主要材料分类

家具可采用多种材料制成，根据所使用的材料不同可以分为木质家具、金属家具、塑料家具、玻璃家具、软体家具、竹藤家具、石材家具等。

木材是古今中外家具生产的最主要的材料，包括实木家具、木质人造板家具、实木弯曲家具、薄板胶合弯曲家具。金属家具是以金属管材、线材或薄钢板等为主要用材生产的家具。采用塑料制成的家具具有自然材料无法代替的优点，既可以单独成型，自成一体，还可以制成部件与金属材料配合制成家具。玻璃用在家具上，其透明性令人赞赏，陈列柜、餐柜、茶几等常用玻璃，有利于观赏和扩大室内空间。软体家具是由泡沫成型和充气成型的具有柔性的家具，主要应用在与人体直接接触的沙发、坐垫及床上，是极其普及的家具。竹藤便于弯曲和编织，使竹藤家具造型轻巧，自然优美。石材的质地坚硬、耐久，视觉粗犷、厚实，石材常用于制作桌、几和厨房家具的台面。

1.1.2.5 按家具结构形式分类

(1) 框式家具

框式家具是指以榫卯、装板接合为主要特点的家具结构形式。传统的家具都是框式家具，是实木家具在发展中形成的理想结构。它以较细的纵、横撑档料为骨架，以较薄的装板铺大面，用槽、榫来连接，既经济又结实轻巧，无论是支承类家具还是贮存类家具都采用这种形式。我国几千年的历史文化中，明末清初的传统家具较好地体现了这一点。这类家具均使用实木，对木材的要求较高，且利用率很低。

(2) 板式家具

凡主要零部件均由各种人造板作为基材的板件构成，并以连接件接合起来的家具称为板式家具。板式家具可分为可拆装和不可拆装两种。板式家具的板块既是家具的围体件，又是家具的结构受力件。板式家具的生产大大提高了木材的利用率，对于实现家具生产的自动化提供了条件。板式家具结构简单，专用连接件可使家具实现多次拆装，既便于家具的生产、运输，又便于家具的使用与保养，是家具生产的发展方向。

(3) 曲木家具

凡主要零部件是由经过软化处理、弯曲成型的木质零件，或多层胶合弯曲工艺生产的木零件而构成的家具统称为曲木家具。曲木家具生产工艺、结构简单，造型优美，主要应用于椅、凳类家具生产。

(4) 折叠家具

使用后或存放时可以改变形状和折叠收缩的家具叫折叠家具。折叠家具的主要特点是能够折叠存放，既节省空间，又便于搬动，常见于椅、桌、床等类家具。

1.1.2.6 按历史时期与风格分类

每一个国家，特别是世界文明古国，每一个历史时期都有不同风格的家具。目前，家具市场上仍然存在或有影响的典型风格家具主要有：

(1) 中国古代家具

明式家具（1368～1644 年）、清式家具（1644～1840 年）统称为中国传统家具或中国古典家具。中国明式家具是在历代家具不断发展的基础上完善、成熟起来的，形成了一种独特的风格。明式家具在国内、国际市场上越来越受到关注和欢迎。明式家具也就成了中国传统家具的代名词。

(2) 法国古代家具

包括路易十四式（1643～1715 年）、路易十五式（1715～1774 年）、路易十六式（1774～1793 年）、拿破仑帝政式家具（1799～1814 年）等。今天制造的法国古典家具统称为法国乡村式家具，它是一种适合于现代生活需要和生产工艺的法国古典家具。这类家具具有优美的线型雕刻装饰形式。

(3) 美国古代家具

包括美国殖民地式家具（1700～1780 年）、联邦式家具（1783～1850 年）。它是在美国早期家具款式的基础上发展起来的，式样多受法国家具的影响，但保持着美国式简洁、粗犷的特色。

(4) 英国古代家具

包括威廉-玛丽式家具（1689～1702 年）、安娜式家具（1702～1760 年）、维多利亚式家具（1837～1901 年）、18 世纪英国传统式家具等。今天多见的英国传统式家具就是在 18 世纪四大设计名师作品的基础上设计的。四大设计名师家具形式有：齐宾代尔式、赫普怀特式、亚当式、谢拉顿式。

具体风格式样，详见第 2 章中外家具发展简史。

1.1.3 家具的特性

1.1.3.1 家具使用的普遍性

家具使用的普遍性在古代就已得到了广泛的体现，现代社会中家具更是无所不在。家具以其独特的功能贯穿于现代生活的各个方面，工作、学习、教学、科研、交往、旅游以及娱乐、休息等。衣、食、住、行的活动中，无不使用家具，而且随着社会的发展和科学技术的进步，以及生活方式的变化，家具也处在发展变化之中。如我国改革开放以来发展的宾馆家具、商业家具、现代办公家具，以及民用家具中的音像柜、首饰柜、酒吧柜、厨房家具、儿童家具等，特别是信息时代的 SOHO 办公家具，更是现代家具发展过程中产生的新类别。它们以不同的功能特性，不同的文化语汇，满足了不同使用群体的不同的心理和生理需求。

1.1.3.2 家具功能的二重性

家具不仅是一种简单的功能物质产品，而且是一种广为普及的大众艺术。它既要满足某些特定的直接用途，又要满足供人们观赏，使人在接触和使用过程中产生某种审美感和引发丰富联想的精神需求。设计与生产家具，既涉及材料、工艺、设备、化工、电器、五金、塑料等技术领域，又与社会学、行为学、美学、心理学等社会学科以及造型艺术理论密切相关。所以说家具既是物质产品，又是艺术作品，这便是家具的二重性特点。

1.1.3.3 家具的社会性

家具的类型、数量、功能、形式、风格和制作水平，以及家具在人们的社会生产生活中的占有情况，还反映了一个国家和地区在某一历史时期的社会生活方式、社会物质文明的水平以及历史文化特征。家具是某一国家或地域在某一历史时期社会生产力发展水平的标志，是某种生活方式的缩影，是某种文化形态的显现，因此，家具凝聚了丰富而深刻的社会性。

1.1.4 家具文化

1.1.4.1 文化的概念与家具文化

文化是一个有着狭义和广义之别的词语，狭义的文化是指人类社会意识形态及与之相适应的制度和设施；而广义的文化是指人类所创造的物质和精神财富的总和。文化一词是一个发展的概念，时至今日，人们多采用规范性的定义，即把文化看作是一种生活方式、样式或行为模式。

人类的一切文化都是从造物开始的。每件工具的选择与制造都伴随着人类的行为与经验。这些行为与经验的集合便构成了人类的知性，从而使人从自然中分离出来，而成为人本身。从自然中分离出来的人类有着特殊的概念，以及表达这些概念的符号，包括语言、图像、色彩、形态、内容、文字等。这些符号作为人类认识和实践的工具，又进一步激发了造物活动的深化。由普通物品的单一功能逐步向多层次的功能发展，文化从中形成。人类从最初的对自然物的选择开始，就已包含了某种设计的因素。可以说，产品设计就是通过实现功能的物质载体来体现人类文化体系的造物活动的一个重要组成部分。中外家具的发展史便是人类造物活动的一个组成部分，也是人类文化在家具产品上的充分显现。首先，家具是一类社会物质产品，作为重要的物质文化形态，表现为直接为人类社会的生产、生活、学习、交际和文化娱乐等活动服务；同时，家具又是一门生活艺术，它结合环境艺术、造型艺术和装饰艺术等，直接反映人们创造了什么样的文化。它以自己特有的形象和符号来影响和沟通人的情感，对人的情感和心理产生一定的影响，是人类理解过去、表现今日、规划将来的一种表现形态，有着历史的连续性和对未来的限定性，因此，家具是一种文化形态。

1.1.4.2 家具文化的整合性

家具文化是物质文化、精神文化和艺术文化的整合。作为物质文化，家具是人类社会发展、物质生活水准和科学技术发展水平的重要标志。家具的品类和数量反映了人类从农业时代、工业时代到信息时代的发展和进步。家具材料是人类利用大自然和改造大自然的系统记录，家具的结构科学和工艺技术反映了工艺技术的进展和科学的发展状态。家具发展史是人类物质文明史的一个重要组成部分。作为精神文化，家具具有教育功能、审美功能、对话功能、娱乐功能等。家具以其特有的功能形式和艺术形象长期地呈现在人们的生活空间中，潜移默化地唤起人们的审美情趣，培养人们的审美情操，提高人们的审美能力。同时，家具也以艺术形式直接或间接地通过隐喻符号或文脉思想，反映当时的社会思想与宗教意识，实现象征功能与对话功能。作为艺术文化，它是环境与室内空间构成的重要组成部分和重要内容，它的造型、色彩和艺术风格与室内环境空间艺术共同营造特定的艺术氛围。家具的设计原则、文化观念与表现手法是与建筑艺术以及其他造型艺术一脉相承的。

1.1.4.3 家具文化的特征

家具是一种丰富的信息载体与文化形态，家具文化作为一种物质生产活动，其品类、数量必然繁多，风格各异，而且随着社会的发展，这种风格变化和更新浪潮，还将更加迅速和频繁，因此，家具文化在发展过程中必然地反映出地域性特征和时代性特征。

地域性特征不同于地域地貌，不同的自然资源、不同的气候条件，必然产生人的性格差异，并形成不同的家具特性。就我国南、北方的差异而言，北方山雄地阔，北方人质朴粗犷，家具则相应表现为大尺度，重实体，端庄稳重。而南方山清水秀，南方人文静细腻，家具造型则表现为精致柔和，奇巧多变，南方的家具则追求脚型的变化，多显秀雅。在家具色彩方面，北方喜欢深沉凝重，南方则更喜欢淡雅清新。

时代性特征和整个人类文化的发展过程一样，家具的发展也有其阶段性，即不同历史时期的家具风格显现出不同的家具文化时代特征。古代、中世纪、文艺复兴时期、现代和后现代等，均表现出各自不同的风格与个性。在农业社会，家具表现为手工制作，家具的风格主要是古典式，或精雕细琢，或简洁质朴，均留下了明显的手工痕迹。在工业社会，家具的生产方式为工业化批量生产，家具风格则表现为现代式，造型简洁平直，几乎没有特别的装饰，主要追求一种机械美、技术美。在当代信息社会，在经济发达国家，家具又否定了现代功能主义的设计原则，转而又注重文脉和文化语义，家具风格呈现了多元化发展趋势，既要现代化，要反映当代人的生活方式，反映当代的技术、材料和经济特点，又要在家具艺术语言上与地域、民族、传统、历史等方面进行同构与兼容。从共性走向个性，从单一走向多样，家具与室内陈设均表现出强烈的个人色彩，这正是当今家具的时代性特征。

1.1.5 生活方式与家具

1.1.5.1 生活方式是存在于人们社会生活中的活动方式

生活方式并无统一的概念。一般来说，生活方式是在一定的生产方式基础上产生，在诸多主客观条件下形成和发展的人们生活活动的典型方式和总体特征。广义的生活方式包括人们在劳动、物质消费、政治、精神文化、家庭及日常生活等一切社会领域中的活动方式。狭义的生活方式只包括人们在物质消费、精神文化、家庭及日常生活领域中的活动方式。无论从哪方面理解，家具均与生活方式有着密切关系。我们设计一把椅子，就是设计一种坐的方式，推而广之，我们设计一组家具就是设计一种生活方式，如工作方式、学习方式、娱乐方式、烹调方式、进餐方式等等。

1.1.5.2 家具是生活方式的缩影

不同的个人、群体、阶级、民族和国家都有不同的生活方式，而在每一个特定的社会形态和历史发展阶段中，又有反映该时代或该社会本质属性的，在人们的生活中占主导地位的生活方式的基本特点。

生活方式的产生、形成和发展除了受生产方式的制约外，还要受到自然环境、政治制度、思想道德、科学文化、历史传统、风俗习惯、社会心理等多种条件的制约。对个人来说，其生活方式还要受到年龄、性别、心理特征、信仰、爱好、文化素质、价值观念等因素的影响。生活方式是一个历史的范畴，它随生产方法的发展和各种条件的变化而不断地由低级向高级变迁。同时，生活方式反过来又给生产力的发展和社会的进步带来巨大影响。生活方式的变化同样也促进了家具的发展，生活方式的多样性也决定了家具的多样性。回顾家具发展史不难发现，家具正是反映某一历史阶段的生产力水平、科学文化水准、社会心理、风俗习惯的有力佐证。家具文化正是不同民族、不同地域、不同历史时期、不同文化传统和价值观念的整合。因此可以说，生活方式决定了家具的本质，设计家具也是设计一种生活方式。家具是人类生活大舞台上不可缺少的道具，是各种生活方式的缩影。

1.2 家具与室内设计

1.2.1 家具在室内环境设计中的地位

家具具有营造室内环境的功能，是形式美的重要因素，是室内环境的主体，人类的工作、学习和生活都是在室内环境中借助家具来进行的。因此，无论是在家居空间、办公空间、商业空间，还是公共空间，在室内环境设计中都把家具的设计放在首位。家具不仅构成室内设计风格的主体，是环境设计的灵魂，同时，家具对室内环境空间的划分与组织、不同室内环境特色的营造都起着至关重要的作用。由此可见，家具设计要与室内设计相统一，家具的造型、尺度、色彩、材料、肌理要与室内环境相适应。

不同家具形式的选择，会影响到室内设计的风格。不管何种室内风格的营造，家具设计要满足以下条件。

(1) 家具在色彩上与室内设计协调统一

色彩在室内环境中先声夺人、富有表现力、视觉冲击力强，是室内设计的一个重要元素。设计组织各种色彩关系时要充分考虑人的主体地位，这是塑造室内环境整体统一、舒适、富有艺术表现力的基本保证。家具的色彩设计至关重要，不同色彩处理的同一家具，能够塑造出不同的室内环境氛围，为室内环境平添各具特色的情趣。

家具的色彩设计不能仅从家具设计本身的角度来看，应该在整体上系统地把握，家具的色彩与室内环境色彩的匹配协调是家具色彩设计的重点。家具色彩应与整个室内环境的色彩感觉相匹配，做到家具与室内环境色彩的相互调和，使人产生舒服的视觉感受。在设计中，一般采用大面积的色彩进行调和，使之融洽，小面积的局部色彩形成一定程度上的对比，体现室内环境的协调性与对比性。同类色或邻近色运用在连体的、大面积的家具上，使之与整个室内环境色彩调和。小家具往往是个性化的体现，在室内环境中应运用补色，使视觉冲击力加强。从人的生理角度来看，长期观察一种颜色会产生色彩的补色，所以，为了达到色彩的视觉平衡，处理对比关系时应使用补色。

配合居室功能，色彩感觉舒适的基础是正确地、有意识地选择色彩。通过对人的生理及心理因素的研究分析，在人的生理、心理不同层面上，不同的色彩及其组合将会带来截然不同的预期效果。这些层面主要包括神经系统、情绪波动和工作能力。人的心理由家居室内环境设计带来的触动中，最为明显的是色彩。色彩心理倾向研究表明：淡蓝色使人镇静，暗红色令人注意力集中，橘黄色增进食欲，豆绿色使人振作，灰色易疲劳，等等。物理作用层面上，绿色与淡蓝色具有吸附高频噪声的功效，而低噪声吸收可以通过褐色实现。这些研究结果就使人们更具针对性地在室内环境中选择具有不同色彩的家具。色彩在特定环境下具有象征性，人们面对不同色彩的心态也各不相同，家具色彩的选择应符合房间的功能和用途。如儿童桌椅多选用暗红色；客厅为了营造宁静和谐感，可以选用少量金黄色、蓝绿色和银灰色，而气氛活泼热烈的暖色调多应用于娱乐空间等。

人们具有不同的经历、职业及生活习俗，色彩在此基础上往往具有一定的倾向性。如天空、田野等自然色，普遍受到都市人群的偏爱。另外，不同年龄的人对色彩的偏好也各不相同。如儿童喜欢活泼生动的暖色调，青少年喜欢具有强烈对比感觉的色调，安静的暖色调则受到中老年人偏爱等，因此，消费者的年龄及喜好在家具的色彩设计中应被考虑在内。

(2) 家具材质的合理搭配

家具材质是实现家具与室内环境系统化设计的物质手段之一，不同的材质反映出不同的质感。由于加工方法的不同，即使是同种材质，也会出现不同的质感。人的心理波动是伴随着这些材质的肌理与质感变化而变化的，而且这种影响相当强烈。如光滑细腻的自然纹理，就使人感到清新、雅致；而不平滑的凹凸粗糙的自然纹理，就会使人感到粗犷、质朴。材质肌理的作用主要是通过对人的心理产生直接的影响，它通过人的视觉、触觉等感官实现，人对整个室内环境的视觉感受也会受到影响。因此，不同生理、心理、爱好也是设计中要兼顾的重点。如老年人受其生活环境、生理、年龄等的影响，更偏好于选择质朴、天然、雅致的实木材质为主的家具，而年轻消费群体更热衷于充满锐气的金属材质及光洁纯粹的玻璃材质设计的家具。

人类具有复杂的情感，人们产生的多种思想情绪，正是家具在室内环境中所创造的空间形态作用于人的情感而产生的。使用者会把自己的性格与思想意识融入到家具在室内环境中所创造的空间形态当中，家具的生命价值正是由此产生，同时影响对整个室内环境的理解。家具在室内环境中的物理作用主要体现在家具的器具性、功能性两个方面。家具除了其物理性能外还兼备载体的作用，其承载着人类文化的积淀和人们对流行文化、时尚的理解，因此，室内环境的风格特点及文化时代气息，通常都会通过家具作为载体来诠释。家具在室内环境设计中处于至关重要的地位，在室内环境系统中起着举足轻重的作用。

(3) 彰显文化特色

家具的发展和室内设计的发展息息相关，每一种风格家具的出现都是伴随着室内设计风格的变化应运而生的。为了更好地体现不同文化特征和人们的生活品位，整体环境的构成变化和组织是实现室内环境塑造的重点。在当下大都为钢筋混凝土结构的建筑中，家具的不同造型和风格起到了很好的补充作用。运用不同造型风格的家具在同一室内环境空间中便可展现出不同的文化氛围。

(4) 凸显视觉中心

家具作为室内设计的主体，其形式在很大程度上控制着室内环境的气氛。家具主要通过色彩、造型、材质等传达着不同的视觉效果。其中比较重要的一点就是凸显视觉中心，比如酒吧的吧台、客厅里的沙发、故宫各宫殿的宝座等等，都是这一功能的有力诠释。这些功能空间为了形成一定的视觉中心、空间向心力，通常通过地面铺装、天花的造型、家具等来达到这一目的，这其中，家具无疑是吸引注意力的主要元素。

(5) 传达时代气息

在室内环境中，人们对于时代气息的追求和对现代技术的把握可以通过家具来实现。家具的选择在很大程度上体现着主人对生活、对人生的理解与感悟，室内环境的时代气息特性也正是通过家具选择得以体现的。如 1929 年西班牙巴塞罗那世界博览会德国馆，该馆由现代建筑设计大师密斯·凡·德·罗设计，是其里程碑式的设计作品。博览会的德国馆之所以备受瞩目，除了该建筑作品本身高贵、雅致、生动、鲜亮的品质，向人们展示了历史上前所未有的建筑艺术质量外，也由于该展厅中的“巴塞罗那椅”与其建筑的巧妙组合。巴塞罗那椅也是密斯精心设计的作品，靠背与座位交叉相反的曲线，不仅造型简洁漂亮，而且坐起来特别舒适。这座展馆在博览会结束后随即拆除，但当时留下的数十张黑白照片却对世界广大建筑师的创作产生了很广泛的影响。这项建筑作品向人们展示了一种历史上前所未有的建筑艺术品质，从而有力地扩展了现代主义建筑的影响。半个世纪以后，在密斯诞生 100 周年之际，西班牙政府于 1983 年重建这个对建筑界有深刻影响的展览馆。整个建筑具备宽敞的室内环境空间，没有任何装饰，仅布置了著名的巴塞罗那椅。家具与室内环境设计充分运用新材料、新技术，结合时代发展传达出时代气息，密斯通过他的设计传递了现代主义对传统的反叛性。

1.2.2 家具在室内环境空间组织中的作用

建筑结构是构成室内空间结构的重要元素，主要体现在其结构是硬性的、不可动的，对空间的大小、形状、功能等起着制约性的影响。划分与组织室内空间、维持空间秩序是家具在室内设计中的功能之一。

1.2.2.1 划分空间

家具在划分与组织室内空间的功能上，主要是通过家具的实体，按照合理的功能分区将其所在的室内大空间划分成一些小的功能空间，使室内空间功能得到深化和细化，更好地满足空间的使用。这在开敞式的公共办公空间、金融交易大厅以及家居空间中都有较多的运用。为了创造出适应不同需求的二次空间，合理地利用家具组合排列，这种处理使空间隔而不断，使用功能更趋合理，人们还可根据具体的使用需求灵活地转换，在保证使用功能的基础上，使室内空间层次感更加强烈。家具安排组织的合理性在某种意义上就代表着所处室内空间的合理性，这主要体现在家具布置的合理性和家具个体设计的合理性两个方面。

家具布置的合理性，主要是为了使室内空间秩序化。这一目的主要是通过家具的合理选用和布置，符合功能需求来实现的。其内容主要包括：家具的合理摆放，利用家具来形成、改善或丰富室内空间，家具形式与数量的确定，以及不同种类的布置方法应用于不同类型或用途的室内空间等。

国内家具设计与室内设计行业长期相互孤立，室内设计师关于家具在室内空间中的一些运用手法学习掌握得不够系统，而家具设计师对这种联系思考得也不够深入。如果家具设计师在设计中对家具与空间的关系能够进行深入的思考和系统的研究，那么一些家具在使用时就能更好得和室内空间建立联系。

在室内空间设计中，当各种家具以某种特定逻辑各谋其位后，其维持空间中各个功能区域正常运行的固有作用便开始发挥。为了提高家具所在功能空间的功能性，这些家具本身设计的合理性就尤为重要。丹麦学派的创立者克林特在设计家用餐具柜时，为了使其设计的产品能容纳下更多东西，对餐具和厨房用品所需空间行了系统详尽的研究，结果使其设计的容纳量比传统橱柜多一倍，满足并适用于了当时的小型室内空间。他设计的储藏类家具，为了容纳各种类型的物品，其内部进行了合理的划分和各种尺寸的空间组织。随着物质生活水平的不断提高，物品种类日益繁多，我们不仅需要空间来储藏这些物品，同时更好地管理这些物品尤为重要。因此，为了达到在大储藏空间中有依据地划分和组织出各种不同功能的小单元，设计师就需要耐心、细心，精心地对各种日常用品的功能、结构、尺寸等信息进行系统详尽的整理与分析，在家具设计中才会使储藏空间应有的功能得到更好的发挥。目前在如何有效管理物品这一问题上，国内很多储藏类家具在设计中没有很好地解决，物品凌乱地堆叠在家具中，暴露出空间意识不够强的问题，使完善性和秩序感在家具设计上并没有完美的体现。而宜家家居的一些家具辅助设施在这一点上得到了良好的体现，设计师可以把宜家辅助设施的设计理念融入到家具设计中，这个问题就会得到一定程度的解决。

1.2.2.2 维持空间秩序

家具与室内空间关联最明显的体现是系统家具，它的设计对象不再只着眼于单一的个体，它与其他室内环境因素之间的关系也要考虑在内。系统设计的理论是由乌尔姆设计学院奠定的，从那时起，系统家具已经逐步发展成为一个非常重要的家具设计门类，现代生产制造技术也在不断为其提供支持，在办公、学校、厨房、民用住宅等各类室内环境空间中得到广泛的应用。

以高度秩序化的方式来整理混乱的室内空间是系统设计的初衷，关联性和系统化是其各部分之间想要突出体现的。通常情况下，这一设计方法首先创造一个基本模数单位，使家具的基本形态实现简便的可组合性，在这个单位基础上反复衍变发展，逐渐形成完整的系统，因此，最终家具呈现出的也是一种系统化、整体化的风格和形态。但是，系统家具设计的真谛却被掩盖在室内环境这种强烈的视觉联系之下。仅进行视觉形象的整体化设计是目前国内许多系统家具产品的共同特征，外形风格的匹配虽然得到了重视，空间秩序的建立却没有得到足够的关注。把现代设计完全转移到科学技术的基础上，是乌尔姆设计学院当时的重要贡献，培养的设计人员注重科学技术方面的知识，由此才带来了系统化设计的发展。换言之，理性的秩序是系统化家具设计的根基，而整体化的视觉外观只是作为其表象的一部分。

1.2.3 家具承载着室内设计的具体使用功能

室内空间的功能构建或完善是一个复杂的过程，离不开家具的参与。在某种程度上，家具作为一种重要媒介的存在，传达着室内空间设计的空间特性。

在对室内空间进行深化设计过程中，不同室内空间的环境功能差异通过家具传达出来。以座椅为例，主要是供人坐靠，但是对于所处环境使用多变的特性要求，就得通过方便叠摞、组合或拆卸部件座椅的性质表现出来。由此可见，不同室内空间的差异性造就了家具设计中的独特性。如今，室内环境离不开信息技术，室内环境空间的形成受到它的影响。办公空间的各个角落都遍布着各种新颖、便捷的高科技电子产品，人们的生活工作模式也随之改变。空间的这种信息化特性，就促使现代家具设计做出新的回应。例如，伴随着网络和可视化技术的发展，现代办公会议室的功能也日渐强大，人们可以通过投影更直观地向与会人员展示成果，远程会议召开也通过视频设备技术的不断成熟得以实现。面对会议室日渐丰富和不断变化的功能特性，传统的会议桌已满足不了使用要求。为了符合室内环境的要求，就要对传统会议桌进行改进，新设计的会议桌可以按需求组成合适的会议空间，可以折叠、也可以拆分，当作办公桌使用。家具这一重要平台，传达着空间的功能，家具不能脱离其所处的环境。脱离环境特征而进行的浅显的家具设计，无法充分发挥空间的功能与效用，同时也会使空间显得平庸，平淡无奇。

1.3 家具与艺术、科技

家具是科学技术与文化艺术结合的一种具有实用性的艺术品。两者的比重随着不同的家具设计和风格有时更多地偏重于科技，或更多地偏重于艺术。随着经济、科技和文化的发展，人们对居住环境和审美要求不断提高，使得家具与艺术的关系越来越密切，尤其是历代家具的风格演变一直与同时期的艺术、建筑同步发展。艺术对家具的造型与设计影响越来越大，如古典艺术风格、罗马艺术风格、中世纪艺术风格、文艺复兴艺术风格、巴洛克艺术风格、洛可可艺术风格等都同时产生了相对应的家具风格。在中国，享誉世界的明式家具也是与明代文人画风格、园林艺术风格相对应而同步发展的。家具正是由于具有造型艺术的主体特征，一直是构成世界艺术之林的主要形式之一。从西方到东方的艺术博物馆，不管是古典艺术博物馆还是现代艺术博物馆，家具都是其中的重要收藏品和研究对象。

作为现代家具设计师，应当学习和研究艺术在家具设计中的作用，应当具备扎实而且深厚的艺术造型基本功和美学修养，深入研究家具造型的形式美内容与法则，培养对形式美的敏锐感觉，运用形式美的法则去创造美的形式，尤其是要借鉴、学习、吸收当代艺术的精华，去探索现代家具的造型与设计。从现代家具发展的历史来看，从19世纪至今，现代家具一直是许多艺术大师与设计大师在当代艺术，如抽象艺术、现代绘画、现代雕塑的发展中融会贯通，相互影响，创造出的具有时代美感的家具杰作。

1.3.1 家具与美术

欧洲新艺术运动的兴起，产生了麦金托什的垂直风格的家具样式。荷兰风格派艺术运动最重要的现代画家蒙德里安的红、黄、蓝的三原色与矩形的非对称的几何分割形式抽象绘画，直接影响了著名建筑师、家具设计师里特维尔德，他设计了现代家具名作——红蓝椅。现代前卫雕塑大师亨利·摩尔的圆形多变生物形态构成的抽象雕塑，对新一代美国建筑与家具设计师查尔斯·伊姆斯和埃罗·沙里宁的“有机家具”在造型设计上带来灵感启迪。现代家具日益从“实用化”向“艺术化”“雕塑化”与“时装化”等方面转变；从“物体、材料、技术”优先转移到了“视觉、触觉、艺术”优先的时代，家具造型设计的艺术效果成为了一个最重要的视觉要素。现代家具设计师在不断探索艺术与功能的最佳结合点，借助现代艺术与现代家具的融合，不断创造出更多更美的家具。如多才多艺的丹麦建筑师与家具设计大师阿纳·雅各布森创造的“蚁形椅”“天鹅椅”与“蛋形椅”，建立起了一种具有雕塑美感形式的现代新型座椅；丹麦家具设计师维纳尔·潘顿创作设计的扇贝形与蛇形的具有完美曲线的系列座椅；年轻的澳大利亚天才家具设计师马克·纽森创作的一系列从女性丰满匀称富于曲线美的形体汲取灵感的有机造型家具等，这些优秀的现代家具杰作都是设计大师们为现代家具与现代艺术之间架起的一座桥梁。现代家具的“艺术化”与“雕塑化”“时装化”，将日益拓宽现代家具的设计思路，并更加受到人们的欢迎。作为现代家具设计专业，应该把技术教育与艺术教育融为一体，探索寻找理工与人文学科的最佳结合点，培养出新一代家具设计专业人才。

1.3.2 家具与建筑

家具的发展和建筑的发展一直是并行的关系，在漫长的历史长河中，无论是东方还是西方，建筑样式和风格的演变一直影响着家具样式和风格。可以说家具是对建筑的摹仿，比如欧洲中世纪哥特式建筑的兴起，就同样有刚直、挺拔的哥特式家具与之相呼应；巴洛克式建筑的出现，在家具设计领域也出现了巴洛克式家具；中国明代园林建筑的繁荣，就有了精美绝伦的明式家具相配套；现代国际主义建筑风格的流行，同样产生了国际主义风格的现代家具。所以，家具的发展与建筑有着一脉相承和密不可分的血缘关系，这种学科上的整体关系在西方一直是家具风格发展的主流。历史上有多位建筑设计大师同时也是家具设计大师，建筑与家具的成就交相辉映，一脉相承。

19世纪末20世纪初，英国最重要的建筑设计师和家具设计师查尔斯·伦尼·麦金托什被公认为是19世纪后期最富有创造性的建筑设计师和家具设计师，他把家具作为建筑空间设计中的重要因素来把握，所以特别重视外观美，设计了一系列几何造型垂直风格的家具经典作品，高靠椅系列家具就是与他的简洁几何立体造型的垂直风格建筑设计高度统一的。麦金托什几何形的设计在当时是独树一帜的，他的设计更接近于现代设计，青年风格派几何因素的形式构图在他的手中进一步简化，变成了直线和方格。

1917年，建立荷兰风格派的建筑师，木匠出身的里特维尔德的著名设计作品，最早的抽象形态“红蓝椅”与立体三维空间建筑“施罗德住宅”，都是以立体派的视觉语言和风格派的表现手法将风格派绘画平面艺术转向三维空间，成为建筑史和家具史的典范。

20 世纪初至 30 年代，国际主义风格的建筑设计大师密斯·凡德罗完的“MR”轻巧、优雅的钢管椅、巴塞罗那椅与巴塞罗那世界博览会的德国馆的三维空间设计，建筑与椅子一样是代表他“少就是多”的设计思想的杰作。

芬兰建筑大师阿尔瓦·阿尔托把家具设计看成是“整体建筑的附件”，他采用蒸汽弯曲木材技术设计制作的一系列曲木家具，具有强烈的有机功能主义特色，成为现代家具设计非常独特的经典作品，是他构成追求完美的有机形式风格建筑的一部分。阿尔托认为设计的个体与整体是互相联系的，椅子与墙面、墙面与建筑结构，都是不可分割的有机组成部分，而建筑是自然的一部分。从关系上来讲，建筑必须服从环境，墙面必须服从建筑，椅子必须服从墙面。阿尔托通过自己对建筑和家具的设计，杰出地表现出了这种环境、建筑、家具的协调关系，阿尔托的设计思想对现代家具、现代建筑的贡献是巨大的，曾影响了一代设计师。

马歇尔·布劳耶是包豪斯学校的第一批毕业生，毕业就留在学校当老师，是 20 世纪杰出的建筑设计师和家具设计大师。在包豪斯期间，他首创钢管家具的设计，并设计了一系列夹板弯曲成形的家具，为现代家具工艺奠定了非常重要的基础。布鲁尔的思想和设计哲学影响了整整一代的美国和世界的建筑师和设计师。著名美籍华人建筑设计大师贝聿铭特别强调，他受到了布鲁尔很大的影响。

西班牙建筑设计师、家具设计师高迪，他的作品追求曲线，反对直线，有着强烈的以形式压倒功能的特征。为了追求曲线，建筑物设计得弯弯曲曲，连门窗也被厚重的曲线墙所包裹。桌椅等家具也和其建筑作品一脉相承，几乎没有一条直线，确切地说就是一件雕塑品。从家具的构成形式和颜色及纹样来看，充满着对未来的幻想，他设计的家具充满雕塑感和自然生命力，可以说是我们今天雕塑式家具的前身。

现代国际主义建筑大师埃罗·沙里宁是芬兰著名建筑大师埃利尔·沙里宁的儿子，在父亲创办的美国著名设计学院——克兰布鲁克艺术学院学习。这个学院把欧洲的现代主义设计思想和体系有计划地引入到了美国高等教育体系，重视设计观念的形成，重视功能问题的解决，学院教学主要围绕建筑和家具设计。受到这种教育思想的影响，埃罗·沙里宁成为了美国新一代有机功能主义的建筑大师和家具设计大师。他设计的美国杰斐逊国家纪念碑、纽约肯尼迪国际机场、美国杜勒斯国际机场，都成为了有机功能主义的里程碑代表建筑。同样，他在“有机家具”方面的设计也非常突出，马铃薯片椅、子宫椅、郁金香椅都是 20 世纪 50 年代至 60 年代最杰出的家具作品。通过这些椅子的设计，埃罗·沙里宁把有机形式和现代功能结合起来，开创了有机现代主义的设计新途径。20 世纪澳大利亚著名建筑悉尼歌剧院的设计方案，就是沙里宁担任国际评委时，从废弃的方案中发现挖掘出来的。

第二次世界大战后，以设计立国的意大利，拥有世界上最好的设计和最优秀的设计师，但是，意大利却没有一所专门的设计学院，大部分设计师毕业于建筑学院的建筑学专业，甚至意大利的时装设计师都要有建筑专业文凭。同一个设计师既可以设计一幢大厦，又可以设计一流家具，他的设计从法拉利跑车到通心粉式样，从城市到勺子。意大利的著名建筑师和设计师吉奥·庞蒂认为：“意大利的一半是天主创造的，另一半是建筑师创造的。”天主创造平原、山谷、湖泊、河流和天空，但大教堂的轮廓、正立面、教堂和钟楼的造型是由建筑师设计的，在威尼斯，天主仅仅创造了水和天空，其余都是建筑师所创造的。所以，意大利的家具设计一直走在世界设计的前沿，每年的米兰家具博览会就是家具世界的奥林匹克竞技大会。意大利设计师对家具设计蕴涵着一种把建筑、美学、技术和人类社会的关系融为一体的思想。如设计师卡罗·百多利设计的轻便、舒适的椅子称为“微风”，给使用者如沐轻风的舒适感。年轻的设计新星马西姆·约萨·吉尼把他设计的扶手椅称为“妈妈”，这饱含深情的名字意味着为使用者提供保护感、温暖感和舒适感。正是这些出身于建筑师的意大利设计师，为全世界创造了具有魔力的意大利现代家具。

当代中国的家具设计尤其要重视建筑与家具的整体关系，反思为什么从明清以后中国的家具发展停滞不前，沉寂了近大半个世纪，并与世界现代家具的发展水平相距甚远，建筑与家具的分离应该是其中的一个非常值得重视和分析的主要原因之一。21 世纪中国家具要奋起直追西方现代家具工业的发展步伐，重新崛起成为世界家具强国，就要从根本上构建整个中国现代的家具专业教育体系和家具专业人才培养模式，培养与国际接轨的现代家具设计师，这是当代中国高等教育工作者的历史使命和神圣责任。

家具始终是人类与建筑空间的一个中介物：人—家具—建筑。建筑是人造空间，是人类从动物界进化发展摆脱出来的最重要的决定性的一步，要重新审视家具与建筑的整体环境空间关系。家具的每一次演变，都与人类的生活方式的改变息息相关。家具是人类在建筑空间和环境中再一次创造文明空间的精巧设计，这种文明空间的创造是人类改变生存环境和生活方式的一种设计创造和技术创造的行为。人类不能直接利用建筑空间，他需要通过家具把建筑空间消化转变为家，所以，家具设计是建筑环境与室内设计的重要组成部分。

1.3.3　家具与科技

家具的发展始终是科学、技术、艺术三位一体的。随着科学的发展、技术的进步、材料的不断创新，家具的发展也在不断达到新的高度。在家具发展史中，诸位设计大师都体现出了对材料、科学、技术与艺术的尊重，而且多位大师也致力于科学与技术的探索，从而在设计中体现出了卓越的超前性和对后世家具设计的引领性。工业革命之后，现代家具的发展与科学技术的进步的关系更加密切，机器的发明使家具不再是一件一件地用手工制作，而是机械化大批量生产。科学技术的不断进步推动着家具的更新换代，新技术、新材料、新工艺、新发明带来了现代家具的新设计、新造型、新色彩、新结构、新功能。同时，人们的审美观念、流行时尚、生活方式也总是围绕着科学技术的进步而提升。家具的发展深受科技发展的影响，尤其是在以下几位大师的作品中体现得淋漓尽致。

布劳耶是现代家具发展历程中最具突破性和创造力的一位大师，1925 年只有 23 岁的布劳耶因看见自行车，而引出了设计钢管椅的设想。这把经标准件制成的钢管椅，首创了世界钢管椅的设计纪录。它利用冷轧钢管焊成，表面再施镀镍处理，这把椅子被命名为“瓦西里椅”。在这件作品中，布劳耶引入了他在包豪斯所受到的全部影响：其方块的形式来自立体派，交叉的平面构图来自风格派，暴露在外的复杂的构架则来自结构主义。这件作品最大的亮点在于他首次引入不锈钢管这种充满新意的材料，这也是人类家具发展史上首次把金属元素作为家具的重要组成部分。这件作品对设计界的影响是划时代的，它不仅影响着布劳耶以后的设计作品，而且影响着成百上千的其他设计师的作品。布劳耶对科技的发展相当敏锐，对新材料、新技术的把握十分精准。布劳耶在回忆他的设计思想时说：“当时我考虑的是能否用张紧的布替换胡桃木板坐面，同时我想试一下，有弹性的框架到底会产生什么效果。如果实现了张紧的布与有弹性的框架的有机组合，就可创造出坐着舒适的椅子。另外，我还想创造出不但在物理上轻快，而且视觉上也轻快的家具。偶尔我对金属抛光的表面产生兴趣，靠金属反射光而产生冷淡线条，我感觉到这不只是象征着现代科学技术，而且直接感觉到这就是科学技术。”然而在布劳耶长久的设计生涯中，材料的新或旧并不是他设计中的主要力量，对他而言，身边的任何材料，只要恰当理解并合理使用，都会在设计中表现出内在的价值。

在诸位家具设计大师中，密斯的作品也强烈体现着科技对其设计的影响。密斯的家具和建筑设计作品，强烈地体现了他的“当技术实现了它的真正使命就升华为艺术”这一艺术与技术统一的思想。在1933～1935年，密斯关注弯曲木技术，从理论到实践对上个世纪兴起的托耐特家具进行潜心的钻研，提出家具和住宅是不同功能的统一整体。1940年前后，他从贝壳的结构中获得灵感，提出制作有肋骨模压椅子的设想。只可惜当时的材料和技术都刚起步，直到20世纪60年代由丹麦设计师维纳尔·潘顿最终成功制作出这种类型的椅子。

另外一位影响世界的现代建筑四大元老之一的设计大师——赖特，于1901年，在芝加哥的“艺术与技术”展览会上，做了题为“机械的美术和技艺”的讲演，他极力强调单纯而明快的外形，推崇机械生产的外形设计。他指出：“在工业时代，有创造力的人们的责任是使质量与数量同时得到兼顾，使科学能与艺术共处。”他认为艺术家应该将机械作为自己的工具，自由充分利用。他在提出这一思想时，欧洲在机械问题上还处于认识不清楚的阶段，新艺术运动刚刚出现，现代主义还在萌芽。赖特在强调材料与机械的问题时指出：“将物体切断、成型、磨光，用机械来完成这些工序，真是令人吃惊。这种省力方式的出现，能使得贫富不同的人同时享受到磨光面的舒适和明快的形式美。机械解放了木材中潜在的自然美，有史以来木材所受到的不适当的加工方法，都要坚决取缔”。对于机械和新材料的这种信赖，即使今天听来也可以说是震响在我们耳边的箴言。

现代家具史上，第一种销售量超过4万件的产品是奥地利的家具设计师托耐特发明的弯曲木椅，这是19世纪中叶产生的最早的现代家具，采用了蒸汽软化木材新工艺和现代机械弯曲硬木新技术，使弯曲木椅能够大批量标准化生产，而且设计精美、价格低廉，成为了大众化现代家具的楷模。

第二次世界大战后，新的人造胶合板材料、新的弯曲技术和胶合技术，特别是塑料这种现代材料的发明，为家具设计师提供了更大的创造空间。芬兰设计大师阿尔瓦·阿尔托的一件重要的家具设计“帕米奥椅”，是他为早期的成名建筑作品帕米奥疗养院设计的，这件简洁、轻便而又充满雕塑美感的家具，使用的材料全部是阿尔托三年多研制的层压胶合板，采用现代的热压胶合板技术，使家具的生硬角度的造型变得更加柔美和曲线化，扩展了现代家具设计的新语汇。

新一代美国家具设计师埃罗·沙里宁和查尔斯·伊姆斯采用塑料注塑成型工艺、金属浇铸工艺、泡沫橡胶和铸模橡胶等新技术和新材料，设计出了“现代有机家具”，这些新的、更具圆形特点，更具雕塑形式的家具，迅速成为了现代家具设计新潮流。

纵观现代家具的发展过程，我们会发现有两条重要的平等的发展线索：一方面是新技术与新材料带来了家具工艺技术的不断革新与进步；另一方面，就是现代艺术尤其是现代建筑设计、现代工业产品设计的兴起和发展带来了家具造型设计的不断演变和创造。新技术的出现对传统家具是一种挑战，然而，一些具有超前创新意识的设计师却能看到新技术给现代家具设计带来的巨大潜力。

20世纪90年代兴起的以信息技术为代表的新技术革命，给现代家具设计带来了一系列的重大影响，现代高新技术正在全面导入和改造传统家具产业，引起了家具设计、制造、管理和销售模式划时代的变革和进步。家具生产方式从机械化发展到自动化，家具部件生产进一步发展到标准化、系列化和拆装化。计算机技术在家具行业得到了广泛应用，计算机辅助设计全面导入到现代家具设计领域，极大地提高了家具设计的质量，缩短了设计周期，降低了生产成本，成为了提高市场竞争力的一项关键技术和强大工具。计算机辅助制造系统在家具制造工艺过程中日益普及，并正进一步向计算机综合制造方向发展。

所以，作为现代家具设计师，应该时刻关注当代科技的新发展。因为随着科学技术的不断进步，都会创造出与其相应的新技术、新材料和新工具，同时对现代设计产生重大影响。

科学技术与现代设计的结合会不断创造出新的产品，也会不断地改变人们的生活方式。科技发展无止境，现代设计无极限。

1.4 家具设计师应具备的知识结构

1.4.1 家具设计师要研究的问题

① 家具设计理论研究。从艺术设计和现代工业设计的本质来看，没有设计理论作为基础的设计是没有前途的设计。在设计理论中，最基本的是关于形态和色彩的研究。

② 家具设计语言、家具式样和装饰技巧研究。使家具设计语言达到群众性和民族性，家具式样达到时代性和多样性，家具装饰技巧达到装饰性和适应性。

③ 家具功能和使用要求研究。熟悉家具生产所用新材料、新装备、新工艺，以充分发挥家具艺术的独创性。

④ 设计技术研究。设计技术不一定是手头的日常工作，也不一定仅仅是依靠手的灵活进行的工作，它是靠动脑筋进行的理性处理，是做设计的技法或者实用技术。在设计的初期阶段，必须在认知感觉活动上下大功夫，使认知感觉和判断力的敏感性得到加强和提高，无论如何都必须反复进行实际技术的练习。

⑤ 中外家具发展史研究。在人类社会发展过程中，造型活动一直是连续进行的。历史上的各种器物无一不是随着时间的变化在演变，很多都是经过中外交流和传播而相互融会贯通的，所以要注重研究、继承、发展古今中外家具的形式和内容，从中吸收一切有益的设计营养，借以充实自己的设计。

1.4.2 家具设计师的知识与技能

设计与艺术有着与生俱来的“血缘”关系。家具设计师首先需要掌握艺术与设计知识技能，这是所有设计师必备的首要条件，包括造型基础技能、专业设计技能和与设计相关的理论知识。

设计是精神与物质相互结合的一项工作，它不同于纯艺术创造，也不同于科学研究。设计创造是以综合为手段，以创新为目的的高级、复杂的脑力劳动过程。作为设计创造主体的设计师，必须具备多方面的知识和技能，并且这些知识和技能，随着时代的发展而发展。

设计既不是纯艺术，也不是纯自然科学与社会科学，而是多种学科高度交叉的综合学科。在工业革命以前，艺术的知识技能是设计师才能的主要组成部分，大量艺术家从事设计工作。工业革命以后，特别是随着信息化时代的来临，自然科学与社会科学知识技能在设计师的才能修养中日益占据重要的位置。我们可以把艺术的知识技能比喻为设计师的一只手，自然科学与社会科学知识技能比喻为设计师的另一只手，时代的发展要求设计师“两手抓，两手都要硬”。同时，设计创造绝不能“赤手空拳”地进行，随着计算机技术在设计领域中的全面渗透，计算机辅助设计实际上已经成为当今设计师手中最有效的设计工具，贯穿于设计思维与创作的全过程。

1.5 家具设计的发展趋势

家具风格的发展代表着人类文明史的演变，古往今来，在历代匠人的辛苦劳作下，家具以其自身特有的艺术魅力展示着不朽的人文情怀。采撷传统设计精华，丰富现代设计底蕴，是开展成功设计的必经之路。

1.5.1 计算机辅助家具设计的发展

计算机辅助进行家具设计，是以计算机技术为支柱的信息时代的产物。与以往家具设计相比，计算机辅助家具设计在设计方法、设计过程、设计质量和效率等各方面都发生了质的变化，把家具的创新性、外观造型、人机工程等设计提升到了一个新的高度。

创新是家具设计的根本，计算机辅助家具设计在产品开发创新性上表现出极佳的优越性和便利性。一个全新的家具可以有多个切入点进行创新，如功能、结构、原理、形状、人机、色彩、材质、工艺等，而这些创新切入点均可以利用先进的计算机技术，进行预演、模拟和优化，使家具产品创新能在规定的时间内准确、有效地得以实现。比如在计算机辅助家具造型方面，自由曲面设计、草图设计能塑造出任何可能的形态，由于计算机技术，尤其是多媒体、虚拟现实等技术的发展，使家具产品人机交互界面的设计有了全新的突破。

随着计算机技术的进一步发展，计算机辅助家具设计将会使人们对设计过程有更深的认识，对设计思维的模拟也将达到一个新境界。它将使家具创新设计的手段更为先进、有效，人机交互方式更加自然、人性。与此同时，计算机辅助家具设计也给传统制造技术带来挑战，并行设计、协同设计、智能设计、敏捷设计、虚拟设计、全生命周期设计等设计方法代表现代家具设计模式的发展方向，在新的信息化技术基础上，家具设计模式也将朝着数字化、网络化、集成化、智能化的方向发展。

1.5.2 绿色家具设计的发展

绿色设计是 20 世纪 80 年代末出现的一股国际设计潮流。它是一个内涵相当宽泛的概念，其涵义与生态、环境、生命周期等密切相关，是关于自然、社会与人类的思考在设计中的体现，尽可能减轻环境负担，减少材料、自然资源的消耗。

绿色设计源自于人们对现代技术所引起的环境及生态系统破坏的反思，体现了设计师的道德和社会责任心的回归。它的基本思想是在设计阶段将环境因素纳入家具设计中，将环境性能作为家具设计目标的重要组成因素，力求使家具对环境的影响最小。它的主要内容包括家具制造材料选择和管理、家具的可拆卸性和可回收性设计。绿色家具设计主要经历了以下几个发展阶段：

① 工艺改变过程，减少对环境有害的工艺，减少废气、废水、废渣的排放。

② 废物的回收再生，提高家具的可拆卸性能。

③ 改造产品，主要是改变家具结构、材料，使家具易拆、易换、易维修，使所有的能源消耗降到最低。

④ 对环境无害的绿色家具设计，这是当前设计师们正在努力的方向。

绿色设计的核心是“3R”，即减少（reduce）、循环（recycle）、回收（reuse）。在设计过程中不仅要减少物质和能源的消耗，减少有害物质的排放，而且能够方便地分类回收，并再生循环或重新利用，减少由于人类浪费所造成的危害。

1.5.3 系列家具设计的发展

一般情况下，人们常把相互关联的成组、成套的家具称为系列家具，在功能上，它具有关联性、独立性、组合性、互换性等特征。系列家具主要有四种形式，即成套系列、组合系列、家族系列和单元系列。

家族系列家具是由功能独立的家具产品构成，它们的功能各不相同。家族系列中的产品不一定要求可互换，而且系列中的家具往往拥有同样的功能，只是在形态、色彩、材质、规格上有所不同而已，这和成套系列家具有相似之处。家族系列家具在商业竞争中更具有选择性，更能产生品牌效应。

随着社会经济的发展，消费者的消费行为变得更有选择性，市场需求加速向个性化、多样化的方向发展。人们对家具的要求越来越高，体现在对家具功能、形态、色彩、规格等综合需求质量的提高上，家族系列家具以多变的功能和灵活的组合方式满足了人们的消费需求。市场需求的多样化，必然要有一种多品种、小批量的生产方式与之相对应，这就是柔性化生产方式。系列产品对于柔性化生产方式具有非常重要的意义，它巧妙地解决了量产与需求多样化的矛盾，使家具能以最低成本生产出来，因而系列家具设计也是目前广为流行的设计趋势。

第2章 中外家具发展简史

在人类社会发展的漫长历史长河中，家具伴随着社会的进步、科技的发展、生活方式的改变与多样化而不断发展变化，逐步演变成了今天的家具式样。

由于世界各国在不同历史时期的政治、经济、文化和生产力发展水平的差异，自然环境、生活方式和习惯等因素的不同，各国的家具在不同历史时期都有其独特的风格特点。家具的发展历史与建筑密切相关，学习、研究家具发展史应结合建筑、室内、材料、科技等各种因素综合进行。

2.1 中国家具发展简史

我国土地辽阔、资源丰富、历史悠久，由多民族组成。无论是文化积累还是物质文明都博大精深、丰富多彩。中国传统家具的发展历史悠久，可以追溯到新石器时代。从新石器时代到秦、汉时期，受文化和生产力的限制，家具都很简陋，人们席地而坐，家具均较低矮。南北朝以后，高型家具渐渐增多，发展到唐代，高型家具日趋流行，进入到席地坐和垂足坐两种生活方式并存的过渡时期家具。至宋代，垂足坐的高型家具普及民间，主要用来供人们起居作息使用。至此，中国传统家具的造型和结构基本定型，发展到明代，家具艺术达到巅峰，蜚声中外的明式家具就是我们的祖先留给人类艺术宝库的丰厚遗产。

2.1.1 中国古家具

2.1.1.1 商周时代家具

中国传统家具的历史，可追溯到公元前17世纪，距今已3700年的商代。商代灿烂的青铜文化反映出当时家具已在人们生活中占有一定地位。从现存的青铜器中我们可以看到商代家具的形体，从而推测出礼器是当时最重要的器皿之一。我们可以根据商代切肉的“俎”（见图2-1）和放酒器用的“禁”（见图2-2）推测出当时在室内地上铺席，人们坐于席上使用这些家具。

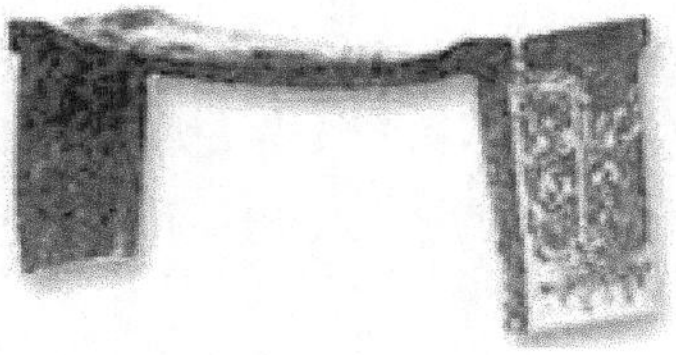

图2-1 青铜俎

图2-2 禁

2.1.1.2 战国、秦汉时期家具

西周以后，从春秋到战国直至秦灭六国建立历史上第一个中央集权的封建帝国，是我国古代社会发生巨大变动的时期，是奴隶社会走向封建社会的变革时期，奴隶的解放促进了农业和手工业的发展。铁器的使用标志着社会生产力的显著提高，铁器工具的产生、髹漆工艺的广泛应用以及能工巧匠的不断出现，使得家具的制作水平达到了空前的高度。梓匠也成为了一个独立的工种。当时梓匠首推鲁班，相传他发明了锯子、钻、刨、曲尺和墨斗等。当时的卯榫结构也丰富多彩，为后世卯榫的大发展奠定了基础。

人们的起居方式，虽仍保持席地跪坐的习惯，但根据一些出土文物来看，家具的形制和品种已有了很大发展。战国时期的楚文化尤为突出，其中以信阳长台关出土的漆绘围栏大木床最为特殊，是现存古代床中最早的实物。见图 2-3。家具的使用以床为中心，还出现了几、案、凭倚类家具，不仅有漆绘龙纹、凤纹、云纹、涡纹等花纹，还有在木面上施以浮雕的雕刻木几，它们均反映了当时家具制作和表面髹漆处理的技术水平。战国时期的漆木家具，在继承我国漆饰的基础上，进入全盛时期，不仅数量、种类繁多，而且装饰工艺也有很大发展。见图 2-4，战国彩绘描漆小座屏。

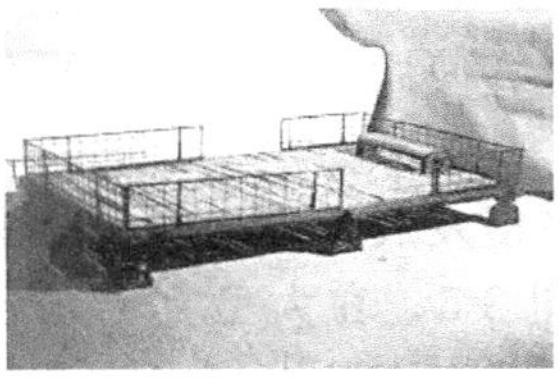

图 2-3 战国漆绘围栏大木床

图 2-4 战国彩绘描漆小座屏

战国时期的装饰纹样构图比较秀丽，线条趋于流畅，所用花纹除商、西周时期已有的几种外，又有用文字作装饰图案的。到了汉代，装饰纹样增加了绳纹、齿纹、三角形、菱形、波形等几何纹样。植物纹样以卷草、莲花较为普遍，动物纹样有龙、凤、蟠螭等。

秦汉时期国家统一，生产发展，科技文化迅速腾飞，并开辟了通往西域的贸易通道，促进了与西域诸国的文化交流，使商业经济也不断发展，扩大了城镇建设，增加了许多新城市。经济的繁荣对人们生活产生了巨大影响。汉代的几、案有合二为一的趋势，几逐渐加宽，既能置放东西，又可供凭倚。榻的用途扩大至日常起居与接见客人，通常有供一人坐的榻，也有布满室内的榻，榻的后面和侧面多设有屏风。几、案可放置在榻前或榻上，体现了当时以榻为中心的生活方式。

这一时期常用家具有几、案、箱、柜、榻、床、屏风、衣架等。这一时期家具的主要特点是：大多数家具均较低矮，初见由低矮型向高型演变的端倪，出现了软垫，制作家具的材料较为广泛，除木材外，还有金属、竹、玉石等。

2.1.1.3 魏、晋、南北朝时期家具

魏、晋、南北朝时期是中国历史上充满民族斗争和各民族大融合的时期。随着佛教的东来，西北少数民族进入中原，输入了各种形式的高坐具家具，导致了长期以来跪坐礼仪观念的转变以及生活习俗的变化。一方面人们席坐的生活习惯仍然未改，尤其是劳动大众的起居习惯还是跪坐，而权贵和士大夫开始改变了长期以来以跪坐为合议的礼教观念。此时的家具便由矮向高发展，品种不断增加，造型和结构也更趋丰富完善。新出现的家具有扶手椅、束

腰圆凳、长杌、橱，还有笥、簏等竹、藤家具。床已明显增高，上部加床顶、床帐和可拆卸的多褶、多叠围屏。

这一时期的家具造型结构除直脚外，还有弯脚。同时又吸收了建筑台基和佛像须弥座的造型结构，创造了新的家具支撑构件。这种结构坚固，富有装饰性，形成了六朝以至隋唐时期家具的一大特色。由于家具中使用了金属紧固件、连接件和插接件，提高了家具整体强度，简化了家具结构。在家具装饰上，鉴于佛教的影响，出现了火焰纹、莲花纹、卷草纹、璎珞、飞天、狮子、金翅鸟等图案。

2.1.1.4 隋、唐、五代时期家具

隋朝只存在了短短的37年，家具方面没有留下太多的东西。取而代之的唐王朝是我国古代的盛世时期。统一中国后开凿贯通南北的大运河，促进了南北地区的物产与文化交流。农业、手工业生产得到极大的发展，也带动了商业与文化艺术的发展。唐初实行均田制，兴修水利，扩大农田，农业、手工业、商业日益发达，对外贸易也远通到日本、南洋、印度、中亚、波斯、欧洲等地，致使唐代的经济得到发展，国际文化交流日渐频繁，思想文化领域都十分活跃、繁荣，各个方面都得到空前发展。由于手工业的进步，推动了家具发展，并对邻近国家产生了积极影响。当时就有专门制造木家具的作坊。到五代，家具的式样简洁无华、朴实大方。这一时期，人们的起居习惯还未一致，席地跪坐、使用床榻向伸足平坐、侧身斜坐、盘足坐及垂足而坐过渡。

隋、唐、五代家具有两个主要特点，其一是家具进一步向高型发展，表现在坐类家具品种增多和桌的出现，坐具出现了凳、坐墩、扶手椅和圈椅，见图2-5，在大型宴会场合有多人列坐的长桌长凳。见图2-6，宫乐图。其二是家具向成套化发展，种类增多，并可按使用功能分类。

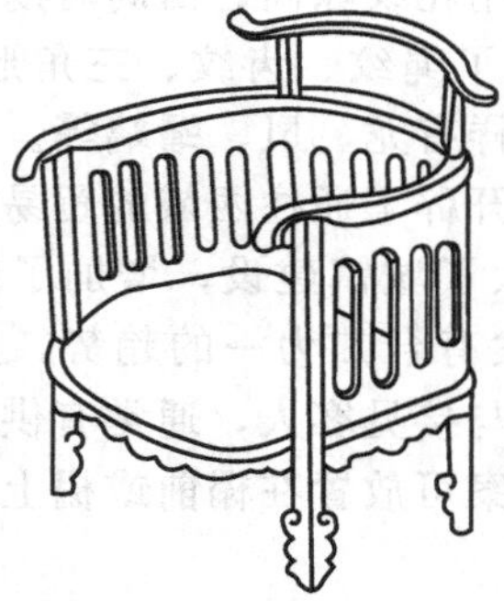

图2-5　唐代圈椅

图2-6　宫乐图

唐代家具以清新活泼、雍容华贵为特征，造型浑圆、丰满，优美别致，体量宽大舒展。由于国际贸易发达，制作家具所用材料已非常广泛，有紫檀木、黄杨木、铁力木、沉香木、花梨木、樟木、桑木、桐木、柏木、柿木等。唐代家具工艺技术有了极大的发展和提高，如桌椅构件有的做成圆形，线条也趋于柔和流畅，为后代各种家具类型的形成奠定了基础。装饰方法也是多种多样，有螺钿、金银绘、木雕、漆雕、木画等。

五代家具造型转向淳朴、简练，许多家具构件做成圆形断面，线条流畅明快，腿与面之间加有牙子和牙头。在结构上吸取了中国建筑大木构架的做法，形成框架式结构，并日臻成熟，成为中国家具的传统结构形式。

2.1.1.5 宋、元时期家具

宋代时期，由于北方辽、金不断入侵，连年战争，形成两宋与辽金的对峙局面。但在经济文化方面，宋代仍居先进地位。北宋初期扩大耕地面积、兴修水利，手工业、商业、国际贸易仍很活跃。宋代手工业分工更加细密，手工艺技术和生产工具比以前更加进步，家具得到了迅速发展。宋代是中国家具承前启后的重要发展时期，宋代的起居方式已完全进入垂足坐的时代，结束了几千年来席地坐的习俗。家具在室内的布置也有了一定格局，如对称的、不对称的，今天我们从许多宋画中可以见到当时的家具布置。

宋代家具品种不断增多，出现了不少新品种，有开光鼓墩、交椅、高几、琴桌、炕桌、盆架、带抽屉的桌子、镜台等。在家具结构上突出的变化是梁柱式的框架结构代替了唐代沿用的箱形壶门结构，家具结构确立了以框架结构为基本形式。大量应用装饰性线脚，极大地丰富了家具的造型，桌面下采用束腰结构也是这时兴起的。桌、椅四足的断面除了方形和圆形外，有的还做成马足形。见图 2-7。南宋后期，家具已大体具备明式家具的主要品种和形式，这些结构、造型上的变化，都为以后的明、清家具的风格的形成打下了基础。

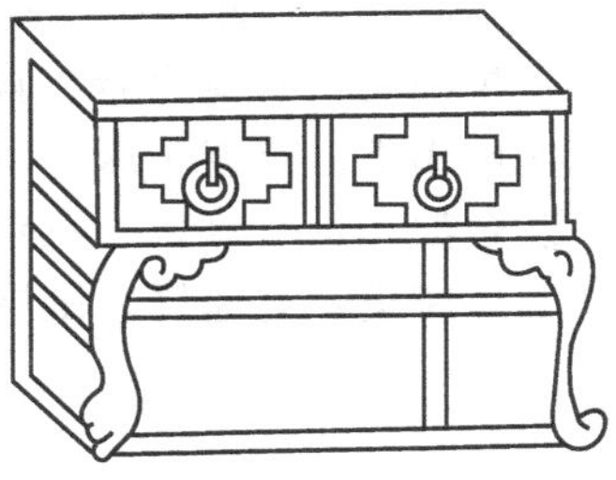

图 2-7　抽屉桌

宋代家具风格以造型淳朴纤秀、结构合理精细为主要特征，家具腿型断面多呈圆形或方形。构件之间大量采用割角榫、闭口不贯通榫等榫结合，柜、桌等较大的平面构件，常采用“攒边”的做法。宋代家具还重视外形尺寸和结构与人体的关系，工艺严谨，造型优美，使用方便。

北宋时期，《营造法式》正式刊印，该书是由主管工程的李诫编写的，是北宋政府为了加强对建筑设计、结构、用料、施工等的管理，在总结前人的基础上制定的“规范”。其中有对木作、石作、砖作、雕作、竹作、泥瓦作、彩画作等 13 个工种如何按等级、用料、比例、尺度操作，以及艺术加工方法等操作制度的规定，是我国重要的古代木结构建筑文献。

到了元代，家具虽有发展，但比较滞缓，地区间差别较大。这一时期的家具特点是：桌面缩入的桌案相当流行；案形结构的桌、案，侧面开始有牙条；圆形家具使用高束腰，出现了罗锅撑和霸王撑。这些结构特点有的到明代得到发展，成为了广泛流行的做法。

2.1.2 明、清家具

2.1.2.1 明代家具

明太祖于公元 1368 年建立了明王朝。明初兴修水利，鼓励垦荒，使遭到游牧民族破坏的农业生产迅速地恢复和发展。随之手工业、商业也很快得到发展，国际贸易又远通朝鲜、日本、南洋、中亚、东非、欧洲等地。至明朝中叶，由于生产力的提高，商品经济的发展，手工业者和自由商人的增加，曾出现资本主义萌芽。由于经济繁荣，当时的建筑、纺织、造船、陶瓷等手工业均达到了相当水平。明末还出现一部建造园林的著作——《园冶》，它总结了造园艺术经验。明代家具也随着园林建筑的大量兴建而得到巨大的发展，这时期的家具类型和式样除满足人们日常生活起居需求外，与建筑也有了更紧密的联系，一般在厅堂、书斋、卧室等都相应地有几种常用的家具配置，有了成套家具的概念。在建造房屋时要把握建筑物的进深、开间和使用要求，要考虑家具的种类和式样、尺度等，进行成套的配置。

明代家具在继承宋代家具传统的基础上，发扬光大，推陈出新，不仅种类齐全，款式繁多，而且用材讲究，造型朴实大方，制作严谨，结构合理，逐步形成了稳定、鲜明的明式家具风格，中国传统家具发展达到了顶峰。明式家具品类繁多，按使用功能可分为以下六大类：

① 椅凳类：有鼓墩、灯挂椅、圈椅、交椅、杌凳、圆凳、官帽椅等，见图 2-8～图 2-13。

② 几案类：有炕桌、茶几、香几、书案、平头案、翘头案、条案、琴桌、供桌、八仙桌、月牙桌等，见图 2-14～图 2-16。

③ 柜橱类：有闷户橱、官皮箱、亮格柜等，见图 2-17～图 2-19。

④ 床榻类：有架子床、罗汉床、拔步床等，见图 2-20～图 2-22。

⑤ 台架类：有灯台、花台、面盆架、衣架、镜台等，见图 2-23～图 2-26。

⑥ 屏座类：有座屏、围屏、插屏、炉座、地瓶座等，见图 2-27～图 2-31。

图 2-8　鼓墩

图 2-9　灯挂椅

图 2-10　圈椅

图 2-11　杌凳

图 2-12　交椅

图 2-13　官帽椅

图 2-14　翘头案

图 2-15　平头案

图 2-16　八仙桌

图 2-17　闷户橱

图 2-18　官皮箱

图 2-19　亮格柜

图 2-20　架子床

图 2-21　罗汉床

图 2-22　拔步床

图 2-23　灯台

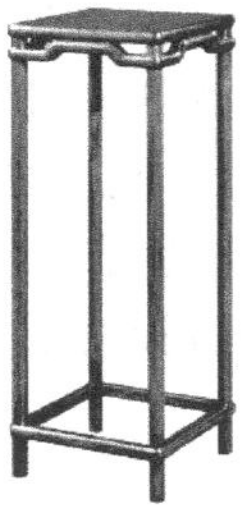

图 2-24　花台

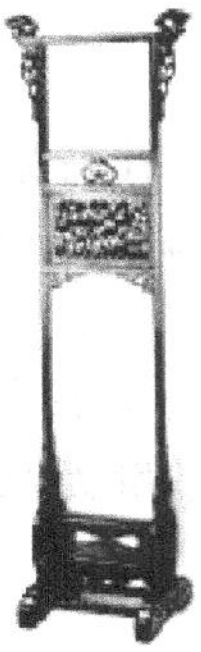

图 2-25　衣架

图 2-26　镜台

图 2-27　座屏

图 2-28　围屏

图 2-29　插屏

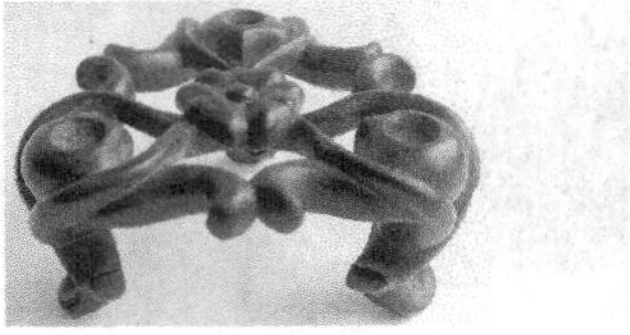

图 2-30　炉座

图 2-31　地瓶座

2.1.2.2　明代家具的材料与制作工艺

明朝郑和七下南洋，使我国和东南亚各国交往密切，贸易往来频繁，这些地区出产的优质木材，如黄花梨、紫檀、鸡翅木、楠木等供应充足。由于明代多采用这些硬质树种做家具，所以明代家具又称硬木家具。明代家具使用木材十分讲究，在制作家具时充分考虑显现木材纹理和天然色泽，表面处理通常采用打蜡或涂饰透明大漆，而不使用油性漆涂饰，这是明代家具的一大特色。

明代家具造型优美多样，做工精细，结构严谨，之所以能够达到这种水平，与明代发达的工艺技术是分不开的。工欲善其事，必先利其器。明代冶炼技术已相当高超，可以生产出锋利的工具。用硬木制成精美的家具，是由于有了先进的木工工具。当时的工具种类已很多，如刨就有推刨、起线刨、蜈蚣刨等；锯也有多种类型，“长者剖木，短者截木，齿最细者截竹”等。

明代的能工巧匠们在这种时代背景下，创造了一系列造型新颖、品种繁多、结构精巧的家具。明式家具采用框架式结构，与我国独具风格的木结构建筑一脉相承。依据造型的需求创造了明榫、闷榫、格角榫、半榫、长短榫、燕尾榫、夹头榫以及“攒边”技法等多种结构。既丰富了家具的造型，又使家具坚固耐用，虽经几百年，至今我们仍能看到实物。总之，明式家具制造业的成就是举世无双的，使许多西方设计大师为之倾倒。

2.1.2.3　清代家具

明末李自成领导的农民起义军推翻了明朝的统治，但胜利果实被北方入侵的满族所夺取，建立了清朝。清朝建立以后，对手工业和商业采取各种压抑政策，限制商品流通，禁止对外贸易等，致使明代发展起来的资本主义萌芽受到摧残。尽管如此，家具制造在明末清初仍大放异彩，是我国古典家具发展的一个高峰期。我国研究古典家具的专家王世襄先生讲过，明代和清前期（乾隆以前）是传统家具的黄金时代。这一时期苏州、扬州、广州、宁波等地成为制作家具的中心。各地形成了不同的地方特色，依其生产地分为苏作、京作、广作。苏作大体继承了明式家具特点，不求过多装饰，重在凿、磨，工于用榫，制作者多为扬州艺人；京作重蜡工，用弓镂空，长于用鳔，制作者多为冀州艺人；广作重在雕工，讲究雕刻装饰，制作者多为惠州海丰艺人。

清代乾隆以后的家具，风格大变，造型趋向复杂，华丽厚重，装饰增多。在统治阶级的宫廷、府第里，家具已成为室内设计的重要组成部分。他们追求繁琐的装饰，利用陶瓷、珐琅、玉石、象牙、贝壳等做镶嵌装饰，特别是宫廷家具，吸收了工艺美术的雕漆、填漆、描金等手法制成漆家具。追求装饰却忽视了家具结构的合理性，破坏了家具的整体形象，失去了比例和色彩的和谐统一，家具不免过于沉闷，此种趋向到清晚期更为显著，世人称为清式家具，见图 2-32～图 2-34。1840 年后，我国沦为半殖民地半封建社会，社会经济各方面每况愈下，衰退不振，家具行业也不例外。然而，广大的民间家具制造业仍以追求实用、经济为主，继续向前发展着。

图 2-32　御书案

图 2-33　宝座

图 2-34　顶箱柜

2.2　西方家具发展简史

由于世界各国在不同历史时期的政治、经济、文化和生产技术上的差异，加上家具在发展历程中受到不同时期文化艺术、生活方式和习惯等因素的影响，家具经历了不同历史时期的变化和发展，都有其不同时代的风格特点。西方古典家具的发展可以划分为三个历史阶段，即奴隶社会的古代家具、封建社会的中世纪家具和文艺复习以后的近世纪家具。

2.2.1　古代家具

奴隶制度的建立，使得体力劳动和脑力劳动有所分工，同时行业分工也越来越细，出现了专业性的建筑者和以制作木器为主的手工业者。古代时期的家具（公元前 16 世纪～公元 5 世纪）主要包括古埃及家具、古西亚家具、古希腊家具以及古罗马家具。

2.2.1.1　古埃及家具

公元前 3100 年，美尼斯统一埃及，建立了世界上最早的文明古国，形成了中央集权的皇帝专制制度，有发达的宗教为政权服务，因此，有了皇宫、陵墓、神庙等雄伟、神秘、威严的纪念性建筑，也因此有了与这些建筑空间相配套的精美的生活器物、家具、壁画、雕塑等。

埃及的家具种类已经比较齐备，主要家具有椅、床、桌、储存类家具。贵族们在室内垂足而坐，而一般平民连一条凳子也没有，基本采用平坐式，几乎看不到一件可以称之为家具的东西。古埃及的家具在艺术造型与工艺技术上都达到了很高的水平，造型以对称为基础，比例合理、外观富丽堂皇而威严，装饰手法丰富，雕刻技艺高超。桌、椅、床的腿常雕成兽腿、牛蹄、狮爪、鸭嘴等装饰图案，有的帝王宝座雕刻着狮、鹰、眼镜蛇的形象，形式极为威严、庄重。装饰纹样多源于尼罗河两岸常见的动植物，如莲花、芦苇、鹰、羊、蛇、甲虫等形象。已出现较完善的裁口榫接合和精致的雕刻，并运用涂料进行绘饰，镶嵌技术也相当精湛。家具装饰色彩与古埃及壁画一样，除金、银、象牙、宝石的本色外，家具表面多涂以红、黄、绿、棕、黑、白等色进行装饰。见图 2-35，图坦阿蒙的御用金椅。

古埃及家具为后世的家具发展奠定了坚实的基础，几千年以来家具设计的基本形式都未能完全超越古埃及设计师的想象力，尤其是跟随拿破仑参加埃及战争的艺术家记录下了这些家具的图样并将它们带回欧洲，这对19世纪初的欧洲家具设计再次产生了强烈影响。古埃及家具也直接影响了后来的古希腊与古罗马家具，可以说，古埃及家具是欧洲家具发展的先行者和楷模，直至今天，仍对我们的家具设计和室内设计有着一定的借鉴和启发作用。

2.2.1.2 古西亚家具

在埃及东北方、亚洲西部的美索不达米亚，又称为两河流域。两河流域分为南北两部，以巴格达为中心，北部称亚述，南部称为巴比伦尼亚，统称为古西亚。巴比伦尼亚、亚述和波斯都创造了灿烂的古代文化。由于这一区域的政权更替频繁，家具文物等已荡然无存，但我们从古建筑遗迹的浮雕中还可略知一点概貌。

在一块表现亚述巴尼帕尔国王和王后进餐的石刻中，真实地描写了古代亚述式家具式样，见图2-36，国王随心所欲地半卧在床上，可以证明古代亚述人有斜躺着用餐的习惯。由于所有家具都很高大，因此，在皇后的椅子下面垫有脚凳。亚述统治者在床上进餐和谈论的生活方式被以后的希腊人和罗马人所继承，并作为一种更为普遍的生活方式而沿袭下来。

图2-35 图坦阿蒙的御用金椅

图2-36 亚述巴尼帕尔进餐图

当时家具的主要装饰方法仍是浮雕和镶嵌，涡形图案普遍使用，这种图案在古埃及家具中很难见到。特别值得注意的是家具的脚部底端出现的倒松塔形装饰，不少专家认为这足以证明当时已经有旋木的出现。家具的座垫上经常有装饰的丝穗，各种装饰图案显示出华丽的风采。

2.2.1.3 古希腊家具

从公元前8世纪起，在巴尔干半岛、小亚细亚西岸和爱琴海的诸岛屿上建立起了很多小奴隶制国家，他们又向外移民，在意大利西西里和黑海沿岸发展建立了许多小的城邦国家，他们在政治、经济和文化上的关系十分密切，这些国家总称为古希腊。古希腊经济繁荣，文化发达，创造了欧洲大陆最古老的文化，古希腊的艺术和建筑，更是成为欧洲的典范和基础，对后世欧洲的文化产生了巨大影响。

古希腊建筑反映着平民文化的胜利与民主的进步，从圣地建筑群和庙宇型制的演进，木建筑向石建筑的过渡和建筑柱式的演进，以雅典卫城建筑群为代表的建筑达到了古典建筑艺术的高峰。尤其值得推崇的是，古希腊人根据人体美的比例获得灵感，创造了三种经典的柱式语言：多立克柱式（Doric Order）、爱奥尼克柱式（Ionic Order）和科林斯柱式（Corinthian Order），成为人类建筑艺术中的精品。

古希腊家具的魅力在于其造型适合于人类生活的要求，实现了功能与形式美的统一，体现出了自由、活泼的气质，立足于实用而不过分追求装饰，具有比例适宜、线条简洁流畅、造型轻巧的特点，给人以优美、舒适之感。尤其是座椅的造型，呈现出优美曲线、自由活泼的趋向，更加舒适。家具的腿部常采用建筑的柱式造型并采用旋木技术，推进了家具艺术的发展。令人非常可惜的是，繁荣的古希腊没有留下一件家具实物，我们今天只能在古希腊的故事石雕和彩陶瓶上略窥一斑。见图 2-37，克里斯莫斯椅。

图 2-37　克里斯莫斯椅

古希腊家具是欧洲古典家具的两大源头之一，特别是在西欧，在 18～19 世纪，人们非常注重对古代希腊的室内装饰和家具的研究。从法兰西革命时代起流行的执政内阁式和帝政式家具，在某种程度上模仿了古代希腊的椅子和桌子。同样，英国的家具设计师谢拉顿也曾以古代希腊家具为样本，制作了重视功能、形体简洁的家具，用以取代装饰繁琐的洛可可式家具，这就是后来广为流传的谢拉顿式家具。

古希腊家具常以蓝色做底色，表面彩绘忍冬叶、月桂、葡萄、卍字形装饰纹样，并用象牙、玳瑁、金、银等材料做镶嵌。

2.2.1.4　古罗马家具

古罗马本是意大利半岛中部西岸的一个城市，公元前 6 世纪末建立了共和制。随着古罗马人的不断扩张与征战，到公元前 1 世纪末，统治了东起小亚细亚和叙利亚，西到西班牙和不列颠的广大区域，北面包括高卢，南面包括埃及和北非，并于公元前 30 年形成了一个强盛的大罗马帝国。在历史上把形成罗马帝国以后称为帝政时期，将此之前称为共和制时期。

古罗马人在共和时期就很羡慕希腊的文化艺术，至帝政繁华时期，吸收古希腊的精华，凭借帝国雄厚的资财，古罗马人把家具的发展向前大大推进，使民族特色得以充分体现，即罗马帝国的英雄气概和统治者的权力和威严在家具上的显露与发挥。

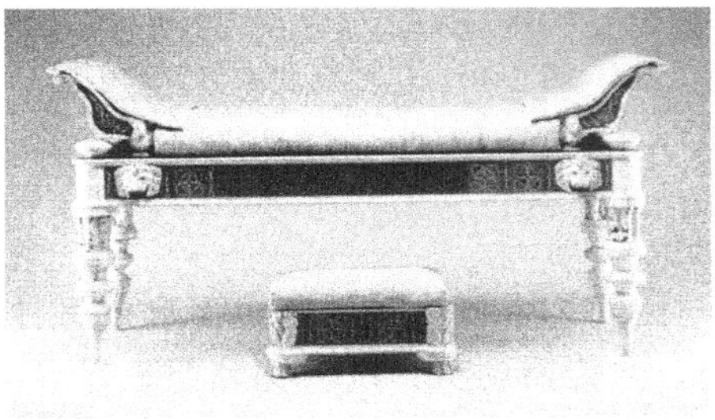

图 2-38　卧榻

古罗马时期的木制家具已无存留，但从当时遗存的相关信息里可以看到，木材在家具制作中大量使用，在工艺上旋木细工、木框镶板结构也开始使用。桌、椅、灯台及灯具的艺术造型与雕刻、镶嵌装饰达到了很高的技艺水平。使用石材、铁和青铜制造的家具被大量保存了下来，在现在的罗马、佛罗伦萨、庞贝等地的博物馆中都能看到精美的古罗马家具。见图 2-38，卧榻。

受古罗马建筑造型的直接影响，古罗马家具的造型坚厚、凝重，雕刻精细，特别是出现了模铸的人物和植物图饰。采用战马、雄狮和胜利花环等做装饰与雕塑题材，构成了古罗马家具的男性艺术风格。

2.2.2　中世纪家具

中世纪是指从公元 5 世纪下半叶（476 年）西罗马帝国灭亡到 17 世纪英国资产阶级革命的爆发，前后共经历了大约 12 个世纪。在此期间，艺术完全被宗教所垄断，成为服务于宗教的宣传工具。教徒们以能代表神或接近神而自居，为了显示他们的尊严和高贵，他们创造了居高临下的环境和氛围来进行宗教活动，于是形成了教会中使用的高座位家具。

2.2.2.1 拜占庭家具

公元 395 年，以基督教为国教的罗马帝国分裂为东罗马帝国和西罗马帝国。东罗马帝国的领域以巴尔干半岛为中心，包括爱琴海诸岛、小亚细亚半岛、北非、叙利亚、巴勒斯坦、两河流域等地。帝国的首都君士坦丁堡（现今土耳其的伊斯坦布尔）是古代希腊移民城拜占庭的旧址，历史上称东罗马帝国为拜占庭帝国。

拜占庭帝国以古罗马的贵族生活方式和文化为基础，将古希腊文化的精美艺术和东方宫廷的华丽表现形式融为一体，形成了独特的拜占庭艺术。

拜占庭家具继承了古罗马家具的形式，并融合了西亚和埃及的艺术风格和波斯的细部装饰，常模仿古罗马建筑的拱券形式，趋于加入更多的装饰，以雕刻和镶嵌最为多见，有的通体施以浮雕，节奏感很强。镶嵌常用象牙、金、银，偶尔也用宝石。象牙雕刻堪称一绝。装饰纹样以十字架、圆环、花冠及狮、马等纹样结合为基本特征。在家具造型上由曲线形式转变为直线形式，具有挺直庄严的外形特征，尤其是以王座的造型最为突出，见图 2-39，木板雕刻，上部装有顶盖或高耸的尖顶，以显示皇帝的威严，这种座椅对后来的家具影响很大。

图 2-39 拜占庭家具

图 2-40 仿罗马式家具

2.2.2.2 仿罗马式家具

罗马帝国衰亡后，意大利封建制国家将罗马文化与民间艺术糅合在一起，而形成一种艺术形式，称为仿罗马式。这种艺术形式兴起于 11 世纪，并传播到英、法、德和西班牙等国，形成整个西欧流行的一种家具风格，流行时间较短，12 世纪末期被哥特式所取代。

仿罗马式家具可以说是仿罗马式建筑的缩影，其主要标志是在造型和装饰上模仿古罗马建筑的拱券和檐帽等式样。最突出的特征是旋木技术的运用，有全部用旋木制作的扶手椅，见图 2-40，可以说这是后世温莎式家具的基础。橱、柜顶端用两坡尖顶的形式，边角处多用铜锻制和表面镀金的金属件加固，同时又起到很好的装饰作用。家具镶板上运用浮雕及浅雕，装饰题材有几何纹样、编织纹样、卷草、十字架、基督、天使和狮等。

2.2.2.3 哥特式家具

在艺术史上，将 12 世纪以后以建筑式样的变化而开始的艺术风格称之为哥特式艺术。哥特式建筑在西欧以法国为中心兴起，进而扩展到欧洲各信奉基督教的国家，尤其是英国、法国更加兴盛。

哥特式建筑的特点是以尖顶拱券和垂直线为主，窗子上装有彩色玻璃，广泛地运用簇柱、浮雕等层次丰富的装饰，高耸、轻盈、富丽而精致。高耸入云的尖塔把人们的目光引向虚幻的天空和对天堂的憧憬。这一时期是欧洲神学体系成熟的阶段，哥特式教堂显示了教权的神圣，使宗教建筑的发展达到了前所未有的高度，最典型的代表有法国的巴黎圣母院、德国的科隆大教堂、英国的坎特伯雷大教堂和西班牙的巴塞罗那教堂。

哥特式家具的主要特征与当时的哥特式建筑风格相一致，采用尖顶、尖拱、细柱、垂饰罩、浅雕或透雕的镶板装饰，刚直，挺拔。尤其是哥特式椅子更是与整个教堂建筑和室内装饰风格相一致。哥特式家具的艺术风格还在于它豪华而精致的雕刻装饰，几乎家具每一处平面空间都被有规律地划分为矩形。矩形内布满了藤蔓、花叶、根茎和几何图案的浮雕，见图 2-41。

图 2-41　哥特式家具

14 世纪左右，在法兰西，一种将薄板嵌入框架的技法被引进到家具中，即所谓的框架嵌板结构，它的引进开创了框式家具的新篇章。在当时来讲，它不仅使装饰家具表面变得更加容易，而且也解决了大型家具的制作问题。在此之前一直没有见到类似于现在大衣柜之类的大型柜类家具，这种框架结构在哥特式家具中广泛应用。

2.2.3　近世纪家具

从 16 世纪到 19 世纪初，西方近世纪家具经历了文艺复兴、巴洛克、洛可可、新古典主义四个时期，尤以英国、法国两国为代表。现在所说的西方古典家具主要是指这一时期的家具，体现出了一种欧洲文化深厚的内涵，至今仍受到人们的钟爱。

2.2.3.1　文艺复兴式家具

文艺复兴是指公元 14～16 世纪，以意大利佛罗伦萨、罗马、威尼斯等城市为中心，以工匠、建筑师、艺术家为代表，以人文主义和新文化思想为主流，以古希腊、古罗马的文化艺术思想为武器的一场反封建、反宗教神学的文艺复兴运动。这场运动实际上是一场提倡人文主义精神的新文化运动，它把人们从中世纪的神权中解放出来，用世俗的科学精神抵制了基督教的禁欲主义。人文主义宣扬人的价值、人的理性、人的创造力和科学知识，反对封建割据、反对教会的虚伪和宗教的神秘主义、反对强加于人的精神奴役。恩格斯称这场运动是“人类从来没有经历过的最伟大、最进步的变革”。

这场变革激发了意大利前所未有的艺术繁荣，并从意大利传播到了德国、法国、英国和荷兰等欧洲其他国家。文艺复兴时代的建筑、家具、绘画、雕刻等文化艺术领域都进入了一个崭新的阶段，众星灿烂，大师辈出，如著名建筑大师与建筑理论家维尼奥拉和帕拉第奥，雕刻家、建筑师、画家和诗人米开朗基罗，绘画大师、建筑师、工程师达·芬奇和拉斐尔等。

自 15 世纪后期起，意大利的家具艺术开始吸收古代建筑造型的精华，以新的表现手法将古希腊、古罗马建筑上的檐板、半柱、女神柱、拱券以及其他细部形式移植到家具上，作为家具的造型与装饰艺术，如以贮藏家具的箱柜为例，它是由装饰檐板、半柱和台座等建筑构件密切结合成的家具结构体。这种由建筑和雕刻转化到家具的造型装饰与结构，是将家具制作工艺的要素与建筑装饰艺术进行完美的结合，表现了建筑与家具在风格上的统一与和谐。

意大利文艺复兴式家具的主要特征是：外观厚重、庄严，线条粗犷。讲究以成套家具形式出现在室内，十分讲究装饰。家具表面常施以石膏浮雕装饰，并贴上金箔，有的还在金底上进行彩绘，以增加装饰效果。此外，还善于用不同色彩的木材镶成各种图案。到16世纪，盛行用抛光的大理石、玻璃、玳瑁、青金石和银等材料镶嵌成花饰。见图2-42、图2-43。

图2-42 长箱

图2-43 但丁椅

法国是意大利的邻邦，是继意大利文艺复兴之后引导欧洲家具主流的国家。法国文艺复兴式家具最初只是意大利文艺复兴式的装饰与法国后期哥特式家具的一种混合体。到法兰西斯一世，枫丹白露宫的大规模改建完成，奠定了法国文艺复兴式建筑风格。在家具装饰上出现了许多女神像柱、半露柱、檐帽及各种花饰和人物浮雕，法国的文艺复兴式家具才达到了成熟阶段。见图2-44～图2-46。

图2-44 陈列架

图2-45 高架桌

图2-46 聊天椅

英国的文艺复兴家具起始于亨利八世，但这一时期的家具并未摆脱哥特式后期习惯运用的框架嵌板方式和窗头花格、衣褶纹样等哥特式装饰手法。到1558年伊丽莎白一世即位，随着工商业发展而产生的富裕的商人和贵族们都纷纷效仿意大利宫殿的豪华装饰，着手进行室内装修，其装饰和家具风格受到文艺复兴式的强烈影响。当时有许多优秀工匠从尼德兰和德国移居到英国，他们把自己国家的文艺复兴式样带到了英国，从而使英国的家具造型艺术登上了一个新台阶。英国民族有着坚强刚毅和自信的特点，体现在家具形式上就是单纯和刚劲，严肃而拘谨。见图2-47～图2-49。英国这种质朴的家具被移民到美洲大陆的清教徒们带到美国，由于适合美国殖民时期的艰苦条件，所以在美国的移民中得到了发展。

德国的文艺复兴受到意大利、法国、荷兰等外国流派的严重影响，再加上德国的原始基础较差，没有自己的独特形式，这就使得产生于意大利的文艺复兴风格被完整地传到德国，并得到保存和发扬。在德国，特别是平原地区偏爱箱柜类家具，因此，德国家具中柜类家具发展成就显著，正面装饰都十分精细、华美。见图2-50，橱柜。

图 2-47　餐具陈列柜

图 2-48　伊丽莎白式拉桌

图 2-49　法金盖尔椅

尼德兰意为低地，当时包括荷兰、比利时、卢森堡及法国东北部，而法国的西北部和比利时西部则称为佛兰德斯。16 世纪初期，尼德兰的室内装饰及家具式样比较简洁、朴素，后来法国的文艺复兴式家具传入佛兰德斯，形成了精细、华美的艺术特色。不久，佛兰德斯的家具风格普及到整个尼德兰地区。见图 2-51，餐具柜。

西班牙虽然远离欧洲诸国，但由于它四处侵略，使得各国的艺术风格都对其产生了很大影响。无论是建筑还是家具式样，几乎都是仿罗马式、哥特式和文艺复兴式的混合品。文艺复兴时期的西班牙家具与同时期的意大利、德国、法国等国的家具相比，其造型特征是以直线为主，衬以曲线。家具饰以华丽的雕刻，使用很多金属配件、皮革印花及精美的镶嵌。见图 2-52，瓦格诺柜。

图 2-50　橱柜

图 2-51　餐具柜

图 2-52　瓦格诺柜

文艺复兴运动在欧洲风靡了几个世纪，然而，由于家具生产还没有具备技术革命的条件，生产力发展水平还不能适应这种变革的要求。贵族资产阶级对豪华生活的追求，深深地陷入到繁琐装饰、雕刻、形式臃肿的泥潭中，以至于在后世的 200 多年中不能自拔。但文艺复兴式家具摆脱了中世纪刻板僵直的形式，打破了宗教的梦幻与统治，开始了自由的生活方式，使家具走上了以人为中心的正确轨道。因此可以说，文艺复兴是家具发展史上的一个里程碑，是家具史上的光辉一页。

2.2.3.2　巴洛克风格家具

巴洛克艺术的最早发源地是意大利的罗马，然后传播到法国、荷兰、英国等更多的欧洲国家。从 16 世纪末期到 17 世纪初期，整个欧洲的艺术风格进入了巴洛克时代。经历了文艺复兴运动之后，17 世纪的意大利建筑处于复杂的矛盾中，一批中小型教堂、城市广场和花园别墅的设计追求新奇复杂的造型，以曲线、弧面为特点，打破了古典建筑与文艺复兴建筑的常规形式，被称之为巴洛克式的建筑装饰风格。巴洛克一词源于葡萄牙文“Barrcco”，意指畸形的珍珠，同时含有不整齐、扭曲、怪诞的意思。18 世纪末期，一些新古典主义理论家用以嘲笑 17 世纪意大利的艺术风格，将这种艺术轻蔑地称为巴洛克（Baroque）式，意为颓废、装饰过剩，背弃了生活及传统。

巴洛克风格以浪漫主义精神作为形式设计的出发点，一反古典主义的严肃、拘谨、偏重于理性的形式，而在艺术精神和手法上赋予了更亲切柔和的抒情效果。文艺复兴时代的艺术风格是理智的，从严肃端正的表面上强调静止的高雅，而巴洛克艺术风格则是浪漫的，以秀丽委婉的造型表现出运动中的抒情趣闻。

巴洛克风格在世界家具史上占有重要地位，对整个欧洲家具设计产生了很大影响。巴洛克风格家具的外观是以端庄的形体与含蓄的曲线相结合而成，剔除了堆砌建筑造型装饰的倾向，利用多变的曲面使家具的腿部呈S形弯曲。同时，采用了花样繁多的装饰，做大面积的素地雕刻、金箔贴面、描金涂漆处理，并在坐卧类家具上大量应用纺织面料包覆。为了显示家具的轻巧，常将方柱体的脚做成向下收分，末端再用一个较小的面包脚或雕花脚，开创了家具设计的新途径。

意大利虽然是巴洛克艺术的发源地，但没有很好地推动本土的家具发展。17 世纪 20 年代，尼德兰等地借鉴意大利巴洛克艺术特点，最早形成巴洛克家具风格。随后，法国的室内装饰和家具造型异军突起，形成了独具特色的路易十四式家具，对西方巴洛克家具影响十分强烈，成为巴洛克式家具的典型代表。

1661 年，23 岁的路易十四世亲政后，欲称霸欧洲，意图将法国变为欧洲中心。当时法国国力强盛，经济发达，文学艺术繁荣，与此同时，皇宫建筑、家具设计与装饰受到意大利巴洛克风格的影响，进入了巴洛克时期。1662 年，专门设立了戈布兰制作所，负责制作宫廷用的室内装饰品、家具、日常用品、壁毯等。1663 年，又单独设立了以勒·布朗为领导人的皇家家具制作所，其中不少工匠来自意大利，意大利的设计思想和技术与地道的法国皇宫的家具相结合，使这些家具明显地融进了一些崭新的内容，得到了充分发展，达到了完全成熟的境地，从而形成了特有的路易十四式法国巴洛克家具风格。见图 2-53～图 2-55。这一时期产生了一批杰出的家具设计师与制作师，如勒·布朗（1619—1690 年），法国皇家绘画雕塑学院创始人、路易十四式艺术风格的奠基人。约翰·伯拉（1638—1711 年），皇家装饰美术师，是路易十四世家具及生活用品的首席设计师，他曾于 1700 年出版了世界上第一本专业的《家具设计图集》，为路易十四式家具后期的发展奠定了良好的基础。布尔（1642—1732 年）是法国巴洛克家具杰出的家具设计和制作大师，他在黑檀木上镶嵌青铜和龟甲的作法，被称为布尔镶嵌。他反对把家具隶属于建筑设计，主张把家具从建筑的附属品中解放出来，为创建独立的家具设计体系做出了巨大的贡献。

图 2-53　路易十四式扶手椅

图 2-54　布尔制作的衣柜

图 2-55　折盖式办公桌

英国的装饰美术界走上巴洛克式道路，是在 1660 年查理二世继位后，在威廉玛丽时代达到高峰。英国的雅各宾式家具经历了五代王朝，前期的雅各宾式家具，受到伊丽莎白风格的严重影响，几乎没有新的创造。后期雅各宾式家具，追求法国及荷兰家具的豪华气势。螺旋形旋木的扶手椅，座面及靠背用藤编的靠背椅，胡桃木贴面及细木工装饰的桌、柜、床等，造型均较瘦长，扶手、腿、拉档等采用涡卷雕刻，椅子四腿之间采用横档加强，形成了后期雅各宾式家具的典型特点。见图 2-56～图 2-58。

图 2-56　板形靠背椅

图 2-57　藤编扶手椅

图 2-58　边桌

威廉三世继位后，从 17 世纪末至 18 世纪初期，在风格上表现出受荷兰风格的影响，因此，将这个时期英国的家具称为威廉-玛丽式。其特点是越来越多地使用曲线，家具显得十分轻巧。当时螺旋式、球形和面包形的脚十分流行，拉脚档多为 X 形曲线交叉的结构，家具的轮廓线和装饰都比以前简单。见图 2-59～图 2-61。

图 2-59　抽屉桌

图 2-60　靠背椅

图 2-61　床

自 1492 年哥伦布发现美洲大陆以后，就有很多西欧人来到美洲，这里也就成了英国等国的殖民地。1775 年，美利坚民族开始进行独立战争，到 1783 年获得胜利。在家具史上，将美国独立前的家具称为殖民地式家具。而殖民地式又分为早期和后期，早期殖民地式家具是指 1620～1700 年的家具。这一时期的家具，主要是模仿西欧流行的巴洛克式家具。但由于移居到北美大陆的移民处于创业阶段，注重家具的实用性、简单朴素成为了美国从殖民地初期就体现出来的家具特色。在受到英国等西欧家具风格影响的同时，与美国当地的日常生活要求相结合，取消了多余的装饰，形成了简洁的家具形体。见图 2-62～图 2-64。

2.2.3.3　洛可可风格家具

洛可可一词来源于法语 Rocaille，意为使用贝壳制造的人造岩石，是意大利人将其误称为 Rococo 的。洛可可艺术是 18 世纪初在法国宫廷形成的一种室内装饰及家具设计手法，并流传到西欧其他国家，成为 18 世纪流行于欧洲的一种新兴造型装饰艺术风格。由于这种装饰风格形成于法国路易十五统治的时代，故又称为“路易十五风格”。

图 2-62　向日葵柜

图 2-63　布鲁斯特椅

图 2-64　普伦斯椅

洛可可式家具风格是在巴洛克家具造型装饰的基础上发展起来的一种新的家具形式，它排除了巴洛克家具造型装饰中追求豪华、雄壮的成分，吸收并夸大了曲面多变的动感，以复杂的波浪曲线模仿贝壳、花卉、岩石的外形，追求运动中的纤巧与华丽，强调适用中的优美与舒适。以青白色为家具基本色调，模仿西欧上流社会妇女的苍白肤色，以示高贵。在青白色的基调上饰以精细的金色浮雕或圆雕，共同构成一种温婉秀丽的女性化装饰风格，与巴洛克的方正宏伟形成了一种风格上的反差和对比。

洛可可装饰风格的形成与路易十五世的爱妃蓬帕杜尔夫人有着特殊的关系。1724 年，路易十五世开世亲政，他将王室的活动中心转到凡尔赛宫。1745 年起，容貌美丽、才能非凡、教养颇深的蓬帕杜尔夫人成为凡尔赛宫沙龙的主人，集中了一批著名的艺术家、文学家、政治家、银行家等，他们成为了引导法国文化艺术新潮流的重要力量。蓬帕杜尔夫人的功绩之一是购买了她所喜欢的城馆及邸馆，在建筑家加贝里爱尔、家具师埃班和德拉诺瓦、画家布歇和杜·拉等人的支持下，将这些建筑改建成洛可可风格。她还参与了当时的几座皇宫建筑的装饰，并为一批艺术家、家具师、雕刻家提供了施展才华的机会。今天，这些宫廷建筑与室内装饰、家具都成了法国的艺术瑰宝，是华丽、优雅的洛可可艺术的典范。

法国洛可可时代，为使生活更加舒适快乐，椅子设计不仅造型优美、坐感舒适，而且更加注重功能性，两者完美的结合，形成了流芳百世的洛可可式家具经典。见图 2-65～图 2-67。18 世纪起，法国的桌子形式和种类也出现了很大变化。随着沙龙文化的流行，形体变小，结构趋于简单，桌腿多弯曲细长，线条柔婉，雕饰精巧，视觉上奢华高贵，更增加了几分美感。见图 2-68～图 2-70。

图 2-65　扶手椅

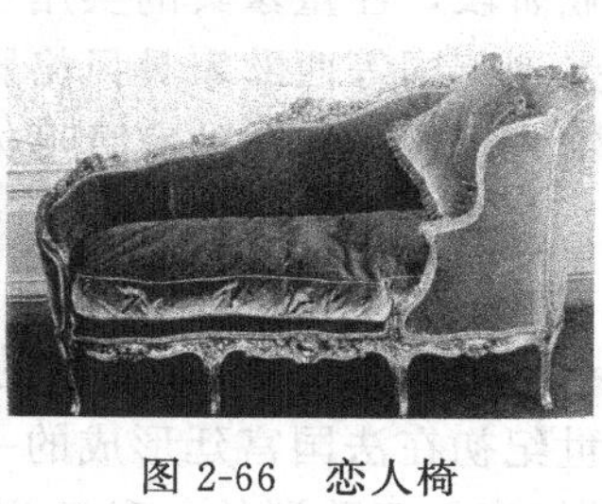

图 2-66　恋人椅

图 2-67　梳妆椅

图 2-68　标罗

图 2-69　写字桌

图 2-70　梳妆写字两用桌

英国的家具设计和室内装饰设计在整个 18 世纪是最有成效的黄金时期。自 1702 年安娜女王继位后，国民生活水平开始迅速上升，中产阶层的财力增强，大量建造豪华住宅，室内装饰及家具也随之获得发展。乔治王朝时期（1714～1837 年），受洛可可风格的影响，并吸收了当地民间家具和东方艺术的精华，形成了具有英国特色的洛可可家具，涌现出了一批家具设计大师，其中最具代表性的是齐宾代尔（1718—1779 年），是一位影响整个家具世界的大师。

齐宾代尔从小学习木器制作，1754 年建成了拥有工厂、仓库、商店和办公室的齐宾代尔商行，同年出版了《室内装饰和家具设计图册》，以法国洛可可风格为基调，对宫廷化的豪华装饰作了修正，反映了乔治时期家具形态的基本特征。1759 年和 1762 年，先后又出版了第二版和第三版图册，尤其是第三版图册，加入了许多新古典主义式样的家具。在 18 世纪 60 年代家具历史发展的转折时期，吸收新的设计元素，充分表现出了活跃的设计思想，成为世界上第一位以设计师的名字命名家具式样的一代宗师。

齐宾代尔一生设计、制作的家具很多，其中最具代表性的是齐宾代尔式座椅。他设计创作出的一系列用易于雕刻的桃花心木做基材的椅子，背板采用薄板透雕和木框结构技术。独具匠心的绶带造型，中国风格或哥特风格窗头花格式构图方式，流畅的 S 曲线及球爪形腿，融合了洛可可、哥特式、中国式等设计元素于一体。见图 2-71～图 2-73。齐宾代尔的作品不仅对英国国内家具产生了巨大影响，而且对北欧、西班牙、意大利等国也产生了很大影响，从而确立了他在家具史上的权威地位。

图 2-71　绶带靠背椅

图 2-72　中国风格的扶手椅

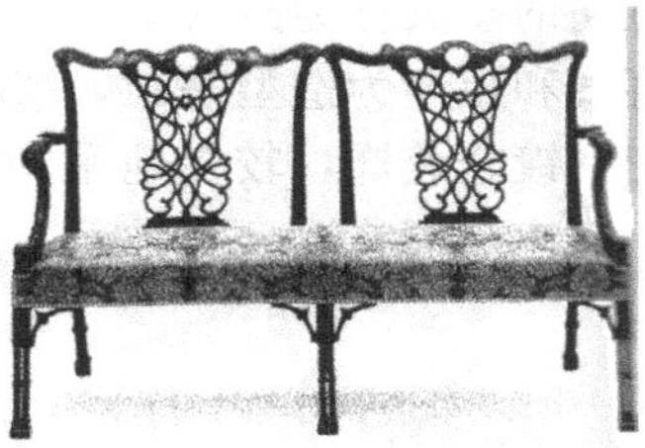

图 2-73　双人椅

18 世纪以后，美国各地生产力发展水平日益提高，经济获得迅速发展，形成了当地的资产阶级。他们吸收英国及当地殖民地式建筑和家具特点，形成了美国后期殖民地式家具。18 世纪初期的家具基本上是英国 17 世纪后期巴洛克式，即威廉-玛丽式家具风格。在 1760～1780 年，齐宾代尔式家具风格在美国流行，形成了美国齐宾代尔式家具风格，在美国费城甚至还开设了齐宾代尔家具学校，费城自然成了美国齐宾代尔式家具制作中心。这一时期家具的特点是：整体造型较多运用复杂的曲线，椅背上搭脑常用弓状的波纹曲面，腿部多采用猫腿或爪球腿。见图 2-74、图 2-75。

在美国众多的家具当中，非常值得一提的是温莎椅。温莎椅是产生于英国，盛行于美国，遍及全世界的一种旋杆式椅子。1725 年左右由英国移民流传到美国，最早在费城形成生产能力。这种椅子造型简朴，体态轻盈，结构简单，深受众人喜欢，适合普通劳动者使用，成为当时一种最畅销的家具。见图 2-76。

图 2-74 美国齐宾代尔式靠背椅

图 2-75 梳妆台

图 2-76 轮背温莎椅

2.2.3.4 新古典主义风格家具

风靡于 17～18 世纪的巴洛克风格和洛可可风格，发展至后期，其家具的装饰形式已完全脱离于结构理性而走向怪诞荒谬的地步，在某种意义上也反映了封建统治者生活的奢侈、腐化。继 1774 年英国资产阶级革命取得胜利后，1789 年又爆发了法国资产阶级大革命，19 世纪初期，欧洲大陆烽烟四起，最终以资产阶级的胜利给欧洲封建制度划上了句号。从此，人们从迷信无知的封建社会进入了科学、民主、理性的光明时代。

在艺术形式上，许多人开始抨击巴洛克和洛可可风格的繁琐与矫揉造作，并极力推崇古代希腊和罗马艺术的合理性，肯定地认为应当以希腊、罗马家具作为新时代家具的基础，形式应高度简洁明快，从而开始追求真正的古典主义。这一时期在家具史上称为新古典主义时期。

1774 年，路易十六世继承法国王位，到 1789 年法国资产阶级大革命摧毁波旁王朝，这一时期的家具称为路易十六式。前期的新古典主义式家具就是以法国路易十六式为代表的，以直线和矩形为造型基础，家具腿部变成了雕有直线凹槽的圆柱，脚端有球体状造型，减少了青铜镀金装饰，较多地采用了嵌木细工、镶嵌、漆饰等装饰手法。透露出了灵秀而不柔弱、端庄而不拘谨、高雅而不造作、抒情而不轻佻的特点。见图 2-77～图 2-79。

图 2-77 扶手椅

图 2-78 靠背椅

图 2-79 陈列柜

1799 年拿破仑发动政变，推翻了执政内阁，建立了国民议会，并于 1804 年建立了法兰西帝国，自称为拿破仑一世，直到 1814 年他倒台。后期的新古典主义式家具就是指这一时期的家具，称为帝政式。自从拿破仑称帝开始，他就充分认识到了艺术和装饰美术对于显示统治者权力的重要性，因此，帝政式家具为了显示权势的威严而忽略了家具的实用性和结构的合理性，用盲目模仿的手段进行装饰，显露出了生硬、虚伪的弱点，给人以生搬硬套的感觉，成为了古代家具的翻版。见图 2-80～图 2-82。

图 2-80　拿破仑王座

图 2-81　桶椅

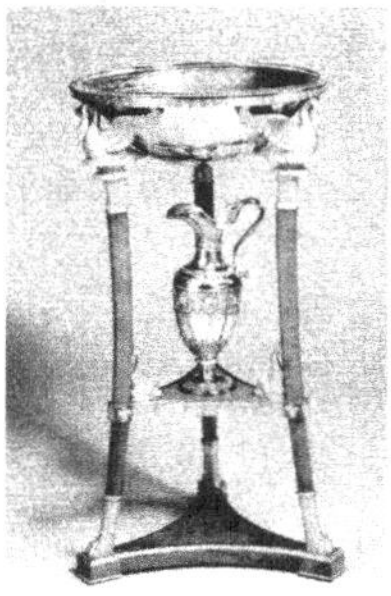

图 2-82　脸盆架

拿破仑之后的法国家具，在哥特式、洛可可式和新古典主义式之间进行变化，进入了混乱时期。在英国产业革命风浪的推动下，法国也开始进入用机械批量生产家具的生产体制。

18 世纪下半叶，英国的资产阶级也同其他国家一样，掀起了古典复兴的浪潮。在乔治三世时期（1760—1820 年在位），欧洲大陆的新古典主义运动对英国的家具风格产生了巨大影响，但英国的新古典主义式家具则是以亚当、赫普尔怀特、谢拉顿的个人风格为代表。

罗伯特·亚当（1728—1792 年）在 18 世纪 60～70 年代，首先在英国掀起了复兴古典艺术的风潮，成为英国新古典主义运动的先驱者。他设计的家具与其说重视形体的独创性，莫不如说重视装饰的新和美，其特点是形体规整、优美，而且带有古典式的朴素，结构简单。家具腿形表现为上粗下细，表面平整，常用贴金或镶嵌装饰。各种古典题材的优美的深浮雕，使得亚当式家具得以闻名。见图 2-83～图 2-85。

图 2-83　扶手椅

图 2-84　盾形靠背扶手椅

图 2-85　金博尔顿柜

赫普尔怀特（1700—1786 年）设计的家具比例优美、造型优雅，兼有古典式的华丽和路易十六式的纤巧。装饰单纯、结构简单，非常适合于朴实的普通市民生活方式。赫普尔怀特的风格特点集中体现在椅子的设计上，特别是椅子靠背设计独具匠心，有盾牌形、卵形、心形、圆形、椭圆形等多种形式，其中盾牌形设计是最具代表性、体现其特色的。见图 2-86～图 2-88。

图 2-86　盾牌状靠背椅

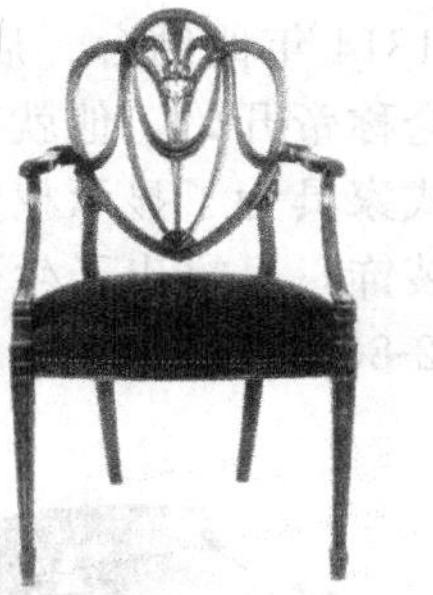

图 2-87　心形靠背椅

图 2-88　奖章状靠背椅

谢拉顿（1751—1806 年）的设计博采众家之长，在一定程度上反映了亚当风格和路易十六风格，比赫普尔怀特更进一步，基本放弃了曲线。他设计的家具以直线为主导，强调纵向线条，家具腿大多采用上粗下细的圆腿，腿与腿之间很少使用拉档。谢拉顿式椅子精细优美，尺寸比例适度，大部分椅背呈方形，有精巧的雕刻。见图 2-89～图 2-91。谢拉顿的设计注重家具的实用性，认识到家具造型美应体现在形体的处理上，过多的、复杂的装饰不能代替实用性，因此，谢拉顿式家具显示出了轻便和朴素，形成了经典的英国风格，宣告了英国古典家具的终结。

图 2-89　书柜

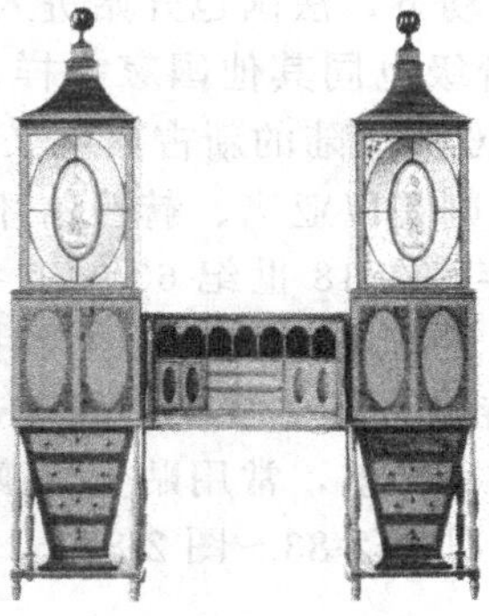

图 2-90　双面书柜

图 2-91　梳妆台

在家具史上，将美国独立战争胜利后至 19 世纪上半叶的美国家具称为联邦式。胜利后的美国，在政治上脱离了英国而转向法国，因此，法国路易十六式的室内装饰和家具风格大量传播到美洲大陆。另外，在法国大革命后又有许多法国新古典主义式家具的制造师及流亡贵族来到美国，促进了法国路易十六式家具在美国的推广和发展。当英美邦交正常化后，英国的家具式样再度传入美国，使美国联邦时期的家具又受到英国家具风格的冲击。19 世纪初，美国家具又吸收了法国帝政式家具的造型特点，经过改良之后形成了美国帝政式家具。代表人物有邓肯·法夫（1768—1854 年）、科格斯韦尔（1738—1818 年）、麦金太尔（1757—1811 年）等，其作品见图 2-92～图 2-94。

18 世纪下半叶，德国的经济获得恢复，实行了资产阶级改革，也兴起了复兴古典的建筑潮流。19 世纪初，柏林宫和香布伦宫等许多宫殿的国事大厅，都模仿法国的帝政式做了改装。在家具上，毕德迈尔式逐步取代了帝政式。毕德迈尔式家具剔除了豪华贵族式装饰，注重功能和实用的造型，给人一种简朴、诚挚的感觉，适应了中层阶级日常生活的要求。在古典主义建筑家辛克尔（1781—1841 年）的家具作品中，既无英国摄政式的纤细，也无法国帝政式的豪华，而是极为重视家具的功能设计，充分体现了毕德迈尔式家具的特点。19世纪后期，毕德迈尔式家具已深深地扎根于德国和奥地利中产阶级生活中，同时对英国也产生了较大影响。见图 2-95～图 2-97。

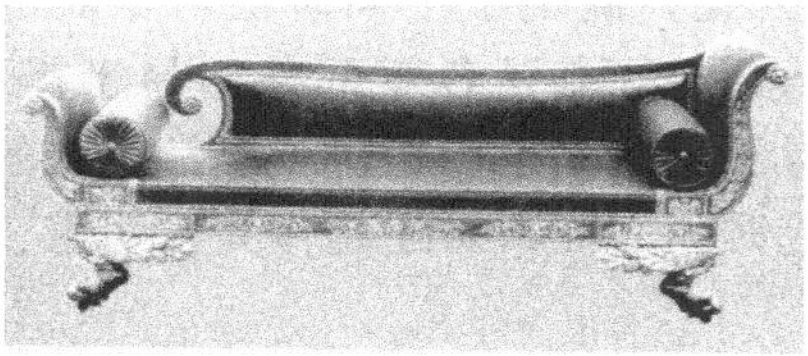

图 2-92　沙发

图 2-93　靠背椅

图 2-94　扶手椅（一）

图 2-95　读书椅

图 2-96　扶手椅（二）

图 2-97　卧室一角与床

2.3　现代家具的探索与发展

对“现代”概念可以从不同的视角来认识，最普通的字面上的意义是指新的，就当时来讲是最新的。从家具流行风格上来讲，现代家具有最新设计之意。但是，在设计的历史上，在不同人的眼里，许多看起来是新的东西，不过是旧的周而复始，换一种情境下则似曾相识。

现代家具的真正开端始于 1919 年包豪斯的创立，它顺应了大工业生产发展的潮流，为现代家具工业化发展开辟了正确的道路。

2.3.1　现代家具的探索

自 19 世纪中期起，西方家具开拓者们就开始了对现代家具设计的探索，从重装饰向重功能转变，从重手工向重机械转变。现代家具设计的探索就是对传统设计观念的挑战，在对家具观念转变、风格演变的过程中，许多优秀的家具设计大师经过了不懈努力，进行了卓有成效的探索。

2.3.1.1　迈克尔·托耐特曲木家具

1796 年 6 月 2 日，现代家具工业化生产的先驱迈克尔·托耐特生于奥地利莱茵河畔博帕特的工匠之家，1819 年在博帕特镇开设家具店，1830 年左右开始制造毕德迈尔式家具，同时开始研究曲木技术。经过近十年的技术改革，终于从实践中摸索出一套制造曲木家具的生产技术。1842 年 6 月，托耐特的“用化学、机械法弯曲脆材的技术”在维也纳获得专利。1849 年，托耐特与他的 5 个儿子成立了家族企业，1853 年把这家企业命名为托耐特兄弟公司，并购置了第一台蒸汽机。除了编藤工以外，辞退了公司里原来一直只习惯于用手工制作的 42 名工人，采用新机器、新方法和专利技术，托耐特公司在弯曲木家具生产中保持了长达 10 年的垄断地位。到 1876 年，托耐特公司已发展成为拥有 4500 名工人、10 台蒸汽机的大公司，每天可生产 2000 件家具。这样生产规模的公司就是现在的一般家具企业也是难以达到的。

托耐特家具的最大特点是物美价廉、形式多样、系列化，满足了不同阶层对家具的需求，适合于大批量生产，见图 2-98。托耐特椅的另一个重要特点是各零部件间易于拆装，尽可能地减少了家具的运输空间，便于运输，为现代家具工业化大生产提供了非常重要的借鉴意义。托耐特是手工业产品工业化生产的先驱，他无论是作为匠人，还是作为发明家、企业家、商人都是当之无愧的。

2.3.1.2 莫里斯与工艺美术运动

莫里斯（1834—1896 年）是英国最早的简洁风格设计师，是一位哲学家和践行者，他的设计不如他的思想那么重要。莫里斯出身于商人家庭，1853 年入牛津大学学习，受过良好的高等教育。他赞美中世纪手工技艺的美好，他的一系列工作以及理论，在英国产生了很大影响，带动了一批年轻的艺术家和建筑师们，对家具等一系列产品的设计进行了新的变革，从而从 19 世纪末到 20 世纪 20 年代左右，形成了一个英国设计革命的高潮，历史上称为工艺美术运动。他认为家具的形式、外貌必须合乎“真实”和“发挥个性”，反对全部用机械制造产品。他的思想核心是崇尚优秀的作品，认为只有艺术家和工匠尽力合作，才能获得优秀的作品。他反对纯艺术，主张艺术和技术相结合。他的艺术观点，对于 19 世纪末的艺术探索来说，无疑是具有开创性和启发性的。他不仅仅是说教，而是身体力行地用自己的作品来宣传设计改革。1859～1860 年，由建筑师韦伯为莫里斯设计的婚房——“红屋”，见图 2-99，抛弃了常规的文艺复兴式的建筑立面，只用本地产的红砖，不加粉饰，表现出材料本身的质感。在进行内部装修时，所有的家具以及壁纸、壁挂、用具等室内设施都由莫里斯和他的同事们一起亲手设计和制作。红屋成为了工艺美术运动的一个纪念碑，不过它的象征意义要大于它的实际意义。

受到这种合作的鼓舞，1861 年，莫里斯和两个志同道合的朋友马歇尔、福克纳成立了以三个人名字的字头命名的商行——MMF，从事绘画、雕刻、家具及铁件制造业务，专门接受教会和当地居民的委托，为他们制作上述制品，并在各种国际性的展览会上出头露面，从而名声远播。1875 年，莫里斯全面负责商行业务，将商行简称为莫里斯商行。莫里斯商行曾生产一种由韦伯设计改良的苏塞克斯椅，见图 2-100。这种椅子曾流行于苏塞克斯的农村，用简朴的旋木技术制成，体现了造型的简洁性和功能的重要性，改良后博得了知识分子阶层的欢迎，这也使他们对民众需求产生了兴趣。

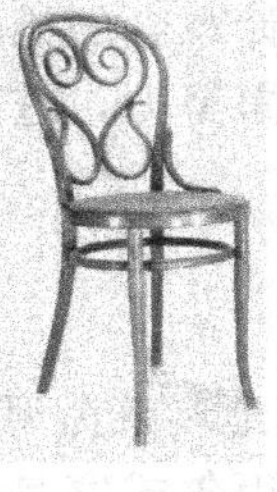

图 2-98　托耐特曲木椅

图 2-99　莫里斯的红屋

图 2-100　苏塞克斯椅

莫里斯商行是第一家由美术家来设计产品并组织产品生产的机构，在工业设计史上起到里程碑式的重要作用，标志着西方艺术新纪元的开始。莫里斯设计工业品的两大原则是：其一，产品是为千百万人服务的，不是给少数人玩赏的；其二，设计工作必须是集体劳动的结果。他还提出了决定20世纪命运的大问题：“若不是人人都能享受艺术，那艺术跟我们究竟有什么关系？”就此而言，莫里斯是20世纪名副其实的预言家，称得上是“现代运动之父”。

莫里斯在理论上达到了非常高的高度，但是行动却背离了他的理论。莫里斯商行所加工的制品几乎全是奢侈品，因为他对生产质量的要求过于严格，这种高品质的产品对于千百万大众来讲，仍然是可望而不可即的。他不得不承认廉价的艺术是不存在的。莫里斯只走到反对纯艺术、主张艺术与技术相结合这一步就停住了。

2.3.1.3 新艺术运动

自19世纪末，几乎整个欧洲大陆上都兴起了设计革命运动的高潮。这场设计运动是以比利时、法国为中心发展起来的，史称“新艺术运动”。这一运动主张摆脱工业化生产对艺术的束缚，从自然界吸取设计素材，采用弯曲的曲线，把植物的曲线形态作为室内装饰和家具设计的构图原理，反对采用直线，也反对对传统的模仿。同时主张艺术与技术结合，艺术家从事产品设计。从这些方面看，这一运动仍然没能超出英国工艺美术运动的局限，还只是停留在对形式的追求上。

新艺术运动中的代表人物有法国巴黎派的西格弗里德·宾和南锡派的埃米尔·盖勒，比利时的威尔德，西班牙的高迪和英国的麦金托什等。

在法国促进新艺术风格最为得力的是西格弗里德·宾，他于1838年出生在德国汉堡，从汉堡大学毕业后就来到巴黎，跟父亲一起经商，本人是一个出版商与商人。西格弗里德·宾不是一个改革者，但是他希望把装饰艺术从次要的艺术提升至与纯艺术相提并论的地位。1895年12月，他在巴黎开设了一间艺术展览室，取名为“新艺术画廊”，展出他喜欢的一些艺术家的作品。1900年，他参加巴黎博览会，展出了具有自己风格特点的新式家具与室内装饰。从此，“新艺术”画廊的名字就成为这一设计改革运动的名称。自此，新艺术运动不仅在法国，而且在许多欧洲国家都蓬勃开展起来。

法国南锡派代表人物埃米尔·盖勒生于1846年，其父亲在靠近南锡处有一个小型工厂。埃米尔·盖勒从小就对植物感兴趣，喜欢描摹。16岁时到德国学习，当了一名吹制玻璃的学徒。1870年回到巴黎，在他父亲的工厂工作，后于1874年在南锡开设了自己的玻璃工作室。期间逐渐对家具设计产生兴趣，于1884年开了一家家具工厂。起初由雇用的工人们制作家具，后来，他终于从工人那儿学到了足够的技艺，开始自己单独制作一些家具。他制作的第一件家具就是新艺术风格的，但是也借鉴了一些历史上的其他风格。早在1885年，他就用镶嵌来作为装饰技术，在题材上，大多采用动植物做基础造型图案，可以说他属于严格的新艺术派，这很快使盖勒名声大震，见图2-101。

比利时新艺术运动的代表人物是威尔德（1863—1957年），出身于画家家庭，日后也当过建筑师。他认为艺术的新生只能从信服地接受机械作用和大批量工业生产来实现，从这一角度上来说，他比莫里斯的思想更先进了一步。威尔德主要从事家具与室内设计，与法国新艺术运动风格相比，他的作品更讲究功能性，用线虽以弯曲为主，但繁琐雕饰很少，见图2-102。1896年，他模仿莫里斯的做法，创办了工艺美术厂，定名为工业美术建造装饰公司。1902年，他考虑到设计改革应从教育入手，接受了德国魏玛大公的邀请，来到魏玛城主办职业美术学院，并负责校舍建筑。在他的竭力要求下，1908年将这所学校改建为市立工艺美术学校，成为德国包豪斯的前身。

图 2-101　盖勒设计的矮衣柜

图 2-102　威尔德设计的餐椅

威尔德的设计思想在当时是相当先进的。他早就提出在产品设计上对技术的肯定和技术第一性原则。早在 19 世纪末，他就曾指出："技术是产生新文化的重要因素"，"根据理性结构原理所创造出来的完全适用的设计，才能实现美的第一要素，从而才能取得美的本质。"到了魏玛之后，他的思想又有了进一步的发展，主张艺术与技术结合，反对纯艺术。他认为："机械如果能运用得当，可以引发设计与建筑的革命。"他提出设计的最高准则是：产品结构设计合理，材料运用准确严格，工作程序明确清楚。他在这一点上已经突破了新艺术运动只追求产品形式、不管产品功能的局限性，推进了现代设计理论的发展。

西班牙是个盛产艺术天才和设计怪杰的国度，这种传统已有千年历史，尤以近现代为多。在产品设计上具有国际声望的这是建筑师、家具设计师安东尼奥·高迪（1852—1926年）。他的设计风格体现了新艺术运动的特点，是西班牙乡村风格与西班牙传统材料及技法的综合体现。高迪不仅是西班牙建筑史中最伟大的人物，也是现代设计运动中最关键的设计大师之一。高迪在他并不算太长的生活旅程中完成了大量精心设计的作品，其中绝大多数建筑物在巴塞罗那市区，成为该市最宝贵的文化遗产之一。

图 2-103　高迪设计的卡佛椅

高迪所有的建筑设计作品，都是从外观到室内再到家具的设计手法完善统一的整体。家具都是为某一特定的建筑室内设计的，它们因此都非常明确地成为建筑室内整体设计的一个组成部分。在具体构件的设计手法上，高迪对当时流行的新艺术运动的诠释要比所有同时代的法国和比利时建筑师们都更为大胆和抽象，以他为首的一些设计师主张采用曲线从事建筑、家具及其他一切产品的设计，所以他的设计风格被冠为"曲线风格"，见图 2-103。高迪等人为了追求曲线，反对直线，有着强烈的以形式压倒功能的特征。为了追求曲线，建筑物设计得弯弯曲曲，连门窗也被厚重的曲线墙所包裹。桌、椅等家具几乎没有一条直线，确切地说就是一件雕塑品。但是非常重要的一点是高迪在设计中对功能及人体工程学的精心考虑，甚至可以认为高迪是现代人体工程学发展的奠基人之一。高迪的每一件家具作品都成为难得的艺术珍品，他的设计不是主流，但却是永恒。

英国的格拉斯哥学派于 19 世纪 50 年代成立于苏格兰的格拉斯哥，是由格拉斯哥画家集团发展而来的画家组织，包括一些建筑家，其中一个主要成员是建筑家查尔斯·伦尼·麦金托什（1868—1928 年），是最早冲破工艺美术运动的阻拦，开始标榜新艺术运动的。麦金托什主张改变新艺术那种追求装饰美、追求曲线及吸取自然风格的原则，力图采用简洁的直线、明快的色彩来从事现代家具与室内设计。他设计的家具几乎一律采用直线，体现植物生长垂直向上的活力。他被公认为是新艺术运动时期英国唯一的杰出人物和 19 世纪后期最富创造性的设计师。

作为建筑师的麦金托什，在家具设计中，创造了一种非常有个性，同时充满象征意味的简洁优雅的形式语言。这种创造，源自他对英国本地传统、中国家具传统及日本设计影响的天才般的结合。他把家具作为建筑空间设计中的重要因素来把握，特别重视外观美，甚至超过了实用功能。设计中对规整的几何形体的运用，很大程度上反映出他对日本装饰艺术及建筑形式的兴趣。几乎在他所有的室内设计中，椅子和其他家具同时也是界定和划分空间的实体。他设计的椅子靠背高度一般都在 140cm 左右，完全是为了追求高耸、挺拔的视觉效果，见图 2-104。为了缓和刻板的几何形式，他常常在油漆的家具上绘制几支程式化了的红玫瑰花饰。

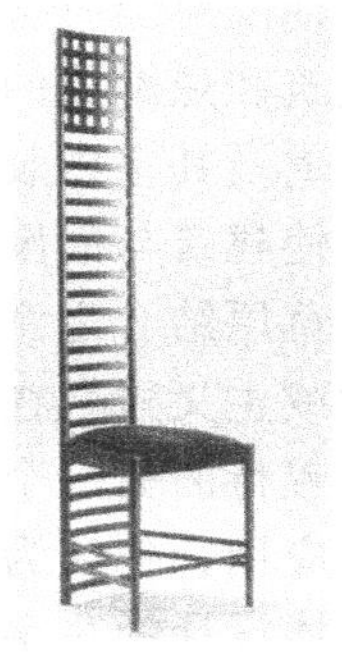
图 2-104 麦金托什设计的希尔住宅椅

麦金托什设计的产品大部分已经摆脱了新艺术运动时期那种不考虑机械化批量生产、不考虑经济成本、采用大量曲线的做法，接近现代大众家具与室内设计的时代精神。他承认机械生产，从机械生产这一角度出发，设计了不少新风格的家具与室内装饰，成为现代主义在家具与室内设计方面一个极为典型的代表，是英国乃至整个欧洲影响力最大的建筑师。赫伯斯纳说：“只有麦金托什才配称为新艺术运动及反新艺术运动两种运动的拥护者及证人”。

2.3.1.4 美国芝加哥学派

当欧洲各国正在为艺术与技术的结合而斗争的时候，美国这个新兴的资本主义大国则正在大洋彼岸不声不响地发展着自己的工业设计。美国早期的产品根本没有考虑到造型设计，其设计只是出于单纯的实用主义，怎么好用就怎么做，从而在实用之中发展出一条功能第一的思想来。虽然新艺术运动及工艺美术运动的浪潮也曾波及美国设计界，但很快就被美国的实用主义加以改头换面。

虽然美国在工业产品设计上只知道重视功能，提不出什么理论，但在建筑上却领先各国，从而为美国的工业设计理论奠定了坚实基础。其中最重要的建筑学派是 1870 年前后兴起的芝加哥学派。沙利文（1856—1924 年）是芝加哥学派的理论奠基人，他最先提出了“形式随从功能”的口号，为功能主义开辟了道路。从 19 世纪末期起，欧洲的复古主义、折中主义设计风格传入美国，使芝加哥学派受到了很大冲击。就在这一黑暗时期，他的门徒赖特，为现代建筑及家具的发展奠定了基础。

弗兰克·劳埃德·赖特（1867—1959 年）是世界现代四大建筑师之一，他留下了 400 多幢建筑，其中主要是单幢的家庭住宅，是他天才创作的遗产。虽然他并不是被其他建筑师所普遍追随的人，但是人们公认他是最杰出的美国建筑师和现代主义的先驱者。他在家具设计领域的成就，也使他成为一位重要的现代家具设计大师。赖特是第一代几位建筑大师中最长寿的一位，这使他身兼设计先驱及现代设计大师双重身份，其创作时代经历了现代设计发展的不同阶段。

赖特出生在威斯康星州，从小就沉湎于大自然的怀抱和设计中，他的母亲给他搭房子的积木玩具，他的当音乐家的父亲教导他音乐与建筑的结构原理是相似的。1885～1887 年，在威斯康星州立大学土木工程系学习工程。1887 年来到芝加哥，加入沙利文的建筑事务所，当一名制图员，开始了他的职业生涯。1894 年开设了自己的建筑事务所，独立发展着美国土生土长的现代建筑——草原式住宅。如果说大自然对他起到正面的影响，那么当代的建筑则是一个负面的样板。赖特认为仿古的维多利亚式房屋放在美洲大陆的中心区域是摆错了地方，他反对当时甚嚣尘上的时尚，这促使他为新时期创造新建筑。在世纪之交，涌现出盒状的建筑和炫耀式的室内装饰，赖特引进了开敞式的草原风格。到1900年，赖特设计了50多座住宅及其室内装饰。草原式住宅的特点是强调造型与功能的天然联系，摆脱折中主义的俗套，使建筑与周围环境融为一个整体。“草原”就是表示他的住宅设计与美国西部一望无际的大草原结合之意。人们称他为“草原派”建筑风格的领袖，但他从来不喜欢把任何标记、运动或主义冠名在自己头上。

赖特的另一个贡献是对机械化批量生产的高度肯定。他虽欣赏工艺操作，但他更强调机器的应用，他认为艺术家应该将机械作为自己的工具，自由充分利用。1904年他为拉金行政大楼设计的写字台和配套的办公转椅，见图2-105，1953年为普莱斯塔楼设计的安乐椅，见图2-106，以及1955年在他晚年时设计的塔里埃森系列家具，都是适合工业化批量生产的。

图2-105　办公转椅

图2-106　赖特设计的安乐椅

2.3.1.5　穆特修斯与德国工业同盟

穆特修斯（1861—1927年）是一位建筑师和外交官，1896年，他被委任为德国驻英国大使馆建筑专员，直到1903年回国。在伦敦，他有机会详细地调查了英国工艺美术运动状况，完全了解这一运动的本质、不足与致命的弱点——对机械的否认，从而开始形成自己的设计思想。1907年10月，他与诺曼、史密特三人着手组建了德国工业同盟，出于把艺术和工业结合起来的愿望，团结了各方面人士，包括大学教授、工匠、纯艺术的艺术家、工业家、设计师和政治家们。与工艺美术运动不同的是，德国工业同盟反对大多数英国和欧洲大陆文化批评家向后看的手工艺的浪漫主义，但是与工艺美术运动相同的是，它也试图恢复手工劳动的尊严，填平艺术与工业之间的鸿沟，创造出本民族的风格，至少要培育出适合滋生的土壤。

德国工业同盟的最大事件是1914年7月在科隆展览会上关于标准化的一次论战，争论的双方是穆特修斯与设计改革元老威尔德。威尔德认为：“工业同盟中只要有艺术家存在一天，我们就一定要反对任何搞标准化的企图。艺术家从本质上讲是热情的自我表现者，是自由自在的表现者，绝不会屈从于任何规律与原则。”穆特修斯则认为：“建筑设计和工业同盟的一切活动，其目的在于标准化。只有凭借标准化，造型艺术家才能达到坚持文明时代最为普通、重要的因素；只有坚持标准化，其设计结果才能让一般大众接受，在此基础上才能谈及设计风格的趣味问题。”穆特修斯的有力证据和理论，驳倒了威尔德的主张，指明工业设计的发展必须立足在批量机械生产的基础之上，并且必然要采用标准化的生产方式。

德国工业同盟着眼的是美术、工业和手工艺的整体，他们所影响及培养的不少人才，都对现代建筑及家具产生了深远的影响，如格罗皮乌斯、密斯、柯布西耶等，都为现代主义的发展奠定了基础。1914 年第一次世界大战爆发，工业同盟的活动被迫中断，但工业同盟的影响和作用是相当大的。

2.3.2 现代家具的形成

长达四年的第一次世界大战，使欧洲大陆遭到了严重破坏。在两次世界大战之间，欧洲各国的建筑和家具得到了新的发展，西方家具设计师们经过半个多世纪的探索，开始走上现代主义道路，终于迎来了现代家具新时代。

2.3.2.1 荷兰风格派

第一次世界大战期间，荷兰中立，免于战争灾难，建筑事业得到发展，使一些青年建筑师们有机会继续前行并崭露头角。1917 年，荷兰的一些青年艺术家组成一个名为“风格”的造型艺术团体，史称风格派。1918 年，在发表的风格派宣言中写到：“有一个旧的时代意识，也有一个新的时代意识，新旧之间的斗争可以在世界大战中和现代艺术中看到。战争在摧毁旧世界，新的时代意识正在一切事物中实现，而传统、教条和个人的优势妨碍这个现实。因此，我们号召一切信仰改造艺术和文化的人去摧毁这个障碍，为形成国际统一的生活、艺术和文化而奋斗。风格派就是为了实现这个目标而成立的，力争为确立和阐明生活的新观念做出贡献。”风格派在造型上主张采用纯净的立方体、几何形以及垂直或水平的平面去进行新的造型，反对曲线。色彩也只用红、黄、蓝三原色，间或有一点黑、白、灰无彩色。

风格派在众多的流派中被认为是最主要的现代设计流派，其中对家具有着巨大贡献的人物是里特维尔德（1888—1964 年），他是创造出“革命性”设计构思的设计大师，是家具设计史上第一件现代家具的设计人。1917 年，他设计并制作了“红蓝椅”，见图 2-107，是最早的抽象形态椅子，采用了立体派视觉语言的设计手法，把造型主义的美学延伸到三维空间中，成为风格派造型结构理论的典型作品。这件家具是用螺丝钉装配而成的，形式简洁，视觉感觉十分轻巧，便于机械加工和批量生产。克拉斯曾经把它描述成“风格派的哲学在三维空间中的实现。……里特维尔德重新定义了椅子，这是没有先例的”。里特维尔德的另一个惊世之作是 1920 年左右完成的“Z”形椅，见图 2-108，在家具的空间设计组织上又是一次革命，在最直接的功能上则扫除了落座者双腿活动范围内的任何障碍。这些设计对于“现代家具”的影响是巨大的，是现代家具的代表作，所以，有的学者认为这是现代家具形成的起点。

图 2-107 红蓝椅

图 2-108 “Z”形椅

2.3.2.2 包豪斯学派

设计史上一个重要的转折点发生在 1919 年，它改变了当时全部设计教育的概念。包豪斯的第一任校长格罗皮乌斯（1883—1969 年）出生在柏林，1903 年开始就读于慕尼黑技术大学，1908～1910 年，担任彼得·贝伦斯教授的首席助理，并在此期间结识了密斯·凡·德·罗。1918 年，他被委任为魏玛美术学院与市立工艺美术学校校长。第一次世界大战刚刚结束，1919 年 4 月，经格罗皮乌斯建议，政府批准将魏玛美术学院与市立工艺美术学校合并，成立国立魏玛建筑学院，简称为包豪斯，他成为包豪斯的奠基人和第一任校长，第一次真正以学术的体系来促进现代观念。1921 年，他主持了该学院的第一个家具作坊，原型家具被生产出来，目的是进行工业化生产。他主张形式要服从于功能，而功能是高于艺术的。在包豪斯，强调艺术间的统一性，教师、学生或者“师傅和学徒”都力争做手工工匠，而不是艺术家。格罗皮乌斯在创办学院的计划书里这样写道：“包豪斯力求把各种创造性的努力聚集起来，重新统一所有实用艺术的原则，包括雕刻、绘画、手木工、手工工艺，作为建筑中不可分割的组成部分。”

包豪斯设计哲学的一个原理是形式必须符合功能和工业化的机械生产，它成为现代运动的一项基本信条。格罗皮乌斯对这个理念的建立及推广做出了重要的贡献，图 2-109 是他设计的木框架软包办公用沙发，遵循构成主义的几何原理，以纯几何形体为基础，通过简单模块组合的形式，极大地简化了制造及组装程序。包豪斯不但奠定了现代主义设计的教育体系，同时培养了一批具有现代主义设计思想的设计大师，在产品设计的程序、理论、风格上，对德国、欧洲及世界各国都产生了巨大影响。1923 年夏季，包豪斯举办了第一次展览会，这次展览会上所显示的巨大成就是体现出工业化批量生产与美术设计的完美统一与结合，受到了整个欧洲、美国及加拿大评论界的高度评价，格罗皮乌斯的设计思想也因此传向世界各地。

布劳耶（1902—1981 年）生于匈牙利，从小喜爱绘画与雕刻，18 岁时在维也纳艺术学院学习，1920 年春来到德国，进入刚刚成立的包豪斯学院学习，学习期间成绩斐然。早在 1922 年就发表了对当时来讲具有革命性的厨房组合单元家具。在包豪斯期间，他结识了格罗皮乌斯、密斯、柯布西耶等设计大师，在建筑设计方面受其影响很大，但布劳耶在家具设计方面的天才却令所有同仁敬佩。1924 年，他留校就任包豪斯的家具部主任。

布劳耶是现代家具发展历程中最具突破性创造力的一位大师，1925 年，当他只有 23 岁时就设计出举世瞩目的瓦西里椅，见图 2-110，因第一次应用弯曲钢管新材料做家用家具而名垂史册。在这件作品中，布劳耶引入了他在包豪斯所受到的全部影响：其方块的形式来自立体派，交叉的平面构图来自风格派，暴露在外的复杂的构架则来自结构主义，在此基础上他再引入弯曲钢管。瓦西里椅后来由世界许多厂家生产过，至今仍以各种变体形式制作着。这件作品对设计界的影响是划时代的，它不仅影响着布劳耶以后的设计作品，而且影响着成百上千的其他设计师的作品。

图 2-109　木框架软包办公用沙发

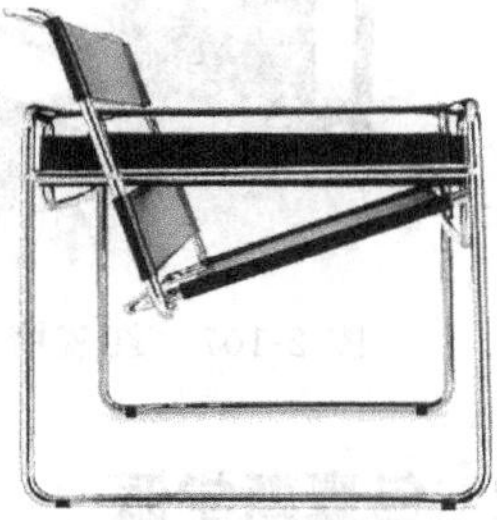

图 2-110　瓦西里椅

瓦西里椅成功之后，布劳耶继续探索着弯曲钢管的进一步开发利用，并在1928年设计出他的第一件充分利用悬臂弹性原理的休闲椅——塞斯卡椅。这把椅子引进了古老的藤编座面及靠背，并与当时最现代化的弯曲钢管结合起来，使之更舒适。随后布劳耶又巧妙地在原悬臂椅基础上设计出扶手，这样无论坐面还是扶手都有弹性，这是对家具舒适性的进一步考虑，见图2-111，塞斯卡椅成为影响20世纪椅子设计最为深远的一款产品，托耐特公司现在仍然在生产这种椅子。

密斯·凡·德·罗（1886—1969年）生于德国爱森的一个石匠家中，石匠家庭出身的背景使他很早就娴熟地掌握了工具的使用，并形成了对材料尊重的意识，最初是石料，而后则是钢和玻璃，受过建筑师的训练。1908年，他进入在当时最领先的建筑先驱彼得·贝伦斯的设计所工作，在此期间与另两位大师格罗皮乌斯和勒·柯布西耶共事，后来他又受到美国建筑大师赖特的设计理念的影响，所有这些形成了密斯设计哲学的基础来源。他与格罗皮乌斯、勒·柯布西耶、赖特一同被列为现代四大建筑师。其充满创新设计的家具，也把他成就为第一代现代家具设计大师之一。其家具设计的精美比例，精心处理的细部工艺，材料的纯净与完整，以及设计观念的直截了当，最典型地体现了现代设计的观念。

1926年，密斯设计的钢管悬臂椅——MR椅，见图2-112，是他在家具设计上的处女作。这件以弯曲钢管制成的悬臂椅显然受到布劳耶作品的启发，但与布劳耶的作品相比较，钢管变细、形体略大、曲线更加流畅自如，以弧形表现了对材料弹性的利用。座面下的钢管为向下弯曲的弧状，不但可以防止坐的时候碰到臀部，而且可保持皮革张紧。这把椅子以其文雅娴静的线条、明快欢畅的形体，产生了一种难以仿效的美感。

1926～1932年，他担任德国工业同盟副主席，主持了该同盟在斯图加特举办的工作同盟大会。1928年，他提出“少就是多”的设计处理原则，并在1929年他设计的巴塞罗那世界博览会德国馆中得到充分体现。为了装饰德国馆，密斯设计制作了著名的巴塞罗那椅，见图2-113，这把椅子最初是为前来剪彩开幕的西班牙国王和王后准备的。巴塞罗那椅以X形不锈钢条作支撑，非常优美又体现功能性，支撑构件都用手工磨制而成，坐面与靠背被处理成方格形式的皮料软包。同著名的德国馆相协调，这件体量超大的椅子也明确显示出高贵而庄严的身份。巴塞罗那椅是现代家具设计的经典之作，为多家博物馆收藏。

图2-111　塞斯卡椅

图2-112　MR椅

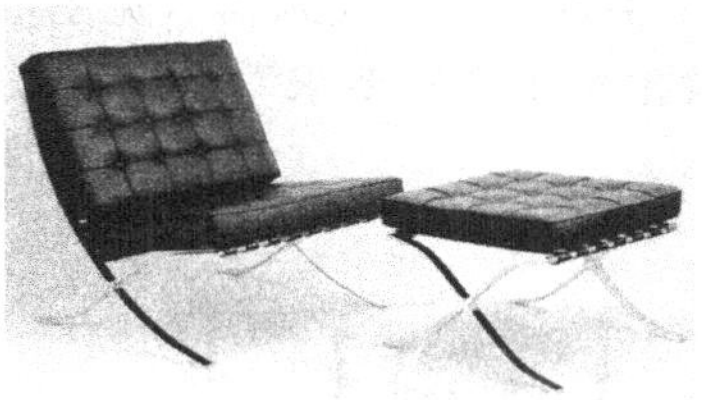

图2-113　巴塞罗那椅

1930年，继格罗皮乌斯、汉斯·迈耶之后，密斯成为包豪斯的第三任也是最后一任院长，一年多以后学校被迫从德绍迁到柏林，1933年4月盖世太保又占领了学校，密斯奔走求助无效，包豪斯终于在1933年7月宣布正式解散。

1937年，密斯来到美国芝加哥伊利诺工学院建筑系从事建筑教育。教学并不妨碍密斯从事大量的建筑设计，这段时间他也设计了很多新的家具作品。密斯的家具设计体现了他的“当技术实现了它的真正使命就升华为艺术”这一艺术与技术统一的思想。密斯非常注重椅子的功能性，他说：“我制作的椅子，要亲自坐上几个小时，体验一下是否有疲劳感。”密斯以他“少就是多”的设计思想从事建筑、室内及家具设计，他那宁肯让人生活在宽敞的空间中，也不让人生活在家具的缝隙中的思想，始终贯彻于他的设计实践中，成为高度概括的“密斯风格”。

勒·柯布西耶（1887—1965年）是现代建筑运动的激进分子和主将，也是20世纪最重要的建筑师之一。他虽然不是包豪斯学派的，但是他与包豪斯的设计与原则联系密切。勒·柯布西耶生于瑞士一个生产钟表的地区，家庭几代人都是表壳装饰雕刻工。他自幼聪颖好学，受到父母格外器重和着意培养。1900年前后，他进入当地工艺美术学校学习刻板和装饰技术，初次受到欧洲新艺术运动的熏陶。他的老师鼓励他学习建筑，从1904年起，他背起旅行袋到处游览写生，常年考察建筑，走遍了意大利、奥地利、匈牙利等国的名胜古迹。1908年初来到巴黎，进入法国建筑师奥古斯特·潘瑞特设计事务所见习，在那儿学会了钢筋混凝土技术。1910年，他来到柏林，进入彼得·贝伦斯建筑事务所工作，与格罗皮乌斯、密斯等人一起从事设计工作，并对大批量生产家具产生兴趣。他在这里只工作了半年时间，很快就掌握了贝伦斯的设计思想，立志要为新时代——伟大的机械化大生产的新时代，创造出新的形式。

1911年以后，柯布西耶又开始旅行考察，东游捷克和斯洛伐克、巴尔干半岛、小亚细亚和希腊等地，后又回到家乡，同以前的老师一同教学，同时进行建筑设计。1917年移居巴黎，开创自己的设计和艺术事业。他是一个精力充沛的人，每天的时间表都排得非常满，上午绘画，下午设计，晚上写作，“勒·柯布西耶”最初只是他的笔名，1920年，他改名为勒·柯布西耶。他对当时流行的各种艺术风格、设计理论都广为接触，深入思考，从中有所选择地吸收精华。对荷兰风格派、对表现主义、对结构主义、对超现实主义等他都不完全接受，因为他认为这些风格流派并不适用于社会。他并不完全同意贝伦斯对设计的纯实用态度，他认为这样的作品艺术感匮乏，但是他非常赞赏贝伦斯的功能主义和工业化生产；他欣赏赖特的开放平面，喜欢卢斯和霍夫曼的国际风格；各地古代建筑文化中，尤其是希腊神庙纯粹的几何构图和完善的比例更让他受益匪浅，这些因素后来都应用到了他自己的建筑设计和家具设计中。1922年，柯布西耶成为一名建筑师，1928年，他又成为一名画家。

勒·柯布西耶的才华在建筑设计中得到了淋漓尽致的发挥，他的家具设计作品数量并不多，但每一件对后世及当代设计师都有深远的影响。如1927年他与皮埃尔·吉娜瑞特和夏洛特·贝里安共同设计的平衡椅（见图2-114）、角度可自由调节的躺椅（见图2-115）、1928年设计的大安乐椅（见图2-116）等。这些作品体现了“对功能和美的追求，适于标准化及批量生产的要求”，成为20世纪家具的象征，特别是由于批量生产而为大众所熟知。

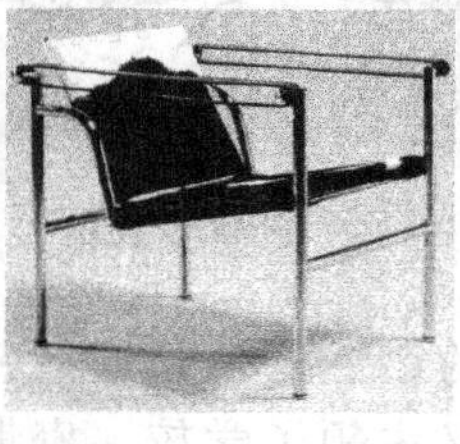

图2-114　平衡椅

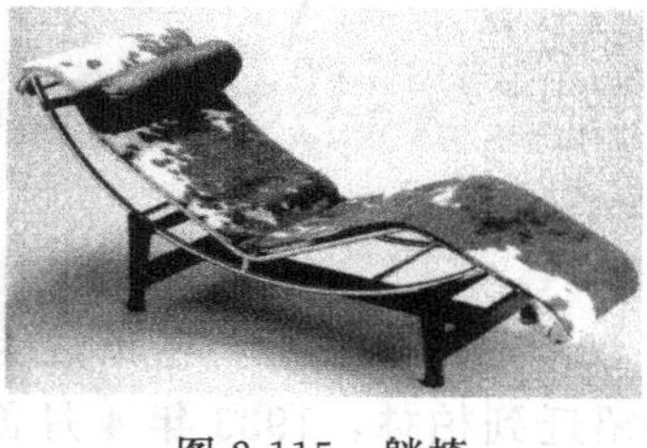

图2-115　躺椅

图2-116　大安乐椅

勒·柯布西耶还在音乐的启示下，提出了他著名的“模数”理论。他在《论模数》一书中从人体的绝对尺度出发，选定了下垂手臂、脐、头顶、上伸手臂四个部位作为控制点，与地面的距离分别为863mm、1130mm、1829mm、2260mm。这些数值之间存在着两种关系，一种是黄金比率关系；另一种是上伸手臂高恰为脐高的两倍，即2260mm和1130mm。利用这两个数值为基准，插入其他相应数值，形成两套级数，称为“红尺”和“蓝尺”。将红、蓝尺重合，作为横、纵向坐标，其相交形成的许多大小不同的正方形和长方形，就是勒·柯布西耶的模数图，它反映了模数与人体工学之间的关系。模数设计已成为家具设计的热门题目，并且充分体现出了这种设计思想的优越性。

2.3.3 北欧现代家具

北欧五国也称斯堪的纳维亚国家，包括瑞典、挪威、芬兰、丹麦和冰岛，一年中约有一半时间处于严寒的冬季，漫长的室内生活使人们十分希望居室具有温暖舒适的氛围，对居室中的摆设提出了较高的要求。北欧的现代家具设计虽受包豪斯的影响，吸收了包豪斯的功能主义，但设计师很快就对它的生硬古板的造型加以修正，使其柔化，更贴近自然。也许这是出于市场的压力，但或许更是对北欧长时间的严寒天气下人们需要有更暖和、更友善的室内环境的深思熟虑所致，这不是包豪斯轮廓分明的家具所能给予的。由于其地理、人文特点，北欧家具设计因地制宜地选择了一条现代家具与传统风格相结合、与当地材料相结合、与工艺技术相结合的道路。

北欧的设计运动首先从丹麦和瑞典发展起来，其原因是这两个国家经济比较繁荣，国内政治保持了较长时期的稳定与和平的社会环境。另外，这两个国家有相当悠久的手工艺传统，民众对木制品及家具等日用品有较高的欣赏水平和评价标准。芬兰和挪威则较为滞后，这两个国家在20世纪初都经历了为独立而进行斗争的社会动荡。1905年，挪威解除了与瑞典的政治联盟关系；1917年十月革命之后，芬兰也摆脱了俄国的控制。由于芬兰、挪威与丹麦、瑞典相邻，其文化背景、自然条件等也极为相似，所以也受到这两个国家的影响，随即发展起自己的设计。

2.3.3.1 丹麦家具

早在400多年前，丹麦就创办了木器行业的活动组织，成员们经常聚在一起切磋技艺。在现代家具的形成与发展过程中，以克林特、雅各布森、潘顿、莫根森、居尔、威格纳等为代表的丹麦设计师取得了辉煌的成就。丹麦家具走上现代设计道路的奠基人是凯尔·克林特（1888—1954年），他被誉为“丹麦家具设计之父”、“丹麦第一功能主义设计大师”，是丹麦现代家具开山鼻祖。早年他曾随其父学习建筑，1914～1915年，在建筑家彼得森的指导下，亲自动手制作了哈彼格美术馆的家具，之后他开始决意要从事家具设计。由于受当时新艺术运动的冲击及社会新思潮的影响，他的设计重点集中在功能性、人情味家具的设计上。他的设计思想及对家具的研究，对以后北欧国家的家具设计产生了很大的直接或间接影响。

1924年，克林特就任哥本哈根皇家美术学院建筑系新设的家具专业教授，在这里，他产生了一系列家具设计新理论，培养了大批才华横溢的家具设计人才，通过这些人的活动，促进了丹麦家具的发展，形成了克林特学派。图2-117、图2-118分别是克林特在20世纪30年代设计的甲板椅和远征椅。

他主张设计师在接受正规教育之前，必须在家具厂接受两年学徒训练，使他们在开始设计之前，对材料和加工方法能有一个全面的了解。在物与人的关系、必要的生活空间、结构形式、材料处理、功能尺寸等方面的研究上，克林特都有他的独到之处。他是强调使木材保持自然感的先锋，他认为天然的木材是最美的，保持木材天然美是美的设计的基础。“用正确的技巧处理木材，才能真正满足人类的需要，获得美的艺术效果。”“将材料的特性发挥到最大限度，是任何完美设计的第一原则。”这些浅显而深刻的道理，实为现代家具设计的最高原则。

图 2-117　甲板椅

图 2-118　远征椅

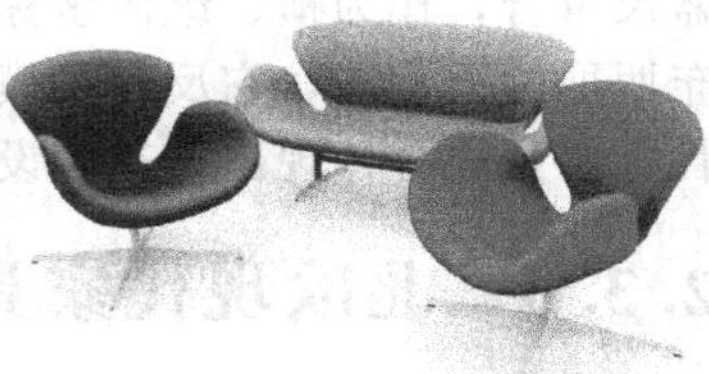

图 2-119　天鹅椅

阿纳·雅各布森（1902—1971 年）早年从师于克林特，1927 年毕业于哥本哈根美术学院，是一位代表丹麦的设计家。通过与格罗皮乌斯、柯布西耶、密斯等人的接触，成为一名国际主义的现代设计大师，对北欧功能主义建筑的发展做出了巨大贡献。他设计的许多家具用于他设计的建筑中，是对他高度集约的建筑设计的诠释。他最著名的项目是 1958～1960 年设计的哥本哈根北欧航空公司航站楼和皇家宾馆，里面陈设的是他设计的天鹅椅和蛋形椅，见图 2-119、图 2-120。这两种椅子采用发泡软垫的单座结构，有着十分漂亮的有机形态，在造型上是一种有机形状的雕塑。与天鹅椅和蛋形椅一样备受赞誉的是系列模压胶合板椅，用三根或四根金属制作的脚支撑，结构简单，获得了商业上的成功。雅各布森设计的成功得益于他的设计几乎完全是理性的，能适当地把材料和生产工艺结合起来。

维纳尔·潘顿（1926—1998 年）曾先后在丹麦欧登塞工艺美术学校和哥本哈根皇家美术学院学习，毕业后曾在雅各布森的设计事务所从业，1955 年，他在瑞士的宾宁根开设了自己的设计事务所。他的设计思想和对结构的处理手法与雅各布森有很多相似之处，坚信设计师必须充分利用新材料和新技术。他说：“钢管、发泡材料、弹簧和饰面技术已经发展到如此程度，我们可以创造出在前些年不可想象的造型。设计师现在应该应用新材料创造出到现在为止只有在梦里才能见到的东西。就我个人来说，我喜欢我所设计的椅子用尽了现在所有的技术。”潘顿受伊姆斯和其他美国设计师作品的启发，用模压成型胶合板新技术做成潘顿椅，见图 2-121。他设计的未来派的钢丝圆锥椅，见图 2-122，用镀铬的弯曲钢棒做框架。设计意思表明，他与椅子应该如何设计的先入之见已分道扬镳。

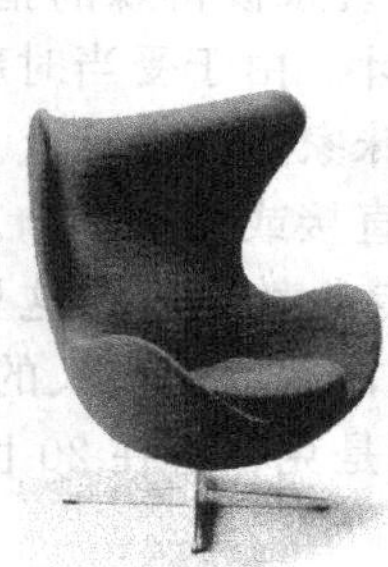

图 2-120　蛋形椅

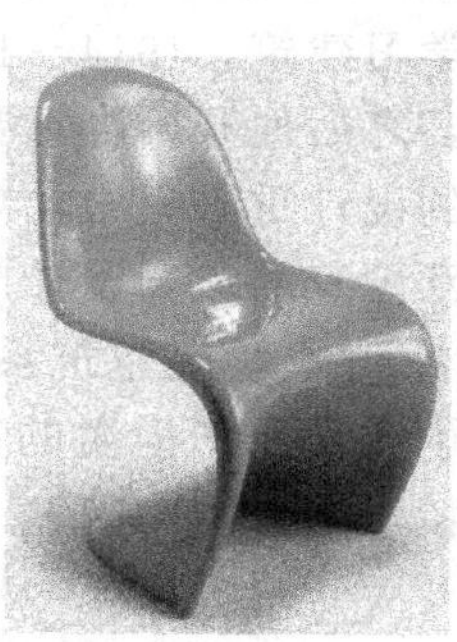

图 2-121　潘顿椅

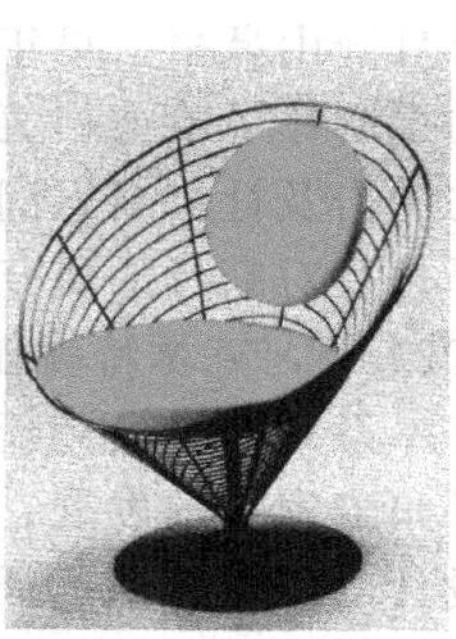

图 2-122　钢丝圆锥椅

布吉·莫根深（1914—1972 年），1936～1938 年在哥本哈根工艺美术学校学习，1938～1941 年进入皇家美术学院专攻家具设计。这个时期，他已在克林特的设计事务所从事部分工作，从先驱者那里学到了如何与生活实际结合进行功能主义设计。他给丹麦家具带来成功的另一个主要原因是背弃了国际式家具的严格性，通过灵活巧妙地运用材料创造出洗练的造型。更为重要的是他的设计严格按机械化批量生产而进行。1957 年，他与迈耶共同创作的

BB 系列柜，已成为现代壁柜家具的典范。1958 年设计的西班牙椅，见图 2-123，体现了克林特的设计风格。

芬·居尔（1912—1989 年），1933 年毕业于皇家美术学院，在校期间受到了克林特的悉心指导，继承了克林特对结构及保持材料自然感的设计思想，并在继承的基础上进一步加以创造，形成了一种表现性的形式。他尝试着运用高度的技巧，将家具穿上雕塑的外衣，并贯穿于不同的设计之中，人们认为他的作品与精细艺术可以等量齐观。自 20 世纪 40 年代后期以后，丹麦现代家具一直受到模仿，但是芬·居尔精湛的设计技巧无人可以仿效。他的作品基于人类工效学原理，形式更为自由和不规则，结构也更为自由并富有弹性感。1945 年，他设计的轻便椅，见图 2-124，雕塑感外形、精心选择的材料以及合理的搭配组合，唤起了人们对材料潜在能力的重新认识，开启了向有机家具迈进的大门。

图 2-123　西班牙椅

图 2-124　轻便椅

汉斯·威格纳（1914—2007 年）出生于丹麦的奥丹斯，17 岁时就掌握了家具木工技术。1938 年进入哥本哈根工艺美术学校学习，1943～1946 年担任这所学校的老师，从 1948 年起，威格纳创办了自己的工房，成为一名独立的家具制造者，是丹麦乃至世界上 20 世纪最伟大的家具设计师之一。他的设计既吸收了克林特那种洗练的形式，又采纳了居尔作品中的雕塑风格。他的设计很少有生硬的棱角，转角处一般都处理成圆滑的曲线，拥有流畅优美的线条，精致的细部处理和高雅质朴的造型给人以亲近之感。威格纳的主要设计手法是从古代传统设计中吸取灵感，尤其是对中国椅子的研究，并净化其已有形式，进而发展自己的构思。

1947 年，威格纳的孔雀椅，见图 2-125，设计源于早期英国温莎椅，当时已经有很多设计师在温莎椅的基础上开始自己的设计思路，形成庞大的温莎椅系列，但威格纳的诠释格外突出，沿袭了它的椅背、椅腿及扶手的结合方法，14 根放射状箭杆组成的靠背，犹如一只开屏的孔雀，极为壮观，藤编座面与富有弹性的箭杆，能很好地满足人体对舒适性的要求。孔雀椅一经展出，很快引起了国际上的注意，成为威格纳最著名和最受欢迎的作品之一。他设计的中国椅，一反传统手工艺的处理方法，注重精致的外形和材质的诱惑力，形成了源于中国圈椅而又有所创新的形式，见图 2-126。

他对设计精益求精，并不在意产量。丹麦是个资源有限的国家，对每种材料最合理的使用是每一位杰出设计师非常关心的问题。在任何时候，威格纳都亲自研究每一个细节，尤其强调一件家具的全方位设计，认为“一件家具永远都不会有背部”。他是这样教别人买家具的：“你最好先将一件家具翻过来看看，如果底部看起来能让人满意，那么其余部分应该是没有问题。”

丹麦家具由于有克林特等一批大师的不懈努力，博得了世界的高度评价，迎来了 20 世纪 50～60 年代的鼎盛时期。

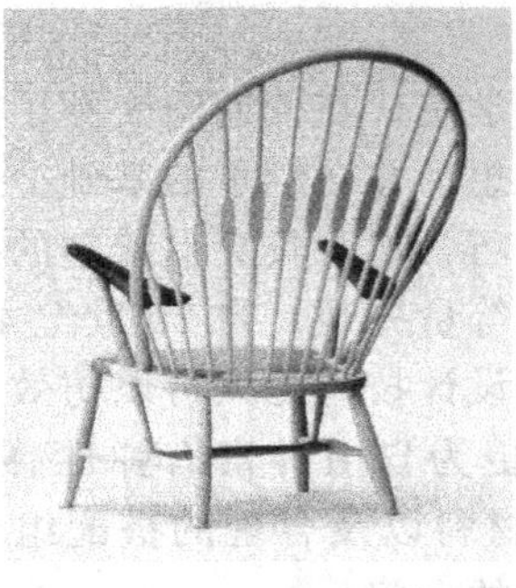

图 2-125　孔雀椅

图 2-126　中国椅

2.3.3.2　瑞典家具

在世界家具发展中，瑞典与丹麦同样有着很高的声誉。1910 年以后，瑞典开始注重日用品的设计工作，提出了“选择更好的日用品，改善我们的生活”等口号，强调设计的重要性，号召艺术家深入工厂，设计并制作出更美的日用品。1930 年斯德哥尔摩生活用品展，一举轰动世界。瑞典家具行业的先驱者卡尔·马姆斯登（1888—1972 年）与丹麦的克林特一样，致力于家具革命运动，反对模仿，主张创新，强调真正的现代风格。1928～1941 年，他创办了埃洛夫工艺美术学校，对学生进行正规的教育，传授他的主张。他的思想和行动，在以后瑞典的工艺美术教育中一直起着指导作用，为瑞典家具的起步与发展起到了推动作用。他说他的老师有两个，一个是作为母亲的自然界，另一个是美术馆内的传统家具和室内设计。他的设计理论是“适度则永存，极端即生厌”。

瑞典对世界家具有影响的另一位著名家具设计师是布鲁诺·马松（1907—1988 年），他出生于家具制作世家，从未接受过正规的高等专业教育，16 岁起就在父亲的家具厂学习制作技术，经过十年的不懈努力，练就了一身过硬的本领。他对古典家具不满，受柯布西耶、布劳耶、格罗皮乌斯等的影响，从功能方面着手研究人体骨骼肌肉结构和活动姿势的变化，用实验方法研究各种材料的性能，将全部精力投入到椅子的设计中。1930 年，他设计的扶手椅，见图 2-127，摒弃了传统的设计手法，用桦木做框架，条状编织带做成弹性适度的靠背和座面，创造出了豪华的视觉效果，在当年的斯德哥尔摩生活用品展上引起人们的关注。1934～1936 年，马松对他设计的扶手椅进行改进，设计了埃娃椅，见图 2-128，利用单板模压弯曲技术取代了原来桦木弯曲框架，将座面和靠背融合成一条连续曲线，最大限度地吻合

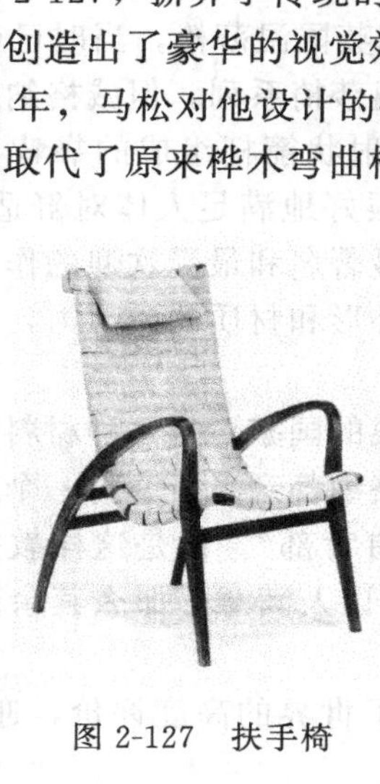

图 2-127　扶手椅

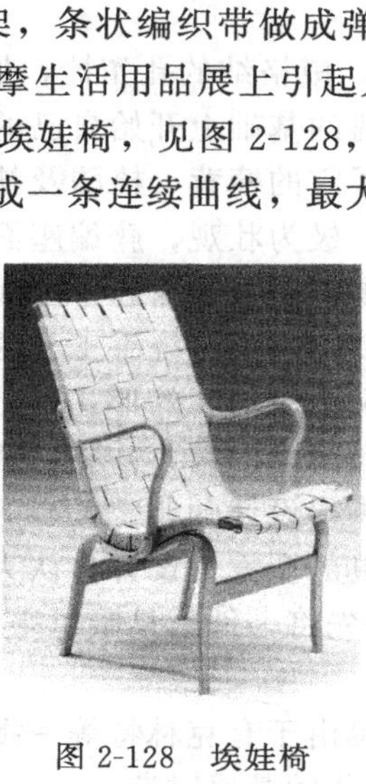

图 2-128　埃娃椅

了人体脊柱曲线，独创了一种柔和优美的形式，获得了薄、轻、软的视觉及坐感效果。他的观点是新技术与设计会产生新的形式，因此，他总是不断地将新的观点注入结构设计中，保持着材料、技术、功能三者结合而产生新形式的长久生命力。他宣称："做椅子的生意永远使我着迷。"

2.3.3.3 芬兰家具

北欧学派大师林立，埃利尔·沙里宁（1873—1950年）堪称为现代设计派的鼻祖。这不仅因为他本人在城市规划、建筑设计、室内设计、家具设计、工业设计几乎所有设计领域的综合成就，而且因为他同时培养了一批顶尖级大师。这种培养也不仅是在他的祖国芬兰及北欧，更与大洋彼岸的美国有不解之缘。

埃利尔·沙里宁是一位天才艺术家，他在赫尔辛基大学艺术学院学习绘画，同时在赫尔辛基理工大学建筑系学习设计，1897年毕业。他的建筑设计风格受到英国格拉斯哥学派和维也纳分离派的双重影响。20世纪初期，芬兰在应用艺术领域创造了很多新形式，迎来了民族浪漫主义的鼎盛时期。埃利尔·沙里宁则是芬兰民族浪漫主义的领导人物之一，并于1912年加入德意志制造联盟。1922年，他参加了美国芝加哥国际设计竞赛获二等奖，1923年移居美国。他的家具作品主要是去美国之前完成的，也是同建筑进行一体化设计的成果。其家具设计最重要的特点是功能、装饰与人情味的完美结合，开启了北欧学校重视生活情调，提倡设计以人为本的先河。图2-129是他1910年设计完成的白椅系列。

图2-129 埃利尔·沙里宁设计的白椅系列

在20世纪20年代芬兰建筑改革运动中，曾得到埃利尔·沙里宁精心培养的阿尔瓦·阿尔托（1898—1976年）是现代运动的倡导者，芬兰现代建筑及家具的奠基人，是举世公认的20世纪最多产的建筑大师和家具设计大师。他的工作硕果累累，几乎无人能比。阿尔托出生于一个小城镇，父亲是测量员，外祖父是森林学教授，他们为少年阿尔托营造了一个其他设计大师不曾享有的生长环境，让他拥有了与自然的亲近和为公众服务的理想。1921年，他毕业于赫尔辛基理工大学建筑系，1922年开始他的创作生涯。与同时代的欧洲设计师不同，他对胶合板的设计远比钢管更感兴趣，他的全木质结构试图表明层积木材是比钢管更好用、更有现代感的材料。阿尔托家具设计在强调工业化生产的同时，又非常重视人情味，从而适用各种使用场合。他对木材的革新和使用使人们对现代家具更有信心，尤其对家庭而言，木制家具更受欢迎。更重要的是，阿尔托经过多年科学试验，创造弯曲木悬挑结构椅，对材料的使用几乎发挥到了极致。

1931年左右，阿尔托为成名建筑作品帕米奥疗养院设计的帕米奥椅，见图2-130，是他的第一件重要的家具设计，是一种最简洁、最经济的设计，能够批量生产，使用的材料全部是阿尔托经过三年多的时间研制的层压胶合板，其靠背和座面是用一块胶合板做成的，组成零件很少，组装更方便。在充分考虑功能、方便使用的前提下，其整体造型更加优美，充满雕塑美感。成为其明显特征的圆弧形转折并非出于装饰，而完全是结构和使用功能的需要。靠背上部的开口也不是装饰，而是为使用者提供通气口，因为此处是人体与家具最直接接触的部位。

阿尔托为20世纪家具设计做出的另一杰出贡献是用层压胶合板设计的悬臂椅。见图2-131。自荷兰设计师马特·斯坦（1899—1986年）于1926年设计制作第一把悬臂椅以来，钢材一直被认为是唯一能用于这种结构的材料，然而到了1929年，经过反复试验，阿尔托开始确信层压板也有足够的强度制作悬臂椅。经常出国参加活动的阿尔托对其他设计师试制悬臂椅的情况非常了解，但他决心另开新路，并于1933年获得成功，制成全木制悬臂椅。而后阿尔托又用不同色彩、不同材料给各种设计以多姿多彩的面貌。阿尔托非常重视家具设计的连续性，他认为一种设计不可能一次就很成熟，它们总有可改进之处，至少可以变换成多种不同的面貌以调众口。阿尔托这种在设计上无止境的探索精神铸就了他在设计领域的辉煌。

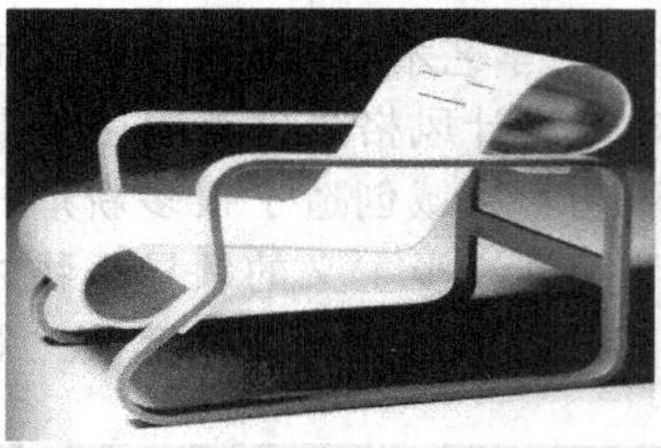

图2-130 帕米奥椅

图2-131 胶合弯曲悬臂椅

2.3.4 现代家具的发展

从20世纪初到第二次世界大战结束，现代家具设计理念的不断发展塑造了这一时期家具的历史。然而直到第二次世界大战结束以后，由于技术的进步与成熟，各种新材料的发展日新月异，为现代家具的不断更新提供了有力的物质基础，现代家具才真正从理念变成成功的实践，进入千家万户，成为百姓日常的生活用具，并得到发展。美国由于远离战场的原因，成为欧洲大陆反法西斯阵营的大后方，各参战国一些有才华的科学家、艺术家、设计家纷纷来到美国，从而加速了美国各方面的发展，经济出现一派繁荣景象。在家具设计上，他们对战前北欧兴起的较为死板的功能主义产品，包豪斯的过于几何化、机械式的设计风格，用实用主义加以改头换面，使产品更富有人情味和多变性，从而为战后家具工业发展打下了新的基础。

2.3.4.1 美国现代设计的发展

由于历史的特殊原因，自20世纪初开始，美国的家具就已经体现出明显的功能性，便于机械化批量生产。20世纪30年代，现代主义运动派的建筑师和设计师大量涌入美国，给美国工业设计的发展带来了极好的机会和条件。自1933年包豪斯学校被迫解散后，1937年，格罗皮乌斯受聘为哈佛大学设计研究院教授及建筑系主任，密斯到伊利诺工学院任建筑系主任，布劳耶在美国从事建筑设计，纳吉在芝加哥创立了新包豪斯，后来又在1938年关闭，但最终于1944年成立了芝加哥设计学院。这些人才的到来，无疑对美国的工业设计是一个重大的促进，同时也使工业设计在战争期间能在美国得到不断发展。从任何一种意义上来讲，包豪斯的最终胜利不是在欧洲，而是在美国。在第二次世界大战前，美国设计师通常遵循的是欧洲装饰艺术的传统，但在20世纪40年代中期，一种纯粹的美国风格建立起来了，它反映了公众对美国是世界的主要力量的自信。

在包豪斯思想的影响下，美国的工业设计得到了持续发展，并与生产公司合作，使得

"包豪斯链"继续延长，其中米勒公司和诺尔公司等是这一链上重要的一环，他们对于推动美国现代家具的发展，使美国家具走向世界起到了巨大的作用。

1923 年，芬兰建筑家、现代设计派大师埃利尔·沙里宁移居美国，先在密歇根大学建筑系任客座教授，次年遇到美国报界巨头乔治·布斯，两个人一见如故，布斯请他制定一个设计学院的发展计划。1932 年，克兰布鲁克艺术学院正式成立，埃利尔·沙里宁担任第一任校长。在两次世界大战间隔期间，它是美国独一无二的最重要的艺术和设计学校。这所学院是美国第一批欧洲类型的设计学校之一，如同包豪斯一样，它的宗旨是使艺术与手工工艺结合得更密切，实际上，克兰布鲁克曾经被称为"包豪斯的美国民主版本"。埃利尔·沙里宁倡导理性设计的实践，例如工场或工作室从事各项工作，积极鼓励各学科之间交流思想。学院提倡他的哲学观点："创造性的艺术不是由别人教出来的，每一个人都要成为自己的老师，但是与其他艺术家的接触和讨论，提供了灵感的源泉。"克兰布鲁克艺术学院教学既有包豪斯的特点，又有美国风格的新工艺设计体系，成为了美国现代工业设计教育的摇篮。

当然，自学院成立开始，就聚集了美国一批最有才华的年轻设计师和艺术家，如查尔斯·伊姆斯、雷·凯泽、埃罗·沙里宁、迈亚·格罗泰尔、哈里·贝尔托亚、佛罗伦斯·舒思特和卡尔·米勒斯等。人才的聚集深深地影响了现代主义运动，正是由于在 20 世纪 30 年代的克兰布鲁克艺术学院，有机设计已经开始在家具设计中露出端倪，它的发展对国际现代主义的影响越来越大。米勒公司和诺尔公司从商业方面提供了条件，促进了这个创造性的团队更多地把设计转化成商品，从而从 20 世纪 40 年代起，改变了西方世界传统的家具设计理念。

20 世纪 50 年代，是有机设计的年代，有机设计占领了绝对优势，它自觉地摆脱了现代主义运动几何造型的影响，但是大多数独立的设计师在他们表现的多数造型中，仍然迎合了现代技术和机械化批量生产的要求，以适应日益增长的消费市场的需求。1950 年以后，设计比过去更加符合科学，大量采用了工程学、有机化学和人体工程学的成果。

查尔斯·伊姆斯（1907—1978 年），1928 年毕业于华盛顿大学建筑系，在圣路易斯从事近十年建筑设计工作，1938 年进入克兰布鲁克艺术学院，在该院的建筑设计事务所任特别研究员，从事设计研究工作。埃罗·沙里宁（1910—1961 年），曾在巴黎学习雕塑，1930 年就读耶鲁大学学习建筑，毕业后到欧洲学习两年，1936 年进入克兰布鲁克艺术学院工作。1939 年，伊姆斯和埃罗·沙里宁两人一起全力从事实验设计科的创立及家具设计的研究，他们在阿尔托、布劳耶二维成型模压弯曲的基础上，研究成功了三维成型技术，一举夺得了 1940 年的设计大奖。

1941 年，伊姆斯与克兰布鲁克艺术学院的同学雷·凯泽（1912—1989 年）结婚，并迁居到加利福尼亚，成立了复合制品公司，进一步完善了胶合板模压成型技术。1945 年，他们开始着手批量生产家具，设计的模压胶合板椅包括：LCM（休闲金属椅）、LCW（休闲木制椅）、DCM（金属餐椅）和 DCW（木制餐椅）。这些椅子都直接来源于伊姆斯战时对模压胶合板的研究，见图 2-132。最初由埃文公司制造，它在战时接管了伊姆斯自己的公司，由米勒公司销售。1949 年，米勒公司自己开始生产这些椅子。D.J. 德普瑞把模压胶合板椅描述为"美观、舒适，便于搬动，完美无缺，是国家的宝贝，应该大量生产，便于买到"。在整个 20 世纪 50 年代，伊姆斯夫妇继续为米勒公司进行家具设计，最初的成功是在 1951～1953 年设计的"线状网格椅"。1956 年，伊姆斯夫妇做出了他们最著名的设计——670 号休闲椅，并配套有 671 号脚凳，见图 2-133。采用模压的红木面胶合板做椅壳，坐垫用皮革覆面，铸铝做脚架。这些充满雕塑形态的椅子是从有机形态演变过来的，从人体工学的角度来看，结构良好，代表了审美和功能主义的成功结合。1987 年，米勒公司当选为"美国最受欣赏的公司之一”，这个显著的成就与伊姆斯夫妇杰出的创新工作是分不开的，这使得米勒公司在世界上名声大噪。

图 2-132　休闲木制椅

图 2-133　休闲椅和脚凳

埃罗·沙里宁自 1940 年作品问世之后，开始与诺尔公司合作，1946 年设计的胎椅于 1948 年首次投产，获得了巨大的成功。它是由玻璃纤维模压而成，上面再加以软包，式样大方，便于大规模工业化生产。这把椅子最重要的特点之一是，它能使坐的人采用几种随意的坐姿，都能够保持舒适，见图 2-134。正如埃罗·沙里宁所指出的：“改变坐姿是椅子设计中最重要的因素，但却常被人们遗忘。”在这一方面，他可以说是 20 世纪 60 年代的开山鼻祖。埃罗·沙里宁反对现代运动派理性主义的生硬造型，提倡在建筑和设计中采用有机造型和流线型。1956～1957 年，他设计了革命性的“支柱系列”家具，采用外覆塑料的铝材作为基本构架，来支撑玻璃钢做的座壳，在外观上像是一个独立的完整的结构。他所用的底座类型在家具设计上还从来没有过。为了达到造型的纯粹性，埃罗·沙里宁又设计了优雅的“郁金香系列”家具，打算把“蹩脚的椅腿”一扫而光，见图 2-135。他认为：“一把椅子是坐在里面的那个人的背景，因此，这把椅子在没人坐时，不仅仅是房间里的雕塑作品，看上去令人满意，而且它在有人坐时，应该是一个令人满意的背景，特别是女性坐在它上面的时候。”

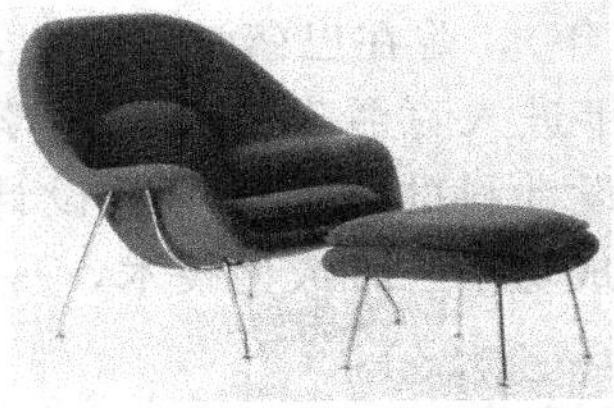

图 2-134　胎椅

图 2-135　郁金香系列家具

第二次世界大战之后，是奉行有机设计的年代，美国设计师哈里·贝尔托亚（1915—1978 年）的创新设计作品也以大量生产的方式问世。这位意大利出生的雕塑家、设计师也曾在克兰布鲁克艺术学院学习和任教过，20 世纪 40 年代后期，他与伊姆斯夫妇一道在埃文公司从事开发弯曲胶合板椅工作。1952 年，他设计的钻石椅，见图 2-136，是这一时期对美国最有影响的设计。其主要结构仍是钢管，但是没有仿照传统椅子的式样，而是采用乙烯涂饰的弯曲钢条焊接而成，曲面形状的网格形成一个具有动感的雕塑形的外观，达到了功能与审美的精致的平衡。

1955 年，乔治·尼尔森（1908—1986 年）设计的椰壳椅，见图 2-137，由一软包的薄膜型的钢壳、三条细长的镀铬钢腿组成。另外，设计师欧文·拉文（1915—1978 年）和埃斯特尔·拉文（1915—1978 年）攻克了塑料家具设计的难关，他们在 1957 年推出了不定形系列的椅子，如以植物毛茛、黄水仙、长寿花等命名的椅子，都直接模仿了有机形态，并采用模压的透明有机玻璃结构，放置在室内，有一种空灵剔透的感觉。

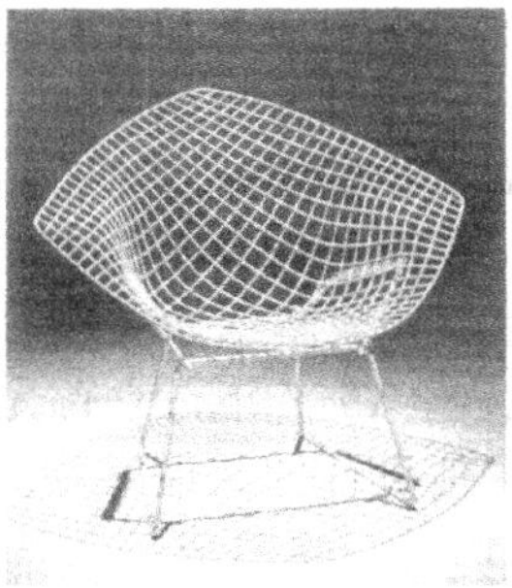

图 2-136　钻石椅

图 2-137　椰壳椅

2.3.4.2　意大利现代设计的发展

第二次世界大战刚一结束，意大利就进入了重构时期。这一时期，在家具设计中对款式的强调要比对技术进步的要求高得多，这是欧洲与美国不同的，意大利表现得最为明显。建筑师们设计的家具主要在小型的作坊中生产，小批量生产使得家具的品质十分优良，一般都销售到国际市场。“设计”而不是技术使意大利工业得到了新生。当时美国和意大利家具的最大差别是，美国的家具在功能和生产两方面最终是理性的，而意大利的家具设计师更关心的是审美和豪华材料的使用。

1947 年，第 8 届“米兰三年展”开幕，虽然规模比战前小，但仍然是展示设计新作的重要平台。这一年的展会主题是居家，突出战后居住的问题，企图找到解决的办法。民众的居住空间必须如同工作室或办公室一样具备功能，所以，新的家具必须同时满足这些功能性的需要。从 20 世纪 50 年代起，艺术家的力量渐渐变弱，设计家的力量则越来越强。在这种情况下，米兰的拉·里纳契纳百货商店决定设立金圆规奖，以此鼓励工业设计方面的优秀设计师，使现代家具真正被意大利的广大民众所接受，意大利的家具设计就此繁荣起来。1951 年，第 9 届“米兰三年展”又恢复了战前的规模，在设计理念的国际交流方面重新发挥了作用，这种交流还通过出版杂志进一步得以加强。20 世纪 50 年代中期，社会中的富裕阶层已采取了美国消费主义的方式。为了满足对消费品不断增长的需求，发展了大规模生产的技术。但是，意大利并没有用大量的投资来建固定的生产线，而是通过短周期的灵活生产方式和创新设计来实现的。尽管在产品设计上不以规模见长，但是意大利家具业创造了“经济奇迹”。意大利的成功经验很快传遍了欧洲各国。更引人注意的是，意大利家具与功能主义的国际式家具相比，体现出从未有过的雕塑美。

吉奥·庞蒂（1891—1971 年）有意大利“现代建筑之父”之称，他不但是建筑师、设计师，而且还是教师和作家，他完善了北欧设计界前辈提出的设想，使意大利的家具率先迈入了世界现代家具的行列。早年，庞蒂求学于米兰工科大学建筑系，但他却将主要精力集中在绘画方面，后来才转而热衷于设计及建筑。庞蒂的成功之处是使自己的作品不落俗套，不像一些工业品那样沿袭传统技术。他认为真正的设计只能建立在尊重传统技术、掌握现代技术、充分发挥独创性与想象力的基础之上。1928 年，他创办了集建筑、设计、美术于一体的《建筑设计与室内装饰》杂志，通过这本杂志传播他自己的主张。从 1936 年开始，他在米兰工科大学建筑系任教，在 30 多年的教学中，一直致力于传播这些思想，并带领年轻的设计师大胆实践，从中探索一些具体的方法，培养了一批才华横溢的设计师，并介绍给世界设计界。

庞蒂的涉猎领域比较广泛，从陶瓷到餐具、从家具到寺院。他创作的基本出发点是追求真正的形式美。他认为艺术绝不能无视形式的概念，只有把追求本质的功能与追求形式的美结合在一起，才能创造出真正完美的形体。在家具设计方面，注重造型的同时，比较偏重于功能性。他将北欧家具设计中，由功能、技术、材料结合而产生的质朴造型，用动、静结合的方法表达出来。如果说北欧家具蕴涵着人间乡情的流露，庞蒂的家具则侧重于哲理精神的抒发。1951 年，他设计的轻便椅，见图 2-138，用白蜡木做框架，藤编做座面，视觉感非常轻巧，获得了 1952 年的金圆规奖，被誉为米兰派的典型代表。1957 年，它首先由米兰的卡西纳家具公司生产，在获得了销售上的成功之后，又带动了他设计的其他家具。

马可·扎努索（1916—2001 年）和吉奥·庞蒂一样，也是一位具有多方面才能的建筑设计师，他擅长家具和室内设计以及工业设计。1948 年受倍耐力公司委托，研究用乳胶作为软体家具填料的可能性，获得成功。他说："这不仅可能引起整个软体家具门类发生革命性的变化，而且对它的结构和形式也可能如此。我们所制作的原型使人振奋，能够产生新的外形，用这种模式还可以对'淑女椅'进行工业化生产，这在以前是不可想象的。"马可·扎努索设计的淑女椅，见图 2-139，用金属框架取代了原来的木质框架，内部用松紧绑带取代了传统的弹簧，并用乳胶填充，完全推翻了传统沙发的内部结构。扶手、座面及靠背都各自独立成型，最后组装成一体。

图 2-138 轻便椅

图 2-139 淑女椅

在众多的意大利建筑师、设计师里，奥斯瓦尔多·博萨尼和他的兄弟福根佐创办的家具制造公司，主要生产定制家具。公司的原则是设计必须来自研究。奥斯瓦尔多解释说："我们的产品不是突发奇想做成的，而是相互关联的。我们的产品是不断延伸的，它不是由一个个不连贯的空想组合而成的。"1954 年，他设计的 P40 型轻便双轮椅，见图 2-140，创造性地把乳胶应用到软体家具上。双轮椅十分休闲，它由一个铰接的钢架支撑，可适用于许多场合。同年，他又设计了 D70 号沙发，见图 2-141，结构与 P40 相似，可以后倾 180°。

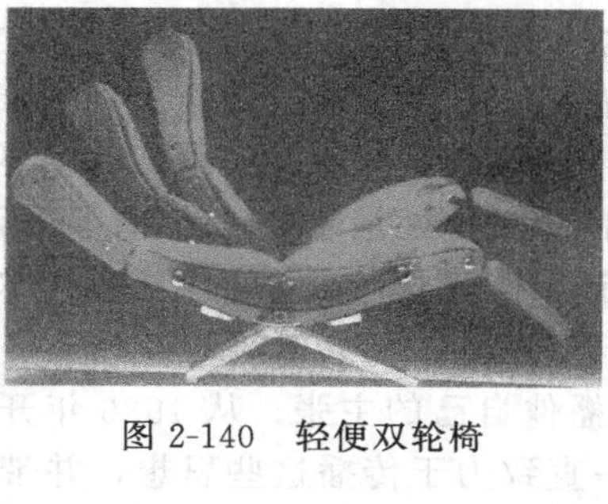

图 2-140 轻便双轮椅

图 2-141 沙发

2.3.4.3 英国现代设计的发展

在第二次世界大战期间，英国和美国一样，没有遭受严重的战争损失。但与美国同行不同，英国的家具设计师仍然受到国内理性主义设计的约束，注重家具的实用性。由于政府已经预计到工业设计在战后经济发展中的关键性作用，因此，在战争即将结束时就着手组建英国工业设计委员会。1942 年 7 月成立了“实用家具顾问小组”，以设计开发廉价、实用、省料的家具为己任，年底他们就推出了一批家具样品。1944 年成立了“工业设计委员会”，有效地促进了英国工业的发展。1945 年，欧内斯特·雷斯（1913—1964 年）设计了 BA 安乐椅，见图 2-142，1946 年，雷斯与工程师诺埃尔·乔丹一起，创立了雷斯家具公司，计划批量生产现代家具。他们利用战争时期回收的飞机残骸中的铝片作为原料，生产了 25 万把 BA 安乐椅。这种功能性餐椅可以有扶手，也可以不装扶手，用胶合板外包聚乙烯、皮革和纺织品来做软垫。这是一项创新的产品，应用了当时最先进的制造技术生产，在 1954 年第 10 届“米兰三年展”上获得金奖。

从 1950 年开始，由于受到美国现代家具风格的影响，英国的部分工业设计师开始从“实用性系统”对形式的局限中解放出来。从技术到风格，美国都为英国工业设计界树立了一个典范，英国出现了一股学习美国的风气。他们非常崇尚美国家具流畅、纤细的风格，但同时还设法保存了一些传统形式。如 1951 年雷斯设计的羚羊椅，见图 2-143，在英国的理性主义框架内，创造了一把功能性良好和具有审美价值的椅子。纤细钢条与贝尔托亚设计的钻石椅颇有相似之处，但胶合板模压的座面和靠背那种如同羚羊的造型带有英国自己的特征。椅腿细长，脚部装上一个球体，20 世纪 50 年代一种流行的装饰。

图 2-142　BA 安乐椅

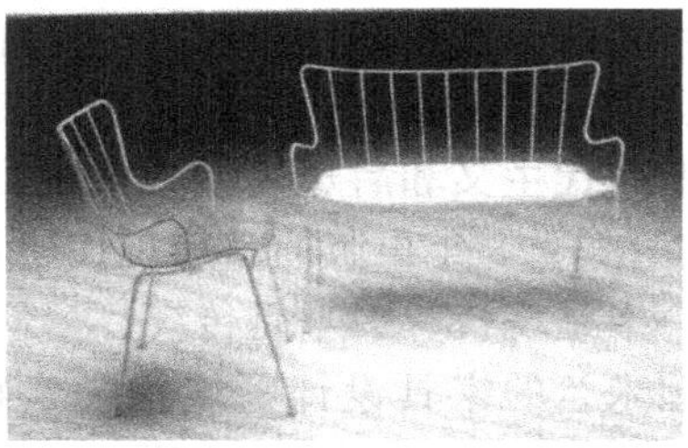

图 2-143　羚羊椅

罗宾·戴（1915—2010 年）早年求学于英国工业设计教育中心——皇家艺术学院，1948 年开办设计事务所。1949 年，英国历史比较悠久的希勒公司开始生产罗宾·戴设计的第一代现代设计作品，他的作品在现代艺术博物馆举办的“低成本家具设计国际竞赛”中获得头等奖，因而引起注意。1950 年，罗宾·戴成为希勒公司的设计顾问，开始了持续 40 多年的合作。他设计的“希勒牌”的椅子和桌子，与伊姆斯的弯曲胶合板家具一样，低成本，可进行批量生产。如 1950 年设计的希勒椅，见图 2-144，虽然只完成到二维模压胶合板的程度，但通过部件的有机组合以及部件的精确加工，成为英国优质、廉价家具的代表。为了增加家具的产量，设计师不得不利用最先进的技术。1963 年，罗宾·戴在认识到聚丙烯的潜在利用价值后，充分利用塑料出色的性能，设计并制造出带有金属脚架的聚丙烯椅，见图 2-145，这是他最著名的设计作品。在这种椅子做推广时，《建筑师杂志》评论说：“这种对多用途椅子的解决方案必将证明是战后英国在大批量产品设计中一项最杰出的开发。”

图 2-144　希勒椅

图 2-145　聚丙烯椅

2.3.4.4　后现代主义

在 20 世纪 50 年代，设计的主导主要是功能主义，但是到了 60 年代初期，由于经济的起飞，消费文化上扬，它鼓励的是个性化而不是标准化，与功能主义唱反调的前卫派应运而生。功能主义强调功能与美学的持久性，而前卫派则主张消费者导向的风格，它屈从于流行文化。由阿基佐姆和超级工作室所开创的反设计理论与流行文化有关，后来由阿卡米亚工作室和孟菲斯进一步加以发展。在 70 年代后期和 80 年代初期，反设计理论的进展最终导致了国际风格的后现代风格的产生。

后现代主义是产生于欧美的一种设计思想。所谓“后现代”，就时间概念来讲，并非在现代之后。自 60 年代从扬弃现代主义起，到 70 年代，后现代主义在建筑中脱颖而出，在众多的主要流派中，被建筑界和设计界认为是一个重要的流派。“后现代主义”这个术语最早出现在尼古拉斯·佩夫斯纳于 1968 年写的《艺术、建筑和设计的研究：维多利亚时代及以后》中。美国建筑师查尔斯·詹克斯（1939—）是后现代主义理论的奠基人之一，他先后出版了《晚期现代主义和后现代主义》、《后现代建筑语言》、《建筑的新主义——后现代古典主义》等书。在 1976 年出版的《后现代建筑语言》中明确提出，后现代是现代的批判性发展，后现代的一半是现代、一半是传统。

意大利米兰的家具设计师埃托·索特萨斯（1917—2007 年）是一位著名的设计老将，他早年曾是冷静的功能主义设计师，其作品曾被诺尔公司批量生产，也获得过意大利的金圆规奖。20 世纪 70 年代初期，索特萨斯被年青一代设计师视为“反设计派”的精神领袖，他是意大利“反设计派”的主要倡导者。1978 年，索特萨斯与阿基佐姆工作室合作，自那时起，他设计的家具常常由一些简单的块状形体组成，色彩很刺激，参照了以前的装饰式样。

1980 年 12 月，索特萨斯召集了一些年轻的设计师，在米兰建立了孟菲斯设计工作室。孟菲斯一词来源于美国摇滚乐蓝色的孟菲斯，含有改造旧传统、开创新文化的意思。工作室成立不久，就有来自美国、奥地利、西班牙、日本等国的设计师参加，成为了后现代主义运动的中心。在这个极端多元化的时期，大多数设计师唯一的共同点是，他们都与大规模生产的制造商没有直接的关系。后现代主义成为最引人注目的风格，虽然它发源于建筑业，但是在 20 世纪 80 年代初期影响着全世界的全部装饰艺术。孟菲斯设计的家具是与普遍认可的设计原则与文化相左的，构图的灵感来自未来主义的主题或者过去时代的装饰风格。在孟菲斯工作的设计师有索登、萨尼尼、德·鲁奇、图恩、仓俣史郎、帕斯吉耶等人，他们设计家具、灯具、纺织品、银器和陶器。自 1982 年起，孟菲斯所生产的艺术品数量虽不大，但品种是多样化的，就像限量版的雕塑品一样，价格按制品的数量而定。索特萨斯还是一个卓越的宣传鼓动家，在他的努力下使孟菲斯闻名遐迩。

孟菲斯认为整个世界是通过感性来认识的，并没有一个固定的模式。索特萨斯说："世界是凭感官发现的。设计对于我来说是一种讨论生活、社会、政治、饮食，甚至设计本身的途径。"也就是说设计就是设计一种新的生活方式。设计不是一个结论，而是一个假想；不是一个宣言，而是一个步骤、一个瞬间。创造了一种现代社会中无视一切的模式，突破一切框框的开放式的设计思想。1981 年，索特萨斯设计的卡尔顿书柜，见图 2-146，造型别出心裁，用途模糊不清，色彩纯正夸张。此件作品完全脱离了约定成熟的家具功能，并且也没有提供可以摆放书的位置，成为一种独立的造型物，或者说是与室内空间并存的造型艺术品。卡尔顿书柜产生了一种新概念，功能不仅是物质上的，也可以是精神上以及文化上的。产品不仅要有使用价值，还要表达文化内涵，使之成为文化的载体。1987 年设计的特奥多拉椅，见图 2-147，采用层积单板塑料复合材料做框架，透明聚酯树脂成型塑料板做靠背，形式优雅，形体轻巧，朴实真切地从功能和形式两方面创造了一件造型物。索特萨斯说："我的孟菲斯一直处于醉意朦胧之中。"这件作品传达的就是一种朦胧的意境，透明的靠背，印花的装饰板，无一不是若隐若现的感觉。

图 2-146　卡尔顿书柜

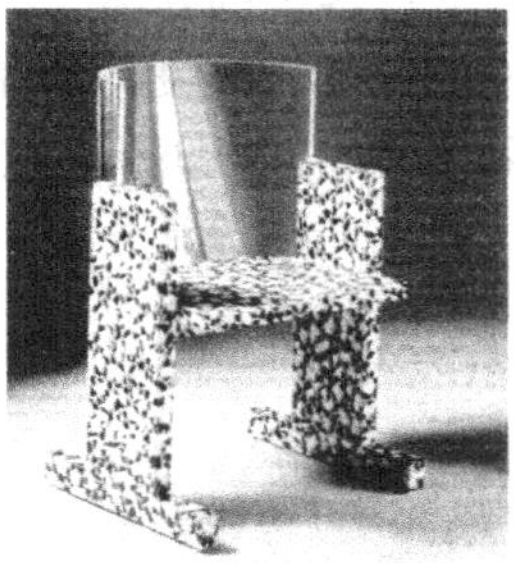

图 2-147　特奥多拉椅

后现代主义设计师与现代主义设计师不同的是对古典题材也抱有极大兴趣，他们对古希腊、古罗马、哥特、文艺复兴、巴洛克、洛可可，以及 20 世纪初的一些风格都表现出异常关注。他们以新的手法将传统艺术中的一些手法和细节当作一种符号，用到新产品的形态中去，以表现对传统文化的自由吸收度。这种吸收不拘泥于形式，可脱胎换骨，也可生吞活剥，由此形成一种新的设计流派——后现代古典主义。

在 20 世纪 80 年代，美国和英国的后现代派设计师希望从历史主义中获得灵感，他们从日本同行，如仓俣史郎、荒田矶崎，以及欧洲同行那里，也从未来主义的优秀主题里汲取营养。他们重新解释传统设计的主旨，而且重新定义了自己对象征主义、色彩及最重要的装饰的理解，因此影响了整个时期的风格。这些设计师中的代表人物是美国的迈克尔·格雷夫斯和罗伯特·文图里，有人称他们为古典主义，因为他们还常常诠释古典主题。他们痴迷于丰富的色彩和从过去风格上延续下来的装饰手法，实际上可以看出许多后现代派的设计师在精神上是怀旧的。

2.3.4.5　近现代和新现代

20 世纪 80 年代，出现了一种高深莫测的设计风格，它巧妙地糅合了设计与款式，迈克尔·科林斯把它定义为"近现代"，彭妮·斯帕克则称其为"新现代"。这种极为精美并对功能兼顾考虑的设计，与战后国际风格有异曲同工之妙。菲利普·斯达克、马修·希尔顿和贾斯珀·莫里森等设计师，在他们辉煌的设计生涯中，设计了许多具有柔美轮廓的家具，从而诠释了"近现代"派的美学。

菲利普·斯达克是个谜一样的人物，他的成就使世人震惊。作为国际设计大师，他把设计师的地位提升到超级明星的程度。1980年，他成立了自己的“斯达克产品公司”。1981年他开始成名，在推选整修爱丽舍宫的室内家具的八名设计师时，跻身其中。由于坚信美是家具的本质，他的作品中浸透了明确无误的巴黎时尚，而且有着鲜明的个人风格。他既不否认历史，也融合了现代技术。设计师总是把如何实现设计的技术问题留给制造商，而斯达克则是少数的几个设计师之一，他们直接留意怎样制作出激动人心的新产品。斯达克对批量生产家具的功能性要求也心领神会，如1984年设计的咖啡椅，见图2-148，这种桶式的三条腿椅子最初是专门为巴黎时髦的咖啡馆设计的，后来经意大利制造商生产，成为价格便宜的大众产品。

由于“一次性的”和“有限量的”家具不像批量家具的生产那样受到限制，因此，对它的设计能通过运用各种类型的造型和材料更加自由地表现。在20世纪八九十年代，这种独特的家具很受市场欢迎。1981年，朗·阿列德在伦敦科文特花园开设了他的“一次性展示厅”，展示他的家具设计，同时也有汤姆·狄克森和丹尼·莱恩的作品。把工作室和作坊组合在一起，是家具零售的新概念。这个展示厅更像是一个论坛，用来推广新概念，而不像是一个商业性的场所。他们设计的家具表达一种“自发的创造性”，反映了作者的个性。这些设计没有把家具变成艺术，但是它们是一些诗意的立体设计，具有绘画和雕刻的美学特征，见图2-149。

图2-148 咖啡椅

图2-149 汤姆·狄克森设计的S椅

在世纪之交，设计已成为世界意义的话题，设计已与工业和环境密切相关，设计的成败还直接影响着人类的生活质量。整个世界不可能维持无限的经济增长，设计师必须做出更好的设计，生产者必须做出更好的产品，来保证与生态的和谐，以得到可持续的发展。21世纪，社会、政治和经济的利益将毫无疑义地促进设计风格的发展，但是，生态环境更是人类考虑的重要方面，而且必将使理性设计成为主导。

第3章
家具造型设计

家具设计包括艺术形式设计和技术设计两大方面，成功的设计应体现艺术、科学和技术的完美统一。家具的艺术形式设计集中体现为家具造型设计，是家具产品开发与研究、设计与制造的首要环节。造型设计更多地是从属于艺术设计的范畴，所以，我们必须运用艺术设计的一些基本美学规律，去创新、创作、探讨，设计出符合时代审美要求的家具造型，用新的家具造型不断地引导消费、刺激消费，开拓新的家具市场，提供给人们更合理、更舒适的生活方式。

3.1 概述

现代家具的迅猛发展，使20世纪80～90年代家具设计的发展越过了近100年的发展。欧洲巴洛克、洛可可、托耐特等风格的家具和中国的明式家具作为经典流行了数百年，现今某种风格的家具可以流行十年之上的都极为少见。如今家具新产品、新风格的开发速度越来越快，家具设计、开发、投产到市场销售的高峰一般只有一两年甚至几个月，很快就面临被市场淘汰的命运。时代在变化、科学技术在变化、人们的生活观念也在变化，这些都推动着现代家具的造型设计在变化。我们只有关注家具造型设计的人文内涵、注重家具形态的情感表达，将新科技、新材料不断地融入到新的设计中，才有可能设计出民族性与国际化、小批量与多品种、简练与豪华、理性与感性、大众化与个性化等各种因素完美地结合的家具作品。

3.1.1 家具造型设计的概念

造型是指创造物体形象或创造出来的物体形象，是为实现一定的目的给产品制订其最佳的结构方式，是赋予具备特定功能的产品以实体形态的过程。设计是人们为满足某种需要，在实际行动或制造某一新事物之前对该行动或该事物所做的构思或谋划，并将这种构思或谋划通过一定的手段得以实现的创造性活动。设计既包括事先的构思，又包括物化的全过程，是思维活动和物化活动的高度统一。设计既是一个思维过程，也是一个实现的过程。“设计”既可用作动词，用来表示一种构思或谋划活动；又可用作名词，用来表示设计活动的结果以及对这种结果的表达。

造型设计强调实用性和艺术性的双重性格。造型设计不仅包括产品形态的艺术性设计，也包括与实现产品形态及实现产品规定功能有关的材料、结构、工艺等方面的设计。造型设计是产品本身综合质量的体现，并不是单纯的外观设计，而是一种更广泛的设计与创造性活动。

家具造型设计是指对家具的形态、色彩、质感、装饰以及构图等方面进行综合处理，并运用一定的手段构成完美家具形象的规划过程。家具造型设计与人们的生产、生活密切相关。衡量家具造型设计的优良，一方面看家具外观形态所表现的艺术性，另一方面要考量其结构设计所表现的实用性。从远古时期席地而坐的家具形态，到现代的异彩纷呈的人性化与个性化十足的家具造型，人们都是按照不同时期的技术条件、生活水平和审美观点创造各类不同的家具。在现代社会，随着物质生活和文化生活水平的不断提高，人们对家具造型设计的要求也愈来愈高。

3.1.1.1 造型的类别

造型是为功能服务的。在运用结构形式、色彩、表面处理以及装饰等每一个形式要素时，造型都必须体现功能要求，并且有助于功能的实现与发挥。造型大体上可以分为实用的造型、美的造型以及实用和美的造型三种。

① 实用的造型，是纯粹为了使用功能的造型，是对材料和物体进行的加工与综合，是专门考虑“物—物”关系的造型，如齿轮、机床、发动机等。这些造型主要是从物理、化学、工学知识和生产技术等方面进行研究的。因此，我们称实用的造型为机械设计，而不叫做造型设计。

② 美的造型，又称造型艺术，主要是指绘画、雕塑、装饰工艺美术品等。这些虽然与被人直接使用的关系不大，但它通过自身的材料、形象和色彩的表现，能够给人们以赏心悦目的视觉感受和心情愉悦的精神感受，并通过此媒介来建立“人—人”之间的关系。因此，又将其通称为造型艺术。

图 3-1 实用和美的造型

③ 实用和美的造型，是以考虑“物—人”的关系为中心的造型。造型设计时既要考虑设计物的形态和结构，也要考虑人的生理和心理特点。实用和美的造型所包括的范围非常广泛，凡是与人的衣、食、住、行、学习、生活、工作、社会交往等活动有关的产品都属于这一范畴。因此，实用和美的造型也称实用美术设计、工业产品造型设计或造型设计，见图 3-1。

3.1.1.2 设计的类型

设计对产品的使用、外观以及经济效果起着决定性的作用。设计绝不是一种简单的重复，而是一种创造性的劳动。根据设计工作中创造性程度的不同，将设计分为改良设计、开发设计和概念设计三类。

① 改良设计，是在已有产品的基础上，通过对其实用性、经济性、艺术性等方面的综合分析和系统研究，运用现代设计的原理和方法进一步加以优化和改进，从而设计出更能适合于人、适合于社会发展需求的实用、高效、安全、可靠、便利、舒适、经济、美观的新型产品。

改良设计既要研究人们的使用过程、生产制造技术以及材料的应用，又要研究消费市场，在被限制的条件下进行现有产品的改进设计，见图 3-2 (a)。

② 开发设计，是一种创造性设计，它要求从人的需求和愿望开始，并对这种需求和愿望的未来做科学的、准确的预测。在此基础上，广泛地运用当代科学技术成果和手段，对产品的功能、结构、原理、形态、工艺等方面分别进行全新的设计。

开发设计是将重点放在研究人的行为上，它主要研究人们生活当中的种种难点，从而设计出超越当前现有水平，推出数年后人们的新生活方式所需求的产品。这种设计强调的重点在于“设计的不是产品，而是人们的生活方式”，见图 3-2（b）。

③ 概念设计，是指不考虑现有的生活水平、技术和材料条件，而是在设计师预见能力所能达到的范围内，去考虑人们的未来，是对于未来从根本概念出发所进行的设计。

概念设计以长远利益为着眼点，在产品未成形前，对“人—物—环境”关系作更广泛的深入探究，发现产品更丰富的内涵，其目的就是寻求问题新的思考点，并从思考问题的本质出发，引导出更丰富、更具有创造性的问题解决方式，见图 3-2（c）。概念设计是设计师最应该具备的基本能力。

(a) 改良设计　　(b) 开发设计　　(c) 概念设计

图 3-2　设计的类型

3.1.2　家具造型设计的影响因素

在家具造型设计的过程中，有许多意念因素要加以综合处理，使各种因素相互协调。其中环境气氛、家具式样、材料、构造和色彩表现等方面的连续意念是要考虑的主要内容。

在设计和构思家具时，要根据家具的使用地点、使用对象的阶层以及环境气氛而定家具的具体形态，见图 3-3。一般日常生活中使用的家具，多数是明亮、欢畅和具有家庭生活气氛的，而沉着、幽暗和时髦的家具则多用于公用环境，适合高级阶层。设计者可根据不同的环境气氛进行多种风格的家具设计。

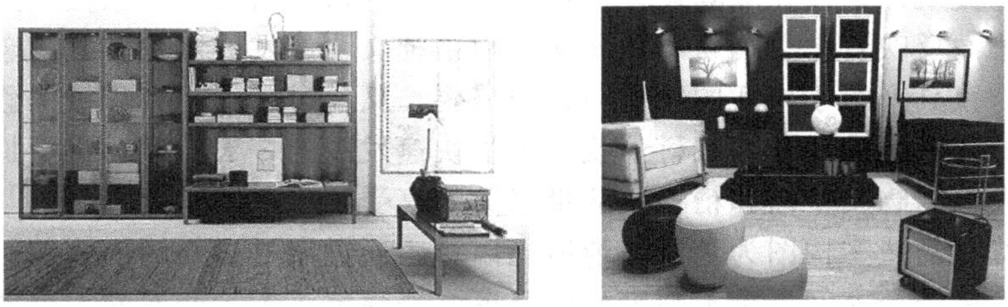

图 3-3　家具与环境氛围

家具式样对环境气氛会产生很大的影响，是决定着家具个性的主要因素之一。因此，在进行家具设计时，最先要进行的工作步骤就是确定家具的造型样式，见图 3-4。

构造是造型设计的基础，任何造型都不能抛离构造而独立存在。构造是随着样式的构思和使用环境而产生的，并随着环境气氛的改变也有所不同。在需要柔和气氛的环境下多用曲线，反之可多采用直线的结构。家具构造因环境气氛、式样的不同而大不相同，甚至同一造型的家具也可有多种构造。对于功能性强、需求量大的构造，提倡结构简洁并适合于机械化生产，见图 3-5。

图 3-4 家具的式样

图 3-5 家具的构造

材料的材质（色彩和质感），是充分表达构造和气氛的重要手段。家具构造和使用环境气氛的不同，限制了材料的使用范围。因此，家具造型设计要对不断出现的新材料加以密切的注意，以适应时代的要求并与特定的使用空间和环境相统一，见图 3-6。

色彩对环境气氛的影响力十分巨大，利用色彩的视觉关系及材料本身的色彩质感，能够使曲线构成的造型变得有锐利感，相反，直线所形成的僵直结构也可通过使用色彩得以缓和，见图 3-7。

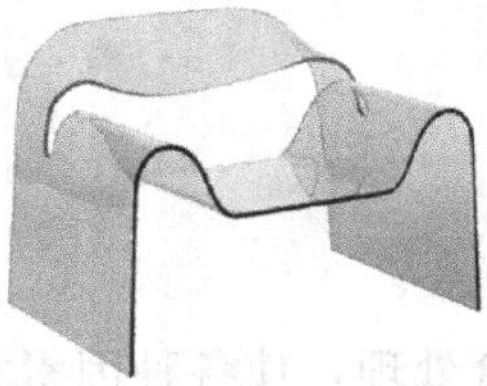

图 3-6 家具的材质

图 3-7 家具的色彩

3.1.3 家具造型设计的意义

随着人们物质生活水平的提高，人们的生活习惯必然要由解决简单的实用性上升到追求产品的舒适性和美观性，而在家具设计中这两方面体现得尤为突出。家具在人类生活中无处不在，从某种侧面反映着一个国家的物质文明与精神文明的发展水平，并随着经济文化的发展而不断发展。家具来源于生活的物质与精神需要，又反过来给予其积极的影响，所以，家具是人类文化的重要组成部分。在科学技术进步快速发展的今天，家具将更加广泛地反映人们的生活，给人们的物质生活和精神生活带来美的享受。

家具以其特有的造型构图为生活情趣增光添彩，通过家具自身的形式美，把生活改造得更加完美和谐，更符合人们追求不断进步的心理，表现出人类社会不断发展的历史进程。这种求新、求时尚、求完美的设计理念，给家具造型设计带来了无限的创意空间。设计者们在以科学技术和功能为主的基础上摸索着造型规律，在摸索的过程中又不断地完善它，也不断地突破它。人们喜欢看到可以理解的东西，但要比想象的更完美，同时也希望见到能够体现先进技术的崭新的东西，因而形式美的客观规律使得家具产品的造型设计在发展、在变化。

家具造型设计是以人为中心的形态优化过程，其目的就是使家具的功能更完善，使家具的结构更加合理、安全、耐用、舒适和方便，创造更优美的造型形象，充分适应人的生理、心理需要。特别是在现代社会中，家具与人们的生产、生活密切相关，推动和促进社会物质文明和精神文明的发展。在此过程中，家具对人们的思想情操、文化观念以及审美意识有着潜移默化的影响，这种影响是其他任何学科所不能代替的。家具造型设计所表现出的精神功能，是随着社会经济实力的增长和人们生活水平的不断提高而愈来愈受到重视，显示出其重要性。具有良好功能、合理结构、优美形态的现代家具产品，是体现当代精神文明的一个重要侧面。

成功的家具造型艺术设计应该充分反映现实生活面貌并形成独特的风格，在了解家具的使用功能和生产工艺、物质材料之间关系的基础上，深入研究家具造型的艺术规律，融技术与艺术于一体。

3.1.4　家具造型设计的原则

在进行家具造型设计时，为了确保设计的成功率，符合大多数消费者的使用和审美需求，避免引起家具投产后进行修改而造成的时间和资金方面的浪费，必须遵循以下设计原则。

(1) 实用性

实用性就是与目的的相适应性。作为造型设计的产品都具有实际价值，比如，房屋用于居住、椅子给人坐、茶杯供人喝水等等，它们都具有各自的目的，满足这些目的就是这些产品的使命。就家具造型设计而言，如椅子的造型设计，无论椅子的形状和色彩多么美，如果坐起来不舒服，这样的产品就无存在的价值。因此，在进行椅子造型设计时，必须对就座时人体的尺寸及形体，椅子的材料和构造是否与人体相适应等各方面进行造型的构思。根据实际资料，找出产品的使用功能与形状、构造的关系，这是造型设计要解决的问题。此外，在进行造型设计时，还要考虑制品的寿命，对于椅子而言，有木制、钢制、藤竹、塑料以及玻璃钢等类别。新材料的应用使产品的构造与传统形式截然不同。因此，设计者必须经常了解新型材料的性能并做出独创性的造型。从上面的例子可以看出，在进行造型设计时必须考虑产品实用性的各个方面，才能设计出最有效的形状与结构。可见，实用性是造型设计出发点的必要条件。

(2) 艺术性

人类在创造物质文明的同时，也在创造着精神文明。家具不仅要满足人们的使用要求，同时也要满足人们对美的追求。人们需要在美的环境里生活与劳动，优美的家具外观可使人赏心悦目，心情舒畅。家具的艺术性主要是指它的美观性，既包括家具本身的形态、色彩、质感等方面的处理，又包括家具的配套、家具与建筑、家具与环境等方面的协调。而且家具外观的形式美应该是美的规律的综合体现，要求形体完整、重心适度、比例恰当。既能体现出平衡的美，又能显现出均衡的稳重；既整齐严谨，又要静中有动，做到整体造型的点、线、面、体和颜色、质地的和谐，同时体量的分布和空间的安排要层次分明，并与建筑室内空间环境相协调统一。

在追求家具的外观形式美的同时，值得注意的是家具的艺术性原则是建立在使用功能和物质条件基础之上的。如果单纯追求形式美而破坏了家具的使用功能，那么即使有美的造型形象也成了无用之物。反之，如果单纯考虑家具的使用功能，而忽略了其造型形象所给人的心理、生理影响及视觉效应，便会显得单调、冷漠，与人的感情距离越来越大，这样的家具在现代社会里也必定会被淘汰。

(3) 工艺性

工艺性原则是家具造型设计应考虑的一个重要因素。不能仅仅从功能、美学和视觉效果考虑设计问题，还应考虑功能载体实现的可能性，即功能载体的材料选择、制造成型工艺、生产技术条件、连接方式，等等。

家具的工艺性主要包括加工工艺和装饰工艺两种形式，加工工艺是造型得以实现的手段，而装饰工艺是实现完美造型的条件。由于材料和加工方法会直接影响家具的造型，而且不同的材料经过不同的加工方法也会在视觉和触觉上给人以不同的感受，所以，要求家具设计师在熟悉材料的基础上，熟练运用各种不同的加工工艺特性，在设计时充分考虑每一工序的效果，从不同的角度加以表现，将工艺美与造型美有机地结合起来。家具是以物质性产品的形式存在的，只有通过生产制造才能完成，而设计师的设计意图也只有与生产相结合，符合生产的客观规律，并与客观实际条件紧密联系，才能使其转化为物质产品并应用到现实生活中。

(4) 经济性

良好的经济效益是进行家具造型设计的根本动力。当今市场竞争日趋激烈，家具造型设计已经成为促进发展、增强竞争能力的重要途径。经济合理是进行家具造型设计必须考虑的因素之一。进行家具造型设计，一方面，应以最小的研究开发成本获得符合人们需要的设计方案。尽量提出多种不同的设计方案，进行技术经济评价后，再进行方案优选。将家具造型设计与预期效益联系在一起，使新家具在批量生产过程中能够节约能源，降低各种消耗，保证家具质量要求。在此基础上进行的可行性分析，才有可能使设计方案付诸于实践，进入试制、批量生产，最后投入市场。另一方面，设计中功能载体的结构形式应尽可能简单，组成功能载体的数目要尽可能少，以便组织加工、装配、使用和维修，由此降低开发成本。另外，设计时应注意便于零部件的回收和再利用，以及实现产品的系列化和标准化。总之，就是要以最低的成本费用和最短的周期，设计制造出具有最高使用价值和最好美学价值的家具产品，以获得最大的经济效益。

(5) 创新性

创新是家具造型设计的灵魂。只有创新，才有可能得到结构新颖、性能优良、价格低廉、富有竞争力的产品。现代设计就是发现人类生活所真正需要的最舒适的机能和效率，并使这些机能、效率具体化，从而达到协调环境的目的。设计的真正使命是提高生存环境质量，满足人类新的需求，从而创造人们新的生活方式。创新设计的最终目的，就是通过新产品设计满足人类在物质和精神方面不断产生的新欲望。如果产品设计没有创新，产品就会失去生命力。家具设计者就是要以创造为前提，大胆创新，为家具带来新的活力，使家具产品的价值产生质的飞跃。特别是在激烈的市场竞争中，创新设计是家具产品取得竞争优势的重要因素之一。

(6) 宜人性

家具造型设计的核心是以“人”为本，设计的成果应充分适应并满足人的需求。在技术水平、市场需求、美学趣味等条件不断变化的今天，对家具造型设计的优劣很难有一个永恒评判的标准。但是，无论人们的需求产生何种变化，在评判设计标准中，有一点恒定不变，即家具造型设计首先应关注人的需求。家具造型设计人性化，是社会、个体及设计本身多重因素综合作用的结果。当社会经济发展处于较低水平时，人们对家具的要求只是实用，而当社会经济发展到一定水平后，人们对家具造型设计的需求也在逐步提升。不仅要求家具使用安全、方便、舒适，而且还要产生心理和精神文化方面的需求。既要设计能使人产生视觉美感，同时也要保证家具的实用功能，带给人们精神和物质的双重享受。

宜人性设计原则是在符合人类物质需求的基础上，同时考虑人的精神和情感需求。该原则综合了家具的安全性、方便性、舒适性和鉴赏性等方面的要求，强调设计中应注重家具内部环境的扩展和深化。通过家具的功能、造型和人机界面设计注入“人性化”因素，赋予家具“人性化”的品位。通过家具造型设计各要素的协调组合，设计出能够引发人产生积极的情感体验和心理感受的家具产品。

3.1.5 家具造型设计的方法

家具设计是研究“人—产品—环境—社会”的系统学科，家具设计的出发点首先应该是“人”，即为人的需要和人的生活方式而设计，因此，家具设计的目的是人而不是产品。由于产品是人类需求的物化形式，人类的需求也是双向性的，所以，家具设计又不仅限于满足人的使用要求，它还要满足人们的审美要求，也就是家具的造型设计要富有良好的视觉、心理感受和时代感。为了实现这一目的，在设计活动中，家具造型设计方法是非常必要的。根据现代美学原理以及对传统家具的继承与发展，家具造型设计方法可分为以下几种。

(1) 理性造型方法

理性造型方法就是采用纯粹几何形为主要构成要素而规划的家具造型方法。凡是在造型表现上合乎理性原则的方法，都可以归属于理性造型方法的范围之内。即使在家具造型中同时采用抽象的和具象的造型，只要在构成法则或表现形态上合乎理性的意识，就都具有理性造型的特色。理性造型方法多以采用几何形为主，装饰部位可以根据需要，自由采用各种不同的几何形。同一空间或同一组家具造型均采用相同或相类似的几何形做反复处理时，成套家具就会取得完整融洽的统一效果，而在统一中如采取适当的变化又可以打破可能产生的单调感，见图 3-8。

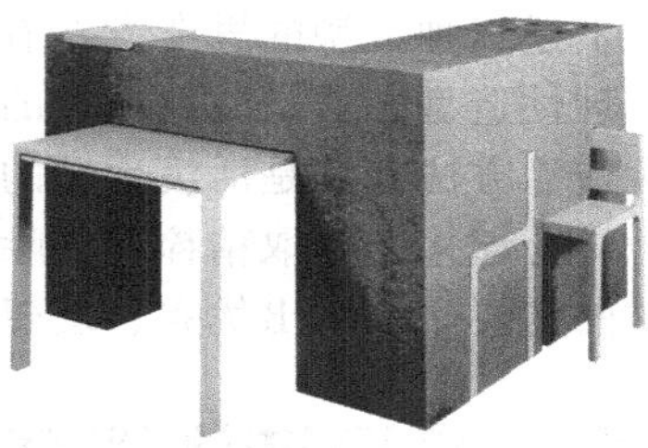

图 3-8　理性造型的家具

理性造型方法是时代精神的结晶，既符合当今社会的发展，又适于现代生产技术的要求。它具有明晰的条理、严谨的秩序和优美的比例，并且能具体流露出明确、刚强而爽朗的心理意识。从时代的特点看，理性造型方法是现代家具设计的主流，它不仅可以在空间利用和经济效益上发挥充分的实际价值，也可以在视觉效果上表现出浓厚的现代精神。

(2) 感性造型方法

感性造型方法就是采用自由而富于感性意念的形体为主所进行的家具造型设计。这种造型方法的造型构思是由浮现在意识中的影像所孕育，而影像是由敏锐的造型感觉所带来的，是属于非理性的范畴，而且往往是即兴的偶然产物。感性造型涵盖着非常广泛的领域，并不限定在自由曲线或直线所组成的狭窄范围之内，它可以超越抽象表现的范围。具象的造型具有感性的意识，如果能应用现代手法，在满足功能的前提下，灵活地应用在现代家具造型设计中，对于环境的风格表现将有不同寻常的效果与价值，见图 3-9。

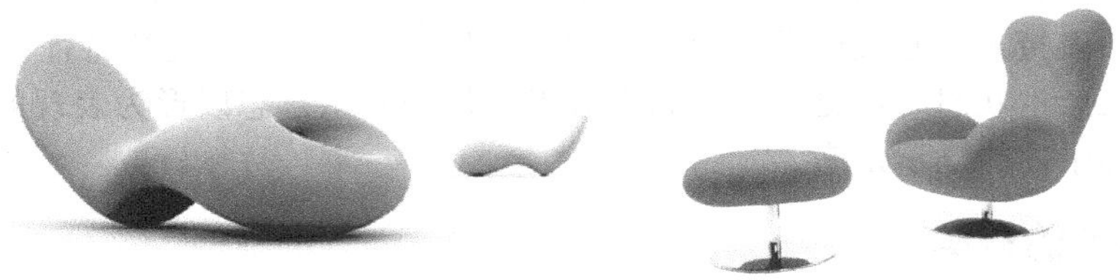

图 3-9　感性造型的家具

感性造型方法活泼生动，感受意念可以自由发挥，不受法规的约束，形成恣情奔放的具有独特形象的家具。但由于在理性造型设计中挑选方案并把它具体化，也是凭感觉而进行的。因此，在应用感性造型方法进行设计时，应尽量避免陷入主观的自鸣得意之中，使家具造型设计失去客观性，从而走入设计的误区。

(3) **传统造型方法**

图 3-10 传统造型的家具

传统造型方法是在传统家具造型历史变迁的基础上，通过观察、鉴赏保存下来的各代家具，来提高我们的审美能力，了解从过去到现在的造型变迁，推测出现代家具造型的方法以及未来方向。传统家具造型随着历史的进程而不断演变，在不同程度上反映了当时社会的生活观念和人文特征，代表着当时人们的审美需求。传统家具以精湛的技艺、传统的外观造型和美轮美奂的装饰给了人们在现代家具造型设计上以无限的灵感，从而找到更新家具造型的发展方向，见图 3-10。

通过家具传统造型的启示，可以提高人们的造型感受力度，从而找出现代家具造型表现的一些方法和未来发展的动向，并通过观察造型的发展潮流，从中领悟出现代家具流行的新趋势，使新的家具造型设计有所发展。

上述三种造型的思考方法在本质上是截然不同的构思法则，从现代设计运动的潮流来说，理性造型方法是时代精神的结晶，符合现今社会的发展，适于现代生产技术的要求；而感性造型方法确实是活泼生动的。要想设计出优秀的家具产品，只有将以上三种造型方法有机地结合起来，撷取精粹，去除弊病，才能实现人们对家具造型美的需求，并适应人们生活本质的需要，创造出优秀、理想的生活环境。

3.2 家具造型要素

造型要素在设计学中起着重要的作用。结构主义的产生，推动了自然科学与艺术的进步，也促使了对造型要素的研究向纵深方向发展，并随着设计者个性与心理状态的不同及文化素养的差异，呈现出千姿百态的变化。造型要素以其抽象的意义和内在的张力，让接受者得到相关信息以及感受，使受众的身心得到愉悦和满足。

家具造型的基本要素包括形态、点、线、面、体、质感与机理、色彩等。充分地理解造型要素的性质并加以合理地运用，对提高设计师的设计能力是十分重要的。

3.2.1 形态

形态包含了两层意思。形，强调从“物理”的角度来理解，多指人的视觉所看到的“形体”，是元素性的基本形状，也可称为是纯粹数学或几何学上的单元，因此，它的视觉特性固定而单纯，如点、直线、曲线、方形、三角形、圆锥体、立方体等。态，强调从“心理”的角度来理解，多指人的心理感觉体验到的“态势”，是普遍性的视觉特征。除了形态表面特征外，会使人产生联想与幻觉。形与态有着极密切的联系，态以形为表现的基础，而形的作用必须在态势中才能显示出来。

3.2.1.1 形态的分类

根据形态的成因，我们可对其进行如下分类：

- 形态
  - 概念的形态——纯粹形态（抽象形态）
  - 现实的形态
    - 自然形态
    - 人为形态（具象形态）
      - 几何形态
      - 自由形态

概念的形态是视觉和触觉不能直接感知的形态，在实际中也不存在，只是在创造形象以前，在设计师们的意念之中感觉到的形，都是概念化的。但是，为了把它们当作造型对象或者素材，又必须给予直观化，这样构成的可见形态，通常叫做纯粹形态，或者叫做抽象形态，也是以点、线、面、体作为概念形态的基本形式，其几何定义见表 3-1。

表 3-1　点、线、面、体基本形态

定义	名称			
	点	线	面	体
动的定义	只有位置、没有大小	点移动的轨迹	线移动的轨迹	面移动的轨迹
静的定义	线的界限或交叉	面的界限或交叉	立体的界限或交叉	物体占有的空间

现实的形态是我们日常能够看到或接触到的那种实际能感觉到的形，它又可分为两大类：自然形态和人为形态。人为形态也就是根据人的意志加工过的东西或者是由人为创造出来的东西。纯粹形态可以和现实形态同时作为造型的要素来处理，都是所有形态的基础。

形态除了有以上两种分类方法之外，也有按以下方式进行分类的。

形态 { 积极的形态（实形态）
　　　 消极的形态（虚形态）

积极的形态是指可以直接看到和触摸到的形态，我们又把它称为实形态。

消极的形态是指看不到、摸不到的，并且只能由实形态所暗示出来的一种形态，我们也可称之为虚形态。消极的形态虽然是由实形态间接地暗示出来的，但有时反而会比积极的形态更富有感染力。

3.2.1.2　形态的美学特征

形态是一切设计造型的基础。自然万物的形态无论如何繁复不同，都可以归结为点、线、面、体四种基本的组合要素，而这些形态构成的美学原理又都是相通的，因此，对形态美学特征的认识也是作为设计人员所应掌握的知识内容。

形态的美学特征主要表现在以下几个方面：

(1) 形态的体量感

不同家具的体量感决定着其功能、使用方式等方面的科学性与合理性。如儿童座椅，如果在体量上超出了使用范围，除了影响使用的功能外，在视觉上也是不适当的。因为人们在长期的使用过程中已对其形成了一种相对范围的体量概念，超出这个概念就会对人的心理产生影响。可见，在考虑家具的形态时，对体量感的研究是非常有必要的。家具形态的体量感主要包括两个方面，即体积感和量感。

体积感往往与形态的体积大小、占据的空间位置有关。体积越大，占据的空间位置越大，体积感越强。反之，体积感越小。

量感是指对形态的重量感觉。形成量感的因素有两个方面，一是物理量感，另一个是心理量感。物理量感通常是指形体的大小、材料的质量等因素。如同样物质的形态，形体大的要比形体小的重，金属材料要比塑料材质看上去重，石材要比木材重。心理量感是指人们在感知某一形态后心理所产生的重量感。如同一体积的方体与球体放在一起，球体要比方体感觉重，开放的物体要比封闭的物体感觉轻。由块体材料构成的形态要比用面材、线材构成的形态心理量感重，深颜色的物体要比浅颜色的物体感觉重，等等，见图 3-11。

(2) 形态的秩序感

秩序是产生美感的基础，秩序之中包含着一定的规律。如对称的形态往往具有美感，因为对称具有规律性。节奏具有美感，因为节奏本身就是一种秩序。当然，强调秩序并不是指千篇一律或一成不变。秩序是在各种变化的因素中寻找一种规律和统一性。

在家具形态设计中，强调秩序是追求一种有规律、有秩序的整体美。因为形态都是由各种简单的几何形态所构成，这些几何形态都有着各自的美学特征。如果不按照一定的秩序和规律进行形态构成，构成后的整体形态就会显得杂乱无章或缺乏整体的特征。因此在家具形态设计中，采用相似或相同的形态、一致与类似的线型、均等或对称的组合形式，运用节奏、韵律、统一、呼应、调和等美学要素，都会给整体形态带来秩序的感觉，见图 3-12。

图 3-11　家具形态的体量感

图 3-12　家具形态的秩序感

(3) 形态的稳定感

缺乏稳定感的家具往往会使人们心理紧张，影响到形态的美感。稳定一般可分为物理上的稳定和视觉上的稳定。物理上的稳定与物体的重心有关。通常，重心在物体 1/3 以上的高度就显得不稳定。也就是说物体的重心越高，就越不稳定；而重心越低则越稳定。因此，要获得物理上的稳定，一般采用扩大形态的底部，以取得降低物体的重心从而达到稳定的效果。但过分强调稳定也会导致形态的笨重与呆板。所以，在进行具体形态设计时，一定要把握好形态的稳定与轻巧的关系，在注意形态的稳定性时又不失其生动轻巧的特点，在追求变化、灵巧时，又考虑到形态的安定与平衡。

图 3-13　家具形态的稳定感

在家具形态设计中要处理好“稳定”的关系，除了要借助“对称与平衡”“安定与轻巧”等美学原理外，还必须利用材料、结构等与之相关的造型要素，通过新的材料应用与结构形式，使形态在视觉上获得新的平衡，见图 3-13。

(4) 形态的独创性

追求设计的独创性是人们求新、求异本质的反映。所以，人们总是特别青睐那些具有独创性的设计。具有独创性的形态，除了能给人以新颖和独特的感觉外，往往能体现出设计师巧妙的构思和强烈的创新精神。因此，具有独创性的形态总是包含着一种特殊的美感，它能振奋、激励人的精神和意志，唤起人的求知欲望。

然而，强调形态设计的独创性并不是一味地求异和求怪。它必须构建在科学、合理的基础上，通过创造性的思维大胆地探索和实践。它要求设计师在设计构思时必须尽力摆脱传统思维模式的羁绊，形成强烈的创新意识，见图 3-14。

形态的独创性通常反映在以下几个方面：

① 形态的新颖性。形态外形特征明显，个性强烈。

② 结构材料的新颖性。包括利用新的组合方式、连接形式、新材料及巧妙的结构形式和能源利用方式等。

③ 题材与内容的新颖性。所表现的内容与题材有创新性和新意感，能给人以新的启示。

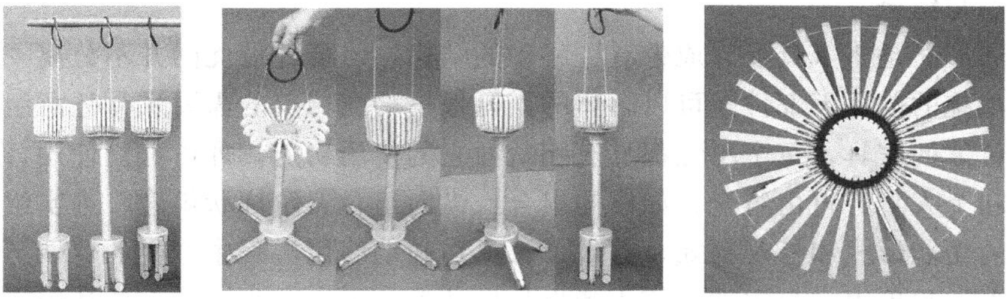

图 3-14　家具形态的创新

3.2.1.3　家具形态造型的形式

形态是造型的构成要素和形成要素，是针对普遍形状而言的。它的基本要素是点、线、面和体。形态是设计物最重要的视觉与触觉因素。形态的美来自各种要素的秩序构成，是人们视觉平衡与比例美等形式法则的应用。

形态并非仅指设计构造、材质以及加工、生产技术等方面，也表现在尺度、色彩、肌理以及标准等方面。在进行设计时，须从设计物的功能、美感、制造、运输、销售等方面来考虑形态的造型形式。

（1）小型

在体积、面积等方面不及一般的或不及比较对象的形态，但又具备一定机能的造型称为小型。小型化的家具主要体现在轻、薄、短、小等方面，如那些使各部件尽可能紧凑地结合在一起却又不失其整体性能的小型化家具，诸如各种小柜、个性化沙发等。设计这类家具，必须用小型的零部件来装配，还要考虑到使用环境的小型化，即使用空间的小型化，这就是小型化设计的本意。但有的小型化产品在实际使用时，在其空间不改变的情况下，这就需要依照设计需求与流行趋势而定。小型化的家具具有极强的趣感效应，增加亲和力，见图 3-15。

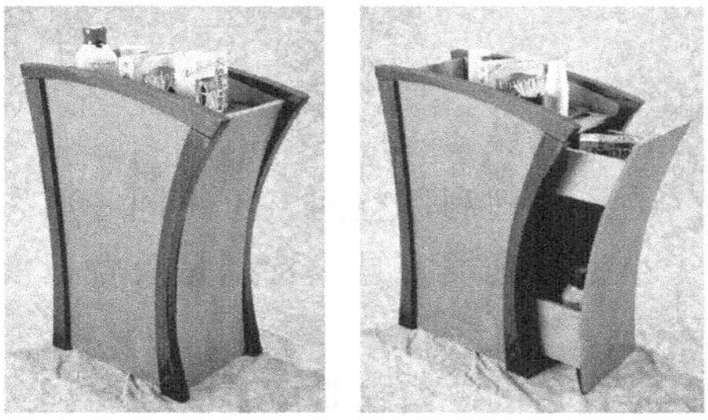

图 3-15　小型家具

（2）迭叠

人们的设计思想是无止境的，在司空见惯了的家具造型的基础上，又充分发挥了自己的想象力，让家具的形态趋于多样化，在归纳和扩展家具的功能上展现了其迭叠的形态。即在整体设计前提下，加上折叠、抽拉等活动的机关，在使用时家具的部件可以自由展开，不用时即可收敛在一起。这样具有可变形的结构的设计，可以节约空间，家具携带方便，同时还具有趣味性，见图 3-16。

图 3-16　迭叠家具

(3) **分解与组合**

迭叠式的形态是将家具设计成带有可移动的结构，但部件彼此间并不分离。而分解式的形态是指在系统的前提下部件是可以解体的，可根据功能与美的需要进行任意组合。

分解成单体的家具，每个单元都具有相对独立的使用功能，即可独立使用，也可根据使用者的需求和个人喜好自由组合，如横向组合、纵向组合、阶梯状组合、虚实组合等等，形成多种多样的功能形式和外观样式，打破了家具在长期使用过程中产生的单调与枯燥感，充分调动每个人的想象力与自主性，使用者也是设计者，人人参与设计，并从中得到生活的乐趣，见图 3-17。

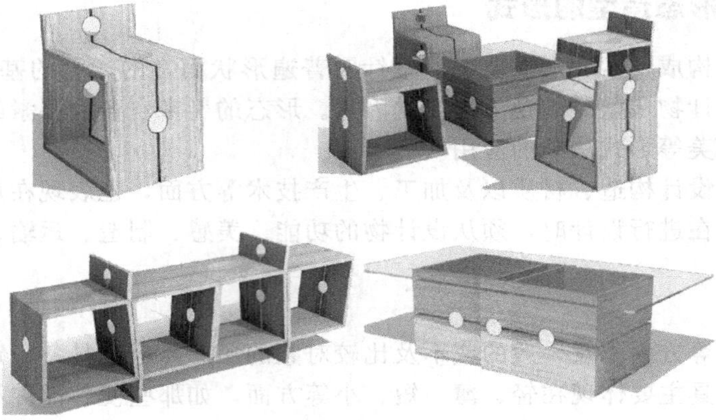

图 3-17　分解与组合式家具

(4) **堆垛**

为了合理利用空间，可将同一形态的家具叠积起来，这种造型形态称为堆垛。堆垛多应用于小型坐具类家具，特别是胶合板模压和塑料注模工艺的发展，为此类造型形态的家具提供了方便。

堆垛后的一组家具应具有稳固性。通过多个形体的连续排列形成节奏和韵律感，不仅具有较强的视觉外观，节省了大量的室内空间，而且便于运输、物美价廉，适合大批量的生产，见图 3-18。

(5) **系列**

相关联的成组、成套的形态称为系列，或指设计意图、目的相同，形态倾向相似、有关联的一组设计。系列适用于同一品牌系统或同一厂商的家具设计。

通常系列的形式大致有三类。一类是同品种不同规格的配套，如造型形态一致或近似的床、办公桌、文件柜等等。另一类是同品种同规格，但用材、色彩等部分或全部不同的家具的配套，如沙发的面料用材、色彩以及图案的变化等等。还有一类是品种不同，但相互间有密切联系的配套，如卧室中的床、床头柜、衣柜、梳妆台的配套等等。

系列化的设计往往在考虑功能的前提下尽量使各个单件家具的形态一致或相似，加之色彩、材质和装饰格调的一致，即可形成统一的视觉形象。系列化的设计，整体效果好，视觉印象突出，便于识别，可适应各类消费人群，适合各种使用环境需求，有利于树立商品形象，可增加家具的竞争力，见图 3-19。

图 3-18　堆垛式家具

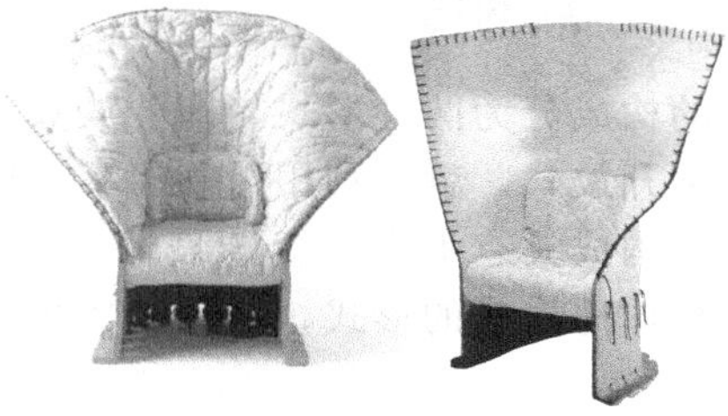

图 3-19　系列化家具

3.2.2　点

3.2.2.1　点的概念

点在几何学上的定义是无面积的，在平面上只能提示形象存在的具体位置。而在现实生活中，点却是非常小的圆或是线的最小单位，是有形态的。我们在日常生活中，很少注意到点的真实性与点的几何学定义之间的差别。生活中的点确实是能看能摸的实体，自然就具有面积的可能性，从而点也就具有了面积的成分。点的形状可随心所欲，但基本的形状是圆点、方点、角点及不规则的点形，只要形状小就可视为点，见图 3-20。

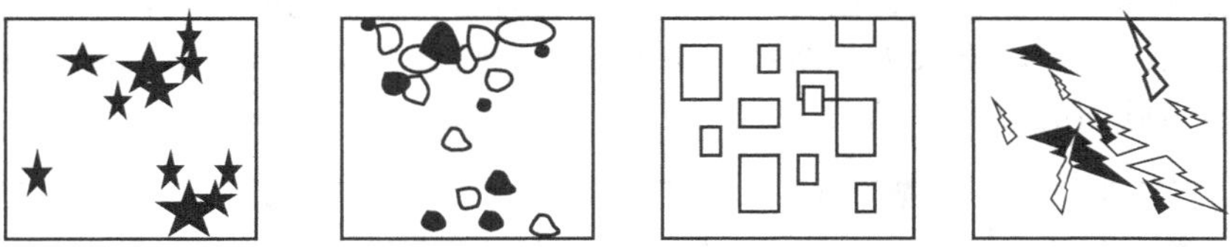

角点　　圆点　　方点　　不规则形点

图 3-20　点的形态

点就其大小的面积与不同的形状而言，越小的点，点的感觉越强，越大的点则越有面的感觉，同时点的感觉越弱。从点与形的关系看，以圆点最为有利，即使形状较大，在不少情况下仍然会具有点的感觉。但是如果点的面积过小，越发难以辨认，其存在的感觉也就越弱。同样，轮廓不清或中空的点，其特性也会显得较弱。

点是具有相对性的，直径为 1cm 的圆单独存在时具有点面的性质，但当它与周围其他造型因素相对比时，就会具有点的性质。犹如一艘万吨巨轮停泊在身边时，它是一个巨大的体面，而当它在远洋中漂泊的时候，却成为海面上的一个点。因此，对于点与线、点与面的区分没有具体的标准，只依赖于与其他造型因素相对比后产生的效果，见图 3-21。

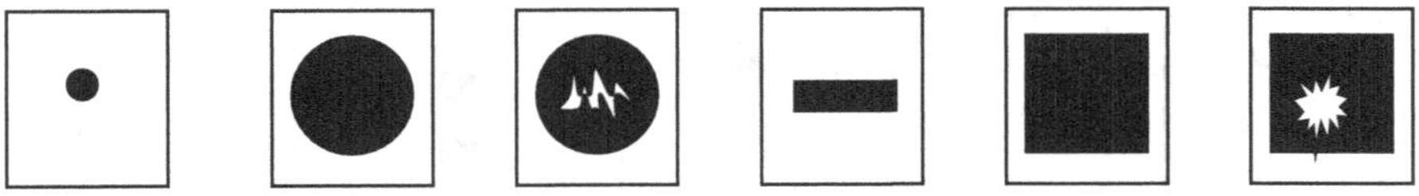

图 3-21　点与面的效果

点的内部附加上形象后，就更容易打破点的原形，而使其转化为面。基于点的这些特性，我们在具体的设计中，必须留意区分和利用点。让那些视觉上强劲有力、面积不大的点，成为内部充实、轮廓明确而锐利的点；让那些在视觉上柔弱清淡的点，成为空间的延伸、情感的寄托，这样才能充分发挥点的美感。

3.2.2.2 点的构成

点的构成分为两种形式，即开放式和封闭式。

所谓开放式，就是利用造型要素（例如点的大小、明暗、位置和色彩等）自由构成的形式。这种构成具有丰富多变的表情。而封闭式则是按照严格的格律关系、一定的大小和数量，有规律地构成的形式，这种构成具有规整和严肃的表情，见图 3-22。

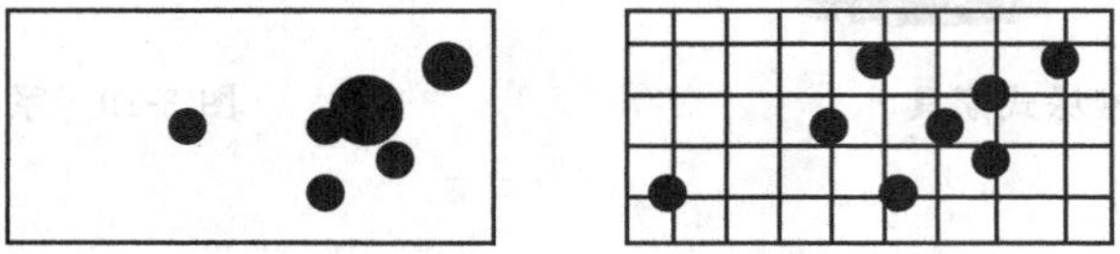

图 3-22　点的构成

3.2.2.3 点的表情

（1）单点

由于点具有向心性，所以在一个平面上或空间里放置一个点，注意力就会集中到这个点上。就分布而言，一点处于面的中央有平静、集中感，可以占据全部视觉空间。一点处于面的边缘部位有动感，该点偏上，则有下落和不稳定感而形成视觉的流程，该点扁下，则画面会有比较安定的感觉而容易被人忽略掉，该点偏右上则会有视线欲飞出画面的感觉，该点偏左下则会有落出画面的感觉，见图 3-23。

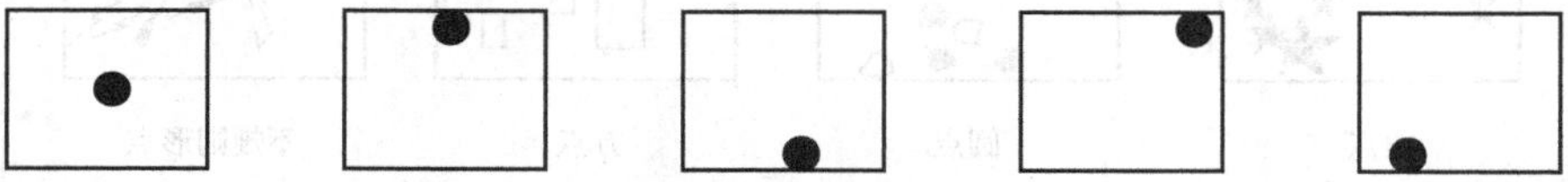

图 3-23　点的位置表情

（2）两点

由于两点间的张力能引导视觉移动，形成视觉流程。依据三维空间的视觉习惯，依据大—小、近—远的顺序，从大到小、从实到虚，视线在两点间移动，并在两点之间会产生一条消极的线，相互吸引。面对具有相等力度的两点时，我们的视线会反复于两点之间，同时出现线的感觉，注意力保持均等。但当点有大有小时，注意力就会从大点移向小点，而且感觉大点对小点似乎有一种拉力。而两个圆点相连，就可以具有方向性，并且距离越近，被暗示的消极线就会感觉越粗，反之，就会感觉越细，见图 3-24。

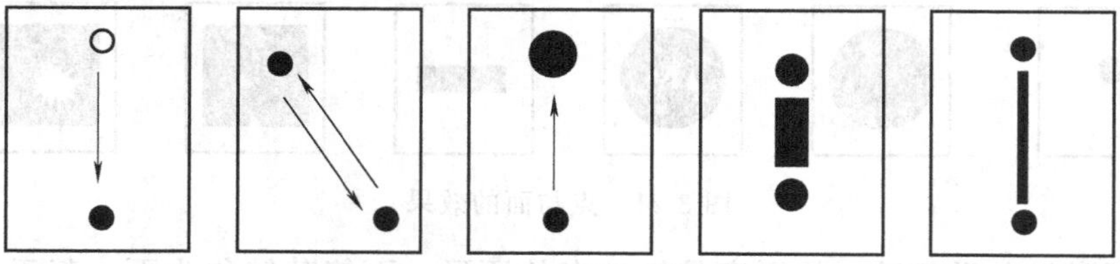

图 3-24　两点间的距离和大小关系

（3）多点

在多点群化的情况下，会产生线或面的感觉。仅有三个点，就可以成为面，三点成为三角形，四点成为四角形，点的数目越多、点越聚集就会产生面的感觉。点的间隔越小，面的感觉性质就越强。大小相同的点群化时，产生的面有严肃和大方的性格，并且有均衡和整齐的美；大小不同的点群化时，则不产生面的联想，而产生动感。这是由于点的大小产生了透视关系，从而形成了空间的层次所致。这种情况常具有活泼、跳动的情感特征，富于变化美，见图 3-25。

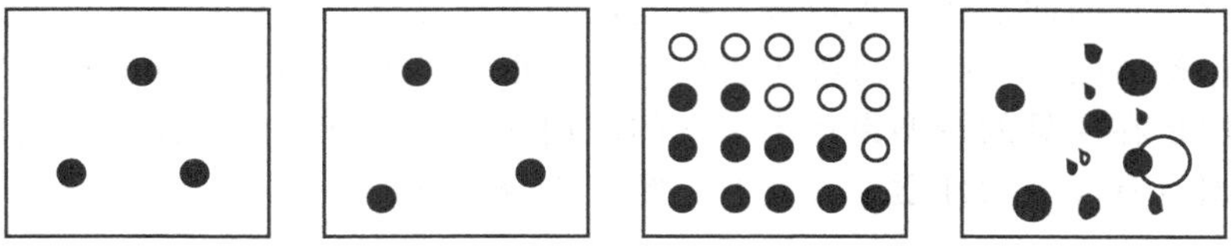

图 3-25　点的群化

3.2.2.4　点在家具造型设计中的应用

家具造型中点的应用非常广泛。点作为装饰构成的一部分是功能结构的需要。中国传统家具就非常重视点的运用，在家具上安装一些金属附件，或在家具局部进行图案装饰、小面积的雕刻和镶嵌以取得良好的点的装饰效果，与大面积的素地形成强烈的对比，使家具形体显得明快简洁，见图 3-26。

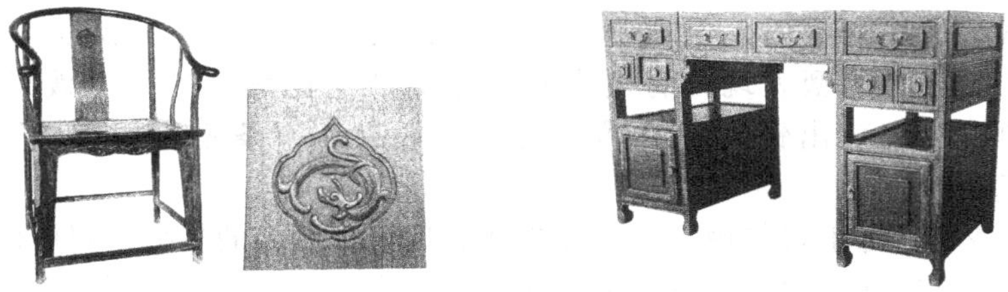

图 3-26　中国传统家具点的应用

外国古典家具也非常重视家具立面点的装饰，将家具配件用金属制成各种式样的图案，其式样淳朴、俊秀，加工制作精细规范，比例与安装部位精心设置，成为不可缺少的功能性装饰物，并形成各地区不同时代的风格，如日本和式家具，利用金属附件进行装饰，在家具整体造型上起着画龙点睛的作用，见图 3-27。

现代家具对点装饰的重要程度已远远超过了古代，装饰手法也千变万化，并且在材料选用上也面临着更广泛的空间。通过点的排列组合或局部点缀，使家具不仅在造型上美轮美奂，富有整体性和韵律感，而且在结构上也给人以空灵感，丰富而多变，见图 3-28。

图 3-27　外国传统家具点的应用

图 3-28　现代家具点的应用

3.2.3 线

3.2.3.1 线的概念

线是点移动的轨迹，是具有长度的一维空间，虽然在理论上没有宽度和深度的扩张性，而实际上却含有相对的面积或体积成分。线是没有粗细之分的，只有长度与方向。当把线断开分离后，仍保持线的感觉时，可称为线的点化。把点排成一列时，则出现线的感觉，可称为点的线化。但是在家具的造型设计中，线的应用必须是可见的，因此，可以认为线是点的移动轨迹。根据点有大小的性质，线就有了粗细之分，见图 3-29。

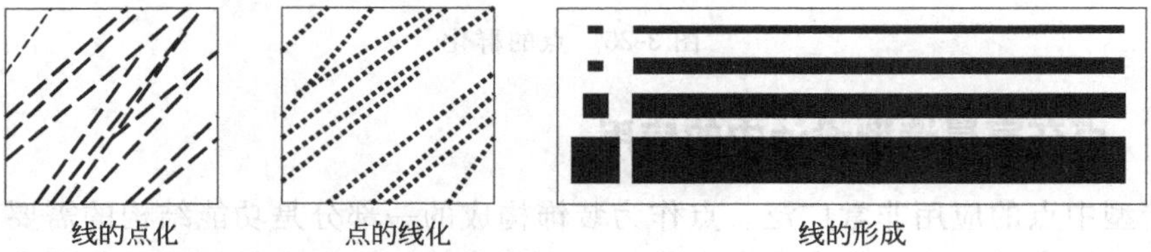

图 3-29 线的形式

线具有一定的相对性，在长度与宽度之比相差巨大时，即称之为线。线的长短、宽窄量本是相对而言的，当线超过一定宽度时，会减弱线的概念，逐渐具有面的特点。在造型上，长度虽然是线的本质，但却不及宽度或深度来得重要。当赋予线具有适度的面积或体积变化时，它的造型表现力将更强烈，也能产生更鲜明的视觉效果。反映在心理上，一条极细的线能表现出锐利、敏感而快速的效果，一条极粗的直线却显露出刚强、稳健而迟缓的感觉。

线在外形造型上具有重要作用，它比点更能表现出自然界的特征。封闭的线构成形，决定面的轮廓，自然界所含的面及立体都可以通过线来表现，所以，线所具有的视觉性质是很重要的要素，具有不可替代的地位。因此，要使线在造型设计中发挥出强有力的作用，更好地为家具造型服务，就要深刻地了解它，充分地掌握它，只有这样才能更好地运用它。

3.2.3.2 线的种类与情感特征

线是决定形态基本特征的因素，它是由直线和曲线两大体系构成的。

- 线
  - 直线
    - 垂直线
    - 水平线
    - 斜线
  - 曲线
    - 几何曲线
      - 双曲线
      - 螺旋曲线
      - 方曲线
      - 弧线
      - 抛物线
    - 自由曲线

（1）直线

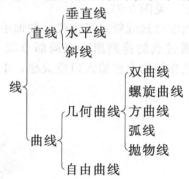

直线能够表现出平静、力量，具有男性的情感特征，简单明了。既可以表达坚实、明快、严格的情绪，又可以确定一定的格式和位置，但有时也会给人以单调、缺少变化的感觉。不同形式的直线有着不同的情感特征，见表 3-2。

表 3-2　直线的情感特征

直线形式	情感特征	直线形式	情感特征
水平线	平稳、快速、静寂	粗线	强劲、笨拙、迟钝、有力
垂直线	下落、上升、端庄、肃穆	细线	秀气、敏锐、柔弱、锐利
斜线	飞跃、下滑		

直线的配置关系不同，图形形状也会有微妙的变化，应充分利用线的粗细、方向、曲折获求直线不同的视觉效果，见图 3-30。

在家具造型设计中，利用水平线的情感特征来划分家具立面，容易获得舒展、宁静、安定的效果，见图 3-31。而垂直线因其所特有的刚强、屹立的情感特征，在家具设计中被优先强调，以获得家具造型的庄重、挺拔之感，见图 3-32。斜线的应用则需谨慎，由于它的散射、变化、上升及不安定感，使用它作为造型要素时很难把握。如使用不当，会使家具的整体造型产生破损感，但如能合理、充分运用斜线的动态、活泼及突破感，使之成为造型要素中最美的的情感表达，则会在家具的整体效果中起到静中有动、调和中有对比的完美效果，达到理想的塑型目的，见图 3-33。

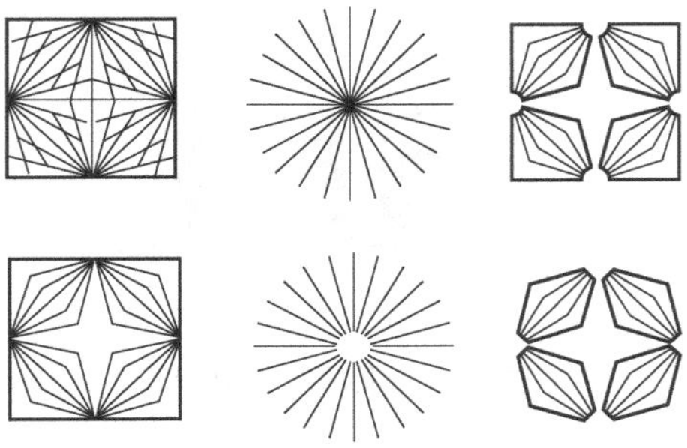

图 3-30　直线配置图形

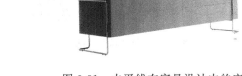

图 3-31　水平线在家具设计中的应用

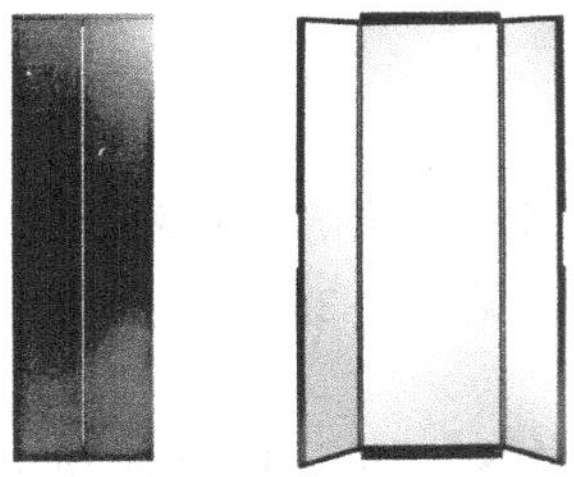

图 3-32　垂直线在家具设计中的应用

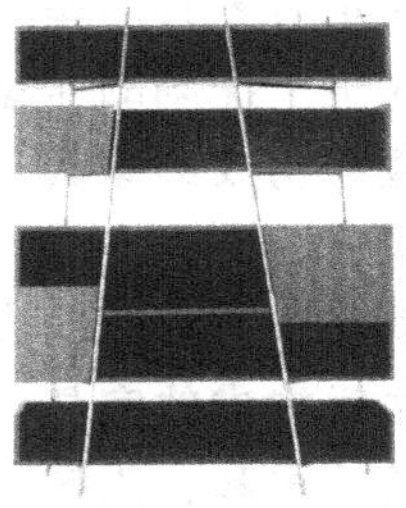

图 3-33　斜线在家具设计中的应用

(2) 曲线

曲线能够表现出速度、动力和弹性，具有女性特征。曲线的情感特征，见表 3-3。

不同性质的曲线有着不同的视觉表现力，从表现形式上可以分为几何曲线和自由曲线。几何曲线的基本特点是理智，具有明快之感。自由曲线奔放，富于情感色彩，见图 3-34。

曲线由于其长度、粗细、形态的不同，使其成为最富有趣味的线，从古至今被大量的应用在家具的装饰或局部造型上，其优雅、温和、丰满、柔软的感觉，深受人们的喜爱。曲线在家具设计上的应用，见图 3-35。

表 3-3　曲线的情感特征

曲线形式	情感特征
几何曲线	规范、典雅、柔软、呆板，给人以一种理性的明快、坚实的印象
双曲线	有一种曲线平衡的美和流动感
螺旋曲线	有等差和等比两种，是最富于动感变化的曲线，尤其是等比螺旋曲线具有渐变的韵律感
方曲线	直线与曲线相结合而产生的曲线，这是一种变化丰富又具有理智的曲线，有端庄、大方、丰满而厚重的性格
弧线	弧线有椭圆和圆形两类，圆弧线有充实、饱满的感觉，而椭圆形除具有圆弧线的特点外，还有柔软的感觉
抛物线	近于流线型，有较强的速度感
自由曲线	自由、轻快、随意、软弱、极富表现力。主要有"C"形、"S"形和涡形三大类。"C"形曲线有简洁、柔和、华丽的感觉；"S"形曲线有优雅、抒情、高贵、丰富的感觉；涡形曲线有华丽、协调的感觉

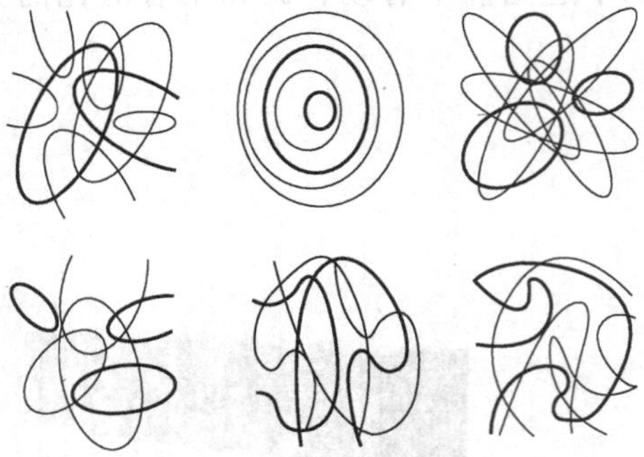

图 3-34　曲线配置图形

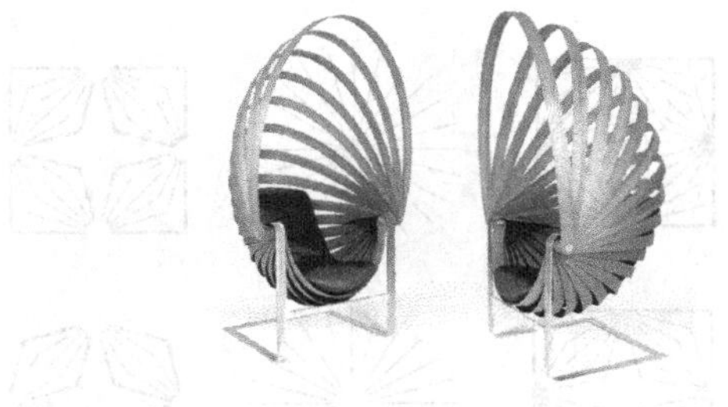

图 3-35　曲线在家具设计上的应用

3.2.3.3　线的应用

轮廓线决定着家具的基本形状。线的应用与处理可塑造不同的家具式样，并主导着家具的风格，给人留下深刻的印象。用于家具构成的线条有三种。

(1) 纯直线构成的家具

给人以稳重、刚强之感，特别是现代家具多采用金属、玻璃等新材料，通过机械加工方式完成，使其富于"力"的表现，犹富刚劲、庄严之风，见图 3-36。

(2) 纯曲线构成的家具

因其线条的柔和、流畅、丰满、多变的动感表现，在家具设计中常体现出"动"的美，从古至今被大量应用，塑造出具有优雅、轻盈、极具女性婉约之美的家具造型，见图 3-37。

图 3-36　纯直线构成的家具

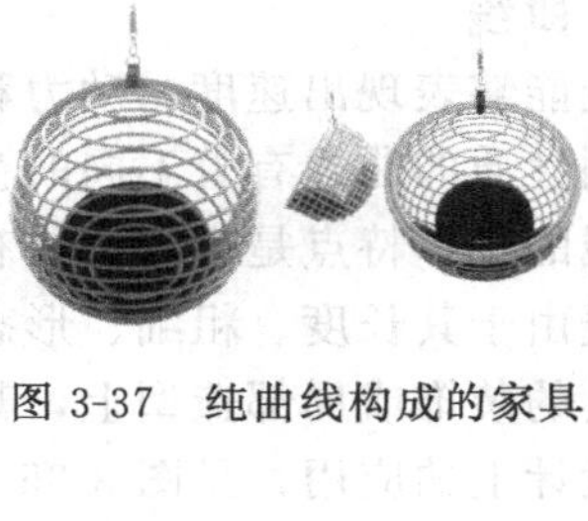

图 3-37　纯曲线构成的家具

(3) 直曲线结合构成的家具

直线和曲线相互结合可以得到千变万化的图形，在轮廓表现上，这些简单的线段组合，能表现出无穷的可能性，见图 3-38。

进行家具造型设计时，将直线与曲线的优点结合起来，使其既具有直线稳健、挺拔的感觉，又具有曲线的流畅、活泼的特点，刚柔并济、神形兼备，见图 3-39。

线的应用除了可以确定家具的外形轮廓外，还可以通过线的排列、聚集、围合构成家具的主体造型。既可采用硬质线材，也可以采用软质线材，所表现的视觉效果具有半通透特质。线与线之间产生一定的间距，构成不同层次的线群结构，表现出疏密变化，突显材质的自然美和设计的别具匠心，见图 3-40。

图 3-38 直曲线配置图形

图 3-39 直曲线结合构成的家具

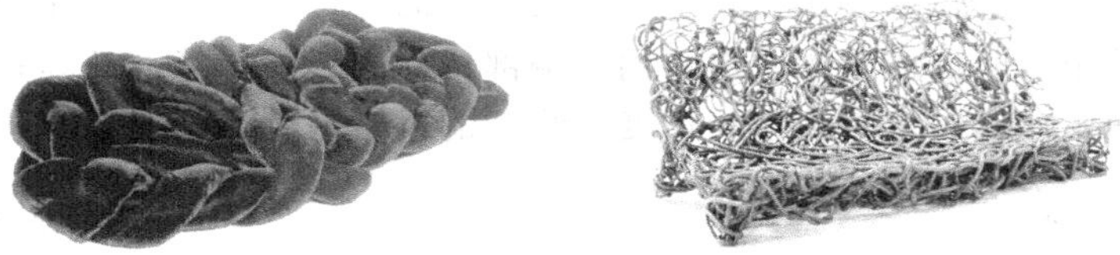

图 3-40 软、硬质线材构成的家具

3.2.3.4 线条运用的基本原则

一套家具由不同类型和性质的线条组织在一起，才会使造型富于变化，打破了只采用一种线条所带来的单调、枯燥之感。但线条在家具造型上的应用不能是毫无目的、单纯的拼凑，要遵守一定原则。

(1) 直线与曲线相结合的原则

该原则就是把两种不同性质的线条组合在同一件家具上，以其中一种为主，占较大比重，突出视觉上的效果；而另一种要起到比较和陪衬的作用。只有这样，家具的造型才能形成特点，见图 3-41。

以直线为主构成的家具打破了纯直线僵直、过硬的视觉缺陷，在家具的转角处，用柔和的曲线代替了直角的转折，使呆板的直线造型获得了轻盈、秀美的视觉感受。但在一件家具上过多地应用曲线，也会由于曲线柔软的表现力而使家具在形式表达上了无生气，而在适当处应用上一些直线，则起到了提神的作用，使柔弱的曲线造型变得挺拔而富有朝气，见图 3-42。因此，线条的应用只有做到主次分明、直曲线搭配得当，才能获得既变化又统一的完美艺术效果。

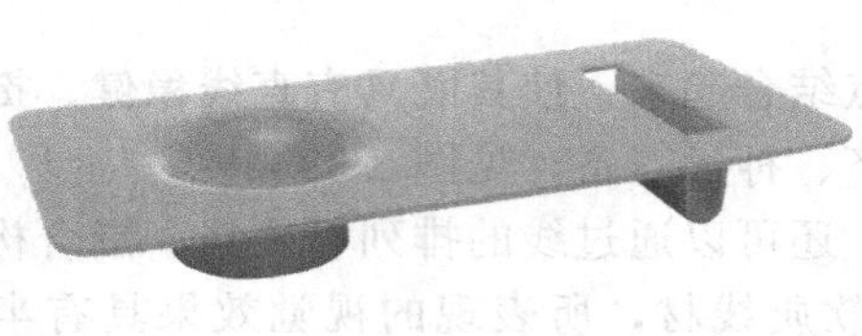

图 3-41 以直线为主的家具设计

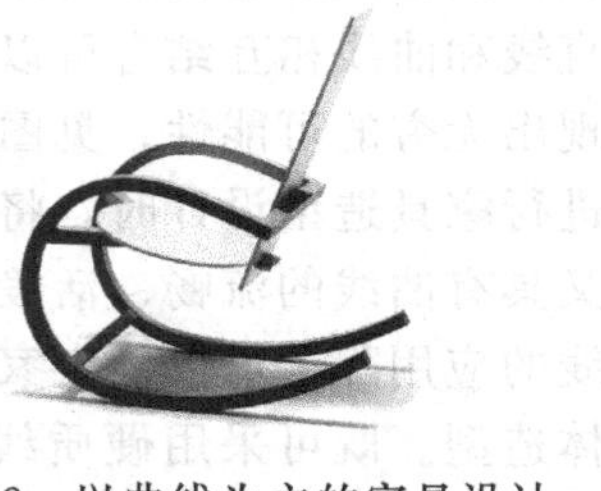

图 3-42 以曲线为主的家具设计

(2) 两种不同的线条连接时，要注意两者之间的联系和过渡

将两种不同性质的线条连接起来，使其获得协调的统一感，就需要设计人员巧妙地利用造型要素的语言，进行准确的设计表达，避免出现脱节和拼凑的现象。通过形象作为元素符号，组成设计的字与词，在我们的精心组合下，形成悠扬、简约、感人的形体，使每一件家具作品都能用自己的风格与特色来震撼人的心灵，见图 3-43。

(3) 注重线条的对比与调和的关系

直线与曲线是两条对比的线，一个至刚，一个至柔，二者相互对立又相互调和。在家具造型设计上，一定要充分掌握直曲线的这些特性，不能太过对比，造成直曲线各自为政、相互矛盾，使家具失去了整体的统一感；也不能过于调和，因为失去特征、毫无生气的线形组成的家具也没什么个性而言，不会给人留下深刻的印象。线条的对比与调和的关系是在家具造型设计中普遍使用的一种方法，不仅运用于造型设计的总体方面，还经常被运用于家具的局部处理上。就像我国明代家具用在各横、竖支架间的各种式样的牙子和四周边框之间不同形状的卷口，以及边缘断面的轮廓线形和用于腿部构件的断面等等，都具有线的变化。通过直曲线的对比调和，形成了家具简单、适度“雅”的风格特色，见图 3-44。

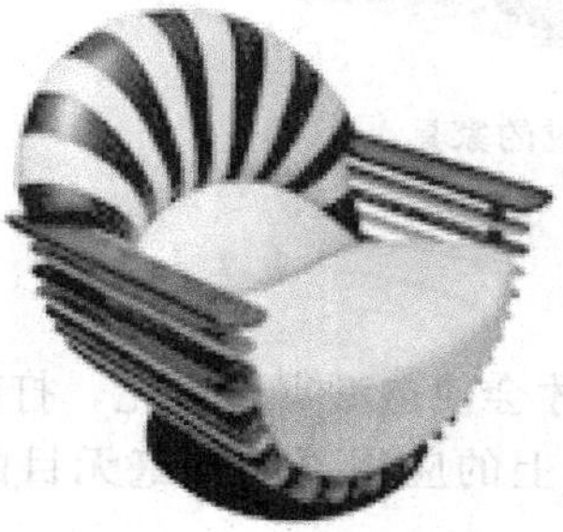

图 3-43 直曲线在家具设计中的应用

图 3-44 直曲线的对比与调和

线是组成家具造型的重要元素之一，它或以其稳固、坚定的直线形塑造家具形体，或以其婉转、袅娜的曼妙曲线装饰着家具。无论怎样，线的重要作用是不能忽视的，它决定着家具的造型特色，呼唤着新家具式样的诞生，永远是人们表现美的代言人。

3.2.4 面（形）

3.2.4.1 面的概念

面是由长度和宽度共同构成的二维空间，具有位置、长度、宽度，没有明确的厚度。当点、线排列后可以形成虚面，面的厚度是相对的，是由表明面形的线的粗细决定的。线越粗，面就越厚；线越细，面就越薄；虚线使面成为虚拟的面；无边线的面则是一个无厚度感、无真实感的虚面。一个大点，一条粗线，皆是依据周围形象的量感变化相应产生出面的感受。三点成一面，即是一个虚面，也是三个点。面的可辨性、具象与抽象的区别更具相对性，再逼真的平面形象相对于真实的物体而言，都是经过思想处理的抽象形象，见图 3-45。

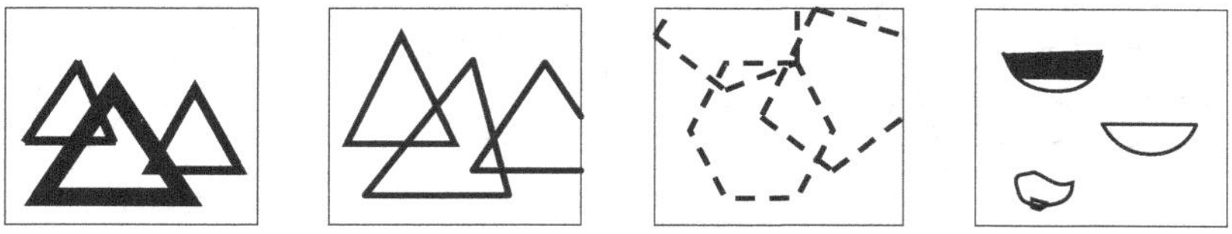

粗边线面　　细边线面　　虚线面　　三点成面

图 3-45　面的形式

在现实应用中，面是实实在在的，具有长度、宽度和厚度，是构成家具造型的重要因素。

3.2.4.2　面的构成

点的扩大、集合、排列及线的移动轨迹均可成为面，所以点、线的形状就是面的形状，可形成方、圆、角、条等具体形象。移动线的直曲决定了面的直曲，而且，通过切断立方体也可以得到面，并产生不同的视感效果，见图 3-46。

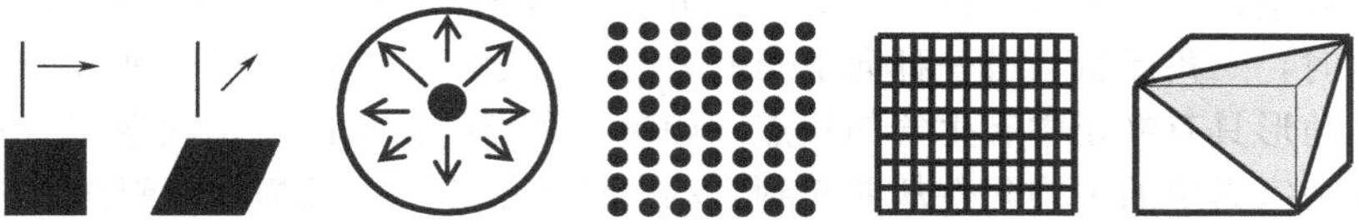

线移动　　点扩大　　点密集　　线排列　　体切割

图 3-46　面的形成

一般而言，平面较单纯、直接，适于表现家具现代造型的简洁性；曲面则具有温和、柔软、动的感觉，适于表现传统家具典雅造型的丰富性。

3.2.4.3　面的类型

面有平面和曲面两大类。平面包括垂直面、水平面、斜面；曲面包括几何曲面和自由曲面。

- 面
  - 平面
    - 垂直面——给人以希望，紧张、上升感
    - 水平面——平和、静止
    - 斜　面——具有动感、不安定
  - 曲面
    - 几何曲面
      - 直纹曲面——面内包含直线（圆锥面、圆柱面、螺旋面等）
      - 非直纹曲面——面内不包含直线（球面、椭圆抛物面等）
      - 旋转面——圆锥、圆柱、球面等
      - 非旋转面——螺旋面、双曲抛物面等
    - 自由曲面 —— 性格奔放，感情丰富，处理不同则优劣相差很大

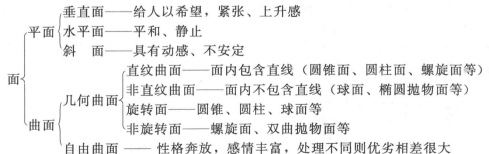

面是线移动的轨迹，同时也可以是由人为技法所创造的不同的形。形的决定要素是轮廓线，凡是符合这个条件的平面空间，都被认为是形。在家具造型设计中，几何形是常采用的形，它是以数学方式构成的，具有明快、简洁的性格，给人的感觉是有秩序、有条理。它的组合不能过于繁复，复杂的几何外形会丧失其特有的性格。非几何形是无数学规律的图形，

它包括有机形和不规则形两大类。有机形是用自由弧线为主构成的，它虽然不像几何形那样可以用数学方法得出，但它也并不违反自然法则，它常取形于自然界的某些有机体造型，具有秩序的象征美感，见图 3-47。

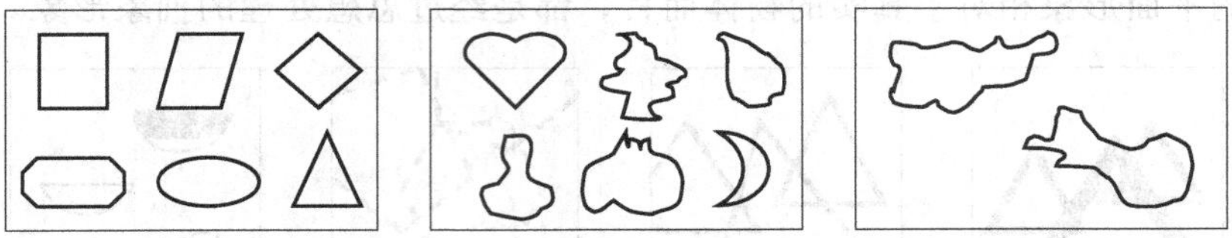

图 3-47　形的种类

3.2.4.4　面的情感特征及其应用

面在家具造型中的的应用：一是以板面或其他实体的形式出现；二是由条块零件排列构成面；三是由线形零件包围而成面。这些面分别以几何形和非几何形出现，并以各自不同的外形特征而具有着不同的特点。

正方形因其边角相同而具有端正感，是最单纯的一种外形，在家具造型中适用于餐桌、方凳、茶几等，但方形由于缺少变化而稍显单调感。因此，一般情况下都在家具造型的局部加入一些曲线，既打破了正方形的单调，也丰富了方体造型的内涵，见图 3-48。

三角形一般会产生安定和冷的感觉，其顶角成锐角时，会使人感到一种向上突出的力感，而顶角成钝角时，三角形就会有一种向下压的力感。等边三角形给人以一种最安定、束缚的感觉，不等边三角形具有静止中有生气的特点。如果三角形的顶角向下，就会有一种极度不安定的感觉，但作为家具中的装饰附件却能起到生动、活泼的作用，而横放或斜放的三角形则具有向前冲的感觉。三角形在家具造型设计中的应用可获得到生动、灵巧之感，见图 3-49。

图 3-48　正方形在家具造型中的应用

图 3-49　三角形在家具造型中的应用

多边形有一种丰富的感觉，具有刺激感，鲜明、醒目。但它的边越多就越接近于曲线的性质，具有端正、严谨的艺术特点，见图 3-50。

菱形具有安定和轻快感，但不适合家具功能的要求，只能用于某些局部装饰，应用于以方形为主要造型的家具中，具有活泼而又生动的效果，见图 3-51。

图 3-50　多边形在家具造型设计中的应用

图 3-51　菱形在家具造型设计中的应用

梯形上小下大能够表现出一种重量感和支持感，以梯形为主的家具造型具有轻快、优雅的视觉效果，能够获得良好的平静、均衡感，见图 3-52。

图 3-52 梯形在家具造型中的应用

圆形具有单纯和圆满的感觉，富有动感。椭圆形明快并富于变化，于整齐中体现自由，在家具造型设计中运用圆及椭圆能够获得流畅、柔和、文雅的感觉，见图 3-53。

有条理的不规则曲线形状具有奔放、丰富的感觉，在心理上可产生典雅、柔软、魅力和更具有人情味的特点，能充分地体现出设计者的个性，表达一定的思想感情，给家具造型带来一定的生命力，但如果应用不当，其多变性则会表现出一种散漫、无序、复杂的情感特征，见图 3-54。

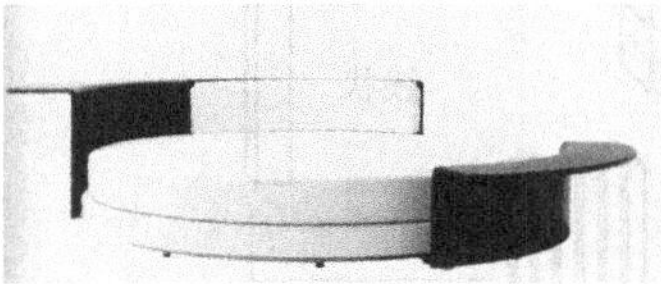

图 3-53 圆形及椭圆形在家具造型中的应用

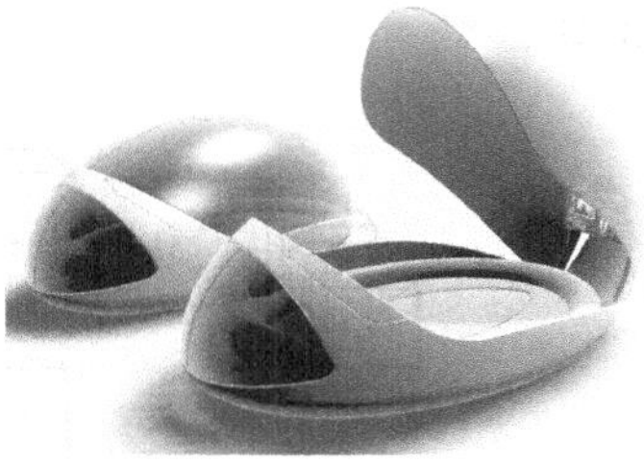

图 3-54 曲线形在家具造型中的应用

利用各种形状作为家具造型或家具的局部装饰，会使家具富有变化，并可得到不同风格特点和时代气息的家具式样。作为家具设计师一定要牢牢掌握这些设计语言，使之成为最有利的表达工具，为形成新一代的家具风尚而服务。

3.2.5 体

3.2.5.1 体的概念

体是由面按一定的轨迹移动、叠加构成的，也可以理解为是由点、线、面包围起来所构成的空间，或面的旋转所构成的空间，见图 3-55。

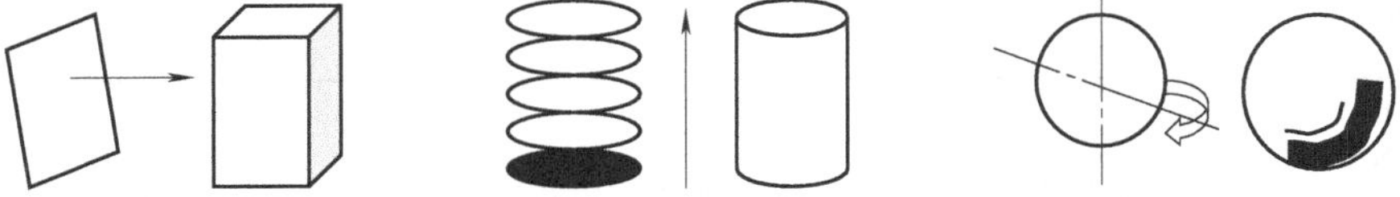

图 3-55 体的形成

体有几何体和非几何体两大类。几何体包括正方体、长方体、圆锥体、圆柱体、三棱锥、多棱锥、球体等。而非几何体则泛指一切不规则的形体。几何体，特别是长方体在家具造型中被广泛应用，而非几何体中仿生的有机体也是家具造型经常采用的形体。

3.2.5.2 体的情感特征

体的情感特征是由构成体的各个面的关系来决定的。除此之外，由于阴影、色彩、材质的影响，也会使感觉有较大的变化。各种立体的情感特征，见表 3-4。

表 3-4　体的情感特征

体	正方体	长方体	(圆)柱体	正锥体	倒锥体	球体
情感特征	端庄	稳健、俊俏	活泼	安定	轻快	动态

一般来说，立体的立面造型是造成整个家具气势的主要因素，如窄而高的立体会使人产生向上的感觉，低而宽的立体会使人产生侧向延展的感觉。在家具造型处理中适当利用这些特有的性质，就能使家具获得雄伟、高大，或者开阔、平稳的艺术感染力。而立体的侧面是造成深厚感的主要因素，也是产生立体重量感的关键。同样的立面，如果深度不同，所形成的重量感觉也会不同。立体形状在家具造型中可具体表现为块状、线状、板状三种形式。三者处于连续、循环的转换关系，不能严格地区分。把块状物体向一定方向连续下去，就变成线状；把线状物体平行地并列时，就成为板状；而再把板状物体堆积起来，即又回到了块状，见图 3-56。

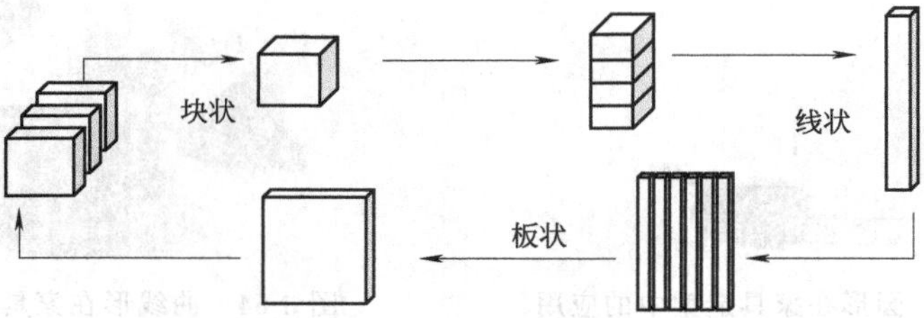

图 3-56　块状、线状、板状的转换关系

块状、线状、板状体，由于其自身特点不同，给人的心理感受也不同，情感特征见表 3-5。

表 3-5　块状、线状、板状体的情感特征

形状	情感特征
块状 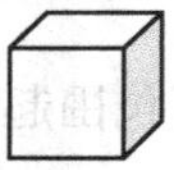	块状是占有一个空间的封闭性的量块，具有一定的体积感，给人的印象是稳重、安定、耐压
线状 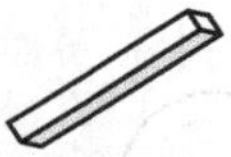	线状无论是直的还是弯曲的，总给人以一种锐利、轻快、紧张与速度感
板状 	板状的最大特点是薄与延伸感；板状的表面具有扩大感与充分的力感，侧面具有空间感

3.2.5.3　体的构成

体可分为实体和虚体两种形式。

由块立体构成或由面包围而成的体叫实体。在家具设计上表现为封闭式的家具，也就是家具造型的轮廓线内全部为实体，即整个家具为一整体坐落在地面上，如箱体、软垫沙发等，绝大多数是体形简洁、整体性强的家具，从视觉角度来看是一种“力”的象征，见图 3-57。

由线构成或由面、线结合构成，以及具有开放空间的面构成的体称为虚体。一般表现为开放式家具，也就是家具造型的轮廓线中除了有实体之外，尚有一定的空间。桌、椅等大量家具都属于开放式家具。由于视线可通过空隙看到别处，因此，常使人感到轻巧、活泼、丰富。由于虚体具有如此特征，在现代家具设计中，即使是用于储物的家具也常常将柜体用框架支起，下部留有空间，以取得轻巧、美观的效果，见图 3-58。

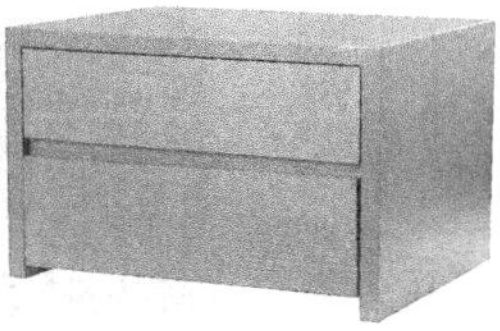

图 3-57　封闭式家具

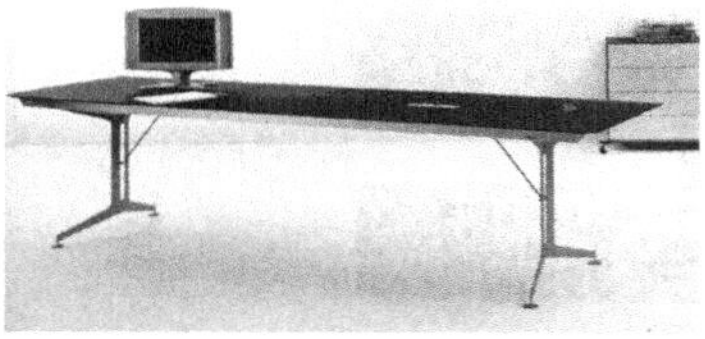

图 3-58　开放式家具

虚体根据其空间的开放形式又可以分为通透式、开敞式与隔透式。通透式，即用线或面围成的空间，至少要有一个方向不加封闭，保持前后或左右贯通；开敞式，即盒子式的虚体，保持一个方向无遮拦，向外敞开；隔透式，即用玻璃等透明材料做台面，在一向或多向具有视觉上的开敞形的空间，也是虚体的一种构成形式，见图 3-59。

通透式　　开敞式　　隔透式

图 3-59　虚体的类型

体的虚实之分是产生视觉上的体量感的决定因素，也是丰富家具造型的重要手法之一。没有实的部分，整个家具就会显得脆弱无力，而没有虚的部分，则会使人感到呆板。只有将两者巧妙地组合在一起，并借助于各自的特点相互陪衬，才能使家具的形体具有既轻巧又稳重的良好视觉效果。

除此之外，家具虚与实的运用还要注意到各自的比例。在家具造型中，体量大的及实体部位多的，则感到的分量就重，有一种稳定、壮观的感觉。体量小的及轮廓线内透空面积大、体量虚实对比明快的，就会有轻快、亲切之感，见图 3-60。

3.2.5.4　体的应用

体是家具功能需要的反映，有什么样的功能必然会形成相应的外部体量。因此，体量应用于家具设计上时，既要注意体量的组合关系，又要注意体量的对比关系。

通过体量的有机组合，使家具的造型主次分明，也就是要求家具体量的各要素之间不能各自为政，而是有机地结合起来，排除任何偶然性和随意性，表现出一种相互依存和制约的关系。这种关系在家具形体上要具有某种共同的关系特点，这些特点越是明显，各类家具之间的共同性就越突出。只有这样，由不同体量组合在一起的群体才能达到统一。

恰当使用不同部分体量关系的对比，能够使家具的造型个性鲜明、式样突出，见图 3-61。但在应用体量的对比关系时，一定要适度。对比关系不明显或太接近就达不到应有的效果，而对比关系过于悬殊或相互联系不到一起，又会造成不协调感，失去了统一性。并且运用体量的对比关系时，不能只着重于某一单件家具，因为单件家具不能满足人们生活的功能要求。只有与其他家具配合使用，并与室内环境组合成一个有机的整体，才能充分地表现出它的价值。

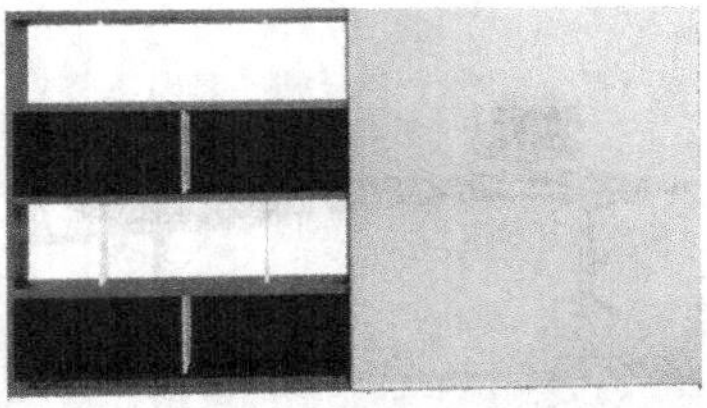

图 3-60 体量的轻重感

图 3-61 体量的对比关系

3.2.6 质感与肌理

3.2.6.1 质感与肌理的概念

质感是材料的组织构造所产生的材质感，也就是材质的表面组织结构，是材料固有的或经加工而形成的。材料表面的组织构造称为肌理。任何事物都无法回避向外界展示其自身本质的特性，而这种展示的视觉积累就是质感的视觉感受。人们可以通过描绘其效果，来间接体会其物质存在的真实性，是物体美感的表现形式之一。

3.2.6.2 质感的种类

质感可分为两种基本类型：一是触觉质感，就是在触摸时可以感觉出来的触觉效果。二是视觉质感，指物体表面各种视觉特征的性质，是透过触觉经验得到的视觉感受。质感效果有时是以触觉优先的，而更多的是以视觉优先。触觉质感一般有平滑、柔软、细滑、冷暖、干湿、粗糙、细密、凹凸等，而透过这些触觉感受，由视觉经验产生的联想，同样会产生上述各种心理感受。而且这些视觉经验还离不开物体表面的光照、颜色以及状态等因素。如湿而平滑的表面就比干燥的表面反光强，粗糙的表面比柔细的表面反光弱。同色相深色的表面比浅色的表面感觉潮湿，暖色的表面比冷色的表面感觉温暖。粗糙无光泽的表面有柔软之感，而细密有光泽的表面给人坚硬、冷漠之感等。

3.2.6.3 质感的情感特征

物体表面有粗和细、光亮和暗淡四种类型，若经过组合可以产生以下几种典型的质地效果，具有如下情感特征，见表 3-6。

表 3-6 质感的情感特征

质感类型	情感特征	质感类型	情感特征
粗而无光的表面	有笨重、坚固和粗犷的感觉	粗而光的表面	有粗壮而亲切的感觉
细而光的表面	有轻快、高贵、富丽和柔软的感觉	细而无光的表面	有朴素而高雅的感觉

科学技术的发展为人们提供了日益丰富的新材料和新工艺，它们所特有的质感表现，丰富了现代的家具设计，形成了千变万化的设计语言，展现出当代人的设计观念与情感表达，

如：木材给人以温暖、轻软、弹性、半透明、透气和韧性的质感；金属则表现坚硬、冰冷、沉重、密实、光滑和不透气的质感；塑料显现出的是柔软、细密、弹性和不透气的质感；竹子则表现坚挺、凉快和轻滑的质感；织物表现的是细软、温暖和透气的质感；藤表现的是柔韧、轻软和透气的质感。而且同一造型家具，表面采用不同的质感，所获得的外观也截然不同，各有意趣，见图 3-62。

图 3-62 家具质感表现

质感表现与材料本性的关系是极为密切的，如家具的主要材料是木材，因树种不同，其表现出的质感也不同，见表 3-7。而不同的材料有着不同的质感，即使同一种材料由于加工方法的不同，也会产生完全不同的质感，见表 3-8。除此之外，木材表面涂饰工艺的不同，也会使木材的质感表现有所差别，从而给人的心理感受也不一样，见表 3-9。

表 3-7 不同树种的质感

种 类	典型树种	特点与质感
环孔阔叶树材	水曲柳、榆木、黄菠萝、木荷、核桃楸、柞木、栎木	粗大管孔环形排列，年轮显著，纹理粗放清晰，有较好的弹性、温暖性及透气性
散孔阔叶树材	桦木、椴木、色木	管孔细小、均匀分布，年轮可辨，但较细致含蓄，质地均匀，光滑密实，显韧性、偏冷感
针叶树材	红松、白松	管孔极细小，年轮纹理清晰，较轻软；早晚材的密度、硬度、色泽均有较明显差别

表 3-8 木材材面的质感

木材切面	质 感
径切面	纹理通直平行，纹距接近，有小渐变，均齐有序、美观；弹性、温暖、轻软的质感最强
弦切面	有直纹和山形纹，纹理形状及纹距均有较大渐变，较美观；弹性、温暖、轻软的质感较强
旋切面	云形纹，变幻无序，美观性较差；弹性、温暖、轻软的质感也较弱

表 3-9 木材的涂饰质感

涂饰种类	特点与质感	涂饰种类	特点与质感
透明涂饰	木纹显现木材的温、软、韧、半透明质感	柔 光	消光，显现更柔和与温暖之感
亮 光	光泽明亮，显现偏冷、偏硬之感	不透明涂饰	不露木纹，呈现较冷、重、硬、实之感

3.2.6.4 质感的应用

家具的表面质感效果是极其重要的，设计师在考虑家具外观效果时，应从体现家具的功能、结构和生产的观点进行综合计划，同时应尽量发挥制作材料本身的特征和材料表面加工工艺的长处。为了在造型设计中获得良好的质感效果，一般要考虑以下两方面的问题。

① 根据设计的意图，把不同质感的材料搭配使用。为了在造型设计中获得质感的对比效果，可以把不同质感的材料搭配使用，或使用不同的装饰以及涂饰方法，在一定程度上增

加造型的变化，从而丰富视觉感受。

② 注重显示材料的原状。家具造型设计并不是利用装饰设计来掩饰材料，而是注重显示材料的原状，尽可能体现材料的自然美。因为现代家具生产要求机械化、产量高、成本低、便于生产，这就必然促使设计师们去发掘材料本身的质感美，以代替过去用手工生产的费工费时的精雕细刻和掩饰材料的虚假装饰。因此，尊重材料的质感，表现材料质感美的新潮流，是现代家具生产工艺水平提高的表现。

3.2.7 色彩

色彩与具体形态结合，就会产生强烈的色彩感情、表现特征和精神影响。由于色彩能够通过抽象的形态表达人们的心理感应和情感，因此，在家具造型设计中，色彩成为人性化设计的重要因素之一，是家具造型设计不可或缺的内容。通过色彩设计，可以使家具的物质功能、使用环境与人的心理和谐一致，使家具造型效果达到最佳。与此同时，色彩装饰对家具外观审美的视觉效果也起着决定性的作用，会对使用者的工作情绪、工作效率、生理和心理的疲劳状况产生直接影响。因此，熟悉色彩的各种特性，了解色彩与情感的关系，对于家具造型设计有着十分重要的意义。

3.2.7.1 色彩的认知

为了准确标明、鉴别和表达各种色彩，促进色彩与商品的交流，人们不仅把色彩分为由白、黑、灰组成的非彩色系列和红、橙、黄……紫等组成的彩色系列，而且还研究出用色相、明度、纯度三要素表明每一种颜色特征的方法。

(1) 色相

色相是指色彩呈现出的相貌，又称色调或色泽，反映各种颜色之间的本质差别。例如，红、橙、黄、绿、青、蓝、紫即为不同的色相，一种色彩名称代表一种颜色的相貌，是区别色彩种类的名称。

(2) 明度

明度是指色彩的明暗程度，反映出人对物体色彩的主观感觉。视觉感知的所有色彩形象都具有明度。对于光源色而言，明度又称为光亮度；对于物体色而言，明度还可以称为鲜明度。有彩色系中，明度最高的色彩为黄色，明度最低的色彩为紫色。无彩色系中，明度最高的色彩为白色，明度最低的色彩为黑色。了解色彩的明暗差别——明度，便于配色时掌握色彩的层次关系。

(3) 纯度

纯度是指色彩的鲜艳程度，又称色度或鲜艳度，反映色彩含有颜色多少的程度。色彩颜色达到饱和状态时为纯色，色泽鲜艳饱满。

色彩三要素是表示色彩的依据，也是鉴别、分析、比较颜色的基本因素。如果改变一个要素，色彩就会产生变化，进而对人的视觉感知和心理感受都会产生比较大的影响。科学研究表明，色彩对人的生理和心理会产生作用，并引起许多抽象的联想，从而赋予色彩一些象征意义。如人们看到红色时，凭经验和联想会在心理上产生温暖和热的感觉，同时在生理上出现脉搏加快、血压升高，并联想到辉煌、兴奋、热情、革命、喜庆、危险、紧张等象征意义。在这些研究的基础上，色彩学家们还总结出色彩的对比与调和理论以及色彩的配置方法与效果规律，为色彩理论的实际应用打下了基础。

进入20世纪以后，人们迎来了一个崭新的时代，科学技术的高度发达促进了对色彩的深入研究。色彩美的创造和应用渗透到社会的各个方面，逐渐形成对色彩进行十分认真的分析、研究和理性的选择，从而使色彩成为与科学、美学、心理学、生理学、社会学等有紧密联系的科学。

3.2.7.2 色彩表现力

色彩是人类最早接触的装饰要素，色彩表现力的意义在于色彩对人视觉生理和心理的作用。由于色彩比形状具有更直观、更强烈、更吸引人的魅力，因此，家具色彩处理的好坏对表现家具的外观质量，增强家具的市场竞争力和满足用户的审美要求，对协调使用者的生理、心理平衡和提高工作效率，对创造舒适的人造环境都有着积极的作用和现实的意义。特别是在同样的家具的情况下，当色彩处理能够引起人们的强烈兴趣和满足某种欲望时，就可以赋予家具与价格相适应的或者超过价格的附加值，也更能够促进家具市场的占有量。色彩的表现力主要包括以下几个方面。

(1) 色彩的功能

由于长期的有机联系，使色彩视觉效应变成心理先导。如在红色、橙色和黄色环境中，人的心理就会产生条件反射，具有温暖的感受。见到蓝色，人产生的心理效应则是安静、凉爽，甚至是寒冷。色彩心理学将橙色定为最暖色，红色和黄色属于暖色，将蓝色定为最冷色，蓝绿色、蓝紫色属于冷色，黑、白、灰、绿、紫等色彩介于冷色和暖色之间，称为中性色。并且在日积月累的生活中，色彩对人们的感情、联想、爱憎等方面都产生着不同的心理效应，见表 3-10。

表 3-10 色彩的心理效应

色相	联想事物	心理效应
红	血、火光	热情、热烈、美丽、吉祥、活跃、忠诚、危险、卑俗、浮躁
橙	太阳	明朗、甜美、温情、活跃、成熟、丰美、烦躁
黄	帝王服饰、宫殿	高贵、娇媚、光明、喜悦
绿	森林、草地	新生、青春、健康、永恒、公平、安详、宁静、智慧、谦逊
蓝	大海、蓝天	深沉、远大、悠久、纯洁、理智、理想、阴郁、贫寒、冷淡
紫	将相服饰	高贵、古朴、庄重、梦幻、浪漫、阴暗、污秽、险恶
白	雪	清洁、纯真、清白、光明、神圣、平和、哀怜、冷酷
灰	土地	朴实、平凡、空虚、沉默、阴冷、忧郁、绝望
黑	远山	坚实、含蓄、庄严、肃穆、黑暗、罪恶

色彩的冷暖与材料的光泽和质地也存在着联系。材料表面光泽度高，质地精细，涂于材料上的颜色就容易使人产生冷的感觉。如果材料没有光泽，且质地粗糙，则涂于材料上的颜色就会使人产生温暖感。利用色彩的温度感觉，可以根据家具的使用环境确定它的色彩。例如，根据目标市场的地理气候条件，寒冷的环境中家具的色彩宜采用暖色调，而高温的环境中家具宜使用清凉的冷色调。

(2) 色彩的轻重感

色彩的轻重分为轻感色和重感色两大类别。轻感色和重感色的划分来源于人们在实践中积累的经验。轻感色是给人感觉轻的色彩。例如，棉花、羽毛、雪花、白云等等，这些物质和现象的色彩比较浅，给人的感觉比较轻，因此，白色和各种浅色色彩都被称为轻感色。其中，白色最轻。一般情况下，明度高的色彩和色相暖的色彩属于轻感色。重感色是给人感觉重的色彩。例如，钢铁、岩石和泥土的色彩比较深，给人的心理感觉是沉重，因此，黑色和各种深色彩都称为重感色。其中，黑色最重。一般情况下，明度低的暗色和色相冷的色彩属于重感色。由此可见，色彩的轻与重可以根据其与白色色彩或黑色色彩的接近程度区分。对于明度相差不大，或轻重感不明显的色彩，例如，红色、绿色，等等，其轻重感取决于人的喜好。喜欢的色彩会感觉轻一些，反之，会感觉较重。

掌握色彩的轻重感，对于处理视觉环境稳定与轻巧活泼之间的关系非常重要。

(3) 色彩的胀缩感

色彩胀缩感意指色彩在对比过程中，某些色彩的轮廓给人以胀大或缩小的感觉。将不同色彩涂于直径相同的圆中，观察其面积，结果证明，明度高的色彩，面积显得比较大，明度低的色彩，面积则显得小一些。此外，色彩的胀缩感觉与色彩的冷暖也有着直接的关系，冷色会产生收缩感，暖色会产生膨胀感。由此可见，色彩的胀缩感觉主要取决于明度。利用这一特性调整家具形体的比例关系，可以使家具的整体比例协调。如果希望家具看起来大一些，宜用明度高的暖色；如果希望家具看起来小一些，则用明度低的冷色。

(4) 色彩的距离感

同一平面上不同色彩，从视觉上会产生距离差异，有些色彩会使人感到凸出、距离比较近，有些色彩则会使人感到隐约、距离比较远。影响色彩距离感的因素有明度和色相、环境和背景。其中，明度和色相对色彩距离感觉影响最大，暖色和明度高的色彩距离感近。橙色、黄色和白色都是“近感色”。冷色和明度低的色彩，以及一些中性色彩距离感远，黑色、蓝色和紫色距离感最远。同一色系的色彩，明度愈高距离感愈近。

色彩距离感同时还受到环境和背景色彩的影响，在深色环境或背景中，色彩的远近感取决于色彩的冷暖，暖色近，冷色远。在浅色环境或背景中，色彩的远近感取决于色彩的明度，明度低的近，明度高的远。在灰色环境或背景中，色彩的远近感取决于色彩的纯度，纯度高的近，纯度低的远。黑色背景中，色彩距离感的远近次序为：紫色、蓝色、红色、淡绿色、橙色、黄色、白色；白色背景中，色彩距离感的远近次序为：黄色、橙色、淡绿色、红色、紫色、黑色；红色背景中，白色距离感最近；蓝色背景中，黄色最凸出。总之，图形或家具的色彩与背景色彩的明度相差越大，则距离感越强。

综上所述，色彩距离感可以归纳为：暖色近，冷色远；明度高的近，明度低的远；纯度高的近，纯度低的远；鲜明的近，模糊的远。同一背景中，对比强烈的近，对比微弱的远。

因此，在家具造型设计中对于需要强调、突出表现的部位，应采用“近感色”，在次要、隐退或需要扩大视野的部位，则应采用“远感色”。利用色彩的这些视觉效果，处理家具的主从部位、虚实关系、均衡与稳定，可以起到很好的作用。

(5) 色彩的软硬感

色彩的软硬与色彩的轻重相似，同样取决于色彩的明度和纯度，其中，明度的影响比较大。明度高、纯度低的色彩有柔软感，而明度低、纯度高的色彩有坚硬感。无彩色系的灰色有柔软感，白色与黑色都有坚硬感。此外，明度高的暖色有柔软感，明度高的冷色有坚硬感，无光泽色相对于光泽色显得更柔软。

利用色彩的软硬感可以为人们创造舒适的色调。其中，软感色给人以明快、柔和、亲切的感受，硬感色能够加强家具坚硬的个性。

(6) 色彩的质感

家具造型是形状、色彩和材料质地的综合体现。质感是家具表面材料质地具有的特性带给人的视觉效应。色彩的质地感觉与色彩三要素有关，明度高的色彩、轻感色及软感色均会给人以细腻、圆润、丰满、精致、高贵和洁净的心理感受，而明度低的色彩、重感色及硬感色则会使人感到粗糙、淳朴、坚实和厚重。

家具造型色彩美总是依存于质感美共同表现。色彩的质感效果可以隐蔽或充分体现材料的质感。例如，同样是黑色涂饰，普通喷涂会获得黑色的庄重、阴郁、神秘感，而采用推光漆处理，就会获得光洁如镜的高贵感。可见，采用不同的着色方法，可以取得不同的质感效果。

(7) 色彩的知觉感

色彩的知觉感是指由于色彩作用引起人兴奋与沉静、轻松与压抑、华丽与朴实的感觉。

色相与纯度对于引起人兴奋，使人保持沉静的影响比较大。鲜艳且明亮的暖色会使人积极和兴奋，冷色和灰色则使人消极和镇静，其他色彩，如黄色和紫色等会使人感到柔和、安定和平稳。引起兴奋的色彩能使人情绪饱满、精力旺盛，令人镇静的色彩宜用于休息、需冷静思考问题的场合，见表 3-11。

表 3-11 色彩的知觉感

色相	效　果
红	刺激与兴奋神经，加速血液循环与脉搏跳动。但接触过多会感到身心受压，烦躁、疲劳
橙	产生活力，诱人食欲。但彩度过高会引起过于兴奋而陶醉
黄	刺激神经，有助于逻辑思维。但过量使用会导致精神不稳定，行为任性
绿	有助于消化、镇静，促进身体平衡，克服疲劳及消极情绪
蓝	缓解紧张情绪，调整体内平衡
橙蓝	有助于肌肉松弛、减少出血，减轻对病痛的敏感
紫	对运动神经、淋巴系统和心脏系统有抑制作用，维持体内钾平衡，有安全感

3.2.7.3 家具色彩设计原则

家具色彩设计不同于绘画艺术作品和平面视觉传达设计，绘画艺术作品和平面视觉传达设计中的色彩一般要求有高的色、光、影效果，追求丰富的生活表现力和感染力。而家具的色彩设计受着色工艺、材料质地以及家具功能、环境、人机工程学等因素的制约，使得家具的色彩特点表现为单纯、概括、简洁和明快的同时，具有良好的视觉效果。

家具的色彩设计，应该体现出科学与美学的结合、技术与艺术及新的审美观念的结合，体现出家具与人的协调关系，遵循及灵活运用造型美学法则。

(1) 整体色调选择原则

色调反映色彩的类别，通常按色相分类。例如：红色色调，包括粉红色、深红色、橘红色等，还有绿色色调、蓝色色调等等。同一家具造型，采用不同的色调，会带给人不同的艺术视觉效果和心理感受。

整体色调是家具造型色彩中面积最大的色调，也称主要基调。造型色彩设计通常以整体色调表现其设计效果。家具色彩的主调主要是根据家具功能、使用环境、用户的要求以及颜色的功能作用等进行选定的。一般来说，家具的主色调为一色或两色，三色以上很少用。色调越少，主体特征越强，装饰效果也越突出，家具外观形式关系越容易得到统一。

家具主要色调的确定，不仅要考虑到产品的功能特点，而且要同时考虑材料质感与色彩应用的结合。家具设计的色彩是由各种材料构成要素的质感加上色彩组合而成的。因此，要获得家具良好的色泽效果，就必须将色彩和材料的质感结合起来考虑。

家具用材的色彩可分为三种：一种是以纯自然材料的色彩为主，体现家具用材的天然美；另一种是以纯粹的人工材料的色彩为主，体现家具用材的现代美；还有一种是以综合自然与人工的色彩为主，将两种美集于一身，相映生辉。进行家具色彩设计时，多是利用自然材料本身的色彩，令原始、质朴的风味自然流露。但纯自然材料的色彩缺乏鲜艳动人的趣味，而人工材料色彩较自然材料在色相、明度、纯度各方面有着更自由的选择余地，无论是素雅或鲜艳、柔和或强烈的色调都可根据需要而充分发挥。但人工材料所表现的色彩效果有些单调、浮浅，而自然材料色泽厚重、沉着。因此，在进行家具的色彩设计时，应尽量采用自然材料与人工材料综合利用的表现形式，各取所需，取长补短。

(2) 色彩配置原则

家具主要色调确定之后，为了强调或点缀家具整体中的某些部位，可以通过色彩配置突出“重点”，这样就避免了因色彩单调而影响家具的整体艺术效果。进行家具色彩配置时应注意以下几方面。

① 选择增强变化的色彩时，应注意与整体色调协调，尤其是采用对比强烈、变化转折比较大的色彩时，要注意不能破坏家具色彩的整体感。

② 根据视觉效应和使用者的心理需求，按照色彩功能和色彩感觉，选择用于突出家具重点的色彩。配置的色彩种类愈少，家具的装饰性愈强，色调愈容易统一。如果配置的色彩过多，容易造成色彩分割而难于统一色调，破坏家具造型的和谐性，同时也不利于着色工艺的实施，以致经济成本提高。

③ 色调选择不能过分追求艳丽、刺目，而应反映家具造型的功能特点，给人以愉快、生动、明快且柔和的视觉效应和心理感受。

④ 突出家具重点的色彩面积不宜过大。进行色彩配置时，通常以大面积高明度、低纯度的色调作为家具基调，在局部点缀小面积高纯度的色彩进行对比，这样，家具造型容易取得和谐、丰富、醒目的效果。

(3) 色彩平衡原则

造型设计中的色彩平衡原则包括以下几项内容。

① 合理分布色彩。分布色彩的原则是：主次分明，布局匀称，层次和谐。这样视觉上主色调不会过于集中，辅助色调也不会黯然失色。

② 结合家具造型的形、体、量因素，进行色彩平衡。对于不同形态的造型，其表面色彩的明暗对比不同。例如，用相同的色彩装饰体积相同的立方体和球体。可以看到，球体表面色彩的明暗对比比立方体表面色彩的明暗对比显得更强烈，两者产生的色彩效果存在差异。

③ 进行大面积色彩设计时，如柜类家具，除少数设计要追求远效果以吸引人的视线外，大多数应选择明度高、纯度低、色相对比小的色彩配置。以使人感觉明快、舒适、和谐、安详，利于长时间保证良好的精神状态来生活和从事工作活动。

④ 对于小面积造型的色彩设计，应依据不同的设计对象，采用不同的色彩平衡方式。如小型家具，宜采用强对比的色彩配置，以保证家具形象清晰、有力，突出家具造型的艺术效果。

⑤ 根据色彩功能，按照色彩感觉，进行色彩平衡。例如，希望造型充分表现其稳定感时，其上部应采用轻感色，下部采用重感色；如果要求造型有较强的立体感；可以使造型左右色彩的冷暖关系与上部相同，其余部位的色彩与上部相反，形成对比，加强立体感，想要表现出造型上部分散、下部为整体的效果，则家具上部可以采用透明色彩，下部采用不透明色彩。

3.2.7.4 色彩设计的人文原则

不同的色彩配置会产生不同的视觉效果和心理感受，适当的色调设计和色彩配置，能够使家具使用者产生舒适、轻快、振作的工作情绪。如果色调选择、色彩配置得不合理，容易使消费者产生疑惑不解、沉闷、萎靡不振的情绪。因此，家具色彩设计应充分体现人机间的协调关系，益于使用者的身心健康。

家具的色彩设计必须认真考虑使用者对色彩的认识和需求。色彩设计的人群分析，就是根据一定范围内的人，在自然性和社会性上对色彩欲望所表现的共同性和差异性，而作出的色彩计划与对这些计划的实施。因此，家具的色彩设计应充分体现以人为中心，共性与个性、普遍与多样的辩证统一的设计原则。

家具色彩的设计还应符合人的生理和心理需求。感染人的心理情感，通过色彩带给人舒适、友好、轻松、新颖的感觉。而且色彩设计也要符合时代特征，反映出时代色彩审美及喜好特征。另外，由于各个国家、地区、民族、宗教信仰、生活习惯的不同，以及气候、地理位置的影响，人们对色彩的爱好和禁忌也有所区别，在家具色彩设计中应予以充分的考虑。

我国是一个地域辽阔、幅员宽广、多民族的国家，各民族和各地区对色彩的爱好和禁忌有着一定的差别。就地区来说，北方喜欢暖色彩，喜欢深沉、浓烈、鲜艳的色彩；南方喜爱偏冷的色彩，喜欢素雅、明快、清淡的色彩。就民族来讲，由于民族传统、习惯以及信仰的不同，各民族对色彩的爱好和禁忌也不相同，见表 3-12。

表 3-12　我国不同民族的用色习惯

民　族	喜　爱　颜　色	禁忌颜色
汉族	红色表示喜庆	黑、白多用于丧事
蒙古族	橘黄、蓝、绿、紫红	黑、白
回族	黑、白、蓝、红、绿	
藏族	白色为尊贵色，黑、红、橘黄、紫、深褐	淡黄、绿
苗族	青、深蓝、墨绿、黑、褐	黄、白、米红
维吾尔族	红、绿、粉红、玫瑰红、紫红、青白	黄
彝族	红、黄、蓝、黑	
壮族	天蓝	白
满族	黄、紫、红、蓝	
京族	白、棕白	
傣族	白	
黎族	红、褐、深蓝、黑	

世界各国和地区，由于文化、风俗、习惯的不同，对色彩的爱好和禁忌表现出更大的差别。下面列出部分国家和地区对颜色的爱好、禁忌和使用习惯，仅供参考，见表 3-13。

表 3-13　部分国家和地区对颜色的爱好、禁忌和使用习惯

国家或地区	爱好颜色	禁忌颜色	使用习惯
中国	红、绿、黄	黑、白	以前喜欢朴素、沉着、单一的色彩，现在已有所改变。红色象征喜庆，黑、白象征悲哀
印度	红、绿、黄橙、蓝、鲜艳色	黑、白、灰	红色象征生命、活力；蓝色象征真实；绿色象征和平、希望；紫色象征宁静、忧伤
日本	金、银、红、白、紫、柔和色调	黑、深灰、黑白相间	喜欢淡雅、含灰的服饰色彩，常用与自然季节协调的色彩。黄色象征未成熟、青色象征青春

续表

国家或地区	爱好颜色	禁忌颜色	使用习惯
马来西亚	红、橙、鲜艳色	黑	绿色象征宗教,可用于商业;黄色为皇室专用色,一般人不用
巴基斯坦	绿、金、银、鲜明色	黑	喜爱用鲜艳色、翠绿色,黄色不常用
缅甸	红、黄、鲜艳色		佛教徒选择黄色为服装色
泰国	鲜艳	黑	喜欢鲜明色,红、白、蓝为国家的颜色;黄色为皇室色;有按日期穿不同颜色服装的习惯
土耳其	红、白、绿、鲜明色		绿三角形表示免费样品
叙利亚	青、蓝、绿、红、白色	黄	黄色代表死亡
伊拉克	绿、蓝	黑	绿色象征伊斯兰教。国旗上的橄榄绿在商业上不得使用
法国	粉红、蓝、雅灰色	墨绿色	东部男孩爱穿蓝色服装,少女爱穿粉红色服装;柠檬、浅蓝、浅绿、浅红为常用色
挪威	红、蓝、绿、鲜明色		
德国	鲜艳色		
意大利	鲜艳色		喜爱黄、红砖色和绿色
希腊	绿、蓝、黄色	黑	常用白、蓝色,紫色用于国王服饰
瑞典	黑、绿、黄	蓝	代表国家的蓝、黄色商业上不得使用
爱尔兰	绿、鲜明色		传统的漆柱草(国花)的颜色绿色最受欢迎。普遍喜爱鲜明色,红、白、蓝、橙等色不太受欢迎
瑞士	红、黄、蓝	黑	普遍喜欢用原色和红、白相配的国旗色
荷兰	橙、蓝		橙、蓝为国家代表色
埃及	红、橙、绿、青绿、浅蓝、鲜明色	深蓝、暗紫色	绿色代表国家。也喜欢在白地或黑地上配红、绿、橙、浅蓝色
摩洛哥	红、绿、黑、鲜艳色	白	比较喜欢稍暗的色彩
突尼斯	绿、白、红		
利比亚	绿		
贝宁		红、黑	
埃塞俄比亚	鲜艳色、明亮色	黑	
乍得	黄、白、粉红	红、黑	
南非	红、白、水色、藏蓝		
毛里塔尼亚	绿、黄、浅色		
尼日利亚		红、黑	
美国	无特殊爱好		用黑、黄、青、灰表示东、南、西、北四个方位。用色彩表示的职业或专业有:橘红表示神学;青色表示哲学;白色表示文学;绿色表示医学;紫色表示法学;金黄色表示理学;橙色表示工学;粉红色表示音乐;黑色表示美学。还用色彩表示月份等
加拿大	素净色		
墨西哥	红、白、绿		红、白、绿代表国家,十分流行,可用于各种装饰
秘鲁	红、红紫、黄、鲜明色	紫	紫色除了在10月宗教仪式上使用外,平时忌用

续表

国家或地区	爱好颜色	禁忌颜色	使用习惯
委内瑞拉	黄		黄色象征医疗卫生；红、绿、茶、白、黑分别代表国内五大政党；黄、蓝、红是国旗颜色。一般情况下，上述各颜色不用
巴拉圭	鲜明色		红、深蓝、绿分别表示国内三大政党，此三色在使用时应谨慎
古巴	鲜明色		对色彩没有特殊的好恶
巴西	红		紫色表示悲伤，黄色表示绝望，暗茶色预兆不幸
阿根廷	黄、绿、红	黑、黑紫相间	

进行家具色彩设计时，既不能脱离客观现实，也不能脱离地域和环境的要求。要充分尊重民族信仰和传统习惯，这样才能使家具受到人们的喜爱而扩大销路。但是，家具的色彩设计也不能全凭客观条件的影响和逻辑推理的分析进行配色处理。设计者应该对客观事物、消费者的喜好、需求的发展趋势以及人们审美心理的变化等，进行深入细致的调查，运用配色规律和美学法则，创造出人们喜爱并乐于接受的家具色彩。

3.3 家具造型设计的形式美法则

形式美法则是人类在千百年来社会实践活动中形成的创造形式美的规律，是我们分析、判断和创造美的对象的基本原则。通过对这些法则的学习、理解和灵活运用，把形式美法则与产品良好的功能和技术性能统一在家具造型设计中，对产品质量的全面提高起着重要的作用。造型设计是使形式美符合自然法则的规律性，与人的官能快感相统一的创造性活动。形式美法则包括比例与尺度、均衡与对称、调和与对比、韵律与节奏、稳定与轻巧以及错觉及其利用，等等。

3.3.1 比例与尺度

对于家具造型设计而言，合适的比例和合理的尺度，既是家具功能的要求，也是家具形式美的最基本、最重要的原则之一。

3.3.1.1 比例

推敲家具各尺寸之间的比例是取得家具造型美的一个重要手段。任何形状的物体都存在着三个方向，即长、宽、高的度量。比例所研究的就是这三个方向度量之间、局部和整体之间匀称的关系，也就是指设计对象整体与各部分之间的尺寸、面积、体量的比较关系。

在进行家具造型设计时，首先触及的问题就是家具的比例关系问题。因为家具是由多种不同的零部件组成的，这些零部件都应在一定部位、统一在整体的外形比例之中。即使是同一功能要求的家具，由于比例不同，所得到的艺术效果也会有所不同。可见，良好的比例是求得形式上完整、和谐的基本条件，而比例的形式之所以产生美感，其原因是这些形式具有肯定性、简单性与和谐性。因此，比例是家具造型设计中最重要的形式法则之一。在家具造型设计中常用的比例有以下几种。

(1) 黄金分割比例

黄金分割比例是指任一长度 L 的直线段 AB 分成长短两段，使其分割后的长线段 AC 与原直线段长度之比等于分割后的短线段 CB 与长线段 AC 之比，并且比值为一固定值 0.618

（或 1.618），见图 3-63。

任一长度 L 的直线段 AB 在 C 点分割成两段

若：$AC:AB=CB:AC$，即：$X/L=(L-X)/X$

则：$$X^2+LX-L^2=0$$

$$X=0.618L$$

即为黄金分割比例。用黄金分割比例关系的线段构成的矩形称为黄金比矩形。这种矩形简单与和谐，被认为是最美的比例，在任何艺术造型设计中都得到了广泛应用。求作黄金比矩形可以用直线作图，也可以用正方形或黄金比矩形作原始形，然后在其内侧或外侧作图。

① 直线作图，见图 3-64。

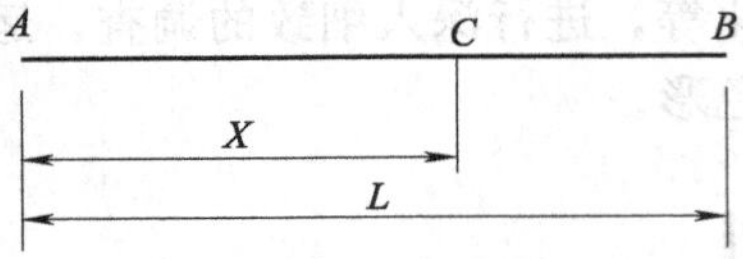

图 3-63　线段黄金分割作图法

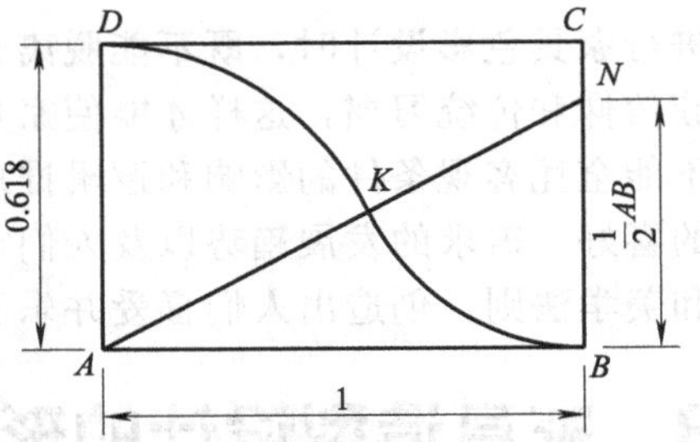

图 3-64　用直线作黄金比矩形

已知直线 AB，作 A 和 B 两端的垂线。

作 $NB=AB/2$

连接 NA，以 N 为圆心，NB 为半径，作弧交 NA 于 K 点。

以 A 为圆心，AK 为半径，作弧交于 D 点，连接 DC，$DC \parallel AB$，则矩形 $ABCD$ 即为黄金比矩形。

② 正方形外侧作图，见图 3-65。

已知正方形 $ABCD$。

以 AB 的中心点 M 为圆心，MC 为半径作弧，交 AB 的延长线于 E 点。

过 E 点作 AE 的垂线交 DC 的延长线于 F 点，则矩形 $AEFD$ 即为黄金比矩形。

③ 正方形内侧作图，见图 3-66。

已知正方形 $ABCD$。

作 $EB=CB/2$

连接 AE，以 E 为圆心，EB 为半径，作弧交 AE 于 F 点。

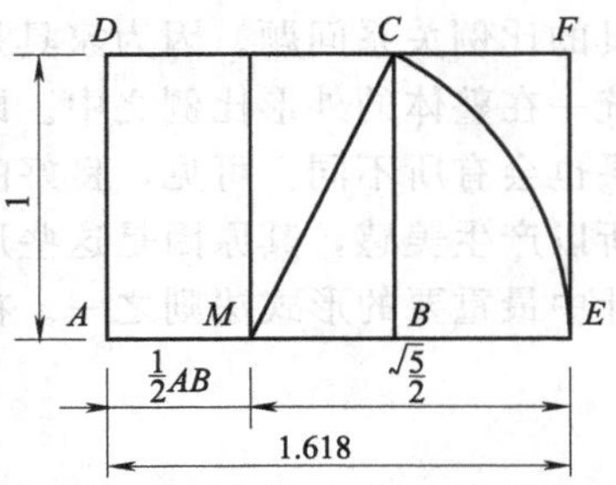

图 3-65　正方形外侧作黄金比矩形

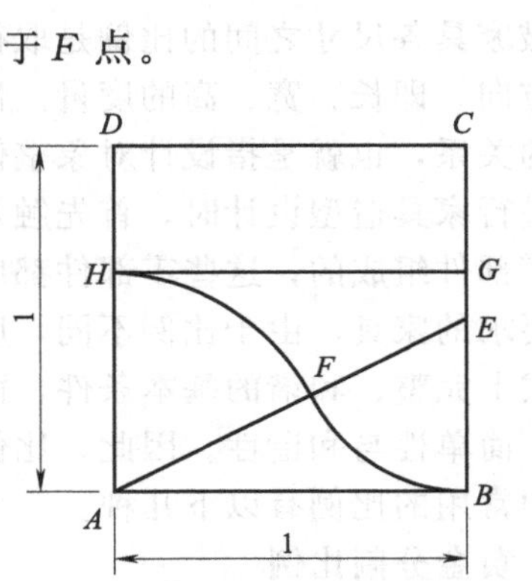

图 3-66　正方形内侧作黄金比矩形

以 A 为圆心，AF 为半径，作弧交 AD 于 H 点，连接 HG，$HG /\!/ AB$，则矩形 $ABGH$ 即为黄金比矩形。

④ 黄金比矩形外侧作图，见图 3-67。

在黄金比矩形长边的一侧，以长边为边长作出正方形，该正方形与原矩形所组成的矩形，就是一个新的黄金比矩形。依此方法，可获得多个黄金比矩形。

⑤ 黄金比矩形内侧作图，见图 3-68。

已知黄金比矩形 $ABCD$。

连接对角线 AC，过 D 点作 AC 的垂线交 AB 于 E 点。

过 E 点作垂线 EF。

则矩形 $AEFD$ 即为新的黄金比矩形。依此类推，可继续作出一系列的黄金比矩形。

在黄金比矩形内侧或外侧作出新的黄金比矩形，在家具的总体尺度和局部尺寸设计上应用十分广泛。

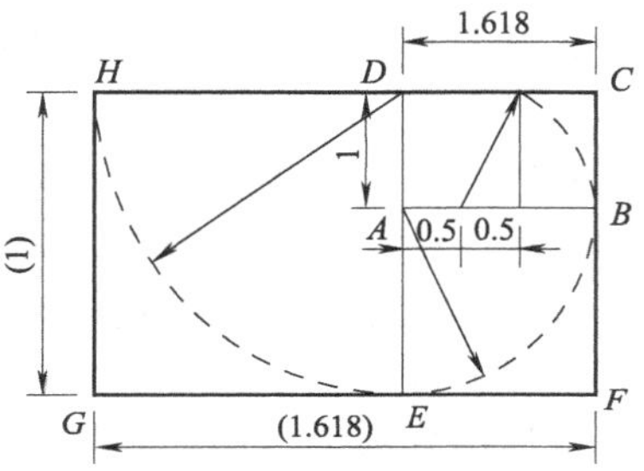

图 3-67　黄金比矩形外侧作图

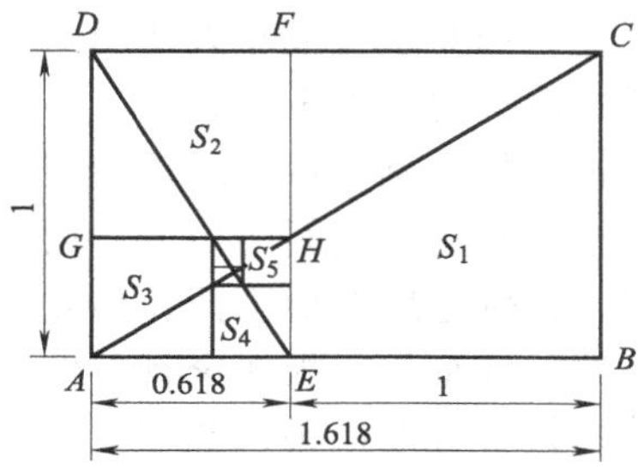

图 3-68　黄金比矩形内侧作图

(2) 整数比例

整数比例是以正方形为基本单元而组成的不同的矩形比例，见图 3-69。图中的比例为 1∶1，1∶2，1∶3，…，由这种比率可构成一系列整数比的矩形图形。由于正方形形状肯定，派生的系列矩形表现出强烈的节奏感，具有明快、整齐的形式美。运用整数比例设计时，计算简便，结构工艺性好，适合模块化设计和批量生产的要求。但是，整数比例的表现形式会给人以生硬、呆板的感觉。大于 1∶3 的比例一般应慎用，这种比例关系易产生不稳定感。

(3) 根号比例

根号比例是在以正方形的一边与其对角线所形成的矩形的基础上，逐次产生新矩形而形成的比例关系。其比率为：1∶$\sqrt{2}$，1∶$\sqrt{3}$，1∶$\sqrt{4}$，…，见图 3-70。由根号比例所形成的矩形系列，数值关系明确，形式肯定，过渡和谐，给人以比例协调、自然和韵律感强的美感。

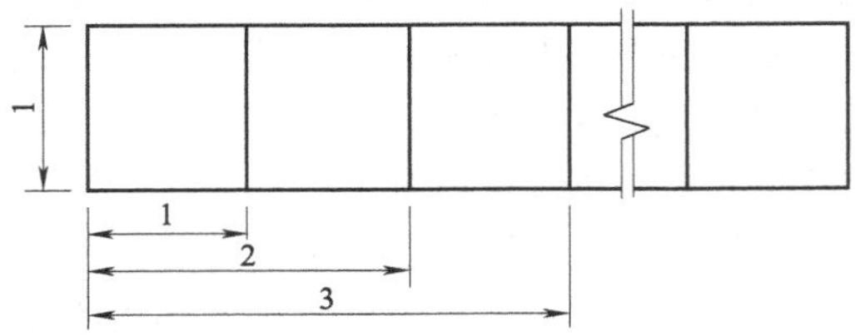

图 3-69　整数比例

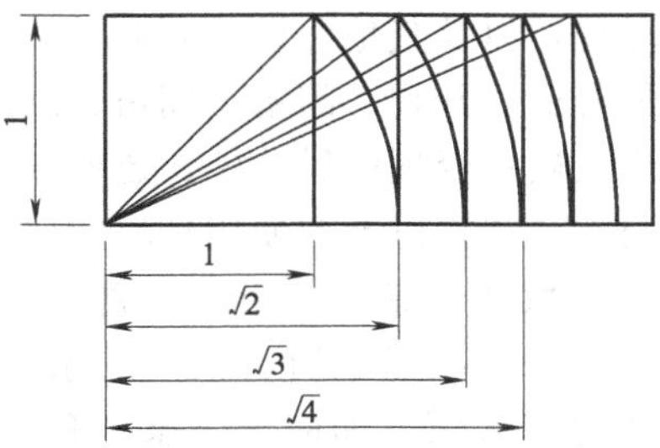

图 3-70　根号比例

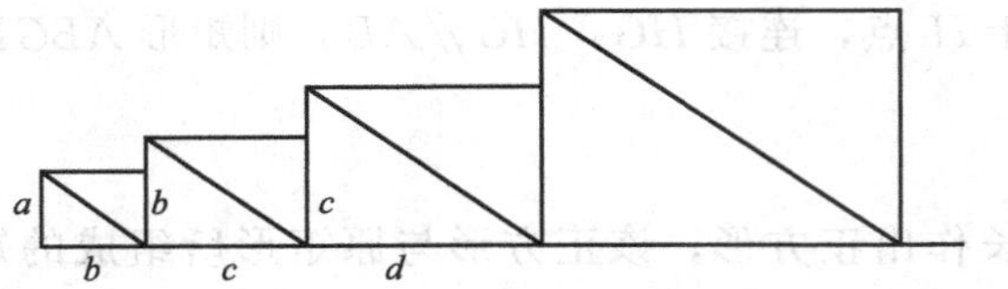

图 3-71 中间值比例

(4) 中间值比例

若有一系列数值a，b，c，d，…，构成的等式为$a:b=b:c=c:d$，就形成了中间值比例系列。用此系列值作为边长所构成的一系列矩形，是以前一个矩形的一边为下一个矩形的邻边，且对角线互相平行推延而成的。它们因具有相似的和谐性而产生美感，见图 3-71。

比例在家具造型设计中应用广泛，特别是对那些外形按"矩形原则"构成的产品，采用比例分割的艺术处理方法，可以使产品外形给人以肯定、协调、秩序、和谐的美感。在实际应用比例形式法则时，还要具体情况具体分析。

家具造型比例必须和人体尺寸联系起来。设计产品的最终目的是为人服务的，因此，在进行家具的比例设计时，家具除了和使用方式、存放物品的种类和大小有关外，更重要的是和人体有着密切的联系。家具比例的确定是根据人的使用要求而定的，并根据使用者的不同而有所变化。如儿童与成年人使用的家具，在比例上就要有所差别，根据不同的人体尺寸要求进行家具造型比例的设计。

家具本身的比例关系是决定造型式样美的一个非常重要的因素。家具本身的比例关系就是指家具整体与局部之间的协调。而且家具总体与局部的材料、结构、所处部位、场合与功能的不同，比例也应有所不同。因此，在选取比例时应与这些因素相协调，以获得美感，如钢制家具部件宜细长；板式家具部件宜宽薄；住宅家具宜轻巧，等等。

设计家具本身的比例关系时，首先要注意家具的整体与局部或局部与局部之间的大小关系，包括上下、左右、主体和构件、整体和局部之间的长短、大小、高低等相对尺寸的关系。这种关系的形成是由特定的生产技术、制作材料和功能要求决定的。如餐厅中的餐桌，客厅中的沙发和茶几等，都是根据使用要求的不同而变化的。

其次，注意单体家具的尺寸与整体设计的比例关系。为了使家具整体的比例协调，应该强调重要部位的比例，使其支配其他次要部分。也就是说，在群体家具设计中，总要有一些占主导地位的要素，它的尺寸必须强过于其他尺寸，使那些看上去是中等尺寸的部位与小尺寸的部位统一起来。

3.3.1.2 尺度与尺度感

尺度是以人体尺寸作为度量标准，对产品设计尺寸进行的衡量，用以表示设计对象体量的大小及同其自身用途相适应的程度。对于家具而言，尺度是指在进行家具造型设计时，根据人体尺度和使用要求所形成的特定的尺寸范围，家具的比例只有通过尺度才能得到具体的体现。同时，家具的尺寸还包含了家具整体与局部、局部与局部、贮存空间与物品、外形规格与室内空间环境，以及其他陈设相衬托时所产生的一种大小印象。这种不同的印象给人以不同的感觉，如舒适、开阔、闭塞、拥挤、沉闷等，即为尺度感。为了获得良好的尺度感，除了从功能要求出发确定合理的尺寸外，还要兼顾审美要求，调整家具在特定环境中相应的尺度，以获得家具与人、与物以及与使用环境的协调。决定尺度感的因素主要有以下两方面。

(1) 取决于家具的用途和贯穿在家具造型艺术形象中的思想内容

材料与结构对于所要设计的家具的尺度起着重要的作用，尺度必须符合功能使用要求和材料的合理选用。如椅子类家具有工作用、生产用、生活用和休息用等各种不同的用途，这种不同的使用要求决定了不同的坐椅高度以及与之相应的尺度，而且使用材料及制品加工方式的不同，也会产生不同的尺度感，见图 3-72。

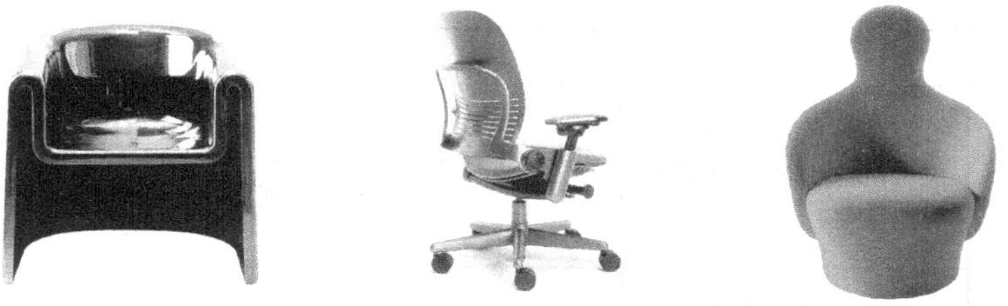

图 3-72　椅子的尺度感

（2）取决于人们的传统观念

人们 的传统观念对家具尺度的感觉有着很大的影响，这些传统观念是在人们的文化知识、艺术修养和生活经验的基础上形成的，对家具的部件形式变化和尺寸变化有着一定的知觉定式。超出了这个知觉范围，人们就会感到家具过高或过低、过大或过小。

3.3.1.3　尺度的体现

要获得家具良好的尺度，可以通过以下两个方面来体现。

（1）把某个比较单位引到设计对象中来

这个引入单位的作用，就好像一个可见的尺子，用它来度量产品，使之产生尺度感，见图 3-73。

图 3-73　借助附加的因素获得的尺度感

通过图 3-73 可以看出，由于引入了不同的比较单位抽屉、小柜等，就犹如有了一个可见的标尺，使家具的尺度能够简单、自然地判断出来，并通过人对这些小单元的感觉和衡量而产生了一种实际的尺寸感。

（2）重视家具与人的身体功能最紧密、最直接接触的部件

当人们看到一件家具时，最先想到的就是它是否与自己的身体有着恰当的尺寸关系。这种行为促使人体自身变成衡量家具的真正尺度了，如桌椅的高度、橱柜搁板的高度等等，是否适合人的身体功能和生活习惯的要求。

因此，在家具造型设计中，尺度感的获得，首先是合理组织家具及其局部的内在空间、外部体量的形式和大小；其次，是在物质功能和加工工艺的基础上，产生并形成适合于人体习惯和需要的尺度感。

把家具有尺度表现力的、相互补充的一切因素联合起来，反映家具尺度特点的统一表现，称为家具的尺度体系。家具尺度体系的分类，见表 3-14。

表 3-14　家具尺度体系分类表

体系分类	内　　容	特　　点	应　　用
自然的尺度	家具符合功能要求的本身尺寸，使用者就个人对家具的关系而言能度量出它本身正常的存在	比较简单，但要处理好细部尺寸与整体尺寸间的关系。优秀的自然尺度，常常将功能问题融合到设计中，令使用人在持续活动中产生尺度的愉快感和功能使用的舒适性	日常生活中所使用的家具都是自然的尺度

续表

体系分类	内　　容	特　　点	应　　用
雄伟的尺度	为了与周围环境相适应而使一件家具显得尽可能得大	有助于与高大室内空间共同建立起一种宏大宽阔的尺度感	以某种大尺寸的单元为基础，由密切相关的各局部单元的重复排列或运用各种大小不同而且关系密切的雕刻处理来形成
亲切的尺度	把家具的尺度做得比它的实际尺寸明显小些	一般功能都很单一	多用于儿童家具

3.3.2　均衡与对称

家具是由不同材料，根据不同功能要求，按照一定形式构成的空间形体，具有一定的体量感。处理好家具造型设计中的均衡与对称关系，就可以获得良好的视觉体量感。

3.3.2.1　均衡

均衡是对称结构在形式上的发展，是指物体图形在假设中心线或支点两侧的平衡关系，即对称结构作平衡的动态或形态的变化。家具造型设计中均衡的概念包括实际均衡和视觉均衡两个方面。

① 实际均衡是物体根据杠杆原理达到的平衡。

② 视觉均衡是人们凭视觉对物体的外观形式，如形状、色彩、面积、体量、构成关系等，所感受到的平衡。

在造型设计中，主要研究的是视觉的均衡。符合视觉均衡的物象，能够表现出有秩序的形式美的特征，给人以静谧、安详、稳定的感觉；而不符合视觉均衡的物象，则会给人以紧张、危险、不安定的感觉。

在视觉的均衡感中，家具中部需有明显的均衡中心，同时，在此中心的两侧的重量感必须对称或均衡，才能使人感到安定，从而获得美感，见表 3-15。

表 3-15　均衡效果体现表

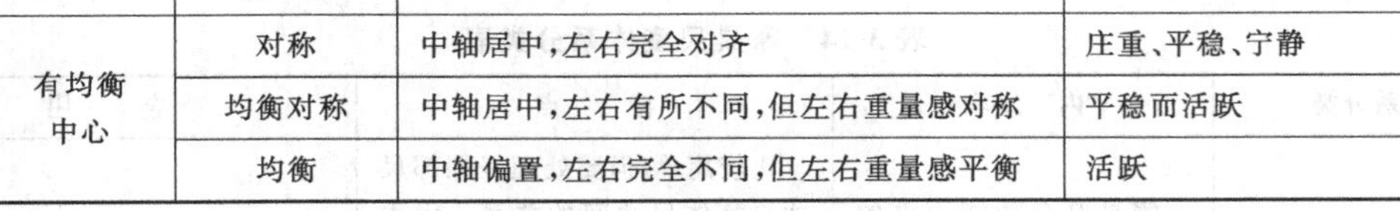

图号	布　置　法		特　　点	效　　果
1	无均衡中心	似对称	中心不明显	动荡、紊乱、平淡，采用时需加明显的均衡中心
2		似均衡		
3	有均衡中心	对称	中轴居中，左右完全对齐	庄重、平稳、宁静
4		均衡对称	中轴居中，左右有所不同，但左右重量感对称	平稳而活跃
5		均衡	中轴偏置，左右完全不同，但左右重量感平衡	活跃

家具造型设计中常用的均衡形式大致有两种。

(1) 等量均衡

等量均衡是在求得安定不失重心的原则下，在中心线两侧的形和色不相同的情况下，通过各组成单体家具或部件之间疏密、大小、明暗以及色彩的对比来实现。局部的形和色可自由增减使其左右、上下分量相等，以求得平衡效果，见图 3-74。以等量均衡造型的家具，具有变化、活泼、优美的特征。

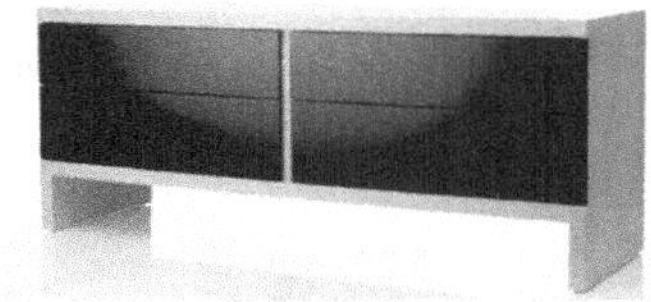
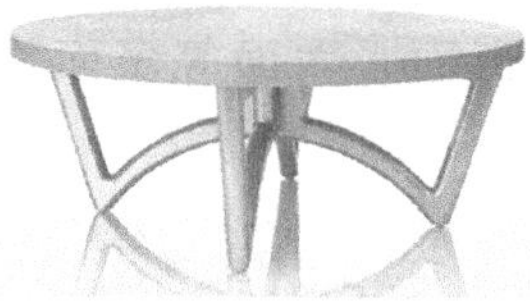

图 3-74 等量均衡的家具造型

(2) 异量均衡

异量均衡的形体无中心线划分，其形状、大小、位置可以各不相同。在构图中常将一些使用功能不同、大小不一、方向不同、有多有少的形、线、体和空间作不规则的配置，但无论怎样安排，在气势上必须取得统一，见图 3-75。

图 3-75 异量均衡的家具造型

异量均衡在形式上能保持或接近保持均等，在不失重心的原则下把握力的均衡，能给人一种玲珑、活泼、多变的感觉。

3.3.2.2 对称

对称是指整体中各个部分通过相互对应以达到空间和谐布局的形式表现手法。对称是一种普遍存在的形式美，是保持物体外观量感均衡，形式均等、稳定的一种美学法则。对称研究的主要是设计对象在水平方向上的视觉均衡问题。以中轴线呈完全对称且水平方向的尺寸远大于垂直方向的尺寸的形体，具有最强的视觉均衡感，但完全对称的形状会给人以单调、呆板、过于严正的感觉。

在家具造型设计中，对于完全对称的形体要充分地利用商标、色块分割与点缀等装饰手段打破生硬、僵直的均衡形式，以获得在统一中有变化的视觉效果。而对不完全对称的形体，可以考虑改变结构方式或者充分利用色彩的轻重感，来达到视觉均衡的要求。

对称的表现形式主要有镜面对称、轴对称和旋转对称。

(1) 镜面对称

镜面对称是最简单的对称形式，在一条假定的垂直或水平的中轴线上做左右或上下对称式，是基于几何图形两侧相互反照的均衡。如两侧彼此相对地配置同形、同量、同色，就像物品在镜子中的形象一样，这样的对称称为绝对对称；如果在中轴线左右、上下或周围配置外形、尺寸相同，但内部分割不同的对称则被称为相对对称，见图 3-76。

图 3-76 镜面对称家具造型

(2) 轴对称

轴对称是围绕相应的对称轴用旋转图形的方式取得的，它可以是三条中轴线相交于一个中心点，作三面均齐式对称，也可以是四条、五条、六条等多条中轴线相接于一个中心点，作四面、五面、六面等多面均齐式对称。图形围绕着对称轴旋转，并能屡次自相重合，见图 3-77。

图 3-77 轴对称家具造型

(3) 旋转对称

旋转对称是以中心点为依据，图形围绕中心点旋转，能够产生动感和富有韵律变化的对称形式，见图 3-78。

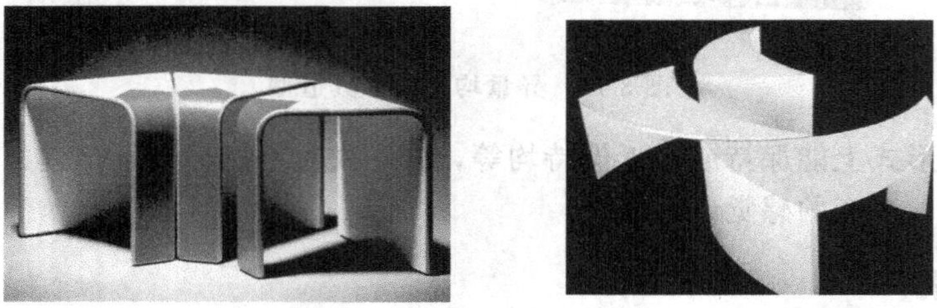

图 3-78 旋转对称家具造型

用对称形式设计出来的家具产品的造型有着较强的规律性和逻辑性，并给人以整齐、稳定、宁静和严格之感，但处理不当，则会给人以呆板的视觉感受。

3.3.2.3 均衡与对称在家具造型设计中的应用

均衡与对称是家具造型设计中最普遍采用的构图形式，它决定着家具的功能特点、结构特点以及形式布局。在很多情况下，对称的构图取决于家具类型的功能特点，如坐用家具，因为与人体有着直接的关系，而人体的正面是绝对对称的，所以，决定了单件坐椅的正面必然是对称的，而侧立面是均衡的，见图 3-79。

图 3-79 坐用家具的构图形式

但有些家具的功能使用要求与人体的要求不十分严格，如写字台、各类橱柜等，其立面的形式可以做成多种样式，在满足功能使用的前提下，可设计成对称式或均衡式，式样的选择要和室内环境、气氛相结合。

而获得家具的均衡感，最普遍的方法就是以对称的形式表现形体。因此，家具造型设计中常用的两种对称形式是绝对对称和相对对称。绝对对称是中轴线两边物体完全一样。用绝对对称形式表现的家具形体具有庄严、稳重、安定的效果，见图 3-80。相对对称是在对称轴两侧、上下或周围配置外形相同但形内有所变化的形体，主要以等量均衡和异量均衡来表现，多用于写字桌、橱柜的设计，具有活泼、轻巧、生动的效果，见图 3-81。

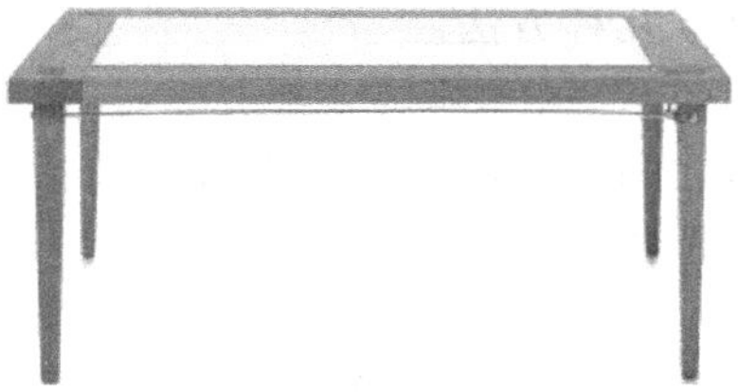

图 3-80　绝对对称的家具造型

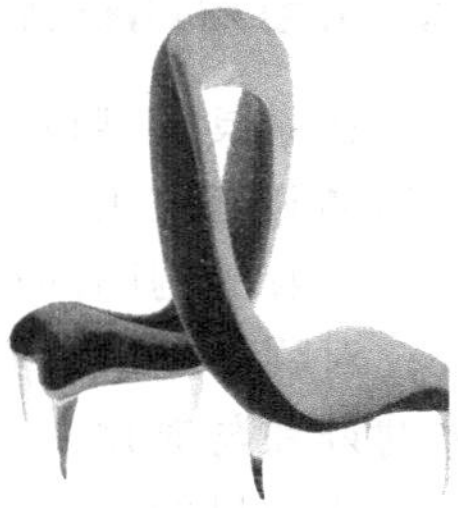

图 3-81　相对对称的家具造型

在家具造型设计中多从正前方来考虑家具的均衡问题。如传统风格的家具多是以绝对对称的形式来设计家具形体；而现代家具则更多地考虑到从各个方向来看家具的均衡问题，往往是以相对对称的方法来处理家具的形式。相对对称对于绝对对称来说，更能体现出现代家具的时代感、运动感以及整体的协调感。

3.3.3　调和与对比

调和与对比是产品造型设计形式美的总法则，是取得艺术设计效果最具表现力的手段之一。

3.3.3.1　调和与对比的概念

调和是通过一定的处理手法，把有差异的各部分有机地结合在一起，使造型达到完整一致的效果。寻求同一因素中不同程度的共性，以达到相互联系、彼此和谐的目的。对比是把同一因素中不同差别程度的部分组织在一起，产生对照和比较，突出产品某个局部形式的特殊个性，使其在整体中表现出明显的差别，以显示和加强产品外形的感染力。

调和能使各部分相互呼应而取得统一，对比能使相应部分相互衬托而取得变化。调和与对比的处理方法，是通过体、形、线、空间的形状、大小、方向，色彩的色相、彩度、明度以及质感等因素获得的，见表 3-16。

表 3-16　调和与对比的处理方法

因　素	设计强调	处 理 方 法
形态	调和	以直线形态为主要形式取得调和，设少量曲线形态以丰富造型；主体形态种类以少为佳，力求统一；增加体量小的异样形态以求得变化
大小	对比	用几个较小的体量衬托大体量，以突出重点，避免平淡乏味
方向	调和	直线、矩形、纹理主要安排为竖向，与人体直立相协调，少量横向显对比
虚实	对比	设置开敞或玻璃门的虚空间，与封闭的实空间相呼应，丰富造型
色彩	调和	用同色相，中、低明度，中、低纯度的色彩取得调和，有时设少量对比
质感	调和	以同质取得调和，有时以少量不同质感作衬托

调和与对比的协调原则：

① 调和勿缺，对比勿滥。即多数调和，少数对比；避免因对比过多而造成杂乱无章。

② 在对比因素中，两相对比的部分要有主有次，切忌平分秋色。

③ 设置重点，安排主从，获得既统一又有变化的生动效果。

④ 调和与对比的协调，不仅存在于一件家具之中，也存在于一套家具之间，存在于家具与环境之间。

3.3.3.2 调和与对比在家具造型中的应用

调和与对比在家具造型设计中的应用，主要有以下几种方法。

(1) 构图的调和与对比

在设计中所涉及的构图的调和，就是强调各因素之间任何原则上的配合。包括大节奏和小节奏的配合；对称与不对称频率节奏的配合以及某种比例的配合等。

(2) 形体的调和与对比

采用这种方法的目的是对家具形体用提炼、概括的手法，通过线的曲直变化、形状的多样、颜色和材料的差异等形式，来处理好调和与对比的关系，从而取得家具造型丰富多彩的艺术效果。

(3) 形式和内容的调和与对比

该方法就是要求形式和内容的一致性，主要是从对比中求调和与调和中求对比这两个方面去解决问题。对比中求调和，就是从构成造型美感要素的线、色彩、质地等因素中去寻找与发掘彼此之间相互的内在联系。调和中求对比，主要是利用美感因素中的差异性，如强调、韵律等形式法则来表现造型中的多样性，使家具达到整体调和而局部又有所变化的完美结合。

(4) 材料使用的调和与对比

在具体的造型设计中，材料运用要自然得体、简洁含蓄，不能片面地追求材料的新奇与繁多，要注意与整体的联系。牵强地将各自都很美的材料拼凑在一起，会造成烦琐和杂乱的视觉效果，失去造型的和谐美。

(5) 与室内设计的调和

实现室内家具的总体调和，主要从三方面入手。

① 几何形状的调和。几何形状的调和是成套家具与室内设计相统一的主要方法。就是通过一组家具中所有部位的细部和形状的协调，以从属关系表现调和，使所有较小的部位从属于某些较重要和占支配地位的部分。

② 表情的调和。表情的调和是指家具细部与单体、单体家具与室内环境的协调，主要是通过结构和材料来表达。如果一套家具采用的是同一类的结构系统，其结构的外观支配着家具造型，形成一定的格调；而采用同一类材料，可获得有组织、有条理的纹样和色彩，形成调和的特色。

③ 功能的调和。每一件家具都是为满足人类的基本需要而设计的，功能的调和就是指特殊的功能需要与家具外形的统一，是由人们不同类型的活动所决定的。如餐厅家具需满足用餐，商店家具要容纳商品等等。室内设计的整体统一，对家具造型设计的整体艺术效果也很重要，因为家具的式样代表着室内设计的特点。因此，在室内环境中，家具造型的本身不但要有调和的基调，而且室内装修以及陈设等其他细部处理都应服从整体基调的要求，见图 3-82。

调和与对比是构成家具产品形式美的重要手段，并且，根据使用要求的不同还有着更具体的做法，见表 3-17。

图 3-82　不同基调的调和

表 3-17　调和与对比的技法

<table>
<tr><th colspan="2">方　法</th><th colspan="2">内　　容</th><th>特　　点</th></tr>
<tr><td rowspan="2">调和法</td><td>统一法调和</td><td colspan="2">利用家具的各部件要素，如线、形、色彩、质地、组织排列等方面进行类似或同一方法的造型</td><td>可以取得安静、严肃而缺少变化的效果，但过分强调调和也会显得单调，缺乏生命活力</td></tr>
<tr><td>对比法调和</td><td colspan="2">以调和为主，但还要有一些对比的变化，使家具之间能形成适当、舒适、安定、完整的状态</td><td>可以得到静中有动，同中求异的调和效果</td></tr>
<tr><td rowspan="4">对比法</td><td>线条的对比</td><td>长——短
直——曲
粗——细
水平——垂直</td><td>在各种造型上普遍存在，不仅运用在造型的整体处理中，也常用在局部的构件上</td><td>在同一造型上，用不同类型的线条会使造型富于变化</td></tr>
<tr><td>体量的对比</td><td>大——小
方——圆
宽——窄
凹——凸</td><td>指形体各部分的体积在视觉上感到的分量。一般运用体量的对比关系来增加外形的变化，突出主要部分的量感</td><td>使造型主次关系分明，式样特点突出。但对比关系不明显，达不到生动的效果；而对比太强烈，又会失去协调感</td></tr>
<tr><td>空间的对比</td><td>虚——实
开——合
疏——密
集中——分散</td><td>造型实体所占据的空间称为实空间；造型实体之外，外形轮廓之内，围绕着实体和构件所形成的空间，叫做虚空间。空间的对比关系就是指实空间和虚空间的对比</td><td>可以使造型有丰富的变化</td></tr>
<tr><td>质地的对比</td><td>光滑——粗糙
发光——无光
透明——不透明</td><td>根据使用要求及预想的构思意图，把不同质地的材料结合在一起并形成一定程度的对比关系</td><td>可以直接影响造型的形式和细部的风格特点，特别是和室内设计环境的协调都有着直接的关系</td></tr>
</table>

3.3.4　节奏与韵律

自然现象中，白天与黑夜的轮换、四季的更替、人的呼吸与心跳等等，都表现出明显的自然规律性。由于人的联想，许多符合自然规律的重复与变化的形式都能给人以美感。造型设计中的节奏与韵律就是运用形式的重复与变化使造型物符合审美。

3.3.4.1　节奏

在艺术设计中，节奏就是指某种形式有条理、重复的连续性变化。

节奏是条理与反复组织原则的具体体现，是由一个或一组要素为单位进行反复、连续、有秩序的排列，形成复杂的重复，见图 3-83。

节奏可将家具的体、形、线等这些富有曲直、起伏或大小变化的特性，在设计上作缓急的变化或连续的排列，使某些特点不断呈现。在家具造型设计中，常用产品本身的形体结

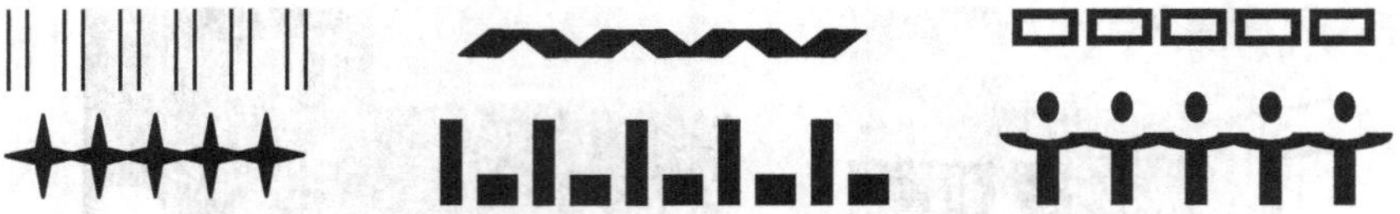

图 3-83　节奏的几种形式

构、零部件的排列组合、颜色的搭配与分割等因素作有规律的重复，创造出具有节奏感的艺术效果。节奏的合理运用，可使产品的外部形式产生有机的美感，并在构件的排列和使用功能及内部体积的处理中，构成贯通家具式样的体系和形式，有助于形成环境气氛的高潮，并使高潮本身的效果更为突出。

3.3.4.2　韵律

韵律是在节奏基础上的深化。具有韵律的形式，不仅能表现出有规律的重复和交替，而且可表现出运动方向的连续变化，给人以韵味无穷的律动感。

在家具造型设计中，韵律是获得节奏统一的重要因素。常见的韵律有以下四种类型。

(1) 连续的韵律

连续的韵律是指由一种或几种组成部分连续重复地排列而产生的韵律。这种韵律主要是靠这些组成部分的重复或它们之间的距离重复而取得的，见图 3-84。

图 3-84　连续的韵律

运用同一种形式重复排列，可以取得一种简单的连续韵律。而运用两种或两种以上的构件，交替地重复排列，也可以取得一种比较复杂的连续韵律。简单的连续韵律易使人感觉沉重、严峻；重复的连续韵律易使人感觉轻快、活泼。

(2) 渐变的韵律

渐变的韵律是指连续重复的某一方面按照一定的秩序或规律逐渐变化。如逐渐加长或缩短、变宽或变窄、增大或缩小等等，见图 3-85。

图 3-85　渐变的韵律

(3) 起伏的韵律

渐变韵律按照一定的规律时而增加或缩小、有波浪起伏或不规则的节奏感，都能形成起伏的韵律。这种韵律较活泼且富有运动感，见图 3-86。

图 3-86　起伏的韵律

(4) 交错的韵律

交错的韵律是指各组成部分有规律地纵横、穿插或交错而产生的一种韵律。这种韵律更着重于彼此的联系和牵制，因此是一种比较复杂的韵律形式，见图 3-87。

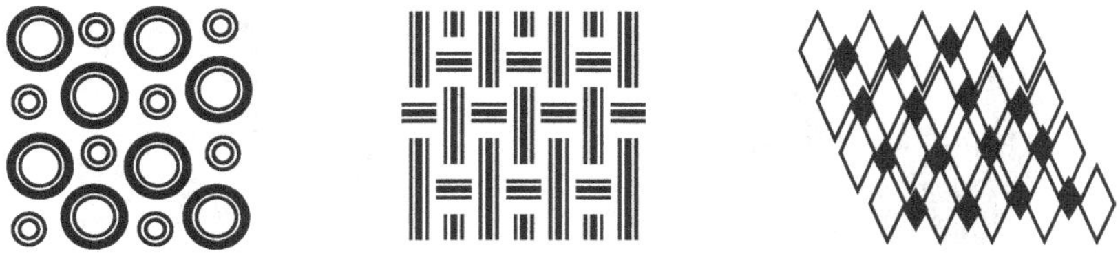

图 3-87　交错的韵律

这四种韵律虽然表现形式各不相同，但它们之间有着共同的特征，那就是重复和变化。重复是获得韵律的必要条件，在造型设计中如果没有一定数量上的重复，便不能产生韵律。但只有重复而缺乏有规律的变化，则会造成枯燥和单调。因此，在家具造型中如有大量重复构件出现的情况下，遵循韵律的原则加以恰当的处理，使其既有组织、有规律又富有生动的变化，是十分必要的。

在家具造型设计中适度应用韵律的原理，可使静态的空间产生微妙的律动感，获得生动的艺术效果。韵律主要是通过三种形式应用于家具造型设计中的，见表 3-18。

表 3-18　韵律的运用形式

表现形式	图　　示	应　　用
形状的重复		在单件家具设计中可以利用构件的排列取得统一的韵律感 同一类或相同形状、大小不一的家具合理的排列组合，也能形成韵律感
尺寸(等距)的重复		展览以及商业用家具是以单件家具的排列组成，利用尺寸的重复，形成以单件家具为基本形状的重复韵律
不同因素的重复		在韵律系列中做从小到大或从大到小的递增和递减的组合，也可做渐变组合，形成有力的运动感

这三种韵律运用形式在家具造型设计中占有不可忽视的地位，特别是在现代家具设计中，构件的排列、成套家具的组合都是形成韵律美的重要条件。

(1) 家具构件的排列

家具的功能要求决定了结构构件的排列形式，这种形式常常是家具形体具有韵律感的基本前提。如椅子的靠背、床头的栏杆、橱柜拉手的安装都是由相同的构件排列在一起的，自然地形成了一种韵律感，见图 3-88。

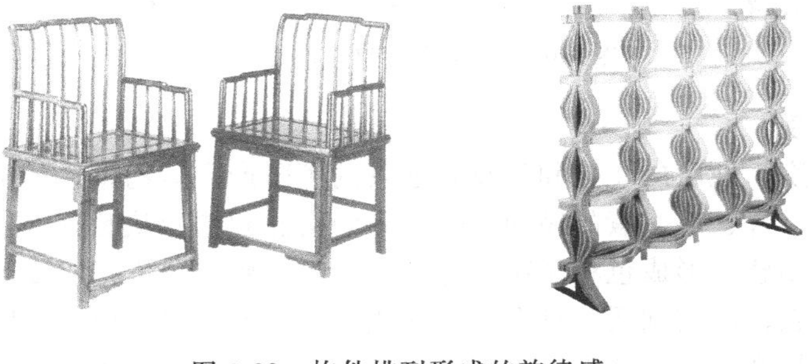

图 3-88　构件排列形成的韵律感

(2) 家具的装饰处理

这是一种普遍而灵活的运用手法。家具上的装饰如雕刻图案、薄木贴花等，只要具有连续性和重复性，有意识地运用韵律法则，就能得到优美的韵律感，见图 3-89。

图 3-89 家具表面装饰形成的韵律感

(3) 家具的组合

家具的组合有两种形式：一是单一功能的组合排列，如公共建筑大厅中沙发的排列；二是多功能组合柜并列组合，如商店中家具的有序布置等。这些都是室内家具组合形成的韵律，见图 3-90。

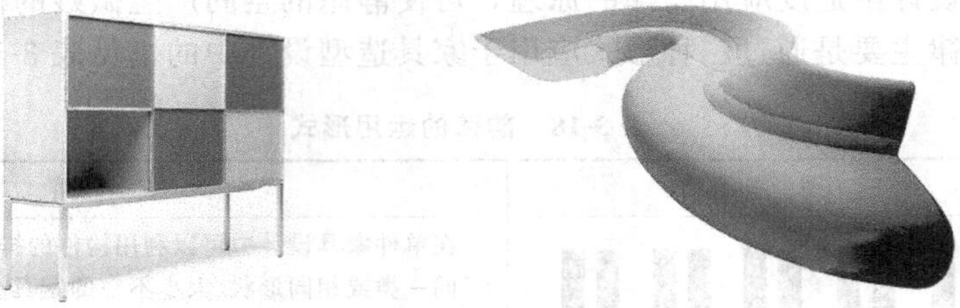

图 3-90 组合形成的韵律

(4) 成套家具的和谐

为了使成套家具之间获得和谐的韵律感，一般是让各单件家具形体的某些特点或构件重复出现，重点强调造型中的某些共同特征，如线条、拉手、脚形、相似的形体以及均衡的体量等等，来获得造型彼此之间的和谐一致，见图 3-91。

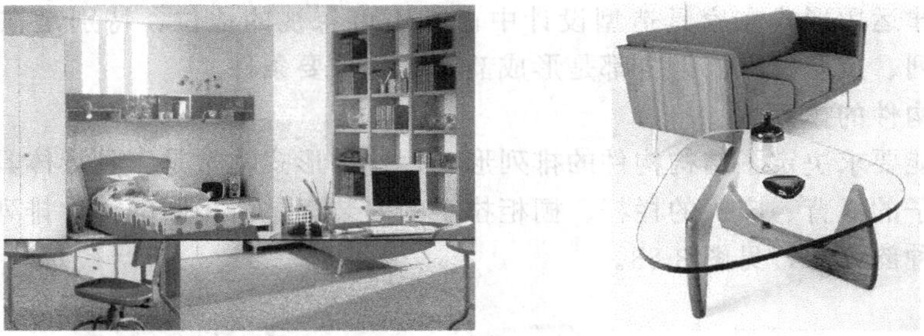

图 3-91 成套家具组合形成的韵律

(5) 色彩的表现

通过色相、明度、纯度的变化和反复，家具的色彩产生运动感。如把色彩的色相按光谱从红、橙、黄、绿、青、蓝、紫的序列组合，人们会感到色彩从暖到冷、从进到退、由近向远等具有方向的流动感，形成色相层次；把色彩从暗色到亮色进行明度阶梯地组合，会产生从重到轻、由硬到软、由暗到明等具有方向的流动感，形成明度层次；同样，把色彩从浑浊到纯清逐渐过渡地组合，也会产生由退到进、由隐到显、由厚到薄等具有方向性的流动感，形成纯度层次。色彩的这种层次就是色彩的一种节奏，设计者应根据所表现的对象和内容灵活运用，见图 3-92。

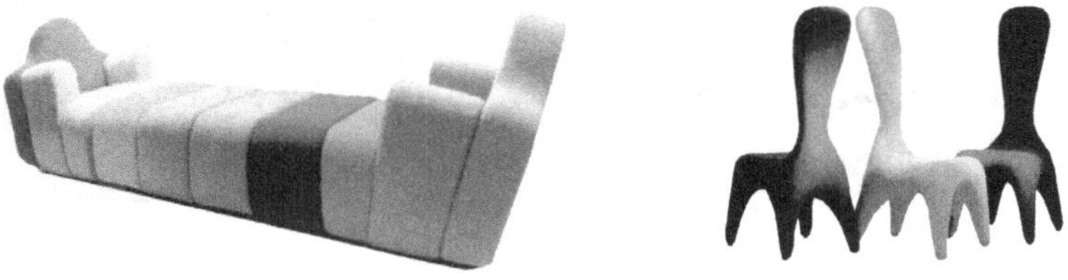

图 3-92　家具色彩形成的韵律

3.3.5　稳定与轻巧

稳定与轻巧讨论的是物体上下之间的“平衡”问题。自然界中的一切物体为了维持自身的稳定，靠近地面的部分在体量上往往重，而且大。人们已从这些现象中得出一个规律，即重心低的物体是稳定的，底面积大的物体也是稳定的。

3.3.5.1　稳定

稳定是指物体上下之间的轻重关系在视知觉上达到平衡。稳定的基本条件是物体重心必须在物的支撑面之内，重心越低，越靠近支撑面的中心部位，物体的稳定性越好。稳定分实际稳定和视觉稳定两类，前者是指物体实体的实际重心符合稳定条件所达到的稳定；后者是指以物体的外部体量关系来衡量其是否满足视觉上的稳定感。出于安全考虑，两种稳定都是至关重要的。在通常情况下，家具稳定感的获得一般是其形体的重力线必须作用在支承面内，采用上小下大的的形体、增大支承面积、降低重心、增加辅助支撑等办法，都可以增强物体的实际稳定，同时也可获得良好的视觉稳定，见图 3-93。

家具底部的支承面积越大，重力线越靠近支承面的中心，稳定性就越好，沙发就是一个很好的例子，见图 3-94。

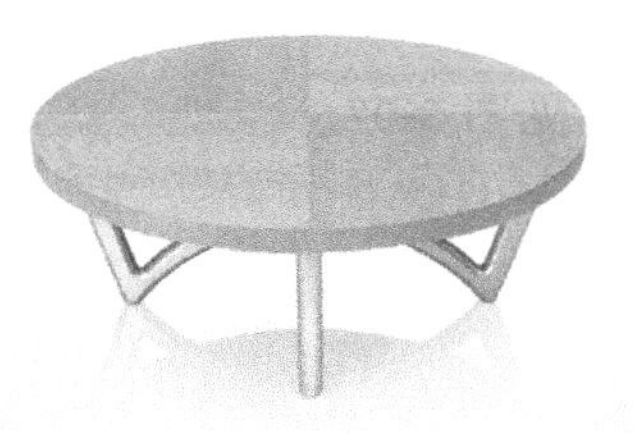

图 3-93　低重心家具的稳定感

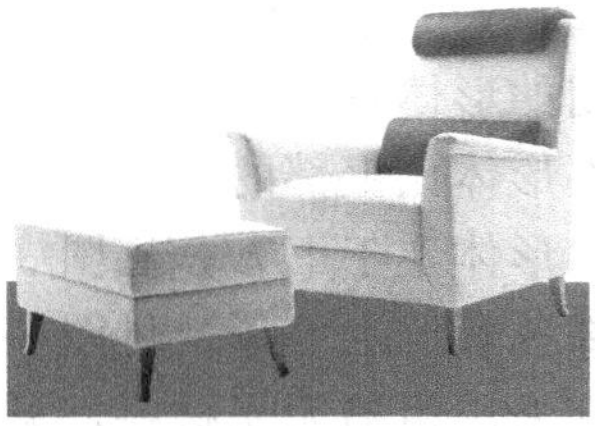

图 3-94　沙发构图的稳定感

在视觉中，家具各部分的形体都会给人以重量感。如果形体安排显得上轻下重，就会使人感到稳定。而对于有些家具，由于结构原因很难通过形体变化获得稳定感，则可以利用线型方向对比、材质对比、色彩和表面装饰对比等手法，增强产品下部的扩张感和重量感，以加强视觉的稳定感，见图 3-95。

3.3.5.2　轻巧

轻巧是指物体上下之间的大小关系经过一定的配置处理所产生的视觉与心理上的轻松愉悦感，即在满足实际稳定的前提下，运用设计创作的手法，使家具造型给人以活泼、

图 3-95 具有稳定感的家具

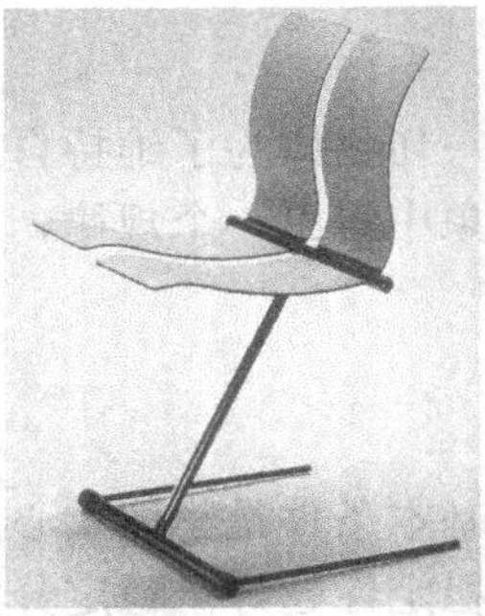

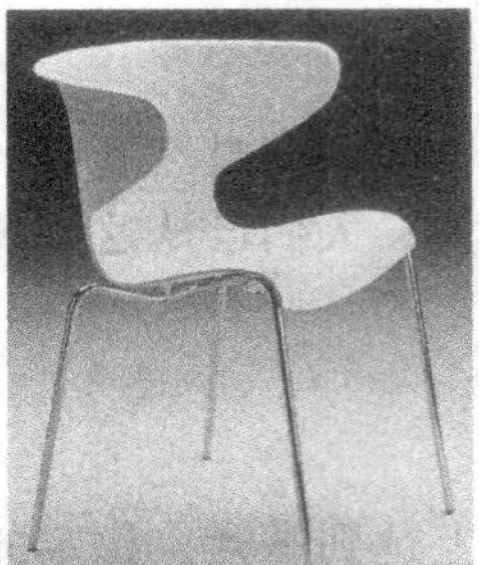

图 3-96 具有轻巧感的家具

轻松、灵巧的视觉美感。由于家具设计中只考虑实际稳定，往往会造成制造成本增高，也容易使家具外观呆板、沉闷，因此，轻巧的处理手法对于家具造型设计而言尤为重要，见图 3-96。

为了获得产品的轻巧感，常采用提高重心、向下逐渐收缩形体的方法；而对于彩度很高的现代家具，一般在产品上部大面积采用明快的色和光亮的材质，在底部使用小面积的深色；除此之外，也可以利用色泽鲜艳、制作精美的标志、铭牌、色线等点缀产品醒目的部位的方法，来获得家具的轻巧感。

在实际运用过程中，要将稳定与轻巧两者有机地结合起来，获得既稳重、庄严又不失轻巧、秀丽的视觉效果。

3.3.5.3 稳定与轻巧的处理方法

稳定与轻巧是获得家具产品美感所必需的美学法则之一，而获得既稳定又不失轻巧的家具造型主要有以下处理方法。

① 密闭的形体置于下方，开敞通透的形体置于上方，见图 3-97。

② 下部形体比上部的大，见图 3-98。

③ 宽扁形体置于下方，见图 3-99。

④ 下部色彩比上部深，见图 3-100。

⑤ 下部采用粗糙无光材料，见图 3-101。

⑥ 设置仿生脚型，强化下部装饰，见图 3-102。

图 3-97 稳定与轻巧并重的家具设计

图 3-98 稳定感强的家具

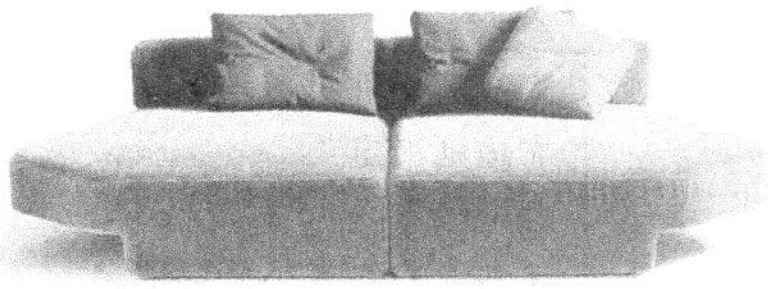

图 3-99　稳定与轻巧的协调处理

图 3-100　具有稳定感的家具

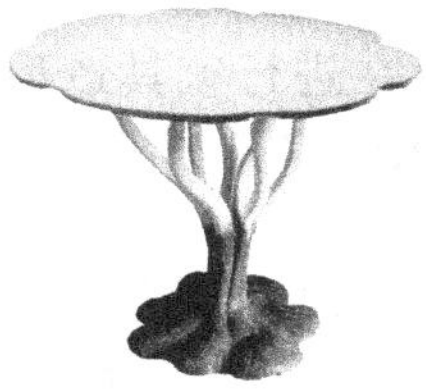

图 3-101　具有视觉稳定感的家具

图 3-102　具有轻巧感的家具

3.3.5.4　稳定与轻巧在家具造型设计中的应用

家具造型的稳定与轻巧感的获得，一般是通过线条、体量、色彩等方面表现出来的。

(1) 线条

家具产品的轮廓线、表面分割线、装饰线等，由于方向的关系可以引起稳定与轻巧的情绪效果。

水平线：水平线固有的平静感和松缓感，可以在视觉上起到增强造型稳定的作用。

垂直线：垂直线以其尽力向上的超越感，表现出固有的力量而产生稳定的视觉效果。

斜线：斜线向内倾斜，形成上大下小的形体，则更具稳定的效果。

(2) 体量

大的封闭式的体量构成的家具，具有良好的稳定效果；小的体量一般具有个性和活泼的亲切感；而开放式的体量，具有灵活多变的性格，可取得灵活多变的视觉效果，见图 3-103。

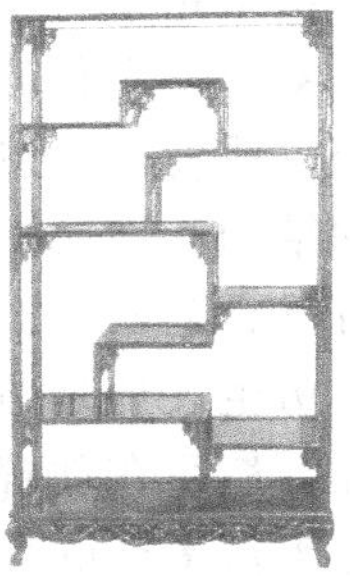

图 3-103　开放式体量的轻巧感

(3) 色彩

色彩因其固有的特性，给人的感觉也不同。通常情况下，深颜色给人以稳定感；而浅颜色则给人以轻松感。同一件家具采用不同的颜色，也会给人以不同的感觉：上浅下深，可以加强稳定感；上深下浅，可以获得轻巧的视觉印象。

对桌面、柜子的立面和沙发坐垫，也可以用分色法进行装饰处理。把边缘与大面积的地方用不同颜色区分开，可以获得轻巧的视觉效果，如色彩搭配得当，则更能显出活泼、新颖的现代感。

家具产品的造型通过以上的装饰手段，可以获得良好的视觉感受，但有时，稳定与轻巧的效果不能兼得，这就应根据家具功能的要求作适当的调整，见表 3-19。

表 3-19 稳定与轻巧效果的调整方法表

内　容	方法与效果	
形体重心	提高则轻巧	降低则稳定
腿脚设置	靠中则轻巧	靠边则稳定
下横档或底板的高度	高则轻巧	低则稳定
斜线设置	有斜线、斜度大显得轻巧	无斜线或斜度小显得稳定
表面质感	细密光滑显得轻巧	粗糙显得稳定
装饰	设置于上部显得轻巧	设置于下部显得稳定

总之，随着科技的发展，改变了人们对家具稳定的传统观念“上小下大”的认识，充分显示出新材料、新技术的稳定与轻巧感，见图 3-104。因此，在进行家具造型设计时，要根据具体情况将稳定与轻巧结合起来，设计出符合时代审美需求的家具产品。

图 3-104 稳定与轻巧型家具

3.3.6 仿生与模拟

自然界的一切生命，在漫长的进化过程中，能幸存下来的重要条件之一就是使自己的躯体适应生态环境。这种在功能上各成体系，在形式上丰富多彩的生命形式，为设计师创造性的思维开辟了途径，为家具设计提供了原型。

3.3.6.1 仿生

仿生是指将生物界中的原型运用到技术构造物上的方式。相传古希腊神话中的全才发明家达罗斯，受鱼的脊骨和蛇的腭骨形状的启发，发明了锯。模仿生物系统的原理来建造技术系统，或者使人造技术系统具有类似于生物系统特征的方式，称为仿生学。它是研究生物系统的结构和性质，为工程技术提供新的思想观念及工作原理的科学，追求传统与现代、人类与自然、艺术与技术的融合与创新，体现人性化与大众的审美观。

仿生设计是仿生学的延续与发展，是从生物的现存生态受到启发，在原理方面进行深入研究，然后在理解的基础上，应用于产品某些部分的结构、机能与形态上的设计。仿生设计通过丰富多样的自然生物的模型和再创造，为消费群体提供了更多的选择机会。以科学的结构仿生、合理的机能仿生和生动的形态仿生主导设计，使设计更具视觉冲击力和美感特征，同时还能够表现出丰富的文化、趣味和情感意象，赋予设计更加鲜明的人性化和个性化特征。

自然界中的生物为了适应物竞天择的自然环境，具有各形各色的优美造型，这些都为家具设计师的创作提供了灵感，如人类从蛋壳、龟壳、蚌壳等自然形态得到启发，设计出许多色彩鲜艳、形式新奇、工艺简单、成本低廉的薄壳结构的塑料家具，见图 3-105。利用从海星那里得到的启发设计出多足式的办公椅。这种结构的坐椅，不仅可以旋转和向任意方向移动，而且非常稳定，人体的重心转向任何一个方向都不会倾倒，见图 3-106。

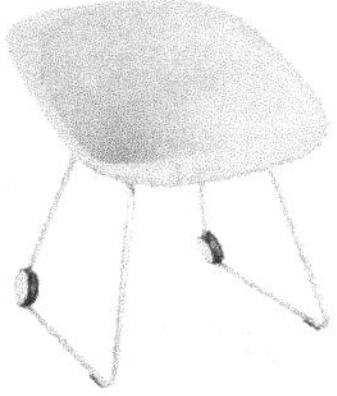

图 3-105　薄壳家具

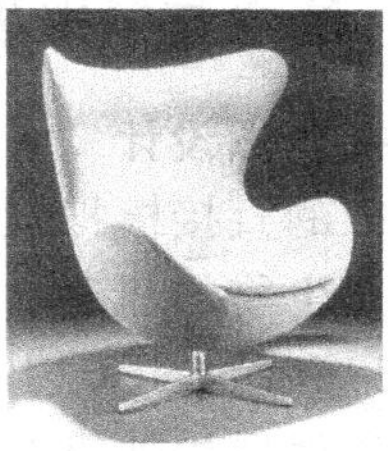

图 3-106　海星脚转椅

应用仿生手法进行设计时，除了保证使用功能的实现之外，同时必须注意将材料、形式、人们的视觉概念统一起来，以利于设计的顺利进行。

3.3.6.2 模拟

模拟是指直接地模仿自然形象或通过自然的事物来寄寓、暗示、折射某种思想情感，是家具造型设计中强调事实的一种艺术手段。模拟并不看重理性美的表现，而是与一定事物的美好形象的联想有关，通过联想这一过程获得由一种事物到另一种事物的推移与呼应。因而具有模拟特性的家具造型，往往会产生艺术印象的延展效应，具有再现自然的现实意义，可以引起人们美好的回忆与联想，丰富家具的艺术特色与思想内涵，见图 3-107。

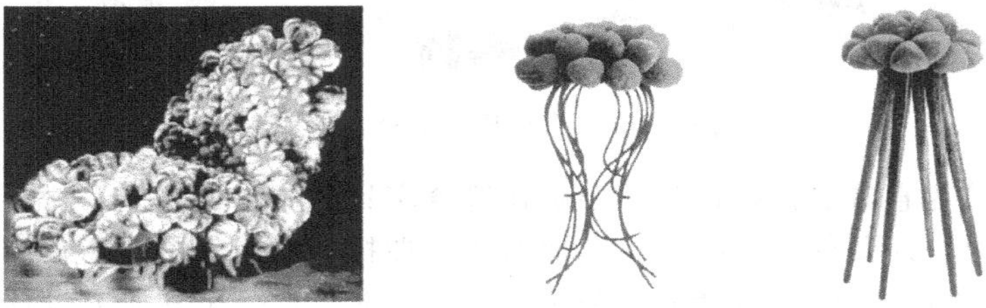

图 3-107　模拟家具设计

3.3.6.3 仿生与模拟设计的原则

仿生与模拟的共同之处都是模仿，仿生设计的重点是模仿某种生物的合理存在的本质，用于改进产品的结构性能和丰富产品的造型；而模拟设计主要是模仿某种事物的形象或暗示某种思想情绪。运用仿生与模拟的设计手法进行创造性的构思，可以给设计者多方面的提示与启发，使家具产品造型具有独特、生动的形象和鲜明的个性特征。

家具造型的仿生与模拟设计，是对家具构成要素相对应的生物形态、功能、结构、美感、意象等特征的方向性的确定与描述，并与家具相融合，然后在自然生物系统中寻求、搜索仿生目标对象，通过观察、认知、研究来筛选并确定对仿生设计有启迪意义的内容。在进行设计时应遵循以下设计原则。

① 艺术性与科技性相结合。在尊重客观审美规律的同时，艺术与科技相结合，应用先进的科学技术手段，促使设计的产品化与商品化。

② 合理性与目的性相结合。对自然生物存在的合理性与设计的目的性进行分析、研究，并与实际应用相结合。

③ 创造性与再造性相结合。对自然生物进行模拟设计时，应注意高度概括与再创造，并注重设计的可持续性。

④ 设计的多义性。理解自然生物有意义的形式，赋予家具产品更多样化的美感和含义。

3.3.6.4 仿生与模拟设计的方法

（1）直接模拟设计

生物特征的直接模拟设计是在对生物特征较为客观的认知基础上，对生物的形态、功能、结构以及生物的肌理、色彩特征，通过感性和直观的思考，直接进行产品化的模拟设计。通常可以利用借用、引用、移植或替代等方法进行具象的模拟，也可以对生物特征进行概括、提炼，然后用抽象的几何形态，通过不同的家具功能和家具构成要素，直接再现生物的个性特征。这些直接模拟的仿生家具都会表现出生物自然、客观，且较为表象的个性特征，也就是从视觉上能够较为直观地感知到所模拟的生物概念。一般这类家具形态活泼、可爱，语意清晰、直白，具有较为突出的装饰感和艺术性。

进行此类家具仿生设计时，应注意针对消费人群的需求特征和家具使用环境的特点，适度地进行形态的抽象和几何概念化表达，有利于满足家具生产的标准化要求。具体设计实施过程中，即可以选择对生物局部特征进行直接模拟设计，也可以选择生物整体特征进行直接模拟设计。如选择植物的花、叶的形态直接模拟，也可以选择整体植物或植物群的形态直接模拟，见图 3-108。

图 3-108　直接模拟的家具设计

对生物形态较为直观的模拟设计，要求在符合家具的概念及功能、材料、人机操作等构成要素需要的同时，还要保持生物概念和形态的个性特征，这就可能会在产品化的过程中产生矛盾和冲突。所以，在仿生设计的准备阶段，应该充分地分析和研究设计目标家具的概念特征以及造型要素特征，明确设计目的，然后有针对性地选择有仿生设计价值和可能性的生物形态，尽可能从外而内，从局部到整体都能够较好地有机结合、协调统一，避免造成仿生设计的盲目性和单纯追求形式上的逼真。

（2）间接模拟与演变设计

对仿生设计来说，感性、直观的思考为理性、逻辑的思考奠定了基础。对生物特征更本质和整体的把握，使许多仿生家具设计并不直接表现或引用生物的个性、具象性特征，而是针对家具和设计目标的需要，对生物特征进行演变和转换。可以通过类比、联想的方法进行形态的演变，也可以运用逆向、夸张、特异的方法实现概念的转换。这样设计出的家具能够更为抽象和概括性地表现生物的形态特征或自然属性，赋予家具自然生物的感觉和生命活力，并且具有丰富的语意和一定的象征性、思想性和风格特征。在生动地表现产品概念和功能特性的同时，更加注重满足消费人群的个性审美、思想情感和文化认同等精神需求，见图 3-109。

在多样化的自然生物中，存在着许多形态的共性特征和规律，例如植物共有的根、茎、叶、花、果实或种子等，动物共有的眼、鼻、口、耳等脸部器官和足、爪、尾、皮毛、肌肉等肢体组成部分，这些形态共性特征和规律是进行间接模拟仿生设计的重要内容。

对生物形态的间接模拟设计，要使家具最终的整体形态具有生物形态特征。不是具体的某个生物概念的特征，而是具有植物、动物或其他生物的生命感、生长感等自然特征。从生理和心理的认知上并不能判断其所模拟的生物的概念，但却能感受到家具形态所表现的形式、结构、功能或意象的生命活力。所以，需要设计师对生物特性有敏锐、透彻的观察力和感知力，

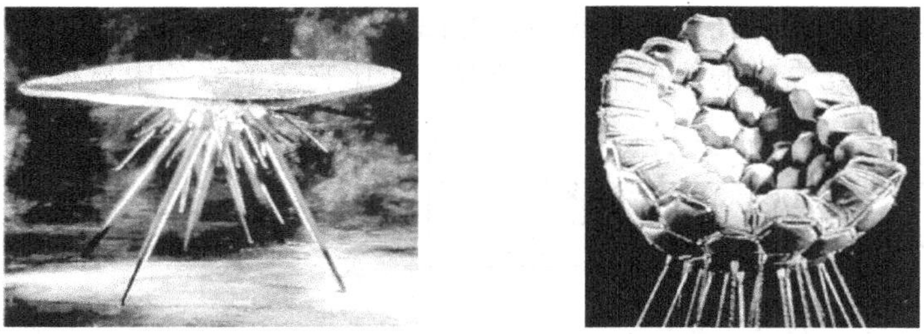

图 3-109 间接模拟的家具设计

对生命特征的本质理解和较强的抽象思维能力，以及较高的形态创造、表现和整体把握能力，使仿生设计的家具与生物在生命意义上达到从形式到内容的和谐统一，见图 3-110。

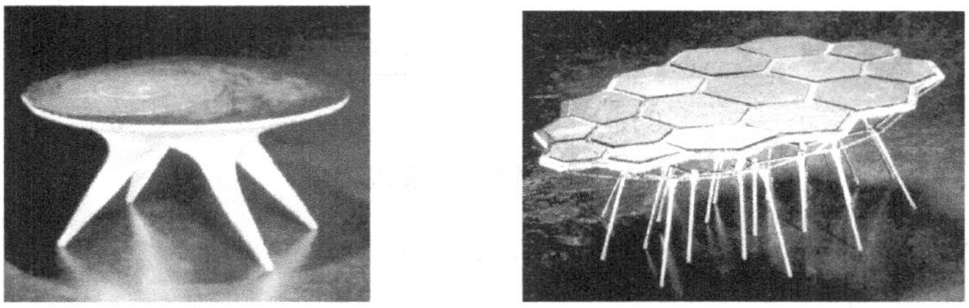

图 3-110 高度概括的模拟家具设计

3.3.7 错觉及其应用

由于环境的不同，以及某些光、线条、形体、色彩的相互作用，有些图形于特定情况下，视觉中的形象与对象的实际形象有所偏离，形成视觉上的错视，从而引起人们对物体的知觉也发生偏差，我们把这种现象简称为错觉。错觉可歪曲物体形象，使家具的造型设计达不到预期的效果，因此，在进行设计时，我们要认识错觉，根据需要有意识地对其进行利用和纠正，达到预想的效果。

3.3.7.1 错觉的表现

错觉主要表现在以下几方面。

① 同一大小的图形，在深背景下显得较大，在浅背景下显得较小，见图 3-111。

图 3-111 错觉的表现之一

② 同一形体，在比它小的形体中显得较大，在比它大的形体中显得较小，见图 3-112。

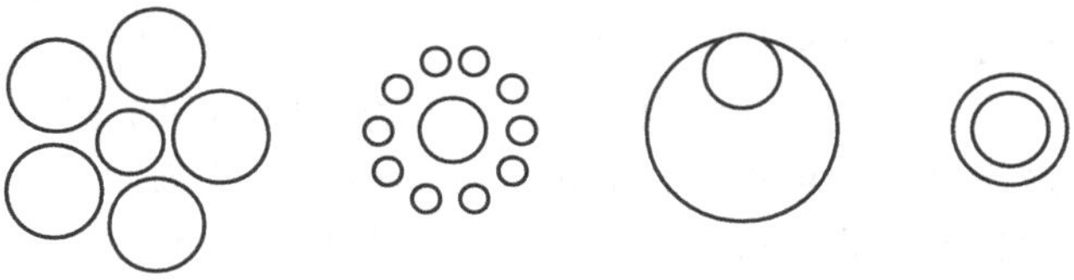

图 3-112 错觉的表现之二

③ 在直折或者曲线的衬托下，直线显得弯曲了，见图 3-113。

④ 同一曲线，在比它直的线条中显得较弯，在比它弯的线条中显得较直，见图 3-114。

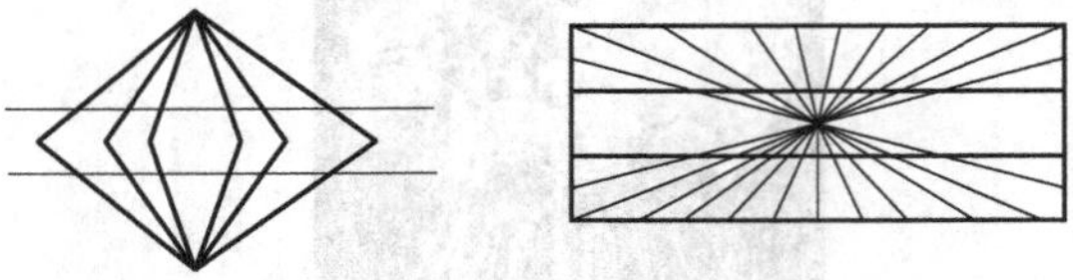

图 3-113　错觉的表现之三

图 3-114　错觉的表现之四

⑤ 被分割的直线显得较长，见图 3-115。

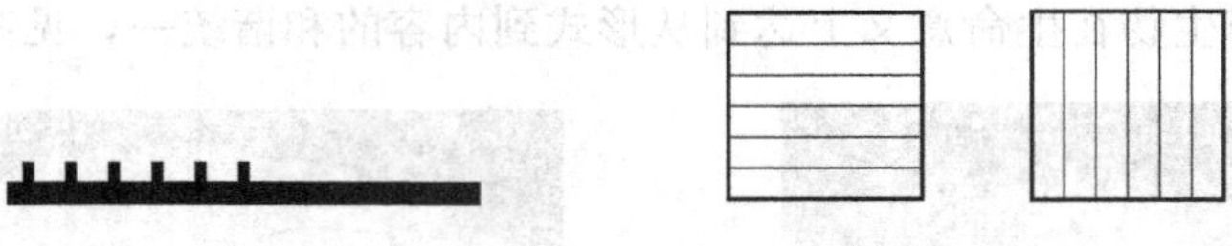

图 3-115　错觉的表现之五

⑥ 竖线段看起来比等长的横线段长，见图 3-116。

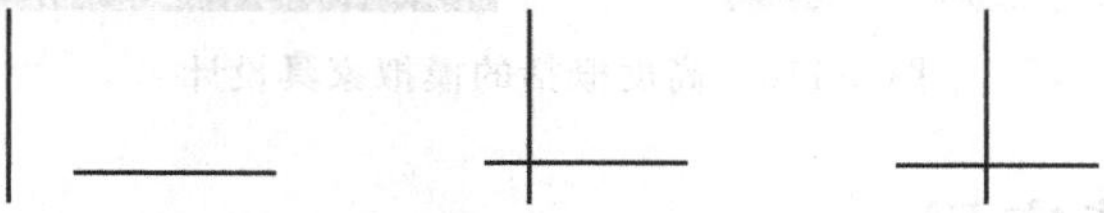

图 3-116　错觉的表现之六

⑦ 有外延衬托的直线显得较长，有内收衬托的直线显得较短，见图 3-117。

⑧ 通过平行线的直线有位移的感觉，见图 3-118。

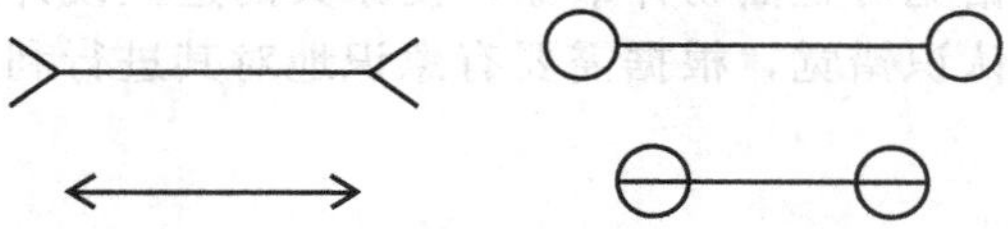

图 3-117　错觉的表现之七

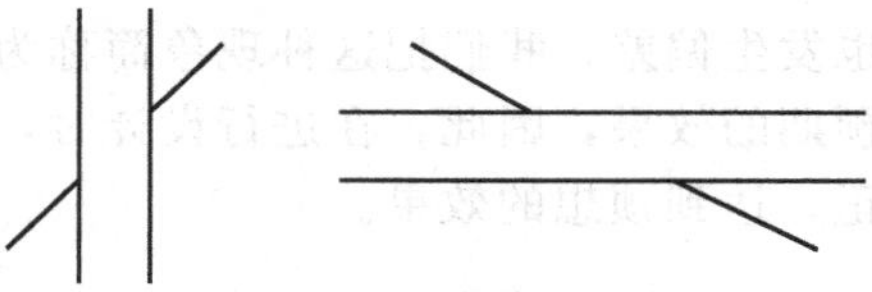

图 3-118　错觉的表现之八

以上是错觉现象的几种类型，我们在实际设计当中还会遇到各种各样的问题，这就要求设计者灵活掌握，具体情况具体分析，在设计中通过事先矫正或将其利用，避免错觉现象的发生，创作出完美的家具作品。

3.3.7.2　错觉在家具设计中的应用

通过对错觉现象的了解，在进行家具设计时，可通过一些技术手段对其加以利用或矫正。

① 零件断面形状不同，对其大小的感觉有一定的影响，如方材与圆材：当圆柱直径与方材边长相等时，方材透视的效果比圆柱显得粗壮。这是因为方材在透视上的是对角线的宽度，而圆柱却是直径。采用圆柱形比方材更能显示清秀圆润的美感效果，见图 3-119。因此，为了避免方材的透视错觉，可将方材的正方形断面直角改为圆角或带内凹线的多边形，这样可以减少对角线的长度，改变透视形象，使其具有圆柱的圆润感。

② 利用不同方向的线进行分割，可以使高度相同的家具有不同高度的感觉，竖向线条

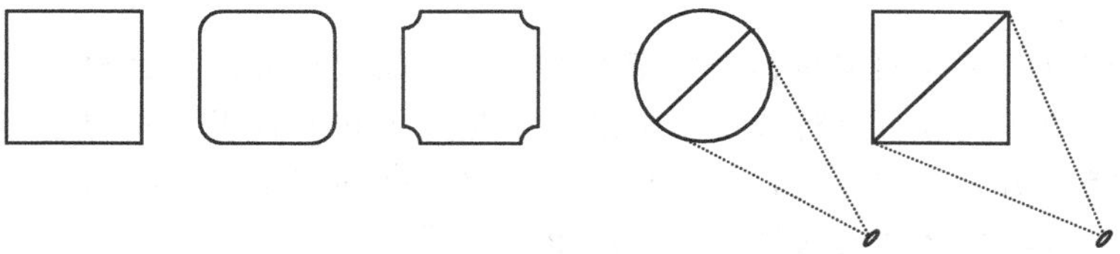

图 3-119　零件断面尺寸透视变化

显高，横向线条显宽，见图 3-120。同样，实木家具以及用木纹图案进行装饰的家具，也可利用木纹的不同方向所产生的错觉加以利用。横向木纹显得略宽，而竖向木纹显得略高。

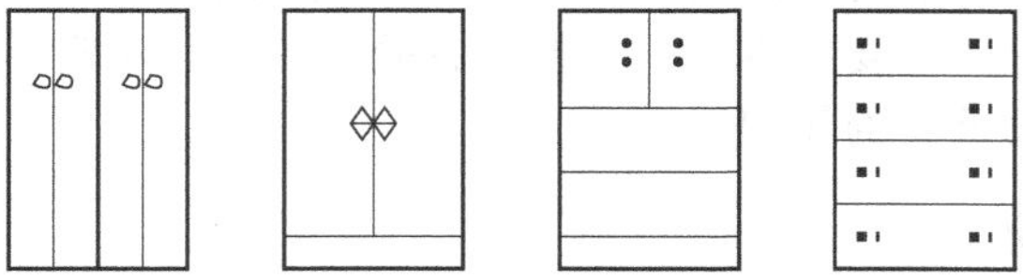

图 3-120　不同方向的线条所产生的错觉

③ 设计尺度较大的零部件时，可利用线角将零部件的内白变小，这样做能让人产生整个门面比实际尺寸小得多的错觉，使其变得精美小巧，更具装饰性，见图 3-121。

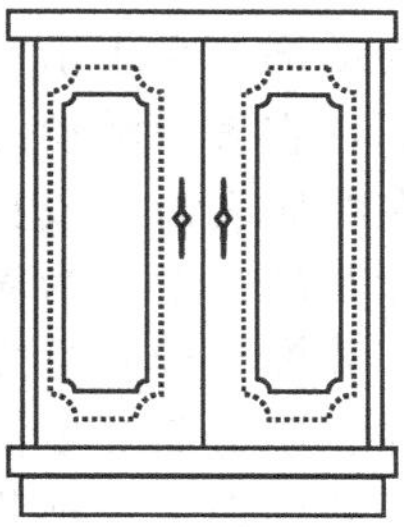

图 3-121　面积大小的错觉

④ 注重室内家具的透视关系。由于家具是室内最主要的陈设，而人们在使用家具时，又是站在较近的位置观察，比如柜类搁板高度的透视尺度就会出现一些小的变化，所以在设计时，应事先考虑到透视变形而加以矫正处理，人为地将尺度从上到下各层依次增高，而实际透视尺度看上去却还是比较一致，这样就可以取得较好的视觉效果。

再如茶几的设计，由于人们在使用茶几时的视高高于台面，特别是站得较近的时候，由于面板的遮拦作用，下面的隔板几乎看不见，所以在设计时应采取放低下搁板的办法，便可以解决这一问题，见图 3-122。

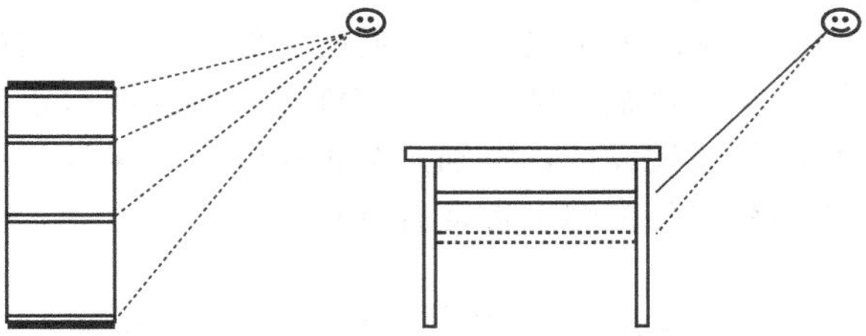

图 3-122　家具部件的透视变化

以上这些家具造型设计的形式美法则，是前人经过长期的艺术设计实践总结出来的，希望学习者能够根据自身的体验和爱好加以灵活运用，并形成自己的艺术设计风格。

3.4　家具装饰

家具装饰就是对家具局部或整体表面进行美化处理，使之达到美化的目的。它必须基于家具功能和造型设计。在家具整体风格与功能确定的前提下，利用各种相关手段，有节制地对家具表面进行修饰，凸显家具的个性特征，并着重于细部设计，进一步完善家具的和谐与美感。

家具装饰的部位多是人们视线容易停留的地方，比如家具形体的尽端、家具的正面或大的平面，有时家具的侧面也可进行装饰，但这大多是为了和家具正立面的装饰取得呼应。优美、适当的装饰能吸引人们的视线，从而加深人们对产品的印象，良好的装饰是丰富产品的花色品种，取得配套家具之间的协调与统一的重要手段。

3.4.1 装饰概述

家具作为人们生产、生活的必需品，伴随着社会物质文明和精神文明的进步，不断发展变化，从材料到工艺技术、从功能到设计风格、从构造到外观效果，无不体现出时代气息。家具装饰是家具造型设计的重要内容之一，越来越受到关注，对家具风格、工艺技术和设计内涵的最终表现起着至关重要的作用。

3.4.1.1 装饰的含义

装饰一词具有广义和狭义双重含义，广义的装饰泛指装饰现象和活动；狭义的装饰则指具体的装饰品类、图案、纹饰等。在我们的日常生活中，装饰又具有动词和名词两种语义。作为动词，它表示一种行为或活动，是动态的，如使用一定的材料装饰室内外空间等；作为名词，它表示活动的结果或分类，是静态的，如装饰品、装饰画、装饰艺术等。总之，装饰是在物体表面（或身体）增加的附属品，使之美观。对家具设计而言，是在满足功能和造型设计基础之上，为表现其设计风格与特点所进行的家具局部或整体的表面装饰。

装饰心理和行为是人类固有的艺术禀赋和智慧，是人类本性所致，是人们不断改造客观世界、创造美好生活环境、美化生活的活动。

装饰作为一种艺术方式，以秩序化、规律化、程式化、理想化、时尚化为准则，创作设计合乎人的需求与审美相和谐的美的形态。它既是一种艺术形式，可以是一种纹样、一个符号，又是一种手段，人们通过装饰的设计与实施使其装饰对象具有某种意愿。

3.4.1.2 装饰的普遍性

装饰无处不在，是人类历史上出现最早、最普遍的创造形式之一，是艺术的起源，从未间断，而且还有时代、地域、民族的不同风格。同时，纵观人类发展史，可以看到，即使是在古代，不同民族在地域上互为隔绝的情况下，装饰艺术形式都有很强的相似性，即趋同倾向。这种趋同倾向对于我们的现代设计，特别是装饰设计学、设计经济学具有非常重要的意义。历史上各个民族无处不在的装饰图案常常有着惊人的相似之处，究其原因，主要由以下两方面。

① 从装饰活动的社会心理学起源上看，人类社会审美的基本原则，如秩序、节奏、均衡、整洁的观念，是通过劳动而逐渐产生，并指导着人类的劳动。这一过程普遍地发生在不同地区的不同民族，创造出了多样的、较为复杂的装饰形式。完全可以确认的是，实用的价值要求构成了人类不同装饰内容和形式的出发点，而人的实用要求基于人的生理本能和精神本能，如均衡原则中最简单的左右对称给人的视觉愉悦与人左右对称的双眼生理结构有关，而秩序、节奏与人的心律相一致，再如人的生物本能，饥则食、寒则衣等方面是相同的。

② 从视觉认知的层面上，装饰行为形成的图形化、图案化内容，以更加纯粹的、直观的形式为不同的接受者提供了一个视觉的、快捷的、逻辑的沟通方式。这种方式以人的生理特性、精神特性为基础，遵从一定的视觉语义，它决定了人们的感知方式、感知内容和感知

程度，最终构成区域文化的基础内容，而生存环境的相似决定了人类基本认知方式、认知内容的类同。

3.4.2 家具装饰的类型

家具装饰是对家具局部或整体表面的美化。根据装饰所起到的作用的不同，家具的装饰类型分为功能性装饰和艺术性装饰。具体方法，见表 3-20。

表 3-20 家具装饰的类型

类　型	方　法
功能性装饰	涂饰装饰，贴面装饰，五金件装饰，玻璃装饰，灯光装饰，织物装饰，商标装饰
艺术性装饰	雕刻装饰，镶嵌装饰，镀金装饰，绘画装饰，烙花装饰，转印装饰，线型装饰

一般来说，满足家具功能要求的家具形体是家具造型设计时的首要任务，而表面装饰则是从属于形体的，附着在形体之上，但就家具造型艺术形式来讲，表面装饰也不是可有可无的。传统家具造型如此，现代家具造型亦如此，只是装饰的形式不同而已。好的装饰能强化消费者对产品的印象，增强产品的美感。同一形式、同一规格的家具表面可以进行不同的装饰，从而丰富家具的外观形式及花色品种。但是，不论采用何种装饰，都必须与家具形体有机地结合，不能破坏家具的功能结构与整体形象。

家具装饰形式可繁可简、形式多样。装饰手段可采用手工，也可使用机械方式。对于装饰所使用的材料，可以是自然材料，也可用人造材料。装饰部位应有利于表现家具形式美。装饰加工可与功能零部件生产同时进行，与功能构件融为一体；也有单独加工，然后安装在产品表面之上，是纯粹的装饰。

装饰艺术的表现形式多种多样，最主要、最普遍、最广泛的表现形式就是图案。图案基本上是个外来词，是指为达到一定的目的而进行的设计方案和图样。在这一意义上，可以把图案分为平面图案和立体图案，从应用上分为基础图案和工艺图案。图案一般表现在装饰纹样的形式上。纹样即纹饰，是指按照一定的造型规律和原则，经过抽象、变化等方法提炼出的规格化、定型化的图形，并赋予一定的社会文化内涵。任何形式的纹样从一般意义上而言，均是一种符号，都是对自然事物、原有物象的再造化表现，并且还要有所变形，如夸张、反复、增略等，以适应图案具体应用的要求。纹样的形式或装饰还包括各种各样的寓意和象征性，不同时期的表现形式往往受到其表达内容的制约，这也说明，作为以形式美、装饰性为主要功能价值的纹样，实质上是一种兼顾与统合的产物。

家具装饰的形式和装饰的程度，应根据家具的风格和产品设计的思想表达而定。现代家具主要通过色彩和肌理的组织来达到对家具表面装饰的目的。而传统家具多通过一定的工艺方法，有节制地对家具的某些局部进行装饰，以体现家具的某种艺术风格与特点。

3.4.3 家具的功能性装饰

家具的功能性装饰是指借助于一定的技术手段，对构成家具必不可少的功能构件，既起到保护作用，又起到装饰美化作用的装饰，是加强产品外观审美特征的重要手段之一。

3.4.3.1 涂饰装饰

涂饰装饰是指用涂料涂饰家具表面，经过干燥形成一层具有装饰保护性能的涂膜的装饰方法。其作用是增加家具的美观性，有效地保护家具并延长其使用寿命。涂饰装饰方法历史悠久，至今仍是国内外家具表面装饰的主要方法之一。按照基材纹理显现程度可将其分为透明涂饰、半透明涂饰和不透明涂饰三类。

（1）透明涂饰

用各种透明涂料与透明着色剂等涂饰家具表面，形成透明漆膜，基材的真实花纹得以保留并充分显现出来，材质真实感强。多用于实木家具或薄木贴面人造板制品的表面涂饰。透明涂饰对基材质量要求较高，工艺也比较复杂。

（2）半透明涂饰

用各种透明涂料涂饰制品表面，但选用半透明着色剂着色，漆膜成半透明状态，有意造成基材纹理不清，减轻材质缺陷对产品的影响，材质真实感不强。一般用于基材材质较差的制品涂饰。半透明涂饰对基材质量要求不高，工艺过程与透明涂饰相当，做好可收到意想不到的效果。

（3）不透明涂饰

用含有颜料的不透明色漆（工厂里也称之为实色漆）涂饰制品表面，形成不透明色彩漆膜，遮盖了被涂饰基材表面。多用于材质较差的实木或素面刨花板、中密度纤维板等制品，或具有特殊功能作用的制品涂饰。不透明涂饰相对透明涂饰，工艺过程比较简单。

涂饰装饰对家具产品而言有着很强的功利作用，既是对家具的美化，也是对家具的一种保护。如木材天然美丽的花纹就是需要通过各种涂饰工艺措施，才能焕发出迷人的光彩。红木、樱桃木、檀木、胡桃木等制作的家具，经透明涂饰可使花纹色彩优雅秀丽，清晰显现。而对于花纹与色调都比较平淡的木材以及刨花板、中密度纤维板等各种人造板制作的家具表面，经不透明涂饰可以形成各种色彩涂层，表现不同风格形象，这在现代家具涂饰设计中尤为突出。而各种新型涂料，如幻彩漆、仿皮漆等的开发与应用，以及各种新兴涂饰技术的采用，都可以获得丰富的外观效果，对家具产品起到更大的装饰作用。

木材由于是多孔性材料，其结构构成、物理性质、化学性质差别很大，常因环境温度、湿度的变化而使水分发生迁移，导致木材发生干缩湿胀变形，造成家具工件开裂、翘曲变形。而经过涂饰后的家具，封闭了木材，水分移动现象会大大减少，木质基材的膨胀收缩变形就会减轻，从而保证产品的正常使用。

所以说，家具表面颜色与款式相配，再加上高质量的涂饰装饰，就会大大提高家具产品的附加值，赢得市场及产生效益。家具是供人们使用的产品，同时又是艺术品，能否成为真正的艺术品，涂饰装饰起到了重要作用。

3.4.3.2 贴面装饰

贴面装饰是采用胶黏剂将具有装饰效果的贴面材料牢固胶贴在基材或家具表面上的装饰方法。根据贴面材料的不同，贴面装饰又可分为薄木贴面、印刷装饰纸贴面、预油漆纸贴面、合成树脂浸渍纸贴面、三聚氰胺树脂装饰板贴面、热塑性塑料薄膜贴面，以及各种纺织品、皮革、金属薄板贴面等。

（1）薄木贴面装饰

薄木贴面装饰是指将加工好的具有各种美丽花纹的薄木或单板粘贴在基材或家具部件表面或直接贴在家具表面上的一种装饰方法。这种装饰不是家具表面的最终装饰，尚需要在薄木贴面装饰后，再进行涂饰处理，使之获得各种颜色效果和平整、光滑、牢固的涂膜。薄木贴面装饰可使家具表面表现出天然木材的优良特性和效果，是广泛使用的一种家具表面装饰方法。近年来，国内家具行业及房地产业得到飞速发展，加之世界性的资源与环保压力，薄木作为一种极佳的表面装饰材料，贴面装饰得到了行业和消费者的青睐。

根据薄木结构形态，薄木可分为天然薄木、染色薄木、艺术薄木、集成薄木、组合薄木、科技木薄木、成卷薄木、复合薄木等。按照薄木表面纹理的不同，薄木又可分为弦向薄木、径向薄木、树瘤薄木等，见图 3-123。为提高薄木贴面的装饰效果，常根据家具造型设计的需要，挑选一定纹理色泽的薄木，经过机械或手工拼制成各种花纹图案，见图 3-124，然后再进行贴面装饰，以增加家具的艺术性。

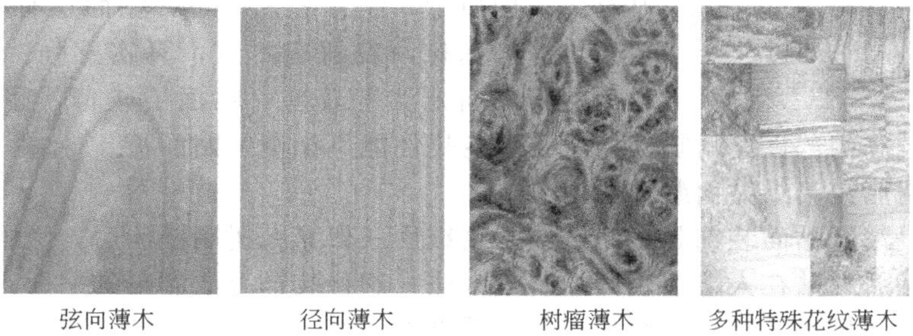

图 3-123　薄木表面纹理特征

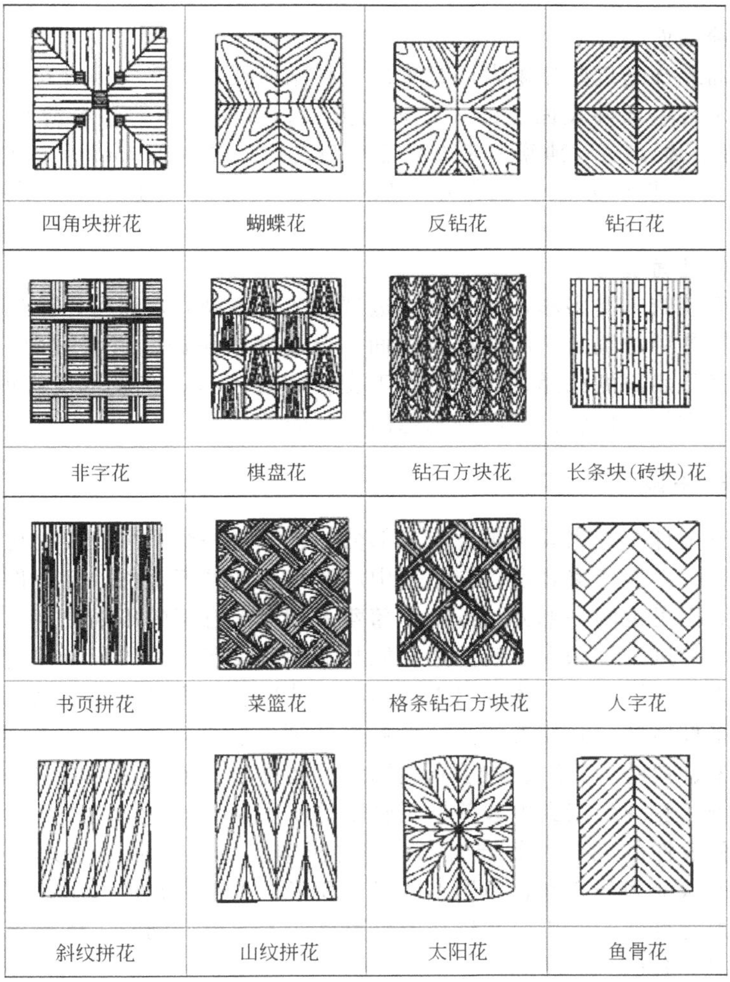

图 3-124　薄木拼花常见图案

图 3-125　印刷装饰纸

(2) 印刷装饰纸贴面装饰

在基材表面贴上一层印刷有木纹或图案的装饰纸，见图 3-125，然后用涂料涂饰，或用透明塑料薄膜再贴面，或先在装饰纸上预涂油漆，贴面后不再涂饰。这种装饰方法的优点是尺寸稳定性好，不产生收缩现象，可提高人造板基材的表面质量，制造工艺简单，贴面层有一定的柔韧性，可装饰曲面基材，表面有木纹，真实感强。这种装饰方法的不足是表面光洁度较差，贴面层较薄，耐磨性差，不适用于耐磨要求较高的部件，耐热、耐水及耐老化性能不如塑料贴面板。

(3) 合成树脂浸渍纸贴面装饰

合成树脂浸渍纸贴面装饰是将原纸或木纹纸用三聚氰胺树脂浸渍后，经干燥使溶剂挥发制成浸渍纸，然后粘贴在人造板表面的装饰方法。这种装饰方法制得的贴面人造板提高了基材物理力学性能和尺寸稳定性，增加了机械强度及刚性，减少了因湿度变化而产生的膨胀、收缩，提高了基材的附加值，增加了经济效益，是目前国内外中高档家具生产中比较广泛采用的装饰方法。

(4) 塑料薄膜贴面装饰

塑料薄膜贴面装饰是近些年来发展起来的一种贴面技术，是将印有花纹图案的塑料薄膜用胶黏剂粘贴在木质零部件表面上的一种装饰方法。目前常用的塑料薄膜主要有聚氯乙烯（PVC）薄膜、聚乙烯（PE）薄膜、聚碳酸酯薄膜、聚烯烃（Alkorcell，奥克赛）薄膜、聚酯（PET）薄膜等。此种方法工艺简单，成本低，装饰效果好，适用于连续化、自动化生产。

(5) 其他材料贴面装饰

为使家具表面装饰丰富多彩，加强家具造型的艺术感染力，还可以选用许多其他材料进行贴面装饰，比如各种纺织品贴面、皮革贴面、金属薄板贴面、竹编贴面、藤编贴面等等。这些贴面装饰使家具表面的色泽、肌理更富于变化和表现力，在展示现代审美时尚的同时，彰显设计个性与人文精神理念，可以收到意想不到的效果。

3.4.3.3 五金件装饰

从古至今，五金件都是家具的重要组成部分，它既是一个不可缺少的功能构件，也是家具装饰的重要内容。在现代家具设计与生产中广泛使用各种五金件，五金件已经成为家具结构装配与装饰中必不可少的一部分。特别是随着人们审美意识的不断提高，以及对家具产品的人性化设计理念的进一步深入，使用集功能与造型完美于一身的五金件，是现代家具适应市场竞争，提高人们生活质量，体现以人为本的设计理念必不可少的手段之一。

家具五金件多种多样，并随着家具的发展，新型五金件还在不断开发应用，从连接件、滑道、脚轮、脚架、铰链、支脚、拉手到装饰钉、装饰条、装饰花等应有尽有，形成了丰富多彩的五金件系统，在现代家具中起着举足轻重的作用。

拉手是最具代表性的五金件装饰内容，其种类繁多，从材料上划分，有塑料的、木制的、金属的；从形状上划分，有长条形、环形、菱形、棍形、花形、手扣式等。用拉手点缀家具，可以起到画龙点睛的作用，在烘托家具整体艺术效果的同时，体现出设计的别出心裁和灵性意趣，见图 3-126。

运用拉手装饰家具时，切忌标新立异，追求局部的视觉感官刺激。要在整体统一的前提下进行对比，起到良好的烘托和点缀作用。如单件家具的拉手不必过分奇巧，一般使用长条形、长棍形或木制圆形即可，这些拉手能够给人一种文雅朴素之感。组合家具或较豪华型家具可选择式样新颖的金属拉手，色泽也要求鲜明一些，以衬托家具的雍容华贵。角柜，就宜选择灵巧、款式新颖的拉手映衬家具的活泼美。除此之外，拉手的颜色与家具的颜色、形状、质地形成的对比和互衬也是十分关键的。如浅色组合家具，选择银白色环形或棍形金属拉手较为适宜，显得干净、大方、鲜亮，与浅色融为一体。深色家具选择金黄色金属拉手，使二者颜色形成鲜明的对比美，光彩照人。而追求古色古香的深棕色或暗红色家具，自制的木拉手或金黄色环形金属拉手，则会更加突出家具的庄重感。当家具小柜门多或抽屉多时，应避免选择长条形拉手，选择较小菱形或环形拉手最为适合。

总之，拉手最好在家具整体风格大致确定后，就一并选定或设计成型。拉手的颜色、款式以及所在家具的部位都要统一，这对表现家具的整体和谐美大有帮助。

3.4.3.4 玻璃装饰

玻璃既有实用功能，又有装饰效果；既可以作为家具的功能构件，如茶几面、桌面、搁板等，也可以作为家具主体；既可以无色透明，也可以制成各种颜色或带有各种艺术图案。玻璃晶莹剔透，流光溢彩，以玻璃为主制成的家具给人一种梦幻般的浪漫，极富现代感，见图 3-127。

图 3-126　传统家具的拉手装饰

图 3-127　玻璃家具与装饰

玻璃家具不仅在厚度、透明度上得到了突破，使得玻璃制作的家具兼有可靠性和实用性，而且在制作中注入了艺术的效果，使玻璃家具在发挥家具的实用性的同时，更具有装饰美化居室的效果。特别是空间较小的房间中，最适宜选用玻璃家具，因为玻璃材质的通透性可以减少空间的压迫感。现代居室中出现的玻璃家具大多以酒柜、茶几、音响架、厨具为主。由于一般的玻璃家具形体小巧玲珑，占地面积小，再加上视觉上的通透明亮，姿态自由洒脱，特别适合时尚的家庭使用。如书房、客厅摆上几件设计精巧的玻璃家具，清澈透明、晶莹可爱中感受梦幻般的浪漫情调。各种色调的玻璃座椅，会给家居平添丰富多彩的视觉效果，带来轻松愉快的心情。

3.4.3.5 灯光装饰

家具是创造建筑环境气氛与艺术效果的主体，灯饰设计是创造建筑环境空间的关键因素。光影照明投射在物体上所带来的魔力般的效果以及对烘托颜色、材料肌理、质感与总体气氛所产生的影响，使人们更加注重现代灯饰设计与光照效果。

自从 20 世纪 90 年代以来，家具与灯具的整合设计已经屡见不鲜，如在床头内、衣柜内安装灯具，玻璃酒柜、陈列柜顶部设计有灯光，既有照明作用，也有装饰效果，家具与灯光互为衬托、交相辉映，尽放异彩。现代家具设计与灯光设计正逐步融为一体，这是灯具用以装饰家具所面临的新趋势，见图 3-128。

3.4.3.6 织物装饰

织物品种繁多、丰富多彩，花纹图案应有尽有、肌理多有不同。织物不仅可以作为软包家具的基本材料，也可以用于家具的装饰配套使用，如桌布、台布、床罩、帷幔等，给家具与家居增添色彩，使室内空间环境色调、风格特点明确，统一协调，见图 3-129。用特制的、具有传统风格的刺绣、织锦等装饰家具，则更具装饰特色。

图 3-128　家具灯光装饰

图 3-129　家具织物装饰

3.4.3.7 商标装饰

商标是区别不同生产者或不同产品的商品标志，通常由文字、图形组成。定型产品都应有自己的商标或标志。商标是根据产品的特征和企业文化内涵精心设计的，本身就具有美感和独特性。产品表面上商标的使用能起到识别功能作用，具有良好的装饰性。商标图案设计一般要求简洁明快、轮廓清晰、便于识别，因此，商标的装饰作用不在于其形状和大小，而主要在于装饰部位要适当。高档家具商标多采用铜质或其他合金材料制成，表面经染色或氧化喷漆处理，也有在家具适当部位进行线雕，直接刻出商标，以展示企业生产技术水平，使家具设计与商标装饰相得益彰，见图 3-130。而低档家具商标一般采用铝皮冲压制成，或采用不干胶纸彩印等。

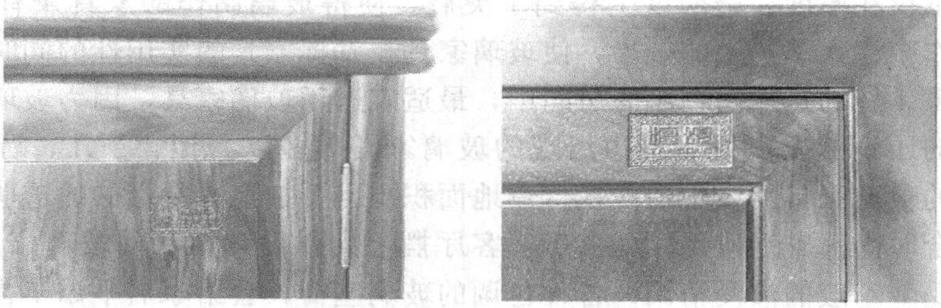

图 3-130　家具商标装饰

3.4.4 家具的艺术性装饰

家具的艺术性装饰是指依附于家具主体之上，与使用功能及其产品本身结构无关，只起美化家具作用的装饰方法，使被装饰主体在符合实际功用的基础上更具美感，从艺术的角度明确揭示家具产品的风格、特征、功能以及审美等诸多方面的内涵。

3.4.4.1 雕刻装饰

雕刻工艺历史悠久，是一门古老的装饰艺术，无论是国内还是国外，在建筑、家具及其他艺术品上都有广泛应用。艺术与技术相结合，产品与文化相统一，在家具造型设计或现实生活当中，搭配带有雕刻工艺的雕刻产品，总会带来意想不到的装饰效果，是家具重要的装饰手段之一。

雕刻装饰一般以小面积精致的图案，点缀在家具的适当部位，与大面积的素面形成鲜明的对比，对丰富家具造型，实现产品的多样化具有十分重要意义；也有一些雕刻装饰与结构工件相结合，既起到功能作用，又增添了家具艺术效果。我国古典家具中常见的雕刻图案有寓言传说、吉禽瑞兽、山水人物、花草虫鱼、博古器物、喜庆吉祥等，西方家具流行的雕刻图案有雄狮、蟠龙、鹰爪、兽腿、神像、花草、人体等纹饰。随着家具及其文化的不断发展，雕刻图案的内容、形式与工艺也在不断推陈出新，使得家具雕刻装饰艺术达到了新的高度。按照不同的雕刻技法，雕刻分为线雕、浮雕、透雕、圆雕以及综合雕等形式。

（1）线雕

线雕又叫线刻，是在光滑平整的雕刻基材上用刻刀直接刻画出像线一样的曲、直槽沟来构成简洁明快的纹饰图案或文字的一种雕刻技法。它是以线为主要造型手段，线条明朗、图案清晰、效果明显、装饰性强，具有流畅自如、清晰明快的特点。

根据雕刻的纹样相对于地子，即雕刻的平面凹或凸，又可将线雕分为阴刻和阳刻。阴刻是将线条刻入地子内部，线条下凹使图案具有立体感；阳刻则是将线条突出于地子之上。但无论阴刻或阳刻，其所雕刻图案与被雕刻工件的表面都在同一高度上。在家具雕刻装饰中，多用于家具的门板、抽屉面、椅靠背及屏风等部位的表面装饰，其雕刻内容大多为梅、兰、竹、菊之类的花卉，也有诗词、吉祥语之类的文字，见图 3-131。

（2）浮雕

浮雕又称凸雕，是指所雕花纹凸出于地子，且与底面保持一定的高度，表现纹样高低、深浅变化的一种雕刻技法。根据被雕刻工件上浮雕花纹图案深浅程度的不同，浮雕分为浅浮雕、中浮雕与高浮雕三种。

高浮雕更像一种雕塑，追求的是形象的逼真性与完整性，主要用于装饰壁挂、案几、条屏、床头等高档产品。浅浮雕纹饰仅凸起一定高度，浮出一层极薄的物象，物体的形象还要借助于抽象的线条等来表现，层次感与立体感不如高浮雕，常用于装饰门板、屏风、挂屏等。中浮雕的花纹图案的深度介于高浮雕与浅浮雕之间，装饰效果也介于二者之间，在实际雕刻装饰应用时，一般不进行绝对的分开，而是浅浮雕、中浮雕和高浮雕混合使用，以加强装饰艺术效果，见图 3-132。

图 3-131　椅靠背线雕装饰

图 3-132　门板浮雕装饰

（3）透雕

透雕又称透空雕，是将图案基板完全镂空再施雕刻的一种雕刻技法。透雕分为两种形式，在板上镂去图案花纹，使图案花纹部分透空的称为阴透雕；把材面上图案花纹以外的部分雕去，使图案花纹保留的称为阳透雕。透雕虚实相间，在光束照射下展现变化，能使人很容易看出雕刻的图案花纹，玲珑剔透，而且具有强烈的雕刻艺术风格，极富装饰性，最适用于家具的床、桌、椅、屏风、镜框等的装饰，见图 3-133。

(4) 圆雕

圆雕又称立体雕，是对一独立零件的两面、三面、四面或全方位所进行的雕刻形式，是具有三维空间艺术感的雕塑艺术。由于圆雕的形式特殊，需要设置在家具的端头部位，造型上需要精心设计，做工也较为复杂，搞不好极易弄巧成拙，古代工匠深谙此点。现代家具圆雕装饰常用于家具的支撑构件局部，如家具柱、家具脚、落地灯柱、衣架等，见图 3-134。

图 3-133　龙纹挡板透雕装饰

图 3-134　桌腿底部圆雕装饰

3.4.4.2 镶嵌装饰

“镶”是以物相配合，“嵌”则是将物卡进缝隙之中。镶嵌是指把一种小的物体嵌在另一种大的物体上，并使两种物体浑然一体的一种工艺方法。家具的镶嵌是指将不同色彩、不同质地的木材、石材、兽骨、金属、贝壳、龟甲等材料加工成艺术图案，嵌入到家具零部件的表面上，获得两种或多种不同物体的形状和色泽的配合，与家具零部件基材表面形成鲜明的对比，从而获得特殊的装饰艺术效果。镶嵌是艺术与技术相结合的典范，根据镶嵌工艺方法可分为镶拼、挖嵌、压嵌、镂花胶贴、框架构件嵌等形式。

(1) 镶拼

镶拼又称拼贴或胶贴，实际上就是直接贴敷装饰。先用具有漂亮花纹的优质薄木或薄板拼成优美的图案，然后用胶贴在被装饰件表面的装饰部位上。这种工艺方法在现代家具薄木装饰中广泛采用。

(2) 挖嵌

在被镶嵌基材或家具零部件的装饰部位，以镶嵌图案的外轮廓为界线，先加工出一定深度的凹坑，并将凹坑底部修整平滑，然后在凹坑的周边及底部涂上胶黏剂，接着将加工好的镶嵌件嵌入凹坑中，待胶黏剂固化后，进行修整加工即可。镶嵌件的表面与被镶嵌基材的表面处于同一平面，称为平嵌，见图 3-135，其应用最为普遍；镶嵌件的表面高于被镶嵌基材的表面，称为凸嵌，好似浮雕，所以也称浮嵌，应用较多，见图 3-136。

(3) 压嵌

将制作好的镶嵌件的背面涂上胶，覆贴在被镶嵌基材表面的装饰部位，然后在镶嵌表面上施加一定的压力，将镶嵌件压入被镶嵌基材表面一定的深度，使彼此牢固接合为一体，最后将镶嵌件高出装饰表面的部分砂磨掉。该方法不需挖凹坑，工艺简单，效率高，但需要用较高强度的材料制作镶嵌件，否则，有可能被压变形或造成破坏。

图 3-135　螺钿平嵌装饰门板

图 3-136　凸嵌装饰首饰盒

(4) 镂花胶贴

用较薄的优质木板加工成透雕图案，用胶贴在被装饰件表面的装饰部位，见图 3-137，给人以浮雕之感。

图 3-137　镂花胶贴装饰

(5) 框架构件镶嵌

门窗中玻璃的镶嵌即为普遍的框架构件镶嵌，这种镶嵌在家具及门窗制造中应用十分广泛。如将家具的零部件设计成圆形、椭圆形、扇形、方形或其他几何形框架，其中间镶嵌上玻璃、镜子、大理石、陶瓷、木雕等，见图 3-138。

图 3-138　框架构件镶嵌装饰

3.4.4.3　镀金装饰

镀金即基材表面金属化，使其家具表面具有贵重金属的外观质地，也就是在家具表面采用各种工艺方法覆盖上一层薄金属。常用金属有金、银、锌、铜及其这些金属的合金。工艺方法有电镀、鎏金、贴箔、刷漆、喷漆及预制金属化的覆面板等，见图 3-139。

3.4.4.4　绘画装饰

用油性颜料在家具表面图手绘出，或采用磨漆画工艺对家具表面进行装饰的一种方法。对于比较简单的装饰图案，也可以采用丝网漏印工艺方法进行。绘画装饰常用于现代仿古家具中，如家具柜门、桌面等，见图 3-140。

图 3-139　路易十四时期雕羊头贴金箔大理石桌

图 3-140　家具绘画装饰

3.4.4.5 烙花装饰

烙花，又称“烫花”“火笔花”，是一种民间传统装饰艺术形式。据史书记载，烙花起源于西汉，兴盛于东汉，后由于连年灾荒战乱，曾一度失传，直到光绪三年，才被一名叫“赵星”的民间艺人重新发现整理，后经辗转，逐渐形成以河南、河北等地为代表的几大派系。烙花是用赤热金属对木材施以强热，当木材表面被加热到 150℃以上时，在炭化以前，随着加热温度的不同，在木材表面可以产生不同深浅褐色，从而形成具有一定花纹图案的装饰技法。

不同的烙花方法形成不同的装饰效果，纹样或淡雅古朴、或古色古香、或清新自由，多运用在柜类家具的门、抽屉面、桌面等装饰。烙花的方法主要有烫绘、烫印、烧灼和酸蚀等几种。

(1) 烫绘

烫绘是在木材表面用烧红的烙铁头绘制各种纹样和图案。用该法可在椴木、杨木等结构均匀的软阔叶材或柳安、水曲柳等木材上进行烫绘。一般多摹仿国画的风格，见图 3-141。

(2) 烫印

烫印是用表面刻纹的赤热铜板或铜制辊筒在木材表面上烙印花纹图案。通过增减压力、延长或缩短加压时间，可以得到各种色调的底子与纹样，见图 3-142。

图 3-141　烫绘山水画

图 3-142　烫印标识

(3) 烧灼

烧灼是直接用激光的光束或喷灯的火焰在木材表面上烧灼出纹样。通过控制激光束或喷灯火焰与表面作用时间获得由黄色到深棕色的纹样，但要注意控制好木材表面温度，不允许将木材炭化。

3.4.4.6 转印装饰

将中间薄膜载体上预先固化好的装饰纹样，采用相应的压力作用转移到承印物上的印刷方法，称为转印。转印技术是继直接印刷之后开发出来的一种新的表面装饰加工方法。常用转印装饰技术包括热转印和水转印。

(1) 热转印

热转印是通过热转印膜一次性加热、加压，将热转印膜上的装饰图案转印到被装饰基材以及家具表面上，形成优质饰面膜的过程。热转印具有生产效率高、装饰效果好等优点，见图 3-143。

(2) 水转印

水转印是近些年来在家具表面兴起的一种表面装饰方法，是将水溶性薄膜上面的装饰纹样通过一定的化学处理转移到产品表面的工艺过程。水转印由于脱离了印刷过程中的油墨，是 20 世纪末开始风靡世界的一种环保技术。由于具有使用洁净的水作为转印动力来源，而且容易在复杂产品表面形成稳定的油墨层等特点，水转印得到迅速发展。它是采用一种新颖转移装饰材料——水移画，对家具表面进行装饰的，见图 3-144。

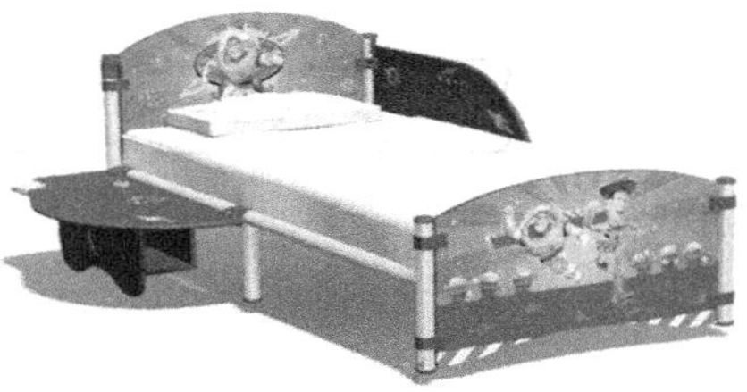

图 3-143　家具热转印装饰

图 3-144　家具水转印装饰

3.4.4.7 线型装饰

家具的线型装饰主要是指水平与竖直零部件边沿及线状零部件等的横断面形状，即柜类家具的顶板、底板、旁板和几、案、桌类家具的面板等零部件边沿的断面形状，及腿、脚和拉档类构件的断面形状，还包括柜门、抽屉正面的线型断面设计。线型设计不仅是家具造型的必要手段，也是获得家具形体美好视觉效果不可或缺的重要方法之一。它以其极富灵性的形态和无穷的意蕴，在家具装饰上起着不可替代的作用。直线简洁、粗犷，曲线典雅、细腻，美轮美奂的线型装饰尽显家具无穷的艺术魅力。常见水平板件线型见图 3-145、竖直板件线型见图 3-146、亮脚线型见图 3-147、包脚线型见图 3-148、腿的线型见图 3-149。

柜门、抽屉正面的线型断面设计要与家具的风格特征、结构特点相结合，利用阴线或阳线、开槽或镶嵌的方法对家具表面进行装饰。注重线型部位的细化处理，线的直曲变化、圆角过渡还是斜角过渡或是直角过渡等形式特征决定着家具的视觉感受，见图 3-150。此外，对椅背、床屏等家具的一些重要部位的线型装饰也是非常重要的，可利用线的形态、层次、疏密烘托家具整体，吸引人们的注意力，从而留下深刻的视觉印象。

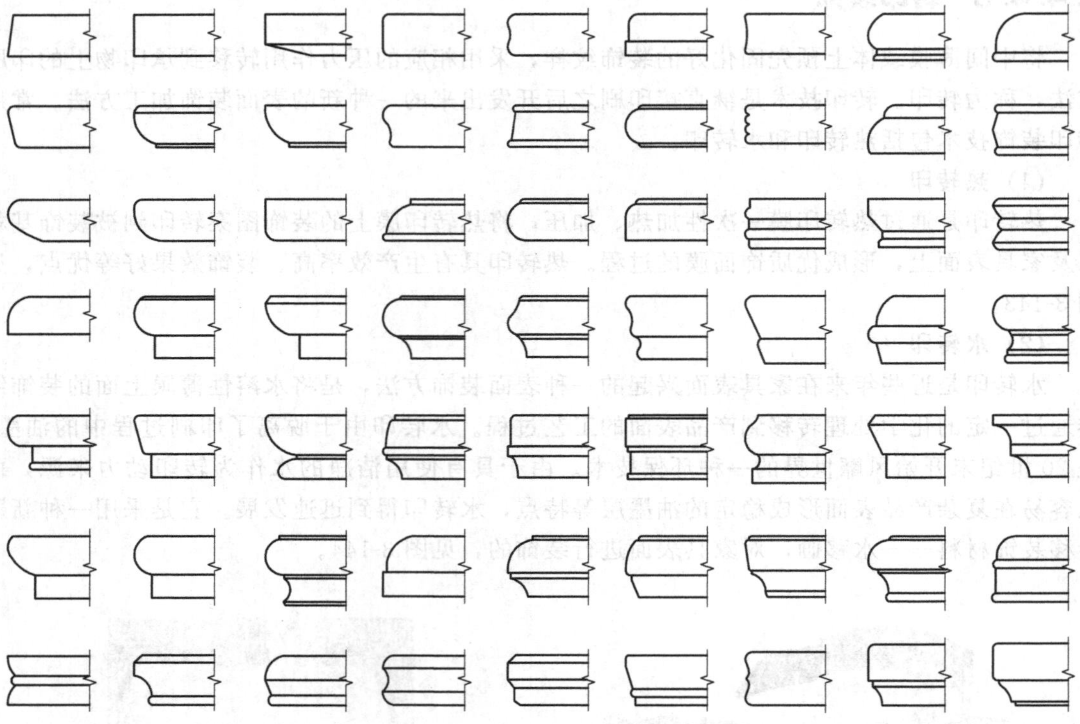

图 3-145　常见水平板件线型

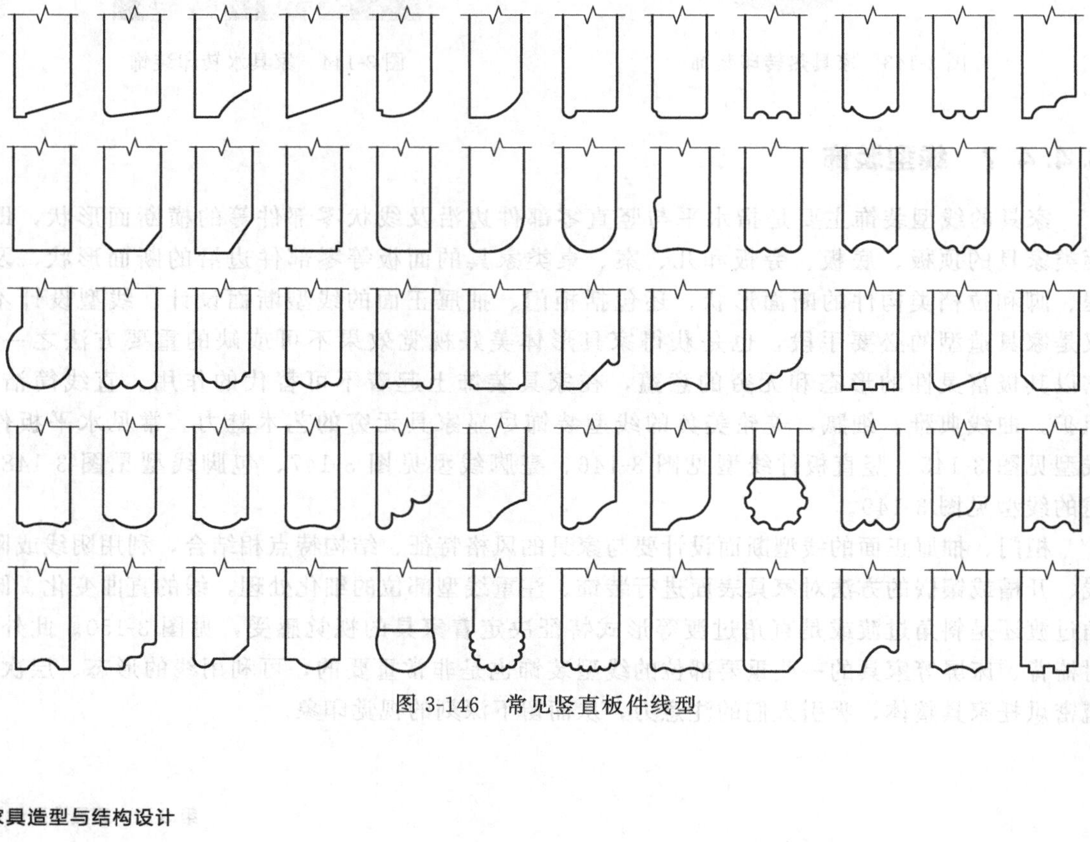

图 3-146　常见竖直板件线型

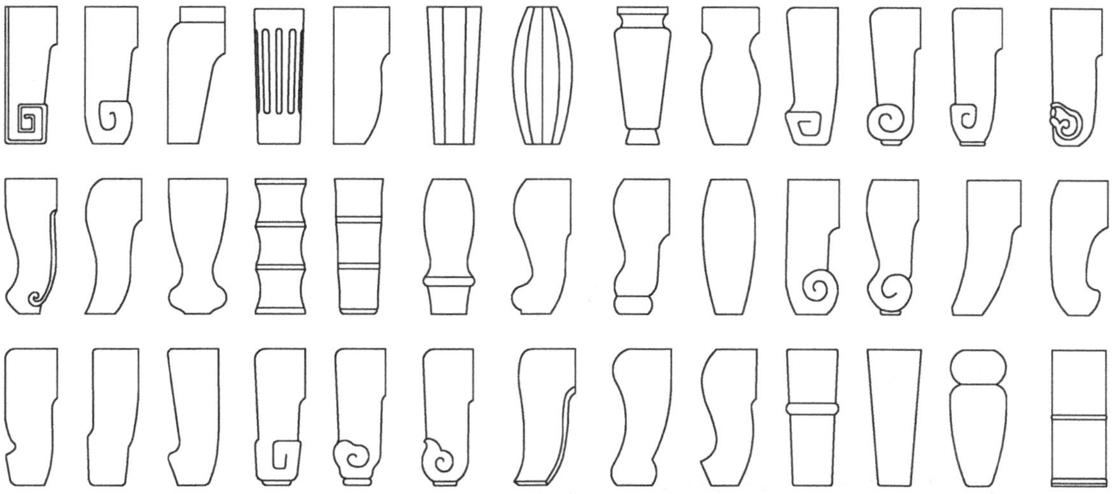

图 3-147　常见亮脚线型

图 3-148　常见包脚线型

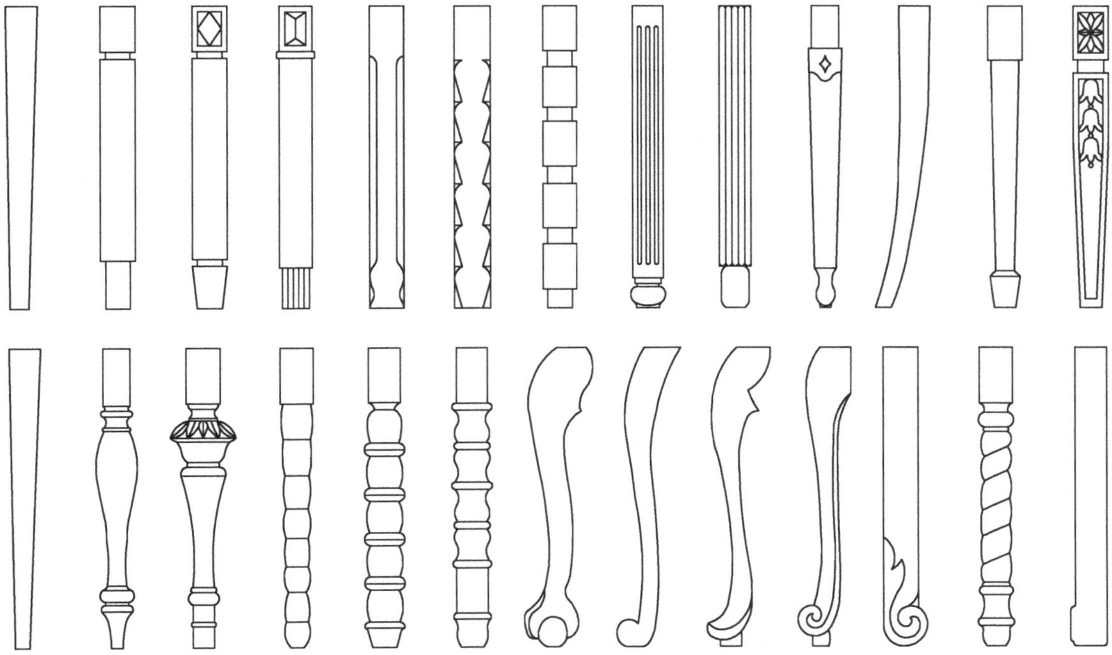

图 3-149　常见家具腿线型

图 3-150 柜门、抽屉正面线型设计

第4章
家具功能尺寸设计

家具作为人们日常生产、生活的必需品，其使用和审美功能一直是人们最关注的。家具功能尺寸设计就是针对不同的实用功能要求而对家具的功能尺寸、形体尺寸以及零部件尺寸进行的设计，由人体测量尺寸、储存物品尺寸、使用所处环境、家具审美和家具力学强度等方面因素决定。

4.1 家具工业常用名词术语

为准确表达设计与生产相关事项，便于交流，国家标准 GB 3330—82 规定了家具工业常用名词术语，包括家具产品、零部件名称、加工工艺的术语。其中，家具分类、品种、零部件的名词术语及解释见表 4-1。

表 4-1 家具分类、品种、零部件的名词术语及解释（摘自 GB 3330－82）

序　号	名词术语	解　释
1	家具分类	
1.1	木家具 Wooden furniture	主要部件由木材或木质人造板制成的家具
1.2	金属家具 Metal furniture	主要部件由金属材料制成的家具
1.3	塑料家具 Plastic furniture	主要部件由塑料制成的家具
1.4	竹家具 Bamboo furniture	主要部件由竹材制成的家具
1.5	藤家具 Rattan furniture	用藤包制或藤制成的家具
1.6	框式家具 Fram-type furniture	以榫眼结合的框架为主体结构的家具
1.7	板式家具 Panel-type furniture	以人造板为基材，以板件为主体结构的家具
1.8	组合家具 Combination furniture	由部件或可独立使用的单体组成一个整体的家具
1.9	曲木家具 Bentwood furniture	主要部件采用木材或木质人造板材料弯曲成型或模压成型制造的家具
1.10	折叠家具 Folding furniture	可收展改变形状的家具
2	品种分类	
2.1	柜类	
2.1.1	大衣柜 Wardrobe	柜内挂衣空间高度不小于 1420 mm，用于存放衣物的柜子
2.1.2	小衣柜 Chest of drawers	柜内挂衣空间高度不小于 920mm，外形总高不大于 1200mm，存放衣物的柜子
2.1.3	床头柜 Bedside or cabinet	摆在床头，用于存放零物的柜子

续表

序　号	名词术语	解　释
2.1.4	书柜 Bookcase	放置书籍和刊物等的柜子
2.1.5	文件柜 Filing cabinet	放置文件的柜子
2.1.6	厨餐柜 Kitchen cabinet	放置食品、餐具等的柜子
2.1.7	陈列柜 Glass cabinet or china	摆设物品的柜子
2.2	床类	
2.2.1	双人床 Double-bed	宽度大于 1200mm 的床
2.2.2	单人床 Single-bed	宽度小于 1000mm 的床
2.2.3	双层床 Bunk	分上下两层的床
2.2.4	儿童床 Child cot or babycrib	供婴儿、儿童用的床
2.3	桌类	
2.3.1	餐桌 Table	方桌、圆桌、方圆桌
2.3.2	写字台 Desk or office table	书写、办公用的桌子
2.3.3	课桌 School-table	学生上课用的桌子
2.3.4	梳妆台 Dressing table	供妇女梳妆用的桌子
2.3.5	茶几 Tea-table or coffee table	与扶手椅和沙发配套使用的小桌
2.4	坐具类	
2.4.1	沙发 Sofa	一般用弹性和软质材料制成的有靠背和扶手的坐具
2.4.2	木扶手沙发 Wooden arms sofa	木制扶手的沙发
2.4.3	全包沙发 Upholstered sofa	两个侧面全包满的沙发
2.4.4	两用沙发 Multi-purposes sofa	具有两种功能的沙发
2.4.5	椅子 Chair	有靠背的坐具
2.4.6	扶手椅 Armchair	有扶手的椅子
2.4.7	转椅 Rotary chair	可转动变换方向的椅子，通常还能调节高度
2.4.8	折椅 Folding chair	可折叠的椅子
2.4.9	凳 Bench or stool	无靠背的坐具
2.5	箱、架类	
2.5.1	衣箱 Dress case	存放衣物的箱子
2.5.2	书架 Book-shelves	放置书籍的架子
2.5.3	花架 Flower-stand	放置花卉和盆景的架子
2.5.4	屏风 Screen or folding screen	用于室内分隔、遮挡视线，有时还能起装饰作用的可移动的一组片状用具
3	家具零、部件名称	
3.1	部件	
3.1.1	旁板 Side	柜体家具两侧的板件
3.1.2	中隔板 Vertical dividing partition	分隔柜内空间的垂直板件
3.1.3	搁板 Shelf	分隔柜内空间的水平板件
3.1.4	开门 Pivoted door	沿着垂直轴线启闭的门

续表

序　号	名词术语	解　释
3.1.5	翻门 Flap	沿着水平轴线启闭的门
3.1.6	移门 Sliding door	横向移动的门
3.1.7	卷门 Roll front or flexible door	能沿着弧形轨道置入柜内的帘状移门
3.1.8	顶板 Top	高于视平线(大于 1500mm)的顶部水平板件
3.1.9	面板 Top	低于视平线的顶部水平板件
3.1.10	底板 Bottom	柜体底部的水平板件
3.1.11	背板 Back	封闭柜体背面的板件
3.1.12	脚架 Base	由脚和望板以及拉档构成的用于支撑家具主体的部件
3.1.13	脚盘 Base	由脚架和底板构成的部件
3.1.14	抽屉 Drawer	柜体内可灵活抽出推入的盛放东西的匣状部件
3.2	零件	
3.2.1	立梃 Stile	框架两边的直立部件
3.2.2	帽头 Top or bottom rail	框架上、下两端的水平零件
3.2.3	竖档 Mullion	框架中间的直立零件
3.2.4	横档 Middle rail	框架中间的水平零件
3.2.5	装板 Inserting panel	装嵌在框架槽中的薄板或人造板
3.2.6	腿 Leg	直接支撑面板(或顶板)或着地零件
3.2.7	脚 Leg	家具底部支承主体的落地零件
3.2.8	望板 Apron or skirting board	连接脚(或腿)和面板(或底板)的水平板件
3.2.9	拉档 Cross rail or rung	望板下面连接脚与脚(或腿与腿)的横档
3.2.10	屉面板 Drawer front	抽屉的面板
3.2.11	屉旁板 Drawer side	抽屉的侧板
3.2.12	屉后板 Drawer back	抽屉的背板
3.2.13	屉底板 Drawer bottom	抽屉的底板
3.2.14	塞角 Block	用于加固角部强度的零件
3.2.15	挂衣棍 Clothes rail	柜内挂衣架用的杆状零件

4.2 家具功能尺寸与人体工程学

人体工程学是 20 世纪初在西方国家形成并发展起来的一门科学，是研究人与物以及工作环境之间相互作用、相互协调的关系。通过揭示人、物、环境三个要素之间的相互关系和规律，最终构建“人—机—环境”整体配合的最优化。由于人体工程学研究的是人与物和环境的关系问题，因此，被广泛地应用于工业、医疗卫生、建筑环境、商业、军工业等各个领域。对于家具设计而言，人体工程学研究成果，为形式设计和功能尺寸设计提供了有力的科学依据。

4.2.1 人体尺寸

人体测量学的研究成果为人体工程学研究提供了人体各部分尺寸，在家具功能尺寸设计中，人体尺寸是最基本的、核心的要素。根据 1988 年 12 月 10 日发布的“中国成年人人体尺寸”，国家标准编制的中国成年人人体尺寸，见表 4-2。

我国幅员辽阔，人口众多，由于地域、种族的不同，人体的平均尺寸也有所变化。随着时代的进步、人们生活水平的提高，人体尺寸也在增长，因此，我们只能采用平均值作为设计时的尺寸依据，但是也不能把标准尺寸绝对化。因为一款家具服务的对象是多元的，同一款座椅可能被个子较高的男性使用，也可能被个子较矮的女性使用，因此，设计者在进行家具功能尺寸设计时对人体尺寸的理解一定要有灵活性。

表 4-2 中国成年人人体尺寸 单位：mm

项目		男							女						
百分位		1	5	10	50	90	95	99	1	5	10	50	90	95	99
主要尺寸	身高(*A*)	1543	1583	1604	1678	1754	1775	1814	1449	1484	1503	1570	1640	1659	1697
	体重/kg	44	48	50	59	71	75	83	39	42	44	52	63	66	74
	上臂长(*B*)	279	289	294	313	333	338	349	252	262	267	284	303	308	319
	前臂长(*C*)	206	216	220	237	253	258	268	185	193	198	213	229	234	242
	大腿长(*D*)	413	428	436	465	496	505	523	387	402	410	438	467	476	494
	小腿长(*E*)	324	338	344	369	396	403	419	300	313	319	344	370	376	390
	手长(*F*)	164	170	173	183	193	196	202	154	159	161	171	180	183	189
	脚长(*G*)	223	230	234	247	260	264	272	208	213	217	229	241	244	251
立姿	眼高(*H*)	1436	1474	1495	1568	1643	1664	1705	1337	1371	1388	1454	1522	1541	1579
	肩高(*I*)	1244	1281	1299	1367	1435	1455	1494	1166	1195	1211	1271	1333	1350	1385
	肘高(*J*)	925	954	968	1024	1079	1096	1128	873	899	913	960	1009	1023	1050
	手功能高(*K*)	656	680	693	741	787	801	828	630	650	662	704	746	757	778
	会阴高(*L*)	701	728	741	790	840	856	887	648	673	686	732	779	792	819
	胫骨点高(*M*)	394	409	417	444	472	481	498	363	377	348	410	437	444	459
坐姿	座高(*N*)	836	858	870	808	947	958	979	789	809	819	855	891	901	920
	颈椎点高(*O*)	599	615	624	657	691	701	719	563	579	587	617	648	657	675
	眼高(*P*)	729	749	761	798	836	847	868	678	695	704	739	773	783	803
	肩高(*Q*)	539	557	566	598	631	641	659	504	518	526	556	585	549	609
	肘高(*R*)	214	228	235	263	291	298	312	201	215	223	251	277	284	299
	大腿厚(*S*)	103	112	116	130	146	151	160	107	113	117	130	146	151	160
	膝高(*T*)	441	456	464	493	523	532	549	410	424	431	458	485	493	507
	小腿加足高(*U*)	372	383	389	413	439	448	463	331	342	350	382	399	405	417
	坐深(*V*)	407	421	429	457	486	494	510	388	401	408	433	461	469	485
	臀膝距(*W*)	499	515	524	554	585	595	613	481	495	502	529	561	570	587
	下肢长(*X*)	892	921	937	992	1046	1063	1096	826	851	865	912	960	975	1005

续表

项目		男							女						
百分位		1	5	10	50	90	95	99	1	5	10	50	90	95	99
水平尺寸	胸宽(α)	242	253	259	280	307	315	331	219	233	239	260	289	299	319
	胸厚(β)	176	186	191	212	237	245	261	159	170	176	199	230	239	260
	肩宽(γ)	330	344	351	375	397	403	415	304	320	328	351	371	377	387
	最大肩宽(δ)	383	398	405	431	460	469	486	347	393	371	397	428	438	458
	臀宽(ε)	273	282	288	306	327	334	346	275	290	296	317	340	346	360
	坐姿臀宽(ζ)	284	295	300	321	347	355	369	295	310	318	344	347	382	400
	坐姿肘间宽(η)	353	371	381	422	473	489	518	326	348	360	404	460	478	509

注：1. 表列数值均为裸体测量结果；

2. 成人指男 18～60 岁，女 18～55 岁；

3. 立姿指自然挺胸直立，坐姿指坐在椅子上；

4. 百分位数指大于等于该项下尺寸的人数占总人数的百分率。

4.2.2 人体生理功能与家具关系

根据家具与人之间的关系，可以将家具分为三类：第一类是与人体直接接触，对于人体活动功能起支承作用的坐卧类家具，如椅、凳、沙发、床等；第二类是与人体活动有着密切关系，对于人体活动起辅助支承功能、同时又支撑或贮存物体的桌类家具，如书桌、条案、餐桌、梳妆台、茶几等；第三类是与人体活动有间接关系，起着贮存物品作用的贮存类家具，如书柜、衣柜、装饰架等。在进行家具功能尺寸设计时，对人体生理机能的研究是促使家具设计更科学的重要手段。不同类型的家具必须依据人体尺寸和使用要求，合理确定功能尺寸。

4.2.2.1 坐卧类家具

按照人们日常生活的习惯，人体动作姿态从立到卧有不同的姿态，其中坐与卧是人们日常生活中占用时间最长的动作姿态，如工作、学习、用餐、睡眠等都是处于坐卧状态下进行的，因此，坐卧类家具与人体生理机能关系就显得十分密切。

坐卧类家具的基本功能是满足人们坐得舒服、睡得安宁、减少疲劳和提高工作效率的要求。这四项基本功能中，关键是减少疲劳。设计师在进行坐卧类家具设计时，要通过对人体的尺寸、骨骼和肌肉关系的研究，使设计的家具在支承人体动作时，将人体的疲劳降到最低程度。这种疲劳程度降得越低，也就意味着设计师的作品越成功。

但是导致人体疲劳的原因是一个复杂的问题，主要是来自肌肉和韧带的收缩运动。肌肉和韧带处于长时间的收缩状态时，人体就需要给这部分肌肉持续供给养料，如供养不足，人体的部分机体就会感到疲劳。因此，在设计坐卧类家具时，就必须考虑人体生理特点，使骨骼、肌肉结构保持合理状态，血液循环与神经组织不过分受压，尽量设法减少和消除产生疲劳的各种可能。

(1) 坐具

坐具设计是所有家具设计中最复杂的一类，如果一个家具设计师的坐具设计比较成功，那么其他各类家具的设计问题都会变得容易。坐具是最富于艺术表现力的产品，几乎所有的家具设计大师都对椅子的设计情有独钟并硕果累累。

① 座高。座高是指座面前沿中心至地面的垂直距离。座高直接影响坐具本身的性能和功能，是调整体压分布的关键尺寸。一般情况下，工作用椅的座高设计得较高，休息用椅则稍低，但无论是什么用途，座高均应设计适当。合理的体压分布应该是臀、腿全部着座，坐骨骨节处体压最高，向前逐渐减小。如果座面过高，大腿前半部软组织受压过大，容易麻木，产生疲劳；座面过低，小腿则需支撑大腿的重量，而且人体前屈，背部肌肉负荷增大，稍久就会引起上身酸软不适，产生疲劳。实践证明，工作用椅的适宜座高为：座高 = 小腿腘窝高 + 鞋高（20～40mm）－适当活动间隙（10～20mm）。一般工作椅座高为 400～440mm；沙发的座高可以低一些，使腿向前伸，靠背后倾，有利于脊椎处于自然状态，一般取 360～420mm。

② 座深。座深是指椅座面前沿至后沿的距离。座深应足够大，使大腿前部有所支持，但不能过深，以免腰部支撑点悬空，小腿腘窝受压不舒服。座深设计应使小腿与座前沿有 60mm 的间隙。一般靠背椅座深为 340～420mm，扶手椅座深为 400～440mm，折椅座深为 340～400mm。沙发及其他休闲类坐具，因软座面，坐后会下沉，靠背倾角较大，故座深应加大，一般为 480～560mm。

③ 座宽。座宽是指座面的宽度。座宽应略大于臀宽，使臀部得到完全支撑，并有随时调整坐姿的余地。对于扶手椅而言，扶手内宽即为座宽，一般以人的平均肩宽尺寸加上适当余量而定。一般靠背椅前沿宽≥380mm，折椅前沿宽为 340～400mm，扶手椅扶手前沿内宽≥460mm。排椅应适当加宽，以使人能自由活动；会议厅、影剧院排椅应不小于 540mm；餐桌、座谈桌前的排椅应加大到 660～690mm。

④ 座倾角与背斜角。座倾角与背斜角分别指座面、靠背与水平面的夹角。设置靠背是为了使人的上体能靠，从而减轻对下体、臀部的压力，并使腰椎获得稳定，减轻疲劳。靠背必须倾斜，以便后靠；座面必须前高，以防止背靠时下体向前滑动。上体与大腿夹角为 90°～115°时，腰部肌肉松弛，腿部血管不受压迫，体重按肩臀支撑能力作合理分布。休息用椅的座、背斜角都应较大，让腰背合理地承担体重。工作用椅因身体前倾，只可微依靠背，臀部受的体压就较大；座斜角也不宜过大，否则体腿夹角过小，腰肌容易疲劳。表 4-3 是各种用途椅子的适当角度。

表 4-3 座倾角、背斜角与靠背支撑点

用途	座倾角	背斜角	靠背支撑点
工作用椅	0°～5°	100°	腰靠
轻工作用椅	5°	105°	肩靠
小憩用椅	5°～10°	110°	肩靠
休息用椅	10°～15°	110°～115°	肩靠
带枕躺椅	15°～23°	115°～123°	肩靠加颈靠

⑤ 靠背高度。靠背高度应根据座椅功能而定，一般是随着人体动态活动范围的减小而逐渐增高，并与座面的高度、深度和倾斜度相关联。但无论是工作还是休息，或是活动，都应以获得相应的支撑且不妨碍工作和活动为宜。靠背有肩靠、腰靠和颈靠三个关键支撑点。设置的肩靠应低于肩胛骨下沿（相当于第 9 胸椎，高约 460mm），这个高度便于转体时能舒适地把靠背夹置腋下，过高则容易迫使脊椎前屈。设置腰靠不但可以分担部分体重，还有利于保持脊椎的自然 S 形曲线，腰靠应低于腰椎上沿，即第 2～4 腰椎处，高度为 185～250mm。颈靠应高于颈椎点，一般高度为 660mm。

无论哪种椅子，如果能同时设置肩靠和腰靠，对舒适是有利的。工作椅只设置腰靠，不设置肩靠，以便于腰关节与上肢的自由活动。工作椅的背斜角较大，应同时设置肩靠。休息用椅因肩靠稳定，可以省略腰靠。躺椅则需要增设颈靠来支撑斜仰的头部。

⑥ 靠背形状。靠背侧断面除了直线形，也适于按舒适坐姿曲线设计，曲线更有利于缓解背部的压力。靠背底部须要留有一段空隙，以免挤压臀肌，靠肩处的水平方向设成微曲为好，曲率半径可取 400～500mm，曲率半径过小会挤压胸腔。腰靠处水平方向最好与腰部曲线吻合，曲率半径可取 300mm。曲线靠背或弧形靠腰会使椅子的适用范围缩小，腰靠高度可调可以弥补弧形靠背椅子的这一个缺陷。

⑦ 弹性。工作用椅的座面和靠背不宜过软。休息用椅的座面和靠背使用弹性材料可增加舒适感，但软硬要适度。弹性以坐时的压缩量（下沉量）来衡量。见表 4-4。

表 4-4　沙发椅的适度弹性

部位	座面		靠背	
	小沙发	大沙发	上部	托腰
压缩量/mm	70	80～120	30～45	< 35

⑧ 扶手。设置扶手是为了支撑手、臂，减轻双肩、背部与上肢的疲劳。扶手高度应与人体坐骨节节点到自然下垂时肘下端的垂直距离相近。扶手过高，两肘不能自然下垂；若过低，则两肘不能落在扶手上，起不到支撑作用。根据人体测量尺寸，扶手上表面至座面的垂直距离以 200～250mm 为宜。扶手前端应略高些，随着座面倾角和靠背斜角的变化，扶手倾角可取 ±10°～±20°，扶手在水平方向的左右偏角以小于 ±10°为宜。

(2) 卧具（床）

床是供人睡眠休息的主要卧具，也是与人体接触时间最长的家具。床的基本要求是使人躺在床上能舒适地尽快入睡，并且短时间内进入深度睡眠，以达到消除一天的疲劳、恢复体力和补充工作精力的目的。因此，床的设计必须考虑到床与人体生理机能的关系。

① 卧姿时的人体结构特征。从人体骨骼肌肉结构来看，人在仰卧时，不同于人体直立时的骨骼肌肉结构。人直立时，背部和臀部凸出于腰椎 40～60mm，呈 S 形。而仰卧时，这部分差距减少至 20～30mm，腰椎接近于伸直状态。人体站立时各部分重量在重力方向相互叠加，垂直向下，但当人躺下时，人体各部分重量相互平等，垂直向下，并且由于各体块的重量不同，其各部位的下沉量也不同，因此，床的设计好坏以能否消除人的疲劳最为关键，即床的合理尺度及床的软硬度能否适应支承人体卧姿，使人体处于最佳的休息状态。

人体在软硬程度不同的床上的体压分布是不同的。实验证明，在略硬的床上，人体感觉迟钝的部分承受压力较大，而在人体感觉敏感处承受的压力较小，这种体压分布是比较合理的。在柔软的床上，由于床垫过软，使背部和臀部下沉，腰部突起，身体呈 W 型，形成骨骼结构的不自然状态，肌肉和韧带处于紧张的收缩状态，人体感觉敏感的与不敏感的部位均受到同样的压力，时间稍长就会产生不舒适感，需要通过不断地翻身来调整人体敏感部分的受压，使人不能熟睡，影响正常休息。

在实际设计过程中，采用床垫来解决床的弹性问题。床垫一般由不同材料搭配的三层结构组成，上层与人体接触部分采用柔软材料；中层则采用较硬的材料；下层是承受压力的支承部分，用具有弹性的钢丝弹簧构成。这种软中有硬的三层结构的做法，有助于人体保持自然良好的仰卧姿态，从而得到舒适的休息。床垫已成为工业化生产标准产品，其科学性由专业的床垫生产厂家进行研究，可以直接选用。

② 床长。床的长度是指两床头板内侧或床架内侧的距离。为了保证床能适应大部分人的身长需要，床的长度应以较高的人体作为标准进行设计。床长＝男子身高上限＋头前余量（75mm）＋脚下余量（75mm），取第 95 百分数的值（1775mm）作为男子身高上限，这样的床就可以满足 97.5%的人的需要。少数超高的人可用特制尺寸的床。对于宾馆的公用床，一般脚部不设床头，便于特高人体的客人加接脚凳。

③ 床宽。人在睡眠时，并不是一直处于一种静止状态，而是经常辗转翻身，所以，床的宽窄直接影响人睡眠时的翻身活动。日本学者做的试验表明，人睡窄床比睡宽床翻身的次数少。当床宽为 500mm 时，人睡眠时翻身次数要减少 30%，这是由于担心翻身掉下来的心理影响，自然也就不能熟睡。试验表明，当床宽在 700～1300mm 变化时，作为单人床使用，睡眠情况都很好，因此，我们可以根据居室的实际情况，设计床宽。单人床宽＝（2～2.5）× 最大肩宽；双人床宽＝（3～4）×最大肩宽。

④ 床高。床高即床表面距离地面的高度。一般床高与椅坐的高度取得一致，使床同时具有坐卧功能，同时也要考虑到起床时穿衣、穿鞋等动作的方便，一般床高为 400～500mm。医院的床应高一些，以方便病人使用，减少活动难度；宾馆的床也应高一点，以方便服务员清扫和整理卧具。双层床的层间净高必须保证下铺使用者在就寝和起床时有足够的动作空间，但又不能过高，过高会造成上下的不便及上层空间的不足。

4.2.2.2 桌类家具

桌类家具是人们工作和生活所必需的辅助家具。如就餐用的餐桌、学习用的写字桌、学生上课用的课桌等；另外还有为站立工作而设置的售货柜台、账台及各种操作台等。这类家具的基本功能是适应在坐、立状态下，为进行各种活动时提供相应的辅助条件，并兼作放置或贮存物品之用。桌类家具功能尺寸设计直接关系到使用者脊椎形状变化和椎间盘压力，不合理的尺寸会导致腰痛，造成人体颈、肩、腕综合征，视觉疲劳，近视等病症。因此，这类家具与人体动作产生直接联系，关系到使用者的舒适与健康。

(1) 坐式用桌

坐式用桌主要指办公桌、学习桌、餐桌、梳妆台等各种用来坐着工作、学习的其他活动用桌。

① 桌面高度。桌子的高度与人体动作时肌体的形状及疲劳有密切的关系。经实验测试，过高的桌子容易造成脊柱的侧弯和眼睛的近视，从而降低工作效率。另外，桌子过高还会引起耸肩、肘低于桌面等不正确姿势而造成肌肉紧张，产生疲劳；桌子过低会使人体脊椎弯曲扩大，造成驼背、腹部受压、妨碍呼吸运动和血液循环等弊病，背肌的紧张收缩，也易引起疲劳。因此，合理的桌高应该与椅座面高度保持一定的尺寸配合关系。设计桌高的合理方法是应先有椅座面高，然后再加按人体坐高比例尺寸确定的桌面与椅面的高度差，即：桌面高度＝椅座面高＋桌椅高差（坐姿态时上身高的 1/3）。根据人体不同使用情况，椅座面与桌面的高差值可有适当的变化。如在桌面上书写时，高差＝1/3 坐姿上身高减 20～30mm，学校里的课桌面与椅面的高差＝1/3 坐姿上身高减 10mm。

桌椅面的高差是根据人体测量尺寸而确定的，由于人种身高的不同，该值也就不一。1979 年国际标准（ISO）规定桌椅面的高差值为 300mm，而我国确定值为 292mm（按我国男子平均身高计算)。由于桌子定型化的生产，很难按不同的性别、身高生产，因此，这一矛盾只可用升降椅面高度来弥补。我国国家标准 GB/T 3326—1997 规定桌面高度为 680～760mm，级差为 20mm。在实际应用时，可根据不同的使用特点酌情增减，如设计中餐用桌时，考虑到中餐进餐的方式，餐桌可略高一点；若设计西餐桌，同样考虑西餐的进餐方式，使用刀叉的方便，将餐桌高度略降低一些；打字桌、电脑桌、梳妆桌的桌面高度要低些，以便操作。

② 桌面尺寸。桌面的宽度和深度尺寸应以人坐姿时手可达的水平工作范围为参照，以及桌面可能置放物品的类型、尺寸为依据来确定。如果是多功能的或工作时需配备其他物品、书籍时，还要在桌面上增添附加装置。对于阅览桌、课桌类的桌面，最好有约 15°的倾斜，能使人获得舒适的视域和保持人体正确的姿势，但在倾斜的桌面上除了书籍、薄本外，其他物品就不易陈放。

国家标准 GB/T 3226—1997 规定双柜写字台的台面宽为 1200～1400mm，深为 600～1200mm；单柜写字台的台面宽为 900～1500mm。深为 500～750mm；宽度级差为 100mm，深度级差为 50mm；一般批量生产的单件产品均按标准选定尺寸，但对组合柜中的写字台和特殊用途的台面尺寸，不受此限制。

餐桌与会议桌的桌面尺寸以人均占周边长为准进行设计，一般人均占桌周边长为 550～580mm，较舒适的长度为 600～750mm。部分常用桌类尺寸见表 4-5。

表 4-5 部分桌类尺寸

种类	写字桌			打字桌、电脑桌			中餐桌			西餐桌		
	长	宽	高	长	宽	高	长	宽	高	长	宽	高
大/mm	1500	750	760	1150	600	660～680	1400	800	760	1300	800	750
中/mm	1200	600	750				1200	750		1200	750	
小/mm	700	420	700				950	950		750	750	

种类	梳妆桌			炕桌			长茶几			茶几		
	长	宽	高	长	宽	高	长	宽	高	长	宽	高
大/mm	1200	600	700	1000	600	350	1400	550	550	650	460	550
中/mm	800	500		850	600	320	1200	500	450	600	420	550
小/mm	700	400		800	500	320	1000	450	450	560	400	500

③ 桌面下的净空尺寸。为保证坐姿时下肢能在桌下自由活动，桌面下必须留有一定的容膝空间，并使膝部有上下活动的余地。如有抽屉的桌子，抽屉不能做得太高，桌面至抽屉底的距离不应超过桌椅面高差的 1/2，为 120～150mm，也就是说桌子抽屉下沿距椅座面至少应有 172～150mm 的净空高。国家标准 GB/T 3326—1997 规定桌子净空高度≥580mm，宽度≥520mm。

④ 梳妆台尺寸。桌面高度要求≤740mm，多为 640～740mm；梳妆镜的上沿不能过低，下沿不能过高，以免影响正常使用。国家标准 GB/T 3326—1997 规定梳妆镜上沿≥1600mm，下沿≤1000mm。

⑤ 少儿课桌椅尺寸。少儿课桌椅尺寸要随少儿身高适度调整，以适应少儿发育成长。各种身高的适宜课桌椅规格见表 4-6。

表 4-6 普通教室课桌椅规格

序号	课桌外形尺寸/mm			课椅外形尺寸/mm			身高适应范围/cm
	桌面长	桌面宽	桌面高	座面长	座面宽	座面高	
1	600	400	760	400	380	440	166 以上
2			740	400	380	420	159～172
3			720	400	380	400	152～165
4			700	400	360	380	145～158
5			680	380	340	360	138～151
6			640	380	320	340	131～144
7			600	340	300	320	124～137
8			560	340	280	300	117～130

(2) 立式用桌

立式用桌主要指售货柜台、营业柜台、讲台、服务台及各种站立用桌时的工作台等。

① 桌面高度。站立用桌时使用的台桌高度根据人体站立姿势的屈臂肘高来确定。按我国人体的平均身高，站立用台桌高度以 910～965mm 为宜。不同用途的立姿用桌高度以此为基础进行调整，需要用力工作的操作台，其桌面高可以稍降低 20～50mm，甚至更低一些。立姿阅读用桌桌面最好倾斜 45°，立姿书写用桌桌面倾斜 12°～15°为宜。

② 桌面尺寸。立式用桌的桌面尺寸主要由所支撑物品的表面尺寸、物品放置状况、室内空间和布置形式而定，没有统一的规定，视不同的使用功能作专门设计。

③容足空间。因为立式用桌的桌台下部通常用来放置贮藏柜，所以不用留出容膝空间。但立式桌台的底部需要设置容足空间，以利于人体靠近台桌操作或休息时，脚不会碰到桌台的底部。容足空间是内凹的，高度一般为 80mm，深度为 50～100mm。

4.2.2.3 贮存类家具

贮存类家具是用来收藏、整理日常生活中的衣物、器物、书籍等物品，或展示物品的一类家具。种类很多，如各式衣柜、书柜、床头柜、文件柜、陈列柜、橱柜等。其功能尺寸设计是要处理好贮存类家具与人、与物两方面的关系。即要求柜类家具贮存空间划分要合理，方便使用者存取，有利于减少疲劳和提高工作效率；另一方面，存放方式要合理，贮存数量充分，满足存放条件。家具内部的贮存空间，对同一物品来讲，可以有不同的贮存方式。只有掌握了物品的尺寸，又确定了贮存方式，才可以确定柜体的内部空间尺寸。

按存取物品的方便程度，可将贮物空间的高度分为三个区间。存放最方便的区间为立姿伸手能够得着的范围，这个范围从立姿垂手指尖高至举手指尖高，高度尺寸范围为 650～1850mm。高于此范围，存取时要垫高；低于此范围，存取时要弯腰蹲下。这三个区间存放物品的种类见表 4-7。此外，还要根据存取、开闭的方便性和视角等因素，设计常用零部件的适宜高度。见表 4-8。

表 4-7 存取区间与物品

序号	区间	高度/mm	存放物品	应用举例
1	弯、蹲存取区间	小于 650	不常用、较重物品	箱、鞋、盒
2	方便存取区间	650～1850	常用物品	应季衣服、日常生活用品
3	超高存取区间	大于 1850	不常用轻物品	过季衣物

表 4-8　常用零部件的事宜高度范围

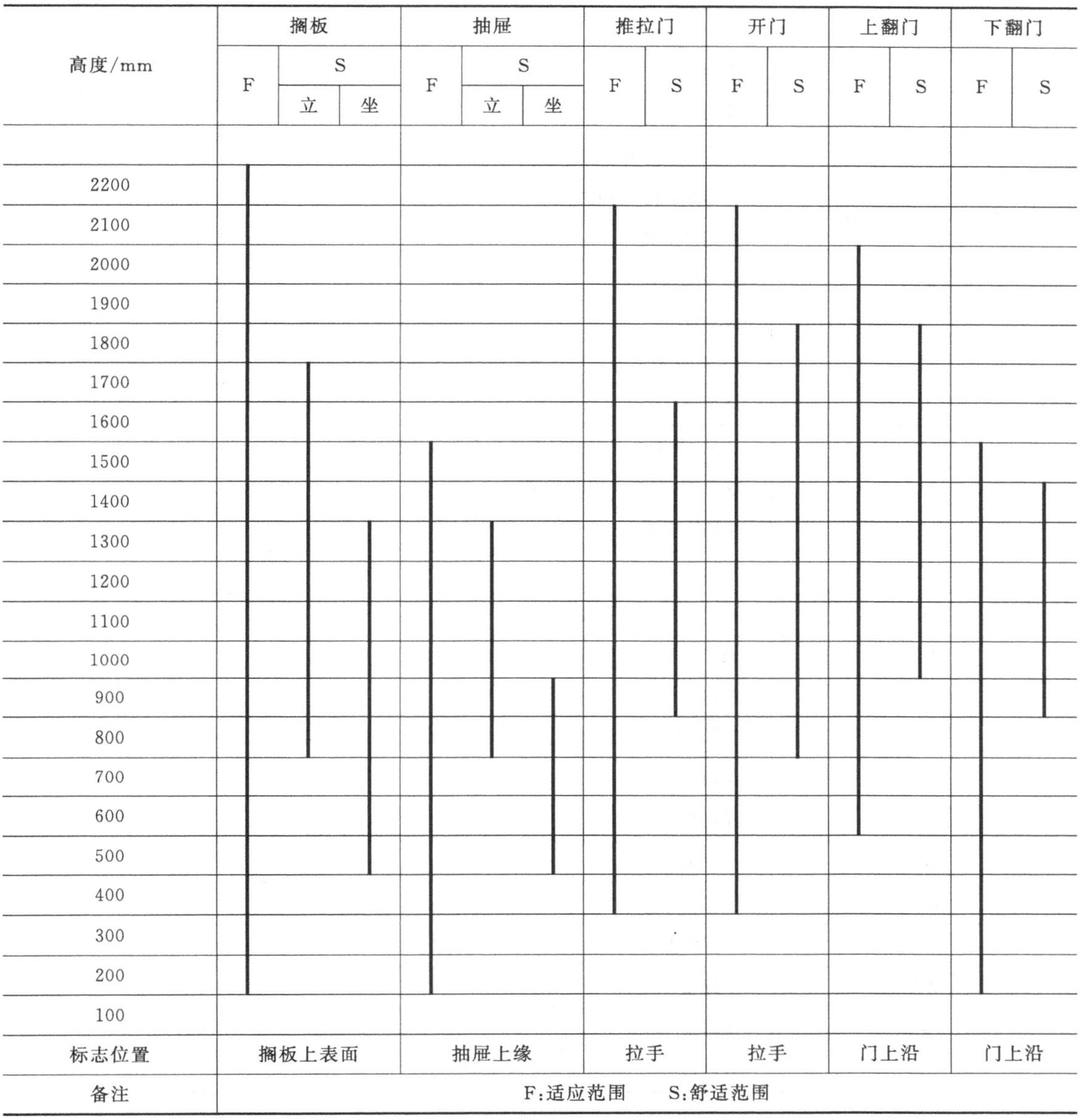
高度/mm
搁板
抽屉
推拉门
开门
上翻门
下翻门
F
S
立
坐
2200
2100
2000
1900
1800
1700
1600
1500
1400
1300
1200
1100
1000
900
800
700
600
500
400
300
200
100
标志位置
搁板上表面
抽屉上缘
拉手
拉手
门上沿
门上沿
备注
F:适应范围　S:舒适范围

4.3 家具主要尺寸

我国国家标准规定了工作、学习和生活用的桌、椅、凳类家具、柜类家具和床类家具的主要尺寸。对于没有列到标准里的其他品种的家具主要尺寸可参照执行。

4.3.1 桌、椅、凳类主要尺寸

桌、椅、凳类家具主要尺寸摘自国家标准 GB/T 3326—1997。

(1) 符号和说明

桌、椅、凳类家具主要尺寸的符号和说明见表 4-9。

表 4-9 桌、椅、凳类家具主要尺寸的符号和说明

符 号	符号说明
B	桌面宽
B_1	座面宽
B_2	扶手内宽，即扶手间最小的水平距离
B_3	座前宽，即座面前沿的水平宽度
B_4	中间净空宽
B_5	侧柜抽屉内宽
T	桌面深
T_1	座深，即座面前沿中点至座面与靠背相交线的距离
H	桌面高
H_1	座高，即座面中轴线前部最高点至地面的距离
H_2	扶手高，即扶手前沿最高处
H_3	中间净空高
H_4	柜脚净空高
H_5	镜子下沿离地面高
H_6	镜子上沿离地面高
L_1	凳面长
L_2	背长，即背面上沿中点至背面与座面相交线的距离
D	桌面直径
D_1	凳面直径
ΔS	尺寸级差
ΔB	宽度级差
ΔL	长度级差
ΔT	深度级差
α	座斜角
β	背斜角

(2) 主要尺寸

① 桌面高、座高、配合高差见图 4-1，表 4-10。

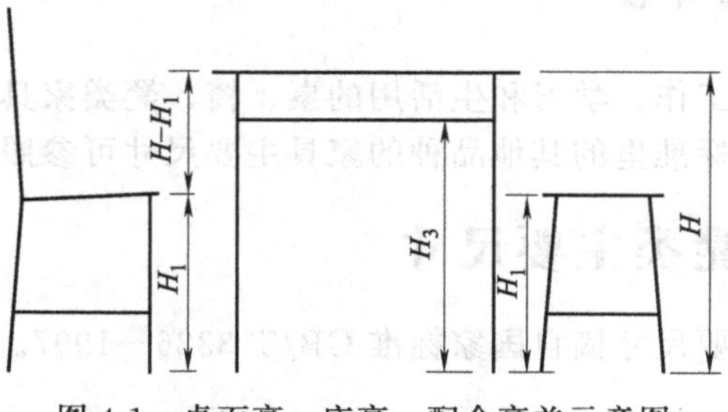

图 4-1 桌面高、座高、配合高差示意图

表 4-10　桌面高、座高、配合高差　　　单位：mm

H	H_1	$H-H_1$	ΔS	H_3
680～760	400～440 软面的最大高度 460(不包括下沉量)	250～320	10	≥580

② 扶手椅尺寸见图 4-2，表 4-11。

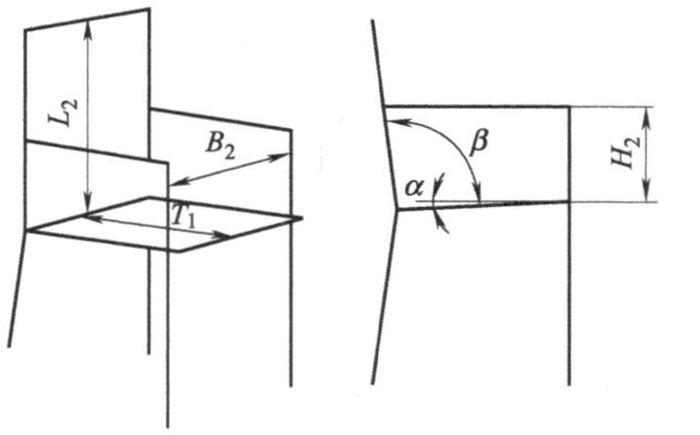

图 4-2　扶手椅尺寸示意图

表 4-11　扶手椅尺寸

B_2/mm	T_1/mm	H_2/mm	L_2/mm	ΔS/mm	β	α
≥460	400～440	200～250	≥275	10	95°～100°	1°～4°

③ 靠背椅尺寸见图 4-3，表 4-12。

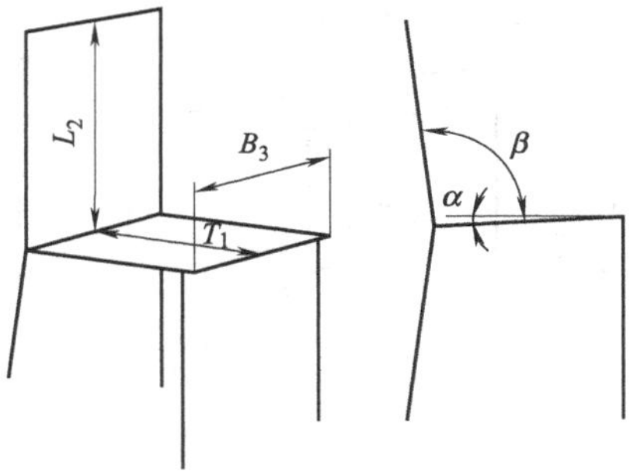

图 4-3　靠背椅尺寸示意图

表 4-12　靠背椅尺寸

B_3/mm	T_1/mm	L_2/mm	ΔS/mm	β	α
≥380	340～420	≥275	10	95°～100°	1°～4°

④ 折椅尺寸见图 4-4，表 4-13。

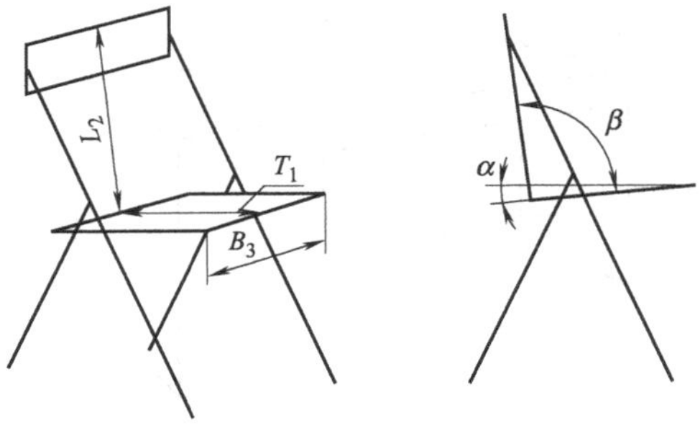

图 4-4　折椅尺寸示意图

表 4-13 折椅尺寸

B_3/mm	T_1/mm	L_2/mm	ΔS/mm	β	α
340～400	340～400	≥275	10	100°～110°	3°～5°

⑤ 长方凳、方凳、圆凳尺寸见图 4-5～图 4-7，表 4-14。

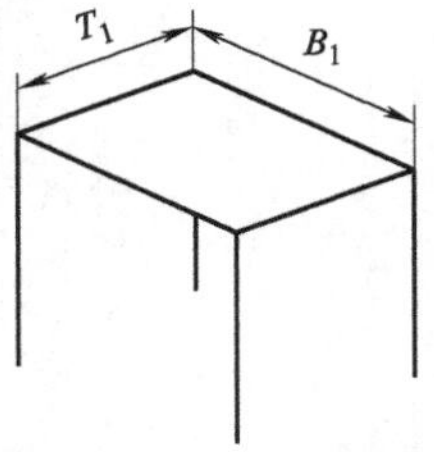

图 4-5 长方凳尺寸示意图

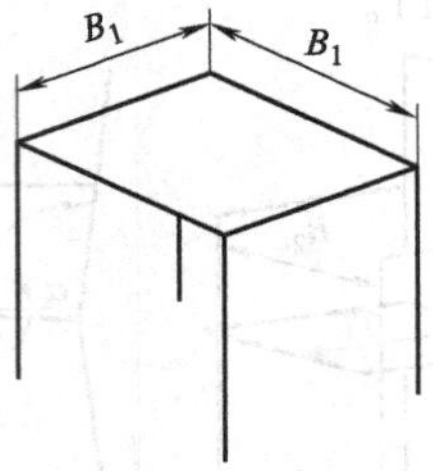

图 4-6 方凳尺寸示意图

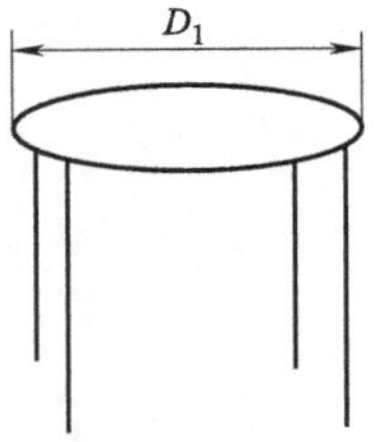

图 4-7 圆凳尺寸示意图

表 4-14 长方凳、方凳、圆凳尺寸 单位：mm

B_1	D_1	T_1	ΔS
长方凳≥320,方凳≥260	≥260	≥240	10

⑥ 双柜桌尺寸见图 4-8，表 4-15。

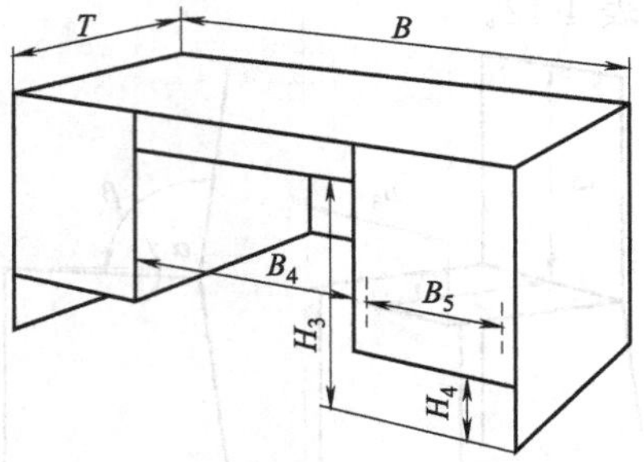

图 4-8 双柜桌尺寸示意图

表 4-15 双柜桌尺寸 单位：mm

B	T	ΔB	ΔT	H_3	H_4	B_4	B_5
1200～2400	600～1200	100	50	≥580	≥100	≥520	≥230

⑦ 单柜桌尺寸见图 4-9，表 4-16。

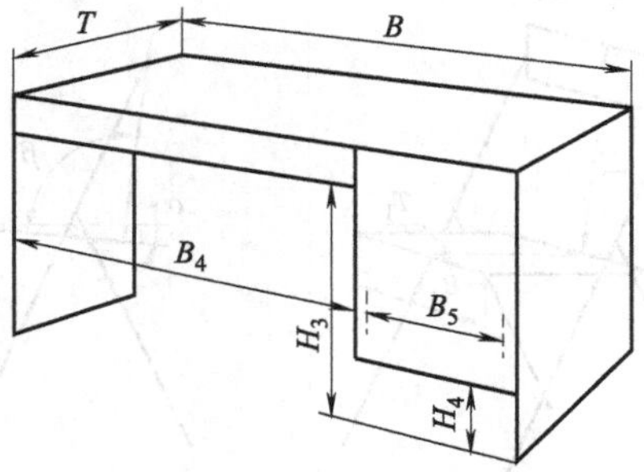

图 4-9 单柜桌尺寸示意图

表 4-16　单柜桌尺寸　　　　单位：mm

B	T	ΔB	ΔT	H_3	H_4	B_4	B_5
900～1500	500～750	100	50	≥580	≥100	≥520	≥230

⑧ 单层桌尺寸见图 4-10，表 4-17。

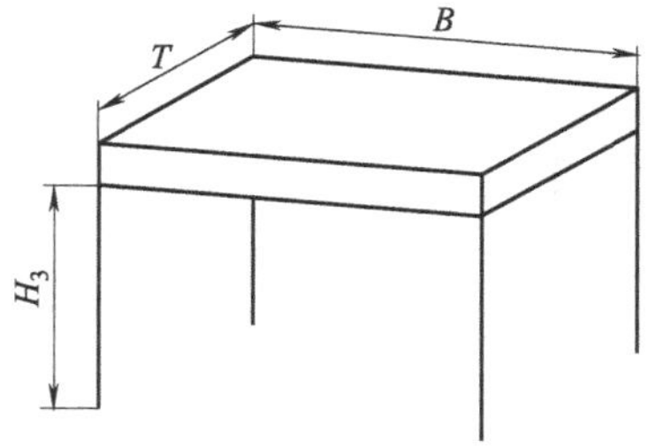

图 4-10　单层桌尺寸示意图

表 4-17　单层桌尺寸　　　　单位：mm

B	T	ΔB	ΔT	H_3
900～1200	450～600	100	50	≥580

⑨ 梳妆桌尺寸见图 4-11，表 4-18。

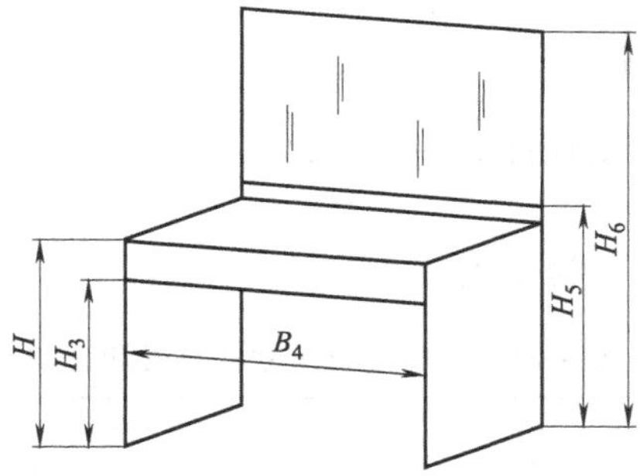

图 4-11　梳妆桌尺寸示意图

表 4-18　梳妆桌尺寸　　　　单位：mm

H	H_3	B_4	H_6	H_5
≤740	≥580	≥500	≥1600	≤1000

⑩ 长方桌尺寸见图 4-12，表 4-19。

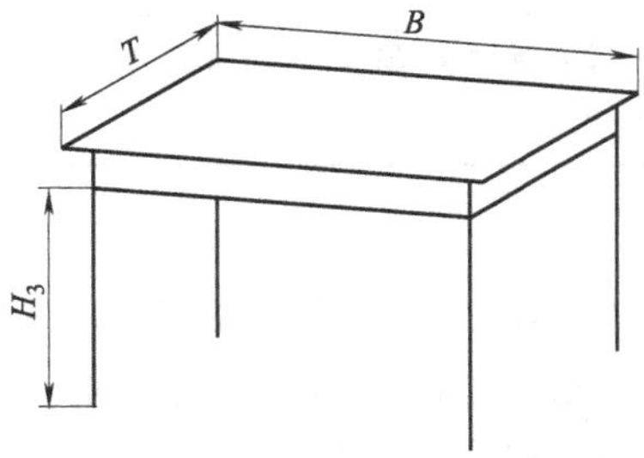

图 4-12　长方桌尺寸示意图

表 4-19 长方桌尺寸 单位：mm

B	T	ΔB	ΔT	H_3
900～1800	450～1200	50	50	≥580

⑪ 方桌、圆桌尺寸见图 4-13、图 4-14，表 4-20。

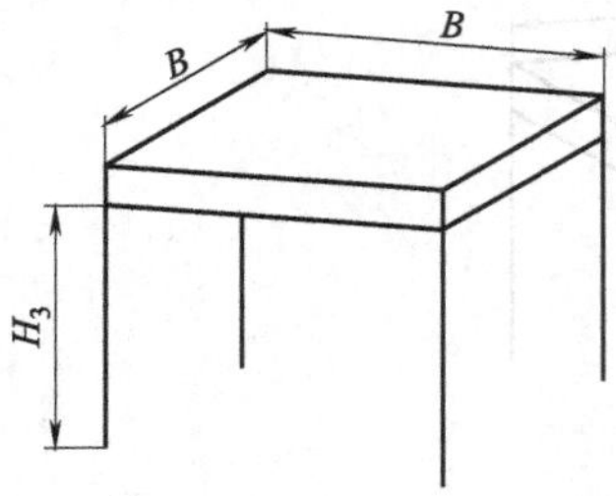

图 4-13 方桌尺寸示意图

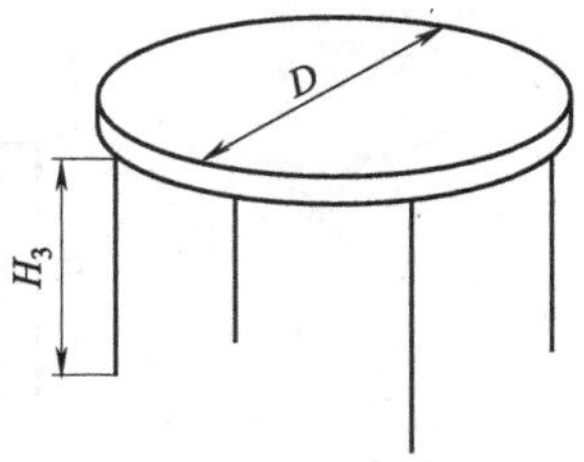

图 4-14 圆桌尺寸示意图

表 4-20 方桌、圆桌尺寸 单位：mm

B(或 D)	H_3
600、700、750、800、850、900、1000、1200、1350、1500、1800(其中方桌边长≤1000)	≥580

4.3.2 柜类主要尺寸

柜类家具主要尺寸摘自国家标准 GB/T 3327—1997。

(1) 符号和说明

柜类家具主要尺寸的符号和说明见表 4-21。

表 4-21 柜类主要尺寸的符号和说明

符 号	符号说明
B	柜体外形宽度
B_1	柜内横向挂衣空间宽
T	柜体外形深
T_1	柜内纵向挂衣空间深
T_2	抽屉深
H	柜外形总高
H_1	挂衣棍上沿至顶板内表面间距离
H_2	挂衣棍下沿至顶底内表面间距离
H_3	亮脚、围板式底脚、底层屉面下沿离地面高
H_4	镜子上沿离地面高，顶层抽屉上沿离地高度
H_5	层间净高

(2) 主要尺寸

亮脚产品底部离地面净高 H_3≥100mm，围板式底脚（包脚）H_3≥50mm。衣柜上配装的镜子上沿离地面高 H_4≥1700mm，装饰镜不受高度限制。抽屉深 T_2≥400mm，底层屉面下沿离地面高 H_3≥50mm，顶层抽屉上沿离地高度 H_4≤1250mm。

① 衣柜尺寸见图 4-15，表 4-22。

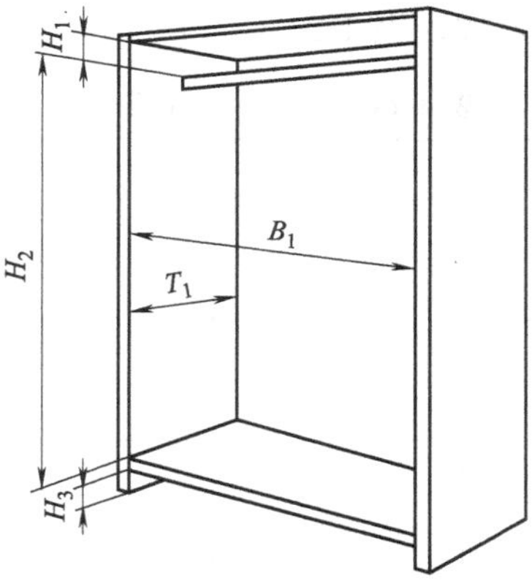

图 4-15　衣柜尺寸示意图

表 4-22　衣柜尺寸　　单位：mm

柜体空间深		H_1	H_2	
挂衣空间深 T_1 或宽 B_1	折叠衣物放置空间深 T_1		适于挂长外衣	适于挂短外衣
≥530	≥450	≥40	≥1400	≥900

② 床头柜尺寸见图 4-16，表 4-23。

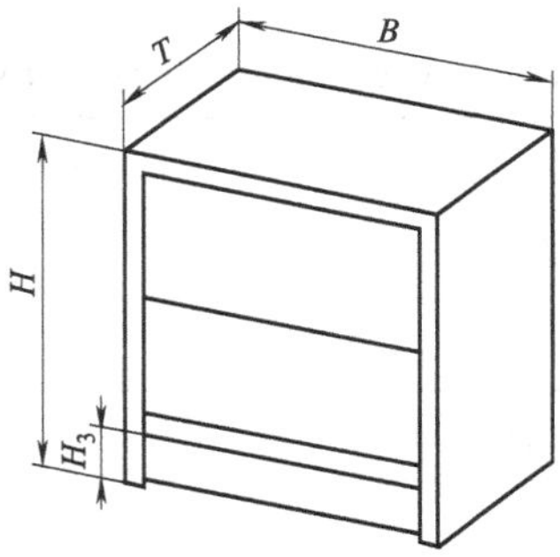

图 4-16　床头柜尺寸示意图

表 4-23　床头柜尺寸　　单位：mm

B	T	H
400～600	300～450	500～700

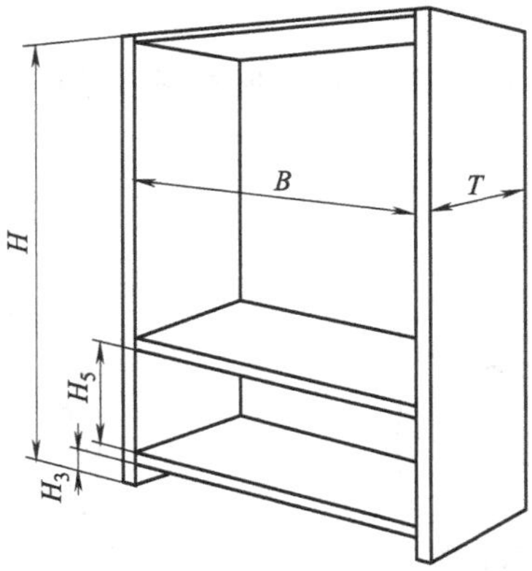

图 4-17　书柜、文件柜尺寸示意图

③ 书柜、文件柜尺寸见图 4-17，表 4-24。

表 4-24　书柜、文件柜尺寸　　单位：mm

项目		B	T	H	H_5
书柜	尺寸	600～900	300～400	1200～2200	(1)≥230 (2)≥310
	ΔS	50	20	第一级差 200 第二级差 50	—
文件柜	尺寸	450～1050	400～450	(1)370～400 (2)700～1200 (3)1800～2200	≥330
	ΔS	50	10	—	—

4.3.3 床类主要尺寸

床类家具主要尺寸摘自国家标准 GB/T 3328—1997。

(1) 符号与说明

床类家具主要尺寸的符号和说明见表 4-25。

表 4-25　床类主要尺寸的符号和说明

符号	符号说明
B_1	床面宽
L_1	床面长
L_2	安全栏板缺口长度
H_1	床面高
H_2	底床面高
H_3	层间净高(双层床下床面与上床面底部之间的最小间距)
H_4	安全栏板高

(2) 主要尺寸

① 单层床主要尺寸见图 4-18，表 4-26。嵌垫式床的床面宽应在各档尺寸基础上增加 20mm，见图 4-19。

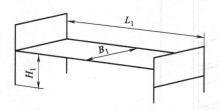

图 4-18　单层床主要尺寸示意图

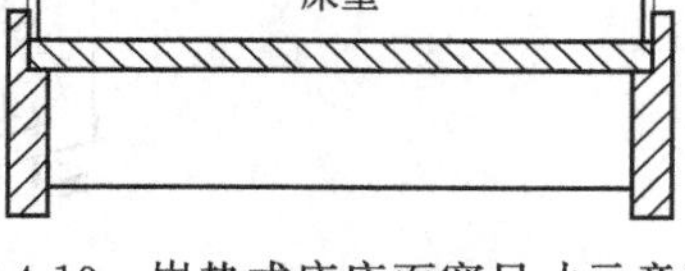

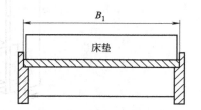

图 4-19　嵌垫式床床面宽尺寸示意图

表 4-26　单层床主要尺寸　　单位：mm

L_1		B_1		H_1	
双床屏	单床屏			放置床垫	不放置床垫
1920 1970	1900 1950	单人床	720 800 900 1000 1100 1200	240～280	400～440
2020 2120	2000 2100	双人床	1350 1500 1800		

② 双层床主要尺寸见图 4-20，表 4-27。

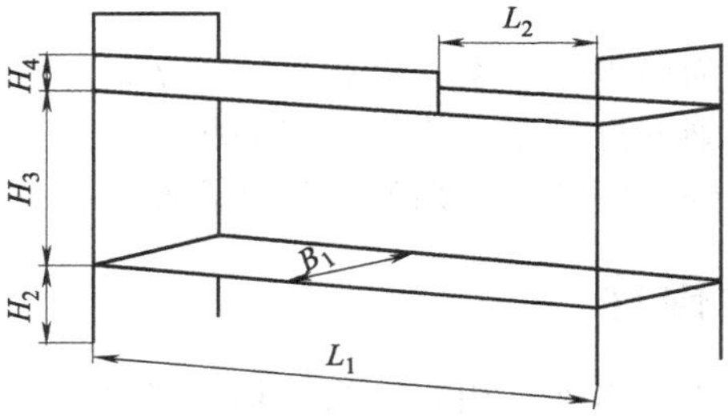

图 4-20　双层床主要尺寸示意图

表 4-27　双层床主要尺寸　　单位：mm

L_1	B_1	H_2		H_3		L_2	H_4	
		放置床垫	不放置床垫	放置床垫	不放置床垫		放置床垫	不放置床垫
1920 1970 2020	720 800 900 1000	240～280	400～440	≥1150	≥980	500～600	≥380	≥200

第5章 家具造型设计程序与表达方法

家具造型设计的历史虽然不是很长，但随着人们对家具和环境的物质与精神需求越来越高，家具造型设计已受到世界各国，尤其是发达国家的极大重视。人的生活起居离不开家具设计。但作为一种创造性的活动，设计都应该遵循共同的规律，也就是人们常说的设计程序。

设计程序是以整体设计为前提，搜索、生成备选方案的过程，是我们为了实践某一设计目的，对我们整个活动的策划安排。它是依照一定的科学规律，合理安排的工作计划。每个计划都有着自身要达到的目的，而各个计划的目的结合起来也就实现了整体的目的。

5.1 家具造型设计程序

造型设计程序在不同阶段的实施是相互交错、相互联系的，它的内容大致包括设计分析阶段、设计构思阶段、设计展开阶段和设计实施阶段四方面内容。

5.1.1 设计分析阶段

设计的过程是解决问题的过程，设计分析阶段的目的就是先了解问题，认识问题。人们在生活和工作中的需求和问题的发现是设计的主要动机，因此，设计师的首要任务就是从生活和工作中发现问题，并运用所学到的知识去解决问题。因此，当承接到一项新的家具设计任务时，即使是在时间比较紧的情况下，也不要急于动手去做。家具设计的前期工作虽然花时间，耗精力，但却是影响最终设计成败的关键环节。设计分析阶段的工作可以从以下几个方面着手。

5.1.1.1 接受设计任务，制订设计计划

接受设计任务，制订设计计划是指根据消费者和社会的需求，寻求合理解决问题的方案。一般情况下，设计师或设计部门接到的设计任务不外乎两种设计类型，全新设计还是改良设计。不管是哪种设计类型，一定要明确设计内容，充分理解和领悟设计任务所要达到的目标和要求，在此基础上，遵循产品开发设计的原则，一方面满足人们日益增长、不断变化的需求，另一方面，为创造人们新的生活方式和人类的未来而设计。

家具设计的每个阶段，其问题的侧重点和时间安排都不一样，因此，在明确设计内容以后，就要制订相应的设计计划，包括项目可行性报告和项目进程表等。项目可行性报告涉及设计要求、设计方向和目的、现有市场及潜在市场因素、项目的前景及可能达到的市场占有率、企业实施设计方案会遇到的问题，等等。而项目进程表是根据各阶段设计过程，制订一个时间进程计划，这对设计的按期完成和抢占市场先机至关重要。在制订设计计划时应注意

以下几个要点。

① 明确设计目的和内容；

② 明确设计各阶段所需的各个环节；

③ 明确各工作环节的目的及手段；

④ 理解各环节之间的相互关系及作用；

⑤ 充分核定每一工作环节所需的实际时间；

⑥ 明确整个设计过程的要点和难点。

5.1.1.2 市场调查，发现问题

发现问题是家具设计立案阶段以至整个设计流程中最关键的一步。市场调查的目的就是要我们去发现现有产品存在的问题，做到“知己知彼”。只有做到这一点，才能在激烈的竞争环境下取胜。“知己”就是要明白自己的优势、劣势及拥有的设计能力和水平，“知彼”是要知晓现有产品的情况、未来3～5年内的设计趋势及竞争对手的设计策略和方向等等。进行市场调查，获取有效的信息及收集、整理资料是每一位设计师应当具备的基本能力。

为了得到解决问题的正确方案，最行之有效的方法就是作大量的分析与研究，而判断分析与研究结果正确性的依据，只能通过大量地收集有关资料和掌握各种信息来获得。因此，从某种意义上也可以说，设计的过程实际上是一个信息的获取和信息的处理过程。调查内容见表5-1。

表5-1 设计调查与信息资料收集内容

调查项目		调查内容
市场调查	消费者情况调查	消费者组成结构调查(包括年龄、知识水平、家庭组成、经济来源、收入分配、家庭总收入、国民平均收入等) 消费心理调查(包括购买动机、习惯、消费时尚、价格因素的影响等)
	产品状况调查	同类产品的质量(包括可靠性、使用性、使用寿命、可操作性、可维护性)、规格、特点、服务、售价、供求状况、外观造型等
	销售情况调查	某种产品的销售额、市场占有率、价格与销售的关系、销售利润、企业的定价目标、价格策略等
	有关政策、法规调查	政府制定的政策法令(如专利法、环境保护法、商标法、工商法等)
企业调查		生产情况、产品分析、成本分析、投资情况、资金管理、收支状况、企业文化和形象、公共关系、销售与市场等
技术调查		实现产品的技术保障、企业和社会的物质技术条件、企业的技术力量和水平、生产工艺水平、科学技术发展的动态、材料因素等

由于收集的资料情报很多，为了便于归纳和整理，还需要掌握科学的调查方法和调查技术，将它们合理地运用到实际工作中去，运筹帷幄，设计出优秀的家具产品。

(1) 调查方法

① 询问调查法。按照不同的询问方式，询问调查法可分为面谈调查法、通讯调查法和电话调查法等，通过这些方法了解用户对产品的看法、购买动机、使用状况、价格因素以及经济支付能力等。这些调查方法大多是以表格的形式出现，便于分类和整理，如表5-2、表5-3。

表 5-2 家具产品询问调查表

被调查单位(个人)		资料提供人	
地址		联系方式	

1.您个人(单位)使用的家具生产厂______________,品牌是______________。
2.您使用的家具购买日期______________年______________月______________日。
3.您使用的家具在哪些性能方面最能满足您的需要______________。
4.您购买家具的价格______________元。
5.您使用的家具在方便性、舒适性方面______________。
6.通过使用,您认为功能性最让您满意的厂家______________。
7.您使用的产品的维修、维护费用最低的厂家______________。
8.您最喜欢家具的颜色______________,材料______________。
9.您最喜欢的家具的特点______________。

调查部门: 调查人: 日期:

表 5-3 同类家具对比调查表

调查单位		被调查人	
单位地址			
	本企业	国内	国外
产品名称			
生产厂			
型号规格			
主要性能指标			
主要特点			
主要弱点			
产品技术水平			
产品等级水平			
销售历史			
销售量			
销售单价			
销售地区、对象			
用户反映			

资料收集部门: 收集人: 日期:

② 观察调查法。观察调查法是指调查者通过现场观察或利用仪器观察的一种调查方法。由于被调查者事先并不知道自己处在被调查的位置上,因此,他们所反映的行为和对产品的评价更直接、更真实,也更可靠。

③ 实验调查法。实验调查法是将被调查者置于某种特定的环境下,观察他们反映的一种调查方法。一般是采用小范围的实验手段,来了解产品的质量、外观造型、价格和广告宣传等因素给产品销售所带来的影响。有时也将产品送交用户使用,然后收集反馈的信息,作为改进设计的依据。

(2) 调查技术

设计师除了要掌握调查方法,还要掌握实施这些方法的途径,也就是所谓的调查技术。常用调查技术有:两项选择法、多项选择法、自由回答法、顺位法、评定法和抽样调查法等。

① 两项选择法。两项选择法也称为是非法，就是让被调查者在“是”和“不是”、“好”与“劣”、“喜欢”与“不喜欢”等两种对立的看法中选择一种。这种方法简单实用，能在短时间里得到明确的答案，但缺点是不能体现出程度的差别。

② 多项选择法。调查者事先把拟定的多个选项提供给被调查者，让其选择其中的一项或几项。所提供的选项要尽可能地全面，但不能重复，也不能过多，最好控制在十项以内。而且选项事先要编好号，以便于统计分析。

③ 自由回答法。让被调查者针对所提出的问题自由发表看法。由于拟定问题方便，而回答问题又不受约束，所以比较容易获得意想不到的、具有建设性的意见。但其存在受到被调查者表达能力的影响，有时获得的答案可能不确定或者出入较大，给统计分析带来困难。

④ 顺位法。顺位法是在由调查者列出的项目中，按照重要程度依次排列顺序的一种方法。如质量□、造型□、色彩□、材料□、工艺□、功能□、价格□……，按顺序在“□”内编号。

⑤ 评定法。评定法是用来了解被调查者对某种产品的评价的一种方法。如某家具的造型：很好□、好□、一般□、差□、很差□，在你认为正确选项后面的“□”内打上“√”号。

⑥ 抽样调查法。抽样调查法是指按照某种要求，从被调查者中抽取一部分进行抽查，并用所得到的结果推断总体的一种方法。在应用这种方法的过程中，合理选取样本数量是关键，一般情况下，样本数量越大，精确度就越高，但也会使时间和费用随之增加，而过度增加样本的数量，又会失去抽样调查的意义。

以上介绍的这几种调查技术，在实践中可根据不同的调查方法灵活运用。因为设计调查所采集的信息需要最直接、最明确的反映，会直接影响到设计的决策，而调查结果的真实性、可靠性和准确性又关系到设计的成败，因此，提高调查精度、防止出现信息偏差，是整个调查过程中的关键所在。

5.1.1.3 信息资料的整理

掌握了设计的调查方法和调查技术后，我们就要进行具体的信息资料的收集工作了。首先要制订计划，也就是明确调查的目标，根据设计的要求确定所要了解的项目内容与程度；其次，要确定调查的范围和资料以及资料的来源；第三，要确定调查的技术和方法，明确实现调查的形式；第四，要确定调查人员的组成、调查时间、调查地点和开支预算等等。然后，根据明确了的调查计划制订表格、设计问卷，并进入各种场合，开始展开调查工作，进行信息资料的收集。

作为设计者，要尽可能多地收集信息资料，但暂时不要进行评价，因为任何资料都可能是将来设计方案的基础。要先把调查和收集到的资料进行分类、整理、统计和分析，使它们按照一定的内容条理化，在此基础上进行归纳和研究，并通过初步的分析做出正确的判断，从而进行下一阶段的工作。

5.1.1.4 确立设计的指标

针对提出的设计任务，将调查得到的资料按照一定的方法结合设计目的，作进一步的整理分析，并提出设计必须予以解决的问题，明确达到设计目标的途径。同时也要明确各种实际要求的指标，包括功能要求指标、生产技术指标、造型及色彩方面的指标等等，也就是说要建立一个设计的评价体系。

设计指标确立后还要反馈到提出的设计任务上，并与之相对照，用来检验设计指标和设计任务是否一致，亦即建立的设计评价体系能否成为解决设计任务的指标，同时还要为提出设计方案做准备。

5.1.2 设计构思阶段

设计构思的目的是获得各种构思方案以及方案的变化，寻求实现产品功能的最佳构成。在这一阶段主要进行的工作有：功能分析、可行性设计方案的确立、可行性设计方案的评价和确立原理结构。在前一阶段的基础上引发设计构思，并以草图的形式表现出来，通过初步的分析、评价，选出若干方案，并确立其原理结构。

5.1.2.1 功能分析

我们知道，任何产品都必须具备特定的使用功能和审美功能，而且它们的各组成部分也都有着各自的功能。功能分析的目的就是要了解它们之间的功能内容和相互关系，也就是透过现象看事物的本质。设计产品本身不是目的，它提供的功能才是存在的根本原因，所以，确定了功能就是找到了设计的出发点。

在进行功能分析时，首先要进行功能定义。对功能定义要尽可能做到简洁、明了、准确，不要一开始就陷入到具体结构的设计中去，这样会在方案的创造性方面很难有所突破，构思容易被现有的东西束缚，很难找到最佳方案。表达要适当抽象，尽可能定量描述。要将总体功能分解成各子功能，这样就可以明确设计的本质，找到实现功能的不同手段和途径，然后再进行功能整理，找出各子功能的从属关系，对其进行分类研究，根据重要程度的不同分别对待，制作功能系统图，之后再进行功能分析。

功能分析主要是为了寻求实现功能的技术途径，并进行必要的定性、定量分析，以便确立可行性的方案。对事物的功能分析有利于抓住事物的本质，开阔视野、扩展设计思路，创造出新的使用方式。但值得注意的是，事物分析的方法容易受到现有产品加工工艺和现有结构的限制，不利于创造性思维的发展。设计师在进行功能分析的时候，要注意到这一点。

5.1.2.2 可行性设计方案的确立

设计人员在对功能进行深入研究后，接下来就要选择实现功能的技术原理方案。由于技术原理是依附在功能系统之上的，所以要按照功能系统图找到最佳的实现各子功能的手段。每一个子功能的实现，都可能包含着多种解决问题的技术途径。将各子功能实现的各种技术途径进行优化组合，便能够得出设计的多种组合方案，以形成产品的基本结构。

在这一过程中不做具体的结构和尺度的设计，而是尽可能多地、系统地列出各种可能性，并进行综合分析与评价，去除那些不相容或者没有发展前途的组合形式，以便得出一些可行性方案。

5.1.2.3 可行性设计方案的评价

可行性方案确定后，就要按照设计所提出的任务和要求，作进一步的综合评判和分析，从技术的可行性、合理性以及人—机关系上进行考虑，如方案在材料、工艺、结构等方面能否实现，先进与否，成本多少，是否符合国家的政策、法规，与同行业的同种产品相比较，优劣程度如何，宜人性方面怎样，社会效益如何……经过缜密的分析、评价后，选择若干优秀的方案进入下一步工作。

5.1.2.4 确立原理结构

将组合方案中能够实现各子功能的技术途径实体化、结构化。由于功能联结、节省空间和使用的需要，将这些实体化、结构化的零件进行组合，就可得出相对独立的各个部分，并以此确立各造型单元，再将各造型单元进行排列组合，从而得出一系列的组合方案。通过多方面的综合分析和评价，从中确定若干优秀的原理结构。

5.1.3 设计展开阶段

这一阶段的目的是通过功能的分析和原理结构的建立，使产品成为一个合理的整体。在这一阶段，人的因素是设计的核心，同时，所有的结构都必须具体化，材料和加工工艺也都要落实下来。这一过程主要是以设计草图的形式展开，经综合评定后，确定其比例尺度，并由此制作工作模型。通过对模型方案的评价，检验其比例尺度关系、整体协调等问题，然后确立各方面都相对完善的设计方案 。

5.1.3.1 设计草图，确定比例尺度

初步设计构思形成以后，需要用视觉化的语言表达出来，即设计草图的绘制。草图是具体设计环节的第一步，是设计师将构思由抽象变为具象的一个十分重要的创造性过程。它实现了抽象思考到图解思考的转换，是设计师分析研究设计的一种方法。它不同于传统绘画中的速写，因为它不只是单纯的记录和表达，而且是设计师对其设计对象进行推敲和理解的过程。由于草图是对设计物大体形态的表现，不要求很深入，目的就是要扩大构思量，最终获得理想的质量。

设计师对众多的设计方案进行分析、比较、优化，选择若干有发展前途的构思草图，进一步明确比例尺度，做细化处理，在草图的基础上进一步发展。有时为了更好地确立外观形体，还可以利用简单的模型，进行推敲和说明比例尺度的关系、基本形态、曲面程度、体量关系以及操作部件的灵活性与适用性，等等，并研究和分析各构件的连接与合理性。

5.1.3.2 设计方案的评价

初步设计方案经过筛选后，设计师就可以在较小的范围内将构思进一步深化、发展。筛选方案之前，首先要确定筛选标准，即设计中常用的方案评价原则。评价原则没有一个固定标准，它因产品、使用功能、使用对象、要求特征的不同，具体内容和侧重点也有所不同，而且评价原则也不是固定不变的，它随着时代的发展、社会需求的变化而改变。如就“优秀产品”的标准而言，普遍由注重实用性、功能性转向对人的关怀，越来越注重人的情感需求，注重环境、生态的保护，其评价原则因国家、时代的不同而有一定的差异性。但现代家具设计评价标准无论怎样多元化，它都要考虑产品本身的创新性、科学性和社会性等方面的价值。日本、德国和一般的优秀产品的评价标准，见表 5-4。

表 5-4 优秀产品设计标准

日本	德国	一般
1. 外观 2. 功能 3. 质量 4. 安全性 5. 其他（批量生产）	1. 创造性 2. 实用 3. 美观 4. 为人所理解 5. 突出人 6. 永恒性 7. 尽心处理每一细部 8. 简洁 9. 处理生态平衡和保护	1. 完善的功能 2. 造型上有创新 3. 价格适宜 4. 空间利用充分 5. 使用、操作方便宜人 6. 安全可靠 7. 系列化及多样性 8. 材料特点及回收利用 9. 与环境的合理配置

值得注意的是，设计评价始终是贯穿于设计的全过程之中的，从设计调查开始，就存在着评价问题，如使用者对现有产品的看法，设计者对收集到的信息资料的分析、判断等，特别是方案确立后，更要进行设计评价，以判断设计是否最优，从而选择和确定最佳的设计方案。

一般来说，进入到这一步骤，设计方案就已经相对完善了。但这还不是设计的终结，因为设计过程自始至终都是一个循环往复，不断修改、提炼的过程。

5.1.3.3 设计方案的展开

设计方案的展开是从设计各专业方面去完善设计草图，使之更为具象化。包括构成家具的基本要素设计（功能、形态、色彩、结构、材料、机构）、人机工程学研究、加工工艺、技术支持等等。

家具形态受其功能、材料、色彩、结构等因素的综合影响，但在设计构思具象化时，却不能同等对待这些影响因素，家具形态的创造要和立案阶段设计构思的切入点结合起来。如设计初期构思时主要是解决家具的功能问题，那么，就应以针对功能塑造形态为主；如在构思时主要是解决家具新材料的应用，那么在形态塑造时就以如何体现新材料的性能和优点为主；而如果是要优化家具的结构、工作原理问题，则不妨采用仿生设计，到大自然中寻找形态创造的灵感。

方案设计草图的进一步展开，还要考虑到人机界面设计和加工工艺的可行性等问题。人机界面也是细化设计重点要考虑的，人们对这个家具采用什么样的使用方式，有什么使用习惯，在什么场景中使用都会影响家具的形态。而对加工工艺的考虑虽不用像设计决定阶段考虑得那么深入，但至少要保证其外形能生产加工出来。

5.1.3.4 设计效果图

效果图因其快速和真实的表达能力，常常被称作设计师的语言。掌握这种语言，是作为一名设计师应具备的基本技能，这既要求设计师不仅要具备形态、色彩、质感、透视以及绘画等多方面的经验，也要求设计师具备很高的审美能力和对周围世界敏锐的洞察力。

设计具象化的手段可以采用手绘效果图，也可以采用电脑效果图表达，这时，家具的外形和细节设计都要有相应的尺寸依据。手绘效果图方便、快捷，需要设计师有很强的空间思维能力和图解表达能力。电脑效果图直观、形象，但相对于手绘效果图要花费更多的时间。在未对设计构思各个方面进行详细、周到的考虑之前，一般不要急于上机操作，可在完善设计方案之后进行电脑效果图的制作。

5.1.3.5 设计制图

设计制图是将设计方案用工程制图原理绘制成生产使用的施工图，包括生产中所需的结构装配图、部件图、零件图以及大样图等全部资料。设计制图是投入生产环节的依据，生产部门以此进行生产制造。因此，设计制图必须按照国家标准进行，施工图的绘制要精确、完整、规范。

5.1.4 设计实施阶段

进入设计实施阶段，家具的外形式样就基本确定下来了，方案的进一步优化主要是细节设计的调整，同时要进行家具操作性和技术可行性探讨，包括家具生产方法、加工工艺、生产成本等因素的考虑。在技术上要反复斟酌，寻求最佳的设计方案。方案经过初期审查以后，产品的基本结构和主要技术参数也相应地确定下来，接下来便是绘制产品设计图样，制作模型，以检验设计的成功与否。模型能真实地再现产品，效果图表达得再好，产品的许多细节设计及技术可行性等隐存问题在平面形式下是很难发现的。正因如此，模型制作在形态上要真实反映产品效果，细节一定要表达清楚、充分，有利于进一步推敲和修改，以完善设计。家具模型设计可以是小比例模型，也可以是 1∶1 比例的模型。模型制作本身也是个设计检验的过程。制作完成以后，再对产品外形尺寸进行调整，为最后的设计定型提供依据，同时为后面的产品生产和投放市场提供测试原型。

设计实施阶段就是设计创意的实现阶段，是在对设计方案进行反复分析、评价的基础上，运用一定的表现手法，使设计意图得以实施的过程。主要包括设计报告书的制作、生产准备与投放市场两部分。

5.1.4.1 设计报告的制作

设计报告是设计阶段的最后一个环节，它是以文字、图表、草图、效果图、模型等形式组成的设计过程的综合性报告，是递交给企业高层管理者最后决策的重要文件。因而，设计报告的制作既要全面、简洁，又要突出重点，通俗易懂，让决策者一目了然，充分明白设计师所要传达的设计意图。设计报告的形式视具体情况而定，一般应包括以下内容。

① 封面。它包括设计标题、设计单位名称、时间、地点等，封面可视具体情况决定是否要做些装饰性的设计。

② 目录。按设计的时间和程序来确定，目录排列要条理清晰。

③ 设计进程表。进程表要简单、易懂，不同阶段的工作可用不同的色彩来表明。

④ 设计调查。主要是对市场现有家具、国内外同类家具的销售与需求、竞争对手的设计策略、未来几年内的设计趋势的调查和资料收集，从而明确设计范围和设计问题。

⑤ 分析研究。在市场调查的基础上对家具市场、使用功能、结构、材料、操作等进行分析，进而提出设计概念，确定设计定位。

⑥ 设计构思。以文字、草图、模型等形式表达初步设计方案。

⑦ 设计展开。主要以图示、文字说明的形式来表现，其中包括设计方案的评价、设计构思的展开、效果图、人机工程学研究、技术可行性分析、色彩计划等。

⑧ 方案确定。从技术层面、操作层面确定最终设计方案，绘制详细结构图、外形图、零部件图，制作精致模型以及使用说明等。

⑨ 综合评价。展示精致模型的照片，并简洁、客观地阐明整个设计方案的优缺点。

5.1.4.2 生产准备与投放市场

由设计向生产转化的工作，就是根据已定案的造型进行工艺上的设计和原型制作。这时，要对造型设计和产品化的问题进行最后核准。具体来讲，就是要为该造型寻求合适的制造工艺和表面处理方法等，需变更的地方加以明确，与此同时，还要加强家具生产的标准化和通用化工作。

标准化是指使用要求相同的家具，按照一定的标准进行投产，也是制订和实施技术标准的工作过程。通用化是指在同一类型不同规格或不同类型的家具中，提高部分零件或组件彼此相互通用程度的工作。家具生产的标准化和家具零部件的通用化，对于保证和促进新产品的质量、合理开发新家具的品种、缩短新家具开发周期、保证家具产品的互换性、加强生产技术的协作配合、使用维修、降低生产成本和提高生产率都具有十分重要的意义。

当设计向生产转化时，还需要制作生产模型。生产模型是严格按照设计要求制造出来的实际家具样品，完全体现家具的物理性能、力学性能、使用功能。由于生产模型是从各个方面对家具进行模拟，因此，能够明确把握构造上和功能上的关键点。

生产模型完成以后，便可以进行小批量生产，然后将试产出来的家具送往商场或交给用户，并在试销之前制订出合理的价格，以及进行适当的广告宣传，尽量以最快的速度将家具推向市场，实现家具向商品转化的过程。

将家具投放市场以后，要及时收集用户对该家具的意见并及时反馈给设计部门，以便对家具进行再设计，使其能够更好地满足用户的要求，适应市场的竞争。

家具造型设计的程序是一个复杂的过程，为了能够更容易理解它的每一个工作环节，可利用图解将这一过程进行简单归纳，见图 5-1。

在实际的家具设计过程当中，科学化、条理化地遵循以上这些步骤，可起到事半功倍的作用，并对抓住事物的本质，设计出充分满足人们需求的产品有着极大的帮助。

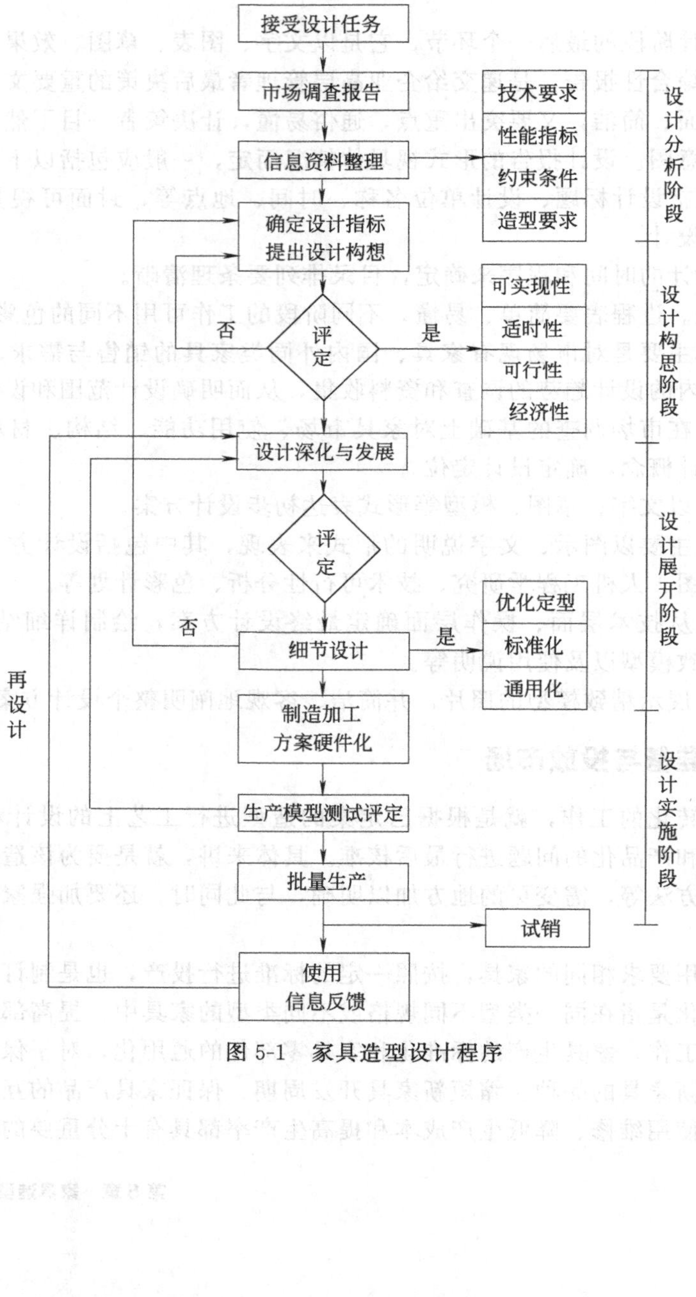

图 5-1　家具造型设计程序

5.2 家具造型设计的表达方法

作为一名优秀的家具设计师，只具有非凡的思维创造力是不够的，还应具有高超的设计表达能力。因为设计师头脑中的思绪往往是抽象的、零散的，并非确定的具象形态，这就需要设计师将自己的思考通过某种方式表现出来，使之具象化，以便进行真实地视觉上的推敲和思考。因此，设计师必须具备基本的设计表达能力。所谓设计表达，就是以平面或立体的形式将设计构思进行视觉化的处理，表达出设计对象的造型、结构、材料、颜色等要素，也就是对设计方案的形象化和形态化的处理过程，是设计师传达设计构想的重要手段。

设计表达可将构思中的三度空间的主体造型真实地表达出来，它在整个设计过程中有着不可忽视的作用。第一，设计表达可以做到快速、准确、经济、有效地表达设计构思，而构思方案是一种抽象的思维过程，它需要通过一定的媒介形象具体地表现出来，以便交流、分析与评价，从而确定方案。第二，通过设计表达可以对方案进行推敲，及时发现设计中的不足，提出更好的解决办法。第三，设计表达可以较真实地表达设计意图，虚拟设计构思的真实状态，以利于全面评价和检验设计方案。

就家具造型的设计方案来说，一般是从平面和立体两方面进行设计表达。

5.2.1 平面的设计表达

平面的设计表达，主要包括造型基础、色彩基础和透视基础三方面基础内容。

5.2.1.1 造型基础

造型基础是设计领域中最重要的部分。就设计表达来说，造型基础的训练可从结构素描和形体构成两方面进行训练。

(1) 结构素描

结构素描是一种以观察和描绘物体的结构特征为重点的素描方法，它所注重的是对象的结构关系、形体间的连接和穿插方式在认识上的理解与描绘，以及比例尺度、体量关系等方面的准确性。其目的是培养对形体的理解、认识能力，并从结构的角度去观察对象。

(2) 形体构成

训练可以从两方面入手，即以点、线、面在二维的平面范围内和体在三维的立体空间范围内为对象，研究其排列、组合、分割关系。这两方面都是从纯形式的角度出发，研究和探索形式美的规律。有关这两方面知识的书籍很多，这里不再赘述。

5.2.1.2 色彩基础

色彩是人们审美活动中的重要方面，人们生活在色彩缤纷的世界中，体验着色彩在生理、心理上所产生的感受，并在此基础上形成了视觉经验，然后又通过这些经验来指导我们的审美活动。对设计师而言，就是要善于总结、归纳这些视觉经验，掌握色彩调配的美的规律，更好地为创造美服务。因此，了解有关色彩的知识和掌握色彩的调配原理是非常重要的。

5.2.1.3 透视基础

透视基础是准确表达设计构想的手段之一，它可以准确地将事物在二维的平面上以三维的、富于立体感的形式再现出来，使所要表达的事物更真实、更具体、更符合实际。因此，了解和掌握透视图的一般绘制方法是非常重要的。

在家具设计中运用的透视方法，主要沿用建筑透视法，但由于设计所涉及的对象的特点不同，建筑透视法又不能完全适用于产品设计的需要。因为在家具造型中，除了规则的几何形体的变化外，往往还有自由曲面的形体变化，再加上视点的选择与变化，使对象的透视关系变得较复杂。在这种情况下，仅仅依靠理性的透视原理，并不能解决一切有关的透视问题。因此，在充分理解和掌握透视原理的基础上，逐步培养自身的透视感觉，也是非常必要的。它可以简便地解决一些细部，尤其是那些自由线、面、形体的较丰富的变化。当然，这种透视感觉的运用只能是辅助性的，并且必须符合透视的基本原理。

此外，要想正确充分地表现一件产品，视角的选择很重要。因为表现图是在二维平面上表现三维的状态，这就决定了不可能将三维形态的各个面都表达出来，所以就要有选择地表现，如主要功能面、产品有特点的形与形之间的过渡等等，都应该是重点表现的对象。而且为了明确物体上下、左右和前后的方位关系，我们还要熟练掌握三视图的绘制方法，只有这样才能够将设计构思准确地表达出来，指导设计与开发。

5.2.1.4 构图与质感表现

在绘制产品图时，确定好表现对象后，首先遇到的问题就是构图。所谓构图，就是指画面的组织与安排，它是由画面的幅式和与表现对象的面积关系来决定的。主要包括三方面的因素。

(1) 画面幅式的选择

画面幅式一般有四种方式，横式、竖式、方形和适合形，而在产品表现图中很少遇到适合形形式，因此，从本质上讲，画面幅式就是选择适当的画面长、宽的比例关系。而这一比例关系的确定，往往需要根据描绘对象的具体情况，如形态特点、描绘的角度和对象的方向以及作者特定的表达意图等来选择。

(2) 表现对象在画面中所占的面积大小和位置的确定

良好的构图应使对象的面积与画面的比例适当。面积过大会使构图显得过于拥挤、阻塞，而面积过小又会让人产生空旷、松散的感觉。因此，确定合适的面积大小通常需要借助于作者的经验和感觉。

一般情况下，根据人们的视觉经验，在表现那些体积较小的家具产品时，其面积应适当偏小，并且不宜过于强调所要表现的透视关系，反之，则面积可稍大些，透视关系也可稍明显些。保持表现对象的重心均衡也是非常重要的，居中或过于偏向一个方向都会影响画面效果。通常在表现对象走势的前方和下方的空间应稍大些，重心应略向上和向后移一些，这样既可使构图保持均衡而又不显得呆板，适合人的视觉和心理感受。

(3) 选择适当的透视关系

透视关系就是指物体与画面所形成的夹角、观察者与物体间的距离、视平线的高度三者之间的关系。透视关系的选择没有某种不变的程式，同种或同类型的家具产品可以采用不同方式的透视关系，这通常是由设计者的表现意图和实际需要决定的。一般来说，在选择透视关系时，应考虑突出表现对象的形体特征，充分地展现对象的主要功能面，以及考虑对象的实际尺度关系。透视关系的选择会直接影响到表现图的视觉效果。

在构图关系明朗后，接下来要表现的就是产品的质感。所谓质感，是指物质的材质和表面的工艺处理所形成的视觉特征。不同的物质、材料会呈现出不同的质感。物体在光的作用下，对光的吸收、反射的程度和方式的不同，给人产生的色彩、质感的视觉感受也不同。我们知道，家具产品虽然以木材为主要制作材料，但随着科学技术的发展和许多新型材料的运用，家具用材日趋丰富，因此，作为家具产品的设计表现图，表现不同视觉特征的物质材料所反映的质感是对其基本的要求之一。

由于构成家具产品的物质材料种类繁多，其质感也千差万别，有时即使是同一种材料，由于工艺处理和加工手段的不同，也会产生不同的视觉感受。就光对于物质作用的性质的不同，视觉感受可大致分为四种类型：

① 透光不反光：某些织物、磨砂玻璃等。

② 透光并反光：透明玻璃、透明塑料等。

③ 不透光而反光：金属、镜、电镀材料、磨光石材、漆饰材料、不透明塑料等。

④ 不透光也不反光：木材、密编织物、无光漆等。

在表现质感时，要根据物质材料的不同性质来进行。家具产品的设计表现图实际上是表现真实产品的预想效果，而不是具体的实物，所以，这就要求我们不断地观察、分析物质材料的组织结构和视觉规律，熟练掌握和运用各种性质的材料质感的表现方法，并形成一定的经验。只有这样，才能在实践中做到得心应手，运用自如。

5.2.1.5 设计草图

设计草图是设计者在设计过程中把头脑中的想法变成具象形态的一种记录或一种描绘，也可以说是设计师将自己的想法由抽象变为具象的十分重要的创作过程。在这一过程中，草图就是一种设计师自己与自己、自己与别人的交流语言。设计师首先把想法转变成草图，通过观察、评价、分析草图，得到新的想法后，再绘制新想法的草图。在草图的基础上推敲、完善设计，这就是草图的功能所在。

草图往往是杂乱、潦草的，还常有文字、尺寸以及其他各种标注，展现了设计师的整个思维推敲的过程。家具造型设计草图主要有两种常用的形式。

(1) 线描草图

以线的形式勾勒出物体的内外轮廓和结构的表现形式称为线描草图。常用的工具是钢笔或铅笔。线描草图是一种最简练、快捷的表达方式，常常徒手画线完成，较为自由。通过不同的用线方式、力度，流畅与顿挫，轻盈与厚重，可以画出不同的质感、量感和物体的空间形状特征，见图 5-2。

(2) 明暗草图

在线描草图的基础上，加上明暗层次，即为明暗草图。与线描草图相比，明暗草图可以清晰表明物体面与面的转折关系、面的形状特征以及物体的质感、体积感和空间感。明暗草图多用碳素笔或铅笔表现物体的明暗层次，也可用不同灰度和深灰的记号笔、淡墨或单色水彩、水粉表现深浅层次。此外，画明暗草图时还应注意简练、概括，并且要找准物体的转折位置进行刻画，见图 5-3。

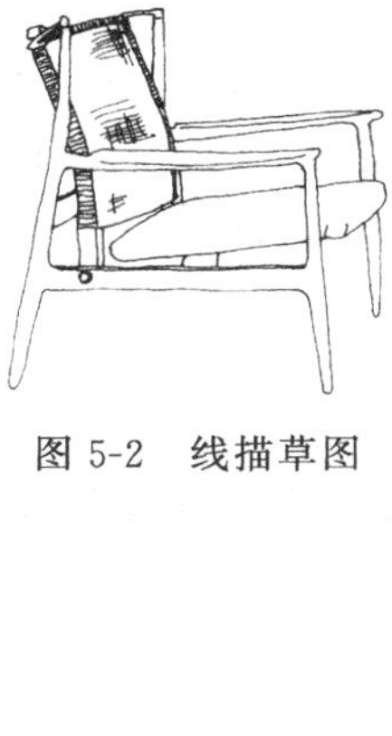

图 5-2 线描草图

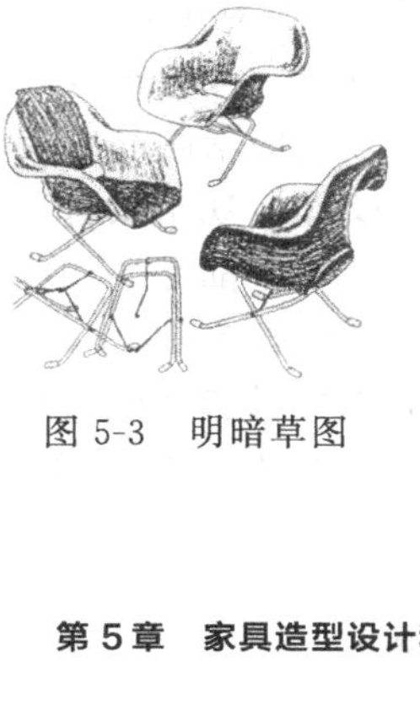

图 5-3 明暗草图

5.2.1.6 效果图

效果图有很多种类，由于绘制效果图的出发点不同，可以采用不同类型的效果图。在实际工作过程中可根据需要，将多种方法和多种材料结合起来使用，发挥各自的优势，并不必要拘于某种形式或材料。

① 从绘制的程度上划分，效果图可分为构思性效果图、产品效果图和精细效果图。

② 从表现形式上划分，效果图可分为产品预想图、解剖图（透视图）和结构分解图。

③ 从工具、材料上划分，效果图可分为钢笔淡彩、水粉、马克笔和喷绘等。

④ 计算机辅助制图。计算机作为设计师的有效工具和工作伙伴，在各个设计领域中起着举足轻重的作用。计算机辅助设计CAD、3Dmax，快捷高效、准确精密，而且便于储存、交流和修改，保证了设计制造的高质量。家具产品的外观设计确定以后，表面模型可以迅速转换为实体模型，进入下一步工程技术设计和生产阶段。

计算机辅助设计既可以用专门的软件来实现，也可以利用CAD（计算机辅助设计）、CAE（计算机辅助工程）、CAPP（工艺设计）、CAM（计算机辅助制造）系统集成软件中相应的功能模块来进行。

5.2.2 立体的设计表达

立体的设计表达主要是指家具产品的模型制作。模型制作是家具设计过程中的一种表现形式，它是依据初步定型的平面设计方案，按照一定的尺寸比例，选用各种合适的材料制作成接近真实产品的立体模型。

这种接近真实的产品模型，纠正了从图纸到实物之间的许多视觉差异，进一步查验了在平面方案中所不能反映出来的问题，比如结构比例尺寸、细部的曲面动态、外观的凹凸变化等等。通过模型的制作，就可以调整、修正、补充、完善设计方案。因此，模型的制作是设计师的设计语言，也是设计师个人技巧、智慧和创造力充分发挥的过程。

产品模型的种类很多，其表现形式也丰富多样，在此仅介绍两种最适合家具设计的模型制作技法。

5.2.2.1 木质材料的模型制作技法

下面以最简单的框架式手工木制品为例，简要介绍木材模型的成型过程。

(1) 构思作图

先根据草图选定方案，再绘出详细零件图，然后选定材料，分别按尺寸下料加工。

(2) 材料及工具准备

原材料及辅助材料的选择，一定要根据设计制品的长短、宽窄、厚薄来定，如硬杂木方一根（30mm×40mm×80mm），竹片一块（5mm×30mm×150mm），铁丝一根（ϕ0.8mm×850mm）等，必须根据制品的要求，按构件在制品上所处部位的不同，合理确定各构件所用成材的树种、纹理、规格及含水率等技术指标。这是木质品加工制作的第一道工序。

工具设备基本上都是采用锯、刨、铣、钻、钳、磨等。

(3) 制作步骤与方法

首先将木质材料和其他材料分别加工

① 木加工。将材料按画线锯切加工，留出余量，再刨光制方，开榫打孔和钻孔，最后砂磨去除毛刺。

② 金属部分加工。将拉紧铁条调直，一端套丝，另一端铆头（或焊头）。

③ 检验组装。结构和生产工艺比较简单的木制品，可直接由构件装配成成品，而对比较复杂的木制品，则需要把构件装配成部件，待胶层固化后再经修正加工，才能最后装配成制品。

④ 表面处理。木制品的表现处理，根据操作工艺的内容和目的的不同，包括除去木材表面的脏污、胶迹、磨屑及裂纹、孔洞等缺陷等。对制品表面作透明装饰时进行的表面处理，是木制品的主要装饰手段之一。着色时，普遍采用的方法是把水粉、油粉或其他着色剂擦涂在经过清洁、腻平与砂光的白坯基材表面，当表面处理完成后，即可用手工涂刷或喷涂等方法涂饰底漆和面漆。

以上即是木质材料的模型制作简单技法，使用时可以根据不同的设计方案进行不同的制作尝试，在摸索中积累经验。

5.2.2.2 塑料型材的模型制作技法

塑料型材是从事产品设计和模型制作的一种新型材料，其种类很多。根据家具制造的特点，下面介绍一种成型快、效果真实、应用比较广泛的塑料型材（ABS 工程塑料）和它的加工方法。

① 准备工作。从设计图中选出一个最佳方案，按一定的尺寸、比例画出三视图和方案分解图。

选择 0.2～0.3mm 厚的 ABC 塑料板材便可，备齐基本的粗、细加工工具及粘结剂等。有曲面变化的形态，还需用石膏或木材做成凹凸模具。准备好需要的家具拉手以及一些其他连接件。

② 材料的切割。将绘制好的方案分解图，用复印纸转印在板材上，然后用刀片将所需样片切割下来。注意切割时，刀口应放在转印线的外沿，避免打磨时造成尺寸的误差。

③ 初样打磨。用钳工工具、锉刀等锉出粗形，再用细砂纸磨光，使曲面转折自然，表面光滑。

④ 细部制作。在制作模型的细微部分时，应先考虑组合的顺序再进行制作，如家具的拉手、玻璃配件、金属配件等等，甚至尺寸、颜色等都应有充分的考虑，才能保证在材料的选择上不会缺乏。

⑤ 组装成型。经粗、细处理以后的模型样片便可进行组装工作了，此时要检查尺寸比例是否有误差。配件的制作和组合最好同时进行，在配件相互组合时，不要用针头来回注射胶液或用力挤压，以免将 ABS 板腐蚀过度，造成缺形。

粘接成型的正确方法是利用注射用的针管吸进有机溶剂，如丙酮、三氯甲烷、二甲苯等，或用该种塑料的溶液滴入待连接的面材接头表面使之溶解，溶剂挥发后即可形成牢固的接合面。

⑥ 细磨清洗。将组装成型的模型（或分成几部分），放在水里用水砂纸细磨，使之磨去材料表面细小的凹凸和材料粉末。

⑦ 表面喷漆或装饰贴面：待细磨后，彻底晾干，将模型放在一定的高度，最好是可使之转动的台架上，选择合适的涂料，均匀喷涂。注意不要一次喷涂过厚，因为漆不易吸收和挥发，会造成不匀和流挂现象。所以，一般一件模型，最好是先后喷涂三次完成，每喷涂一次间隔 20min 左右，待喷漆干后再喷第二次，这样便会获得较好的效果。

除喷漆以外，为获得实木家具表面木材纹理的自然美，我们还可以对其进行贴面装饰，方法主要有两种，一种是印刷装饰纸贴面，将印有木纹或其他图案的装饰纸贴于模型表面；另一种是合成树脂浸渍纸或薄膜贴面，将三聚氰胺树脂装饰板、酚醛树脂或脲醛树脂等不同树脂的浸渍木纹纸、聚氯乙烯树脂或不饱和聚酯树脂等制成的塑料薄膜等材料，贴于模型之上。一般采用没有腐蚀性的胶黏剂黏合，如乳白胶、合成胶水等。

⑧ 添加视觉传达标志。为使模型更接近于产品实际状态，或为了装饰家具以及传达企业的形象，有时需添加标志或商标。

具体制作方法是，在设计方案上确定好所需标识部位，没有把握的情况下，可先将标识内容转印在模型的某个合适之处，然后再将转印标识对准所需标示处，用圆笔头压在转印纸上，轻轻磨几下，揭去上面的膜，标识就被牢牢地粘在模型上，整个模型制作完成。

第6章
家具结构设计

家具造型设计千变万化，同时结构设计也随着使用材料的不同而多种多样。在众多家具种类中，木制家具使用最为广泛，其产品结构也最复杂，软体家具、金属家具等次之。

6.1 家具结构设计概述

家具结构设计就是在一定的材料和工艺技术条件下，为满足功能、强度和造型的要求，所进行的家具零部件之间接合方式以及整体构造的设计。一般来讲，家具都是由若干个零部件按照一定的接合方式装配而成，所以，家具结构设计的主要内容就是研究家具零部件之间的接合方式。家具形式多种多样，使用材料各有不同，服务场所千差万别，同时，又由于科学技术的进步，新材料、新技术以及新五金连接件的不断开发使用，时刻在影响着家具结构的类型与变化。

家具的结构按照所用材料不同，可分为木结构、金属结构、竹藤结构、塑料结构、软包结构等；按照家具风格的不同，可分为榫卯接合结构、五金连接件接合结构；按照作用方式的不同，可分为固定结构、活动结构、支撑结构、装饰结构；按照装配关系的不同，又可分为零部件结构、装配结构等。就木制家具而言，基本的接合方式有五种，即榫接合、钉接合、木螺钉接合、胶接合和五金连接件接合，其家具主体结构是以榫接合和五金连接件接合为主要连接接合特征，同时带有其他一些辅助接合方式。如传统的实木家具多为榫接合方式，而现代板式家具多采用五金连接件接合。

家具结构设计是一项技术性非常强、构思非常严密的工作。材料是家具的物质基础，常用的材料有木材、木质人造板材、金属型材、石材、竹材、藤材、玻璃、皮革、纺织品等。不同的材料，或相同的材料由于使用方式、功能以及装饰表现特征不同，在满足强度和耐久性的要求下，都有着自己不同的接合方式。随着现代科学技术的高速发展，新型复合材料层出不穷，可用作家具的材料越来越多，这些材料在为家具的造型设计提供诸多可能性的同时，也带来了家具结构设计的复杂性。因此，进行家具结构设计之前就要明确所用材料，然后，根据不同的材料特性进行有针对性的、有效的结构设计。

家具零部件之间的接合方式与生产加工工艺密不可分，工艺技术是实现家具零部件连接的技术手段。所谓工艺，是指改变材料形状、尺寸、表面状态和物理化学性质的加工方法与过程。科学合理的结构设计可以提高家具零部件之间的接合强度、节省原材料、提高工艺性，因此，家具结构设计必须考虑工艺技术装备与能力。针对具体产品、具体的材料和具体生产企业，设计者必须了解掌握加工工艺路线、加工方法和加工能力，尤其对于现代家具企业的规模化生产，这一点非常重要。良好的工艺性也有利于生产工艺质量控制，保证产品质量，降低生产成本，提高劳动生产率。

美观、实用与流行是家具设计永恒的主题。家具结构设计的主要任务是研究材料的选择、零部件之间的接合方式以及家具局部与整体构造的相互关系。并且，在满足家具强度和基本使用功能要求的前提下，寻求一种简便、牢固而且经济的接合方式。与此同时，对于现代家具设计来讲，应融入现代人对现代家具的理解与追求，注入流行的时尚元素与科学技术元素，充分展现材料美和技术美。这就要求设计者善于研究家具结构特征和技术美学，利用不同结构自身的技术特征和装饰功能，加强家具造型的艺术性，赋予家具不同的艺术表现力。例如中国的明清家具，尤其是明式家具，在世界家具发展史上留下了光辉灿烂的一页，取得成功的关键因素之一就是结构件本身就起到装饰件作用，既是功能构件，又是装饰件，实现了结构设计与家具造型的完美统一。

6.2 木制家具接合方式与技术要求

由各种木质材料制成的产品统称为木制品，如木制家具（或木质家具）、木制门窗、木质地板、木制玩具、木珠、木质牙签，等等。木制家具是其中的一种，它是由许多不同形状的零件和部件通过一定接合方式所构成。木制家具的接合方式有五种，即榫接合、钉接合、螺钉接合、胶接合和五金连接件接合。不同的结合方法，对于制品的美观和强度、加工工艺过程以及成本等均有不同的影响。每一种接合方式都有相应的技术要求，在生产过程中应明确工艺规程、严肃工艺纪律，以保证产品质量。

6.2.1 榫接合结构

6.2.1.1 榫接合的类型

榫接合就是通过榫头插入榫眼或榫槽内将两个零件接合起来的方法，榫接合时常施胶加固，以提高接合强度。榫接合广泛应用于木家具，传统框式家具多采用整体榫接合，现代板式家具多采用圆榫接合。榫接合是中国传统框式家具的主要接合方式，在现代家具设计生产中，传统的复杂榫接合已很少使用，如采用榫接合，其榫的接合形式也发生了很大变化。榫的各部位名称如图 6-1 所示。

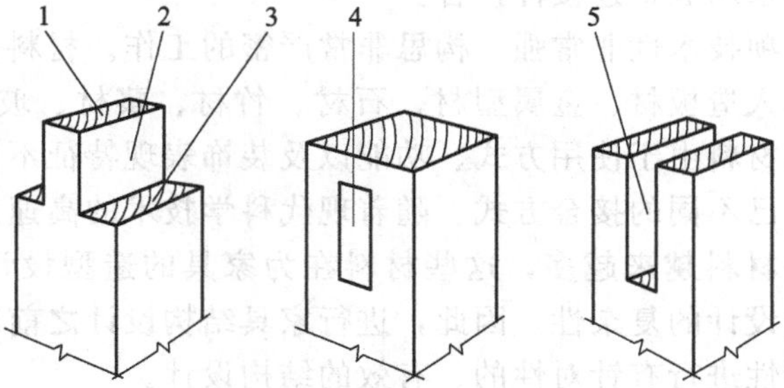

图 6-1　榫的各部分名称

1—榫端；2—榫颊；3—榫肩；4—榫眼（榫孔）；5—榫槽

根据榫头形状不同，榫接合种类也多种多样，应用也各有不同。归纳起来，主要有以下分类。

① 按照榫头的基本形状不同分为直角榫、燕尾榫、圆棒榫、椭圆榫和指形榫，见图 6-2。直角榫接合，榫头、榫眼呈矩形，加工简单，结合强度高，应用广泛，是方材横向接

合的主要结合方法。燕尾榫接合，顺燕尾方向抗拉强度较高，主要用于箱框的角部连接。圆棒榫又称为圆榫，是插入榫的一种，其接合强度比直角榫约低30%，但节省材料，容易加工，主要用于板式部件的接合和强度要求不是很高的方材横向连接。椭圆榫是一种特殊的直角榫，榫的两侧面都是半圆柱面，相对应的榫眼两端也是半圆形面。椭圆榫接合的尺寸基本与直角榫接合相同，但是，椭圆榫只能加工成单榫接合，没有双榫和多榫，榫宽通常与榫头零件宽度相同或略小，加工精度和接合强度都比直角榫高，现代椅凳类家具生产广泛使用。指形榫又称为指榫，广泛应用于木材纵向接长，结合强度高，一般为接合木材本身的70%～80%。

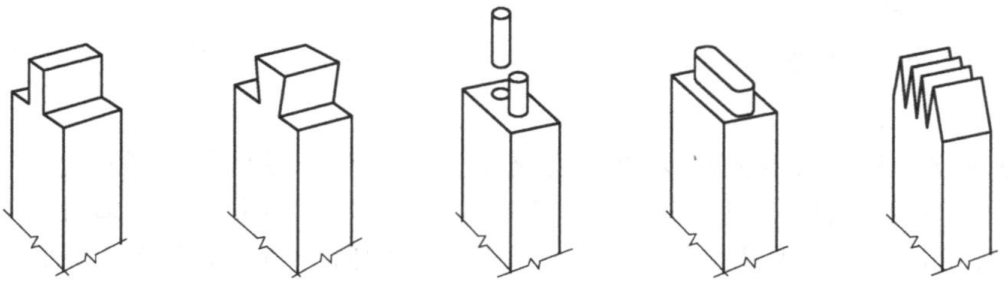

图 6-2　榫头的基本形状

② 按照榫头与方材之间的从属关系分为整体榫和插入榫。整体榫的榫头是直接在方材工件上加工而成的，和方材是一体的，如直角榫、燕尾榫、椭圆榫、指形榫等。采用整体榫接合的零部件，接合强度较高，但不能用于连接刨花板、中密度纤维板的零部件等。与圆榫比较，木材的浪费较大，加工工艺比较复杂。插入榫的榫头是与工件分离的，榫头单独加工后再装入工件的榫孔中，如圆棒榫等。采用插入榫接合的零部件，接合强度较低，但是可以用于连接各种木质人造板材料，而且加工容易，因此，被广泛地用于现代家具的零部件接合或定位。

生产中常见的圆棒榫，根据其表面纹理状况不同，可分为光面、直纹、螺旋纹、网纹等形式；按照沟纹的加工方法可分为压缩纹和铣削纹。见图 6-3。圆榫表面加工出沟槽，以便装配时圆榫带胶装入榫孔。几种沟槽中以压缩螺旋纹最好，优先选用，因为压缩螺旋纹在施胶装配后很快胀平，在整个榫面与榫眼之间紧密贴合，接合牢固。螺旋纹纵向抗拉强度比直纹大，又不像网纹那样损伤榫面。光面圆榫一般用于安装定位。

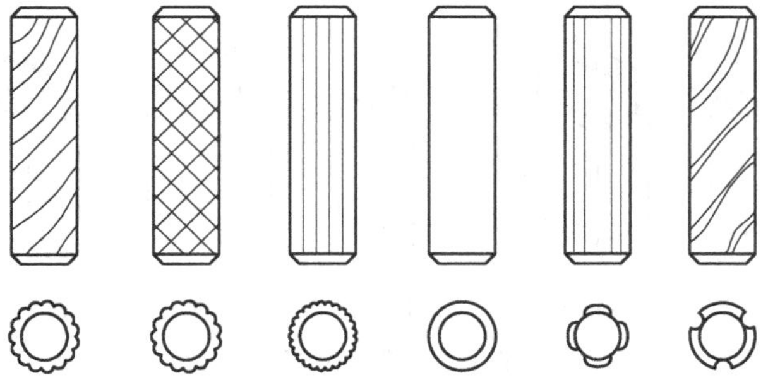

图 6-3　圆棒榫的表面形状

③ 根据榫接合后榫端是否外露分为贯通榫和不贯通榫，见图 6-4。贯通榫也称明榫，榫端暴露在接合部的外面，处理不好会影响产品外观质量，处理得好不但接合强度高，还会展

现榫接合的自身特征，丰富家具造型。不贯通榫也称暗榫，榫端不暴露在接合部的外面，接合强度相对于贯通榫要略低一些。在现代家具结构中，暗榫使用较多，明榫使用较少，主要出于对产品质量和造型的考虑。

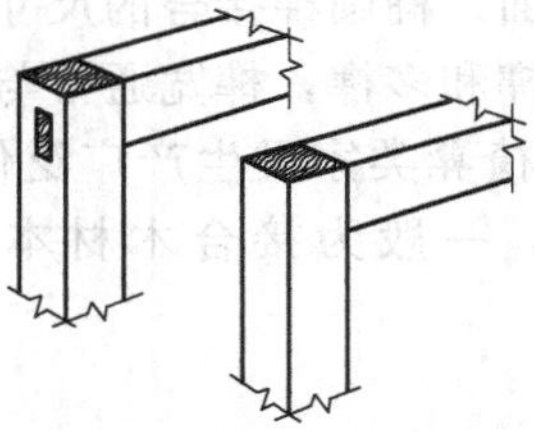

图 6-4　明榫和暗榫接合

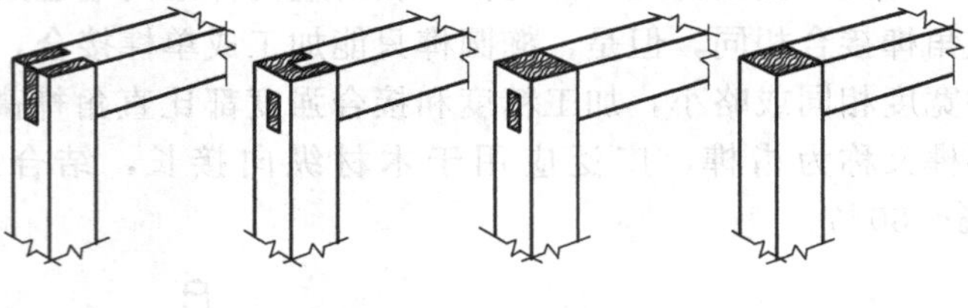

图 6-5　开口榫、半开口榫和闭口榫接合

④ 根据榫接合后能否看到榫头的侧边或榫头是与榫槽还是与榫眼接合，分为开口榫、半开口榫。（或半闭口榫）和闭口榫，见图 6-5。开口榫的榫头侧边暴露在接合部的外面，加工简单、方便，但是美观性差，榫接合处容易产生侧向滑动，接合强度降低。闭口榫的榫头侧边没有暴露在接合部的外面，美观性好，接合强度也较高。半开口榫的榫头侧边部分暴露在接合部的外面，其特点介于开口榫和闭口榫之间，既可防止榫头侧向滑动，又能增加胶合面积，提高接合强度。

⑤ 根据榫头的数量多少可分为单榫、双榫和多榫（或箱榫、箱接榫）；按照榫头厚度（或宽度）方向与工件厚度（或宽度）方向关系，又分为横向单榫、横向双榫和横向多榫；纵向单榫、纵向双榫和纵向多榫，见图 6-6。

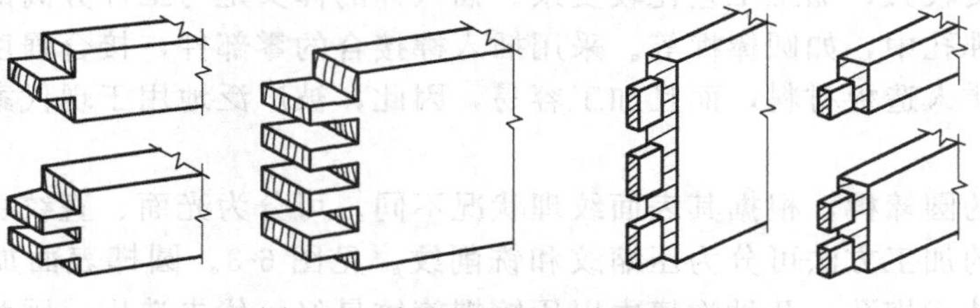

图 6-6　单榫、双榫和多榫形式

⑥ 根据榫肩的数量和榫肩形式分为单肩榫、双肩榫、三肩榫、四肩榫、斜肩榫，见图 6-7。

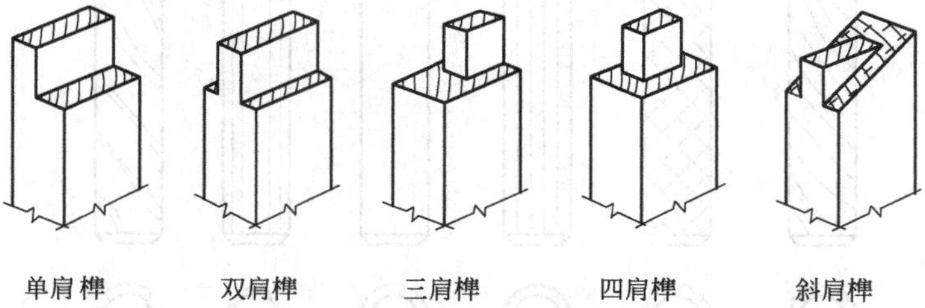

图 6-7　榫肩形式

⑦ 根据燕尾榫的榫端和榫头侧面是否外露，燕尾榫接合分为明燕尾榫、半隐燕尾榫和全隐燕尾榫，见图 6-8。明燕尾榫和半隐燕尾榫加工相对比较简单，全隐燕尾榫加工比较复杂，现代家具结构已很少使用。

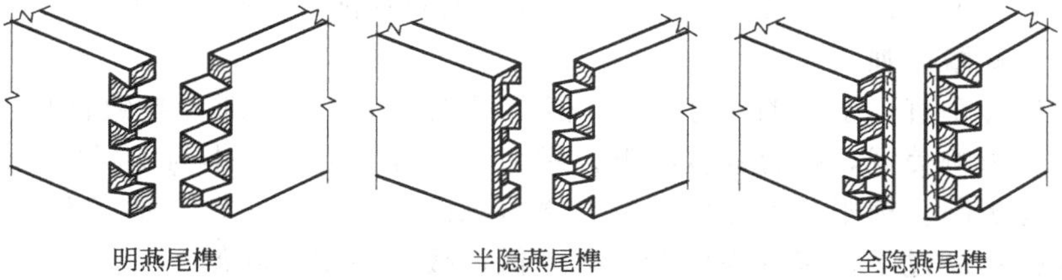

图 6-8　燕尾榫接合形式

6.2.1.2　直角榫接合的技术要求

榫接合的家具损坏大多数出现在接合部位，要保证家具有足够的接合强度，榫接合的设计与制作必须遵循下列技术要求。

(1) 榫头的长度

榫头的长度根据榫接合的具体形式而定，当采用明榫接合时，榫头的长度应大于榫眼零件的宽度（或厚度）2～5mm，装配后截齐、刨平，使接合处表面平整。如有特殊造型或结构需要，榫头长度可以根据需要适当加长。当采用暗榫接合时，首先要保证榫眼底到方材表面的距离不小于6mm，榫头的长度应不小于榫眼零件宽度（或厚度）的1/2，一般控制在15～35mm，可获得较为理想的接合强度。当榫头的长度为15～35mm时，其抗拉、抗剪强度随着长度的加长而提高，但是当榫头的长度大于35mm时，抗拉、抗剪强度随着长度的增加反而降低，因此，榫头的长度一般取25～30mm为宜。暗榫接合时，榫眼深度应比榫头长度大2～3mm，这样可以避免由于榫头端部加工误差或涂胶过多使榫头顶靠到榫眼底部，造成榫肩接合部位出现间隙。

(2) 榫头的厚度

榫头的厚度应按照方材的断面尺寸和接合部位的要求而定。为了确保接合强度，单榫榫头的厚度一般接近于开榫方材厚度（或宽度）的2/5～1/2。当方材的断面尺寸大于40mm×40mm时，应采用横向双榫接合，这样既可增加接合强度，又可防止方材扭动。双榫的总厚度应接近于开榫方材厚度（或宽度）的1/3～1/2。由于榫接合采用的是基孔制，在设计确定榫头厚度尺寸时，应将其调整到与方孔钻规格尺寸相符，常用规格有6mm、8mm、9.5mm、12mm、13mm、15mm等。在加工榫头厚度时，榫头的厚度应比榫眼宽度小0.1～0.2mm，这样便于形成胶层，接合强度大。如果榫头厚度大于榫眼宽度，装配时容易挤破榫眼，同时又不能在接合面形成很好的胶层，接合强度降低；如果榫头的厚度小于榫眼的宽度过多，装配后间隙加大，胶层加厚，接合强度反而会降低。

考虑到榫眼的加工，榫头的外肩一般不小于8mm，里肩可灵活掌握。当采用双榫接合时，两榫头间夹口宽度一般设计成等于榫头厚度，特殊情况下，夹口可略小些，但不应小于5mm。为了方便榫头和榫眼的装配，常将榫端的两边或四边加工倒成20°～30°角。

(3) 榫头的宽度

当采用开口榫接合时，榫头宽度应等于工件宽度；当采用闭口榫接合时，榫头要做成截肩榫（三肩榫），截肩部分一般为工件的1/3，常取10～15mm；当采用半闭口榫接合时，榫头要做成阶梯榫头，即半榫（或称耸肩榫），半榫宽度一般为15mm，长度大于4mm。

榫头的宽度一般要比榫眼的长度大0.5～1mm，普通规格的硬材取0.5mm，而软材取1mm，这样接合紧密，强度最大，榫眼也不会被胀破。当榫头宽度大于25mm时，宽度的增大对抗拉强度的提高并不明显。所以，当榫头的宽度大于60mm时，应从中间切去一部分，切去的宽度一般为榫头厚度的1～3倍，做成纵向双榫，以提高强度。

(4) 榫头、榫眼的加工

榫头与榫肩应垂直，也可略小于90°，但不可大于90°，否则会导致榫肩与榫眼零件表面闪缝、不严，影响美观，接合强度降低。榫头的长度方向应基本与木材的纵向纤维方向一致，横向榫头易折断。榫眼长度方向也要与木材纵向木纹方向一致，垂直木纹方向开榫眼端头易裂，纤维被切断过多，零件强度会大大降低，接合强度也降低。

6.2.1.3 圆棒榫接合的技术要求

现代家具生产中，使用圆棒榫比较广泛，主要应用于板式部件的接合或定位，也可用于方材的框架接合。采用圆棒榫接合，可以节约木材，简化生产工艺，提高生产效率，适合大批量生产。但是，与直角榫接合相比，接合强度约低30%。圆榫接合应遵循如下技术要求。

(1) 树种与材质

制造圆榫的材料应选用密度大，无疤节，无腐朽，纹理通直的硬阔叶材。常用的树种有桦木、水曲柳、柞木和青岗栎等。

(2) 含水率

圆榫的含水率一般要低于被连接零部件的含水率的2%～3%，这样当圆榫接合零部件时，由于胶粘剂中的水分会被圆榫吸收使圆榫的含水率提高，同时使圆榫的体积略有膨胀，确保接合严密，接合强度高。为了防止圆榫含水率变化，圆榫不用时应用塑料袋密封保管。

(3) 涂胶

圆榫接合的涂胶方式直接影响接合强度，圆榫与榫孔都涂胶时接合强度最高；单独圆榫涂胶接合强度次之；单独榫孔涂胶接合强度最低，但易实现机械化涂胶。常用胶种为聚醋酸乙烯酯乳液（乳白胶）。

(4) 圆榫的规格尺寸

圆榫是由专门的设备生产的，圆榫的规格尺寸直接影响着接合强度。圆榫的直径一般为被连接板材厚度的0.4～0.5，长度为直径的3～4倍。在实际板式家具生产实践中，为便于家具生产标准化管理和使用圆榫，常用圆榫的直径为6mm、8mm和10mm三种，圆榫的长度均为32mm。实木家具生产时，圆榫长度可适当加长些。圆榫的规格尺寸见表6-1。

表6-1 圆榫的规格尺寸

被接合的零部件厚度/mm	圆榫直径/mm	圆榫长度/mm
12～15	6	24
15～20	8	32
20～24	10	30～40
24～30	12	36～48
30～36	14	42～56
36～45	16	56～64

(5) 圆榫接合的配合公差

圆榫与榫眼径向配合：当采用光面圆榫用于定位时（即拆装结构），采用间隙配合，其间隙为0.1～0.2mm。当采用带沟纹圆榫用于连接时（即非拆装结构），采用过盈配合，其过盈量为0～0.2mm。

圆榫与榫眼轴向配合：为了保证零部件之间接合严密，并有足够的接合强度，轴向应留有一定的间隙，对应两孔深之和应大于圆榫长度 2～3mm。为方便安装，榫端倒 45°角。

(6) 圆榫配合孔深

垂直于板面的孔深 $h_1=0.75B$（B 为板厚），或 $h_1\leqslant 15$mm；平行于板面的孔深 $h_2=$ 圆榫长度 $L-h_1+$（1～2）mm。式中的 1～2mm 即为圆榫与榫眼轴向配合公差。

(7) 圆榫的数量

圆榫除用来定位外，为了提高固定接合的强度和防止零件转动，一般要使用两个以上圆榫进行接合。采用多个圆榫接合时，圆榫间距一般为 90～150mm，并优先选用 32mm 模数，即圆榫间距确定为 32mm 的整倍数。

6.2.1.4 燕尾榫接合的技术要求

燕尾榫接合的特点是端头大，根部小，装配后不易拔出，在一些传统框架式家具中广泛采用。燕尾榫的榫颊与榫肩夹角常取 80°，夹角过大，会失去燕尾的作用；夹角过小，榫头容易破坏，接合强度降低。

单头燕尾榫接合，榫头根部宽度一般为工件宽度的 1/3；多头燕尾榫接合，榫头根部宽度为板厚的 0.85，常取 13mm、14mm、15mm、16mm、17mm；当采用全隐燕尾榫接合时，榫头的长度和榫槽深只能占板厚的 3/4。在现代家具生产中，多头燕尾榫加工是在专门的燕尾榫机上，由成型铣刀一次加工完成。

6.2.2 传统家具榫接合结构

近十多年来，伴随着家具工业的发展，红木等硬木家具、仿古家具越来越受到高端消费者的追捧。古代的木工技艺一直是中国古典家具中令人神往的一面，木工工匠们运用巧妙的构思创造出传奇般的榫卯结构，从基本的榫卯结构中天才般地发展出千变万化的各种形式，经过几千年历朝历代能工巧匠们的不断完善，到了明清时期已发展得非常成熟。明清家具多采用优质硬材，质地坚韧，部件与结构纤细而不失牢固。常使用的优质木材有紫檀、黄花梨、乌木、铁力木等，也有使用榆木、楠木、柞木、核桃木等中等硬度木材的。明清家具独特的艺术风格在很大程度上是和科学而奇特的榫卯结构分不开的。其榫卯接合设计巧妙、合理，结构严谨、牢固，做工精细、考究，达到了完美的功能与艺术相结合的效果。

目前，传统硬木家具生产有完全忠实地沿用明清传统家具结构的，也有许多在保留传统榫卯外观特征的前提下，进行了很大改进与简化。榫卯结构种类繁多，就其使用的部位、功能和形态而言，主要有攒边打槽装板、穿带榫、长短榫、抱肩榫、挂榫、托角榫、斜角榫、搭接榫、夹头榫、插肩榫、钩挂榫、格肩榫、套榫、楔钉榫、粽角榫、管脚榫、走马销、卡榫等。现将常用的几种传统榫接合形式简介如下。

(1) 攒边打槽装板

此种作法早在西周时期就已出现，它是木材使用的一项成功的创造。长期以来，此法一直在家具中广泛使用，如椅凳面、桌案面、柜门、柜旁板以及不同部位上使用的绦环板等等，举不胜举，见图 6-9。攒边打槽装板结构是四边用方材做成边框，四角加工成 45°格角，边框中部为薄型装板，使得薄板能当厚板使用。装板四周削薄成榫簧嵌入边框内侧槽中，装板背面横向开燕尾通槽，穿带横贯，以防翘曲变形并增加强度，见图 6-10。装板装入边框槽内留有足够的活动空间，尤其是冬季制造的家具，更须为装板的膨胀留足余量。一般芯板只在一个纵向边使鳔，或四边都不使鳔，以使装板能够自由收缩膨胀。装板不与家具其他部位连接，而使方材制成的木框，伸缩性不大，这样就使整个家具的结构不致由于装板的胀缩而影响其稳定性和牢固性。

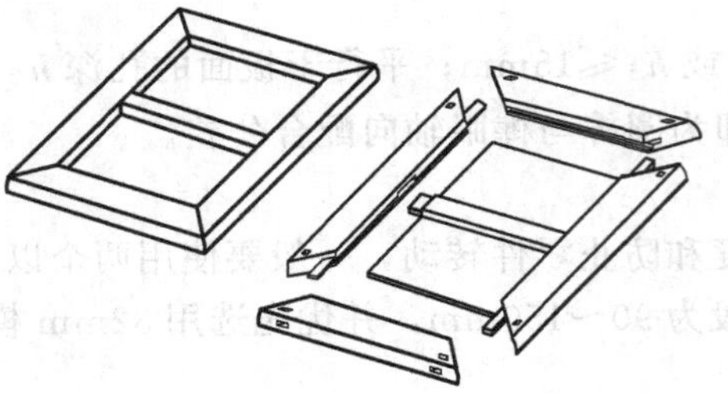

图 6-9　攒边打槽装板

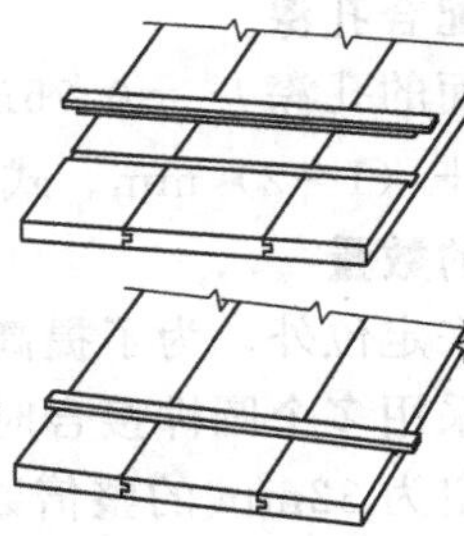

图 6-10　装板背面横向穿带

(2) 长短榫

在桌几腿框结构中，腿的上端做成双榫与其上部的面板接合，加固上部木框。但是，因为上部面板也是木框结构，该部位正是角部，有榫头，为了不损伤上部面板的榫头，故做成了一长一短的榫头，见图 6-11。

(3) 抱肩榫

抱肩榫常用在带有束腰的各种家具上，用在腿与束腰、牙条相结合处。脚的上端做成长短榫，长榫插入面板下大边的榫眼，短榫插入抹头的榫眼。抱肩榫常采用 45°斜肩，并凿三角形榫眼，嵌入的牙条与腿构成同一层面。牙条背面的燕尾槽将牙条套挂在挂榫上，从而使束腰及牙条稳定牢固地与腿贴合在一起，见图 6-12。明代及清代前期的有束腰家具，牙条多与束腰采用一根木料连做，有此挂榫。到了清代中期，抱肩榫作法就省去了挂榫，牙条和束腰也改成了用两根木料分别制作，见图 6-13，虽然工艺简单，但结合强度大大降低。

(4) 托角榫

圆腿上端开长槽用以嵌装牙子，见图 6-14。牙条与牙头可采用双肩斜角榫结合，对于厚度很薄的牙子可采用搭接榫结合，外侧肩为斜角结合，见图 6-15。

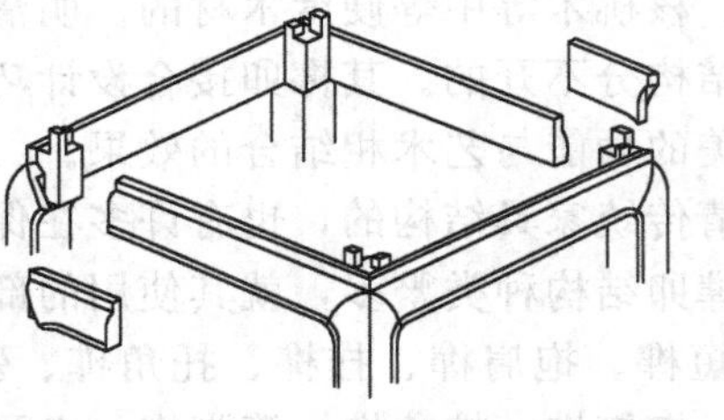

图 6-11　桌几腿框结构的长短榫

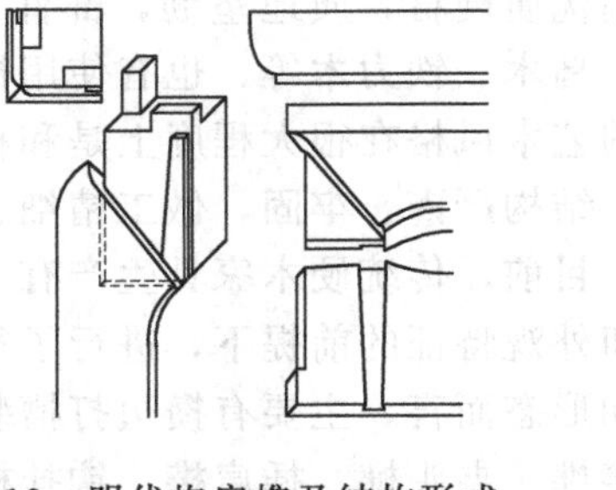

图 6-12　明代抱肩榫及结构形式

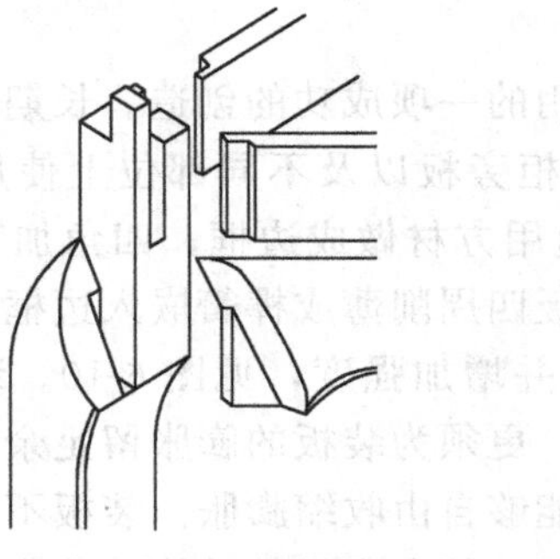

图 6-13　清代抱肩榫及结构形式

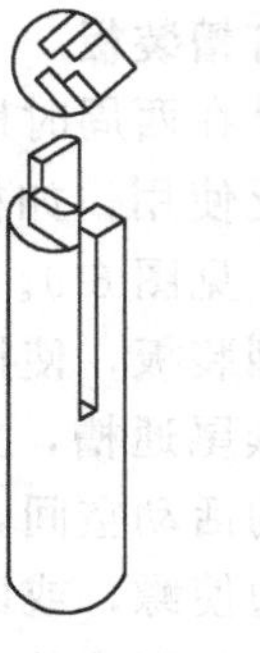

图 6-14　托角榫

(5) **夹头榫**

夹头榫是从北宋发展起来的一种榫卯结构，实际是连接桌案的腿、牙条和牙头的一组榫卯结构。在明清时期的条形桌案类家具结构中被广泛采用。制作时在腿上端开深槽，用以嵌夹案面下的牙条与牙头，超出牙条上部的榫头与案面边框下的榫眼接合。这种结构的优点是加大了案腿上端与案面的接触面，增强了刚性结点，使案面和案腿的角度不易变动，同时又能将案面的受力均匀地分布到四条腿上，稳定牢固，见图 6-16。这种结构同时适用于方腿和圆腿。

(6) **插肩榫**

插肩榫和夹头榫一样，也是桌案类家具常用的一种榫卯结构。虽然插肩榫的外观与夹头榫不同，但在结构上差别不大，也是在腿上端加工出榫头与案面接合，上端的开口用以嵌夹牙条。插肩榫与夹头榫不同之处是插肩榫腿足的上端外皮被削出三角形的斜肩，牙条与腿足相交处则加工成三角槽口，当牙条与腿足装配后，将腿足的斜肩嵌夹起来，形成平齐的相交表面，其腿面、牙条和牙头在同一个平面上，具有良好的装饰效果，见图 6-17。这种接合方法由于腿足开口嵌夹牙条，而牙条又剔槽嵌夹腿足，使得牙条和腿足紧密接合，而且案面压下来的力越大，牙条和腿足接合得越紧密，使它们在前后、左右的方向上都不能错动，形成稳固的结构。插肩榫的腿足断面一般为扁方形。

(7) **勾挂榫**

勾挂榫通常用在霸王撑与腿的连接，霸王撑的一端斜安装在腿足内侧，另一端与桌面下的穿带用木销钉接合固定，托着桌面，把桌面上的重量传递到腿部。勾挂榫榫头向上勾，腿足上的榫眼下大上小、里宽外窄，榫头从榫眼下部口大处插入，向上一推便勾住腿足，然后用木楔塞进榫眼的空隙处，见图 6-18。

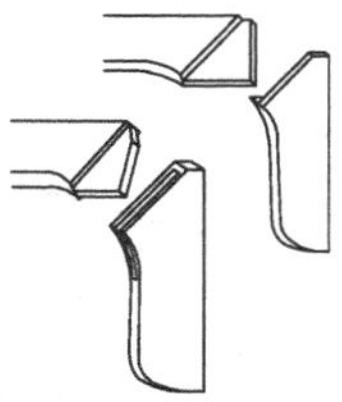

图 6-15　牙条与牙头的结合

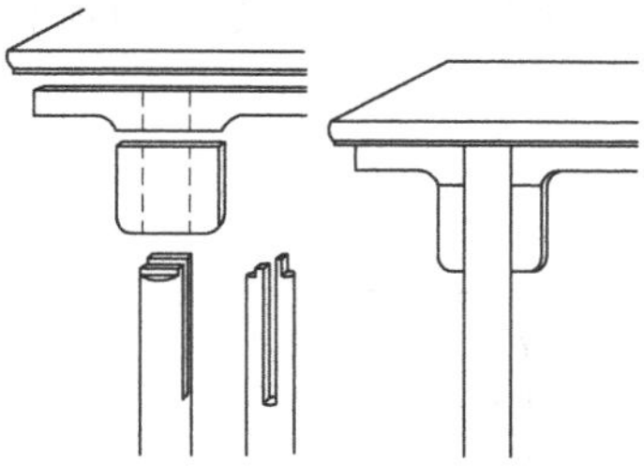

图 6-16　夹头榫及结构形式

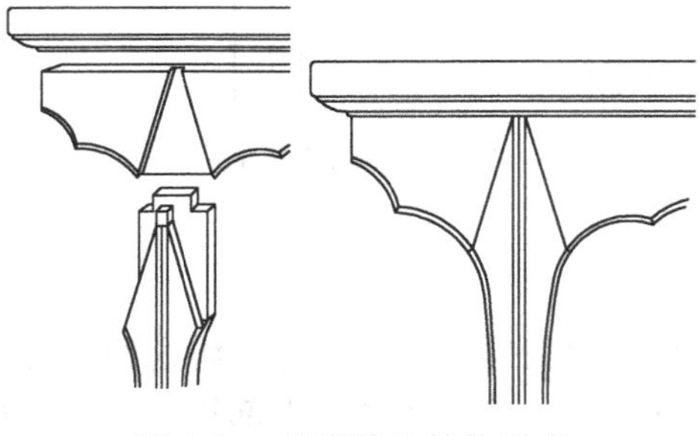

图 6-17　插肩榫及结构形式

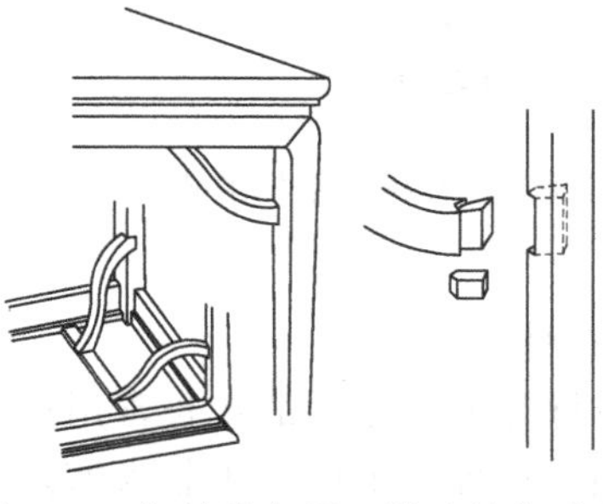

图 6-18　勾挂榫与霸王撑及结构形式

(8) 格肩榫

明清家具中方材之间的丁字形接合很少用平头接合，而是将表面交接处加工成等腰三角形或把三角形尖头截去一部分，并同时用直角榫与另一方材接合，这种接合称为格肩榫，见图 6-19。截去三角形尖头的称为小格肩，这样在做榫眼的竖材上就可以少切去一些，以提高竖材的强度。三角形尖头没有被截的称为大格肩，大格肩又有带夹皮和不带夹皮两种作法。格肩部分与榫头为一体，为不带夹皮的格肩榫，称为实肩；格肩部分与榫头之间有开口，为带夹皮的格肩榫，称为虚肩。圆材丁字形接合多用虚肩。

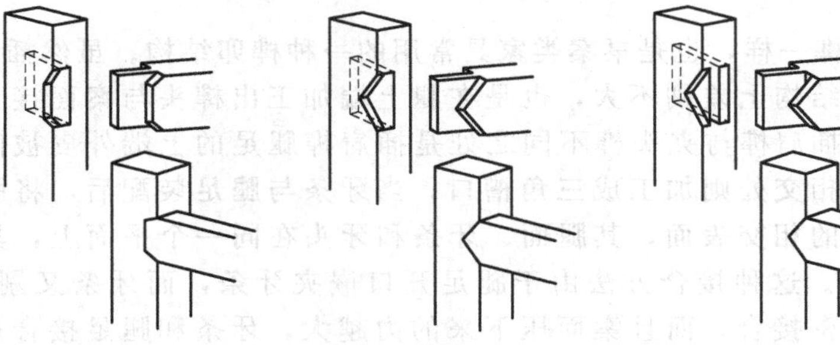

图 6-19　格肩榫及结构形式

(9) 套榫

明清家具椅子搭脑不出头与腿连接时不用夹头榫，而是将腿做成方形榫，搭脑也相应地加工成方形榫眼，然后将二者套接，故称套榫（或称挖烟袋锅榫），见图 6-20。

(10) 粽角榫

因榫的外形像粽子角而得名，也称三碰肩，用于传统家具几、柜、椅的顶角连接，纵、横、竖三方材交汇一处，交汇的顶和两侧朝外的三个面都需要表现出美观的斜角接合，见图 6-21。

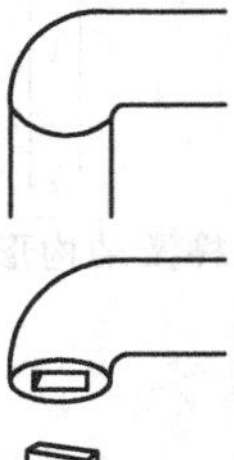

图 6-20　套榫及结构形式

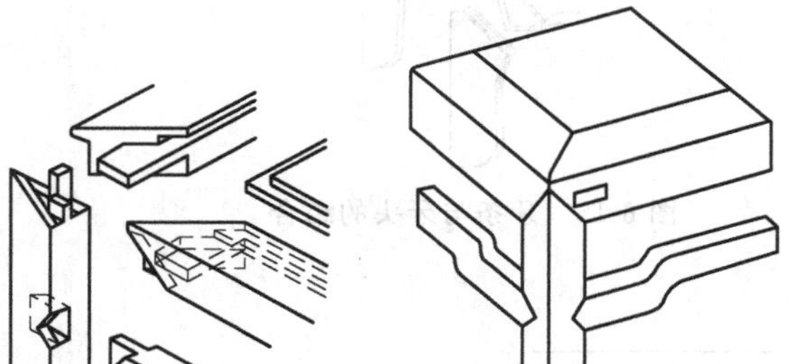

图 6-21　粽角榫及结构形式

(11) 楔钉榫

楔钉榫是弧形零件的接长常用连接结构，它把弧形材截割成上下两片，将这两片的榫头交搭，同时让榫头上的小舌装入槽内，使其不能上下移动，然后在搭扣中部剔凿方孔，再用一个断面为方形，一端稍细，一端稍粗的楔钉插穿过去，使其不能左右移动，见图 6-22。应用楔钉榫最典型的例子就是圈椅的椅圈。

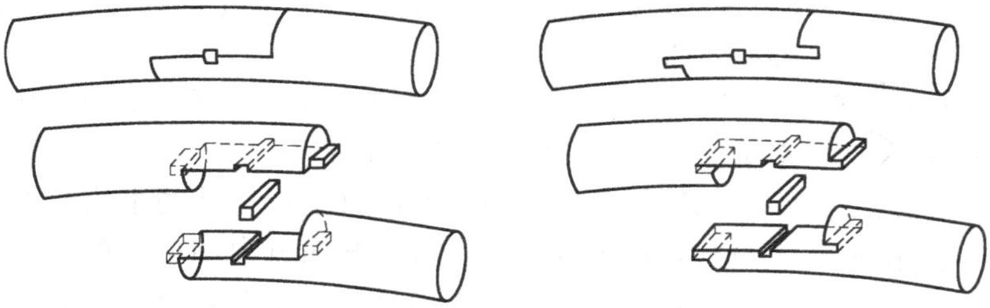

图 6-22　楔钉榫及结构形式

6.2.3　钉接合结构

钉接合是借助于钉与木材之间的摩擦力将两个零件接合起来的一种接合方法。通常与胶粘剂配合使用，以增加接合强度。有时只起辅助作用。钉接合的特点是操作简单、方便，但接合强度小，易破坏木材，钉帽外露不美观。钉接合适用于家具内部不可见处接合，或对外观要求不高的地方、非承重构件等。在软体家具生产中应用较为广泛。

6.2.3.1　钉的种类与应用

钉种类很多，应用也各不相同，家具生产常用金属钉包括如下几类。

① 元钉。元钉用于不重要接合处，如家具背板、抽屉底板等接合。

② 家具钉。顶头直径较小，便于将其隐藏于木材中，钉体表面有直形刻痕以增加握钉力。

③ 无头钉。钉头尺寸小，钉体表面无刻痕。

④ 扁头钉。扁头钉又称木模钉、暗钉，用于需将钉头隐藏于木材之中的场合。

⑤ 半圆头钉。半圆头钉用于各种金属薄板与木制品的连接与紧固。

⑥ 鞋钉。钉身成方锥形，常用于钉软体家具的衬料及面料。

⑦ 骑马钉。骑马钉又称 U 形钉，用于软体家具固定弹簧和金属丝网。

⑧ 泡钉。具有较大的半圆球状钉头，表面电镀成金或银色，有的带有花纹，用于钉软体家具面料，装饰性较好。

⑨ 门形钉。门形钉也称装书钉，生产中也将其统称为 U 形钉，是近年来发展较快的家具生产用钉，应用较广，常用于家具的隐蔽处钉面料，或用于辅助固定木材或人造板制成的框架。使用时需用专门的气钉枪。

⑩ T 形气钉。生产中简称为气钉或直钉，细小的气钉又称为纹钉。气钉钉身断面和钉头均为扁方形，比同长度的元钉细、钉帽小，常与胶配合使用，用于板式家具部件的实木包边、裁口结构的门压条、装饰件固定、承受力较小又不重要的实木框架、小型包装箱等。使用时需用专门的气钉枪。钉头钉入木材较深、不外露，钉钉速度快，质量好，家具生产中广泛使用。

6.2.3.2　元钉接合的技术要求

元钉在持钉件的横向纹理方向钉入，接合强度高，见图 6-23。纵向钉入接合强度低，应尽量避免。

① 元钉的长度一般为上层被钉紧件厚度的 2～3 倍，且钉入下层板厚的 3/4 深度。

② 元钉的直径一般不大于板厚的 1/4，硬木料应先钻孔再钉。

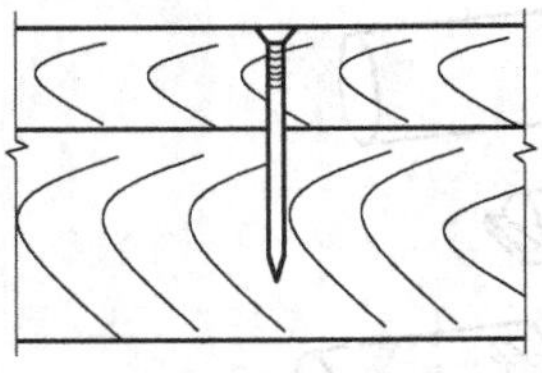

图 6-23　元钉接合形式

③ 元钉与板边的距离应不小于元钉直径的 10 倍，且不要钉在一条直线上。

④ 为提高元钉接合强度，元钉可适当倾斜一定角度钉入，一般为 5°～15°，并一次将工件钉牢。

元钉接合的牢固程度取决于持钉件的木质材料握钉力，当钉子沿垂直纹理方向钉入时，其握钉力和材料的密度、钉子的直径以及钉入深度等有关。当材料一定时，钉子越长、直径越大，则握钉力也就越大。

6.2.4　螺钉接合结构

螺钉接合是一种借助于钉体表面的螺纹与木质材料之间的摩擦力将两个零件接合起来的一种接合方法。有时接合面涂胶，以增加接合强度。螺钉接合比较简单、方便，是家具生产中常用的一种接合方法，其接合强度比元钉接合强度高，可承受较大的震动。接合后螺钉头部外露在表面，影响家具美观，常用于较重部件，经常承受震动的部件，家具的背板，椅座板、塞角，餐桌面以及五金配件的连接、安装和固定等。

6.2.4.1　螺钉的种类与应用

家具生产常用螺钉种类有：沉头木螺钉、半沉头木螺钉、半圆头木螺钉、自攻螺钉、机制螺钉等。

① 沉头木螺钉。螺钉被拧紧后，钉头表面可与制品表面平齐，适用于要求钉头不露出家具表面之处。常用于木材之间的紧固，合页安装。

② 半沉头木螺钉。螺钉被拧紧后，钉头略微露出制品表面。螺钉用于紧固可拆卸的零件或小五金等。

③ 半圆头木螺钉。钉头底部面积较大，钉头不易埋入基材之中，适用于允许钉头外露场合，或在基材表面固定薄零件。常用于金属与木材的接合。

④ 自攻螺钉。自攻螺钉又称自攻钉，钉体的螺纹一直到钉头根部，螺距和斜度大，因此，拧入木质材料时比较省力，常被用于连接木质材料，取代木螺钉。

⑤ 机制螺钉。机制螺钉又称机制螺丝，钉体头部无尖，因此，使用时，需要连接的材料必须事先打出孔。机制螺丝接合常用于要求可以多次拆卸的零部件安装。

6.2.4.2　螺钉接合的技术要求

螺钉用于实木时应垂直于木纹方向拧入，用于刨花板或中密度纤维板接合时应垂直于板面拧入，以保证良好的接合强度，见图 6-24。

① 在零部件接合时，一般螺钉长等于上层工件厚度的 3 倍。上层工件一般应预钻导孔，导孔直径比螺钉直径大 0.5～1mm。

② 拧入持钉件深度一般为 15～25mm。

③ 当持钉件材质很硬，或为刨花板和中密度纤维板时，应预先钻小于螺钉直径、深度为 10～20mm 的引孔。

④ 通常情况下，当被紧固零部件厚度超过 20mm 时，应采用螺钉沉头法连接，即在被紧固零部件上先钻出阶梯孔，细孔保留板厚 12～18mm，以避免螺钉过长。

⑤ 侧面斜向连接时，拧钉斜度一般为 15°～25°。

螺钉的接合强度取决于握螺钉力，其大小与螺钉的直径、长度、持钉材料的密度等有

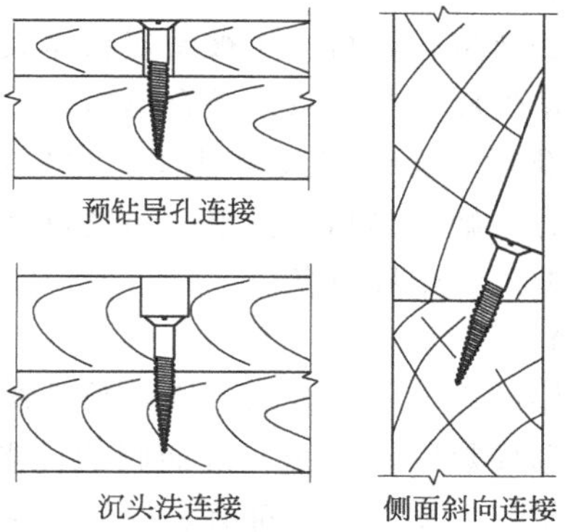

图 6-24　螺钉接合形式

关。螺钉的直径越大、长度越长、持钉材料的密度越高，其握螺钉力越大。刨花板、中密度纤维板的握钉力随着容重的增加，握钉力也提高。当垂直板面拧入时，刨花或纤维被压缩分开，具有较好的握螺钉力；当从端部钉入时，由于刨花板、中密度纤维板平面抗拉强度较低，其握螺钉力较差。垂直刨花板板面的握钉力为端面的 3 倍。

6.2.5　胶接合结构

胶接合是指零部件之间借助于胶层对其相互作用而产生的胶着力，使两个或多个零部件接合在一起的接合方法。胶接合主要是指单独用胶来接合零部件。由于新型胶粘剂的出现，胶接合的应用也不断增加，如常见的薄木贴面、单板胶合、实木拼板、覆面板、指接材等，只有用胶接合方法才可以实现。

家具生产中，按胶黏剂受热后的物态，可进行如下分类。

- 胶黏剂
  - 热固性胶
    - 蛋白胶——血胶、豆胶
    - 合成树脂胶——脲醛胶、酚醛胶、环氧树脂胶、橡胶类胶
  - 热塑性胶
    - 蛋白胶——皮胶、骨胶
    - 合成树脂胶——聚醋酸乙烯酯乳液胶（乳白胶）
  - 热熔性胶——乙烯-醋酸乙烯共聚树脂胶（封边胶）

现代家具生产常用的胶黏剂主要有以下几种。

(1) 聚醋酸乙烯酯乳液胶（乳白胶、PVAC 乳液胶）

这种胶是由醋酸乙烯单体经聚合反应得到的热塑性胶。其优点是无毒、无火灾爆炸危险、使用安全、清洗方便；常温条件下固化，较短时间可获得较高强度；胶层无色透明、不污染木材、韧性好、对刀具磨损小；使用方便，取代了蛋白胶。广泛用于贴面、封边、榫接合等。乳白胶的缺点是耐温水、耐热性差，高温产生蠕变，－5℃破乳，怕冻，成本较高。

(2) 脲醛树脂胶（UF 胶）

脲醛树脂由尿素和甲醛在酸性或碱性条件下缩聚而成的初期脲醛树脂。使用时在固化剂（1%～2%氯化铵）作用下，高温或室温固化，形成网状交联结构的热固性胶。优点是具有较高的胶合强度，较好的耐水性、耐热性及耐腐性，不污染胶合制品，成本较低，使用方便，广泛用于人造板贴面。缺点是胶层易老化，胶中含游离甲醛。

(3) 热熔性树脂胶(热熔胶)

热熔性树脂胶是一种通过加热熔化,再涂于被粘接物体表面,冷却后形成固化胶层的快速固化胶,是一种无溶剂的热熔性胶。其优点是胶合迅速,适合连续化、自动化生产;不含溶剂,无毒,无火灾危险;耐化学性强,可反复使用。主要用于封边、榫接合,小面积贴面,对各种材料有较强的黏合力。缺点是耐热性差,温度过高,胶层软化,影响强度,胶润湿性差,难以大面积涂刷,需要配设熔胶设备。

(4) 环氧树脂胶(万能胶)

环氧树脂胶是含有环氧基团的高分子化合物。固化前是线性结构的热塑性树脂,但作为胶黏剂使用时加入固化剂,可形成热固性树脂。万能胶的优点是胶合力强,对大部分材料,如木材、金属、玻璃、塑料、橡胶、皮革等,都有良好的胶合性能;耐腐蚀、绝缘性、机械强度、稳定性等性能均很好。由于价格较高,主要用于高档家具的表面装饰,塑料与木材、金属与木材的胶合。

(5) 橡胶类胶黏剂(压敏胶)

橡胶类胶黏剂是以橡胶为主体加入其他助剂制得的一种压敏性胶,常温下靠接触压力就可进行瞬间胶合(如氯丁胶)。优点是对极性物质胶接性能良好,可用于金属、皮革、织物、塑料、木材等粘接;具有很好的耐水性、耐湿性、耐油性,弹性好。缺点是毒性大,污染环境,易燃。主要用于沙发制作,木材与塑料、金属的粘接。

胶接合可单独使用或与其他接合方式配合使用,接合紧密,成为一体,受力均匀,强度高,外表不留加工痕迹,外形美观。胶接合可用于短料接长、窄料拼宽、薄料加厚等,提高木材的利用率,适用于不宜采用其他接合方法的场合。但有些胶种耐水性差,吸湿受潮后容易开裂、脱落。

6.2.6 五金连接件接合结构

家具生产离不开五金件,五金连接件接合结构是现代板式家具和拆装家具的主要连接形式。各种五金件层出不穷,在家具生产中扮演着越来越重要的角色。家具设计的不断创新、功能与装饰要求的不断提高,促进了家具五金件产品的不断完善和发展。

6.2.6.1 五金连接件的种类

国际标准化组织于1987年颁布了ISO 8554、ISO 8555家具五金件分类标准,将家具五金件分为九类,即锁、连接件、铰链、滑道、位置保持装置、高度调整装置、支撑件、拉手、脚轮。根据五金件的结构及功能特点可分为固定结构件、转动结构件、滑动结构件、安全结构件(锁)、位置保持装置、高度方向调整结构、装饰件等。

采用五金连接件接合设计生产的家具有以下特点:工艺简单、拆装方便、可实现先油漆后组装,便于实现机械化、自动化生产;零部件便于实现标准化、系列化、通用化;部件就是产品,给产品的包装、运输、储存带来很大方便。五金连接件接合是现代家具的主要结构形式,广泛应用于板式家具和拆装家具。

选用连接件要遵守下列原则:

① 充分了解掌握各种五金连接件的结构性能和适用范围;

② 结合家具质量和外观要求选择连接件;

③ 实际生产时还要考虑连接件的及时供应与库存。

6.2.6.2 固定结构件

固定结构件包括固定结构连接件和支撑件两类。其中固定结构连接件主要用于板式家具和拆装家具上各零部件之间的接合固定，种类很多，按构成材料，可分为金属、塑料、尼龙等；根据其连接结构原理不同，分为偏心式、倒刺式、螺旋式、拉挂式等。其中偏心连接件应用最为广泛。支撑件主要包括搁板支撑件、挂衣杆座等。

(1) 偏心连接件

偏心连接件的接合原理是利用安装在一块板件中的偏心轮将连接在另一板件上的连接杆端部卡住，然后用启子转动偏心轮，把两块板件牢固连接在一起。偏心连接件由倒刺螺母、连接杆和偏心轮三部分组成，俗称三合一或三件套连接件，见图 6-25。使用时，在一块板件上垂直板面预先钻孔，嵌入倒刺螺母，并把一端带有外螺纹的连接杆拧入其中，在另一板件的端面和垂直板面方向钻孔，并使两孔相通，将连接杆的另一端通过板件的断面通孔伸到垂直板面孔内，然后将偏心轮装入垂直板面孔。当顺时针拧转偏心轮时，连接杆在凸轮曲线槽内被拉紧锁住，实现两个零部件的垂直接合。为使表面美观，可选用塑料盖将偏心轮掩盖装饰起来。偏心连接件拆装方便、灵活，接合强度高，可以实现多次拆装，不影响家具外观质量，广泛应用于各种柜类拆装家具的零部件接合。偏心连接件的缺点是定位性能差，实际使用时，一般每个偏心连接件都需要用一个圆棒榫来帮助定位；装配孔位加工比较复杂，并且加工精度要求也高。

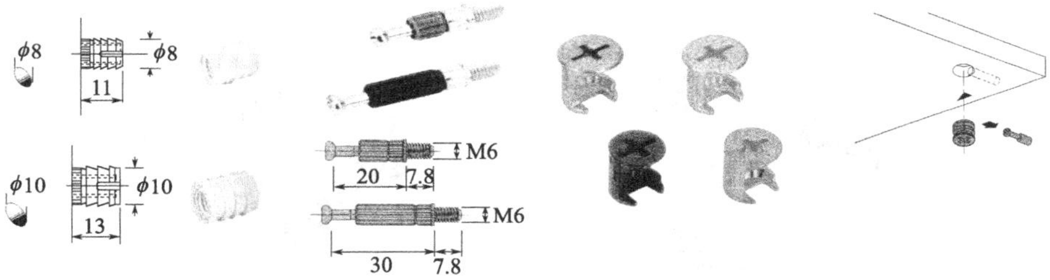

图 6-25 偏心连接件及安装示意图

常用倒刺螺母直径为 8mm 或 10mm，连接杆的长度规格较多，常用的连接长度尺寸是 24mm 或 34mm，偏心轮的直径有 12mm 或 15mm，柜类家具结构一般采用 ϕ15mm 的。设计人员应认真学习研究连接件的有关技术参数、技术要求和孔位尺寸设计要求，在设计时选用合适的连接件参数。偏心连接件的接合方式与技术参数见图 6-26。

(2) 倒刺螺母连接件

使用时，先将倒刺螺母嵌入零部件内，然后用一根机制螺丝将其与另一板件连接在一起。倒刺螺母连接件主要用于两垂直零部件的连接。按倒刺螺母的形状特点分为直角式倒刺螺母连接件、双销直角倒刺螺母连接件等，其中双销直角倒刺螺母连接件应用广泛，主要用于柜类家具的望板与旁板连接、厨房家具柜体连接等。接合方式与技术参数见图 6-27。

(3) 螺旋式连接件

螺旋式连接件的接合原理与倒刺螺母连接件基本相同，只是倒刺螺母换成了圆柱螺母、带内螺纹的空心螺母和刺爪式螺母等，螺旋式连接件主要用于两垂直零部件的连接。家具生产中比较常用的是圆柱螺母连接件，使用时，先垂直板面钻好安装圆柱螺母的孔，孔径应比圆柱螺母外径大 0.2mm，再在板端钻出螺栓孔，并使其与安装圆柱螺母的孔相通，此时要特别注意孔中心线位置尺寸准确，然后，在被连接板上的连接处钻好安装螺栓的孔。安装

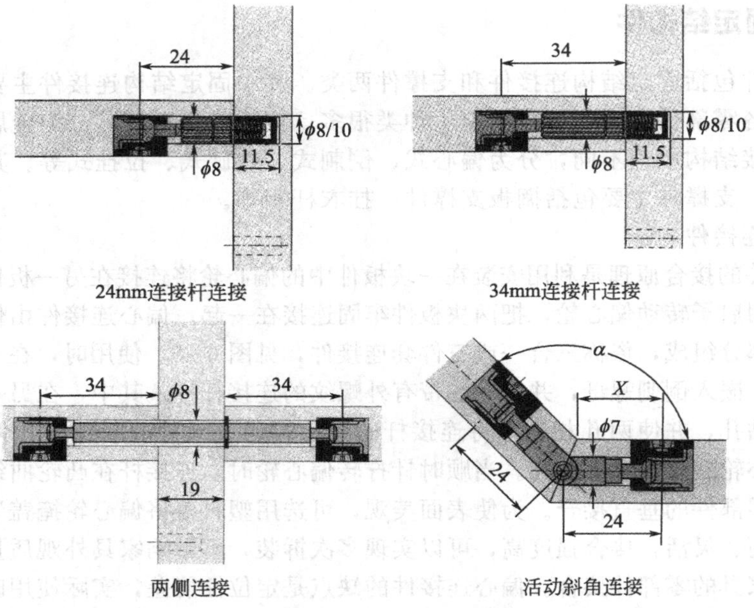

图 6-26　偏心连接件接合方式与技术参数

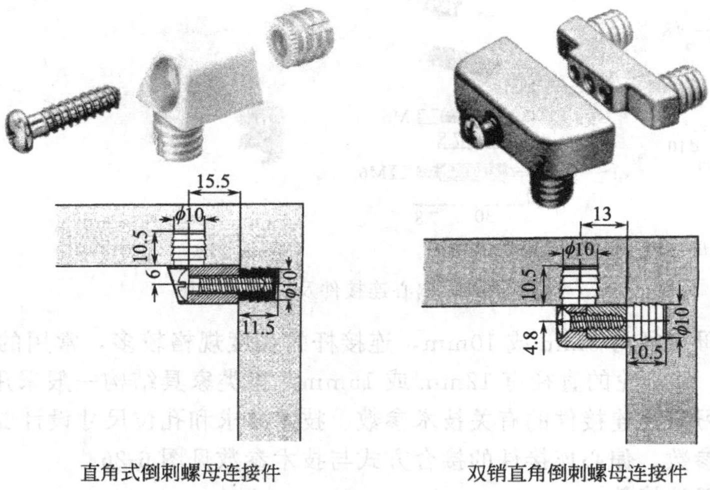

图 6-27　倒刺螺母连接件接合方式与技术参数

时，将圆柱螺母放入板件孔内，并使螺母孔朝向螺栓孔，然后将螺栓穿过被连接板件孔，通向圆柱螺母，拧紧螺栓即可将两板件紧密结合在一起，见图 6-28。此种连接件接合强度高，且不需要借助于木材的握钉力来提高接合强度，但定位性能较差，螺栓头外露，影响外观。主要用于接合强度要求高，或外观没有要求的产品。

(4) 拉挂式连接件

拉挂式连接是利用固定于某一个零部件上的金属片状式连接件上的夹持口，将另一个零部件上的金属片式或柱式零件扣住，从而将两个零部件紧紧连接在一起的接合方法，见图 6-29。此种连接件结构简单，拆装方便，除柜类家具应用外，常用于连接牢固度要求较高的床屏与床梃的连接。当所受到的外力作用越大时，连接接合的牢固度越高。拉挂式连接件由于暴露在连接的零部件外边，影响美观，因此，常安装在家具的隐蔽处，不影响外观。

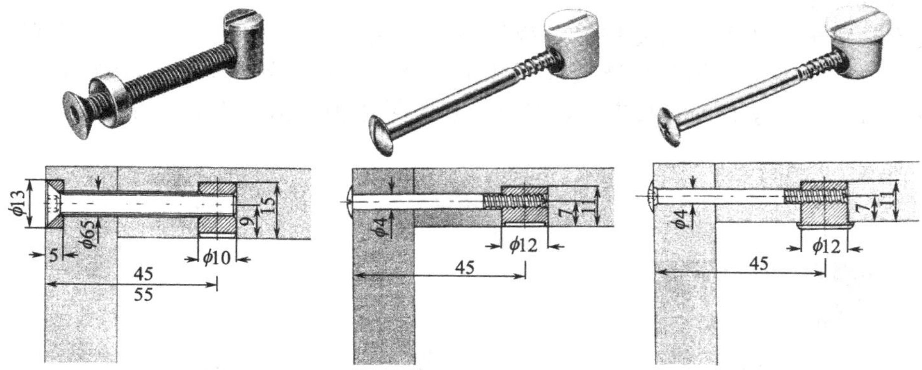

图 6-28　圆柱螺母连接件接合方式与技术参数

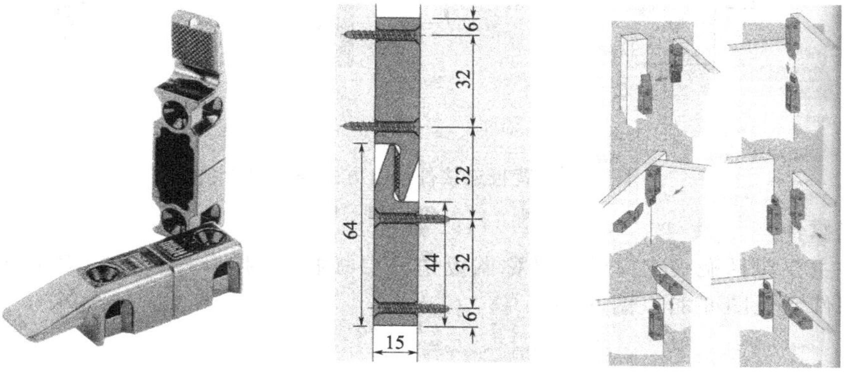

多种使用方式的连接件

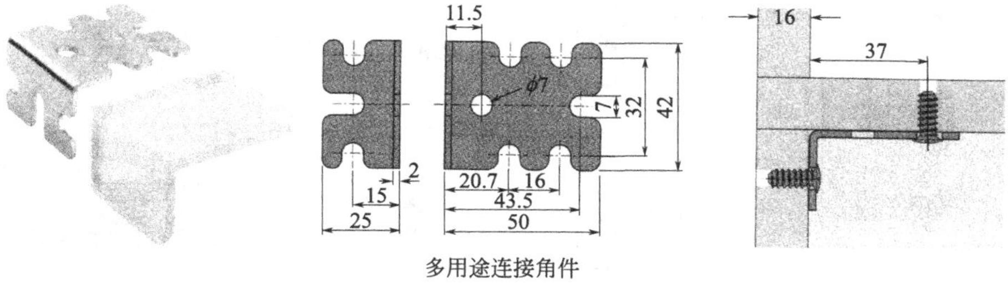

多用途连接角件

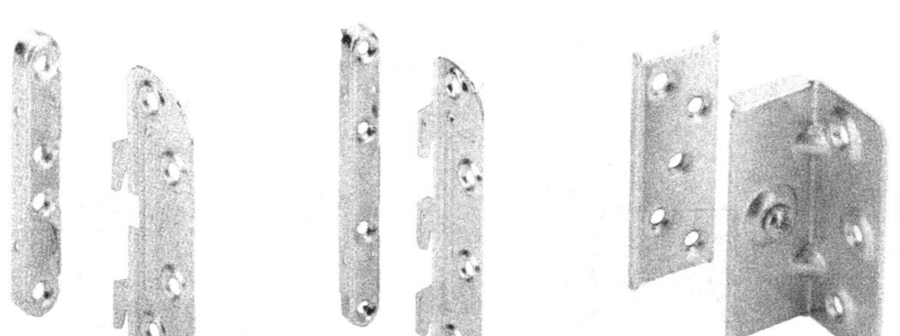

床屏与床梃连接件

图 6-29　拉挂式连接件接合方式

(5) 背板连接件

柜类家具背板安装可采用专用的背板连接件连接，见图 6-30。背板连接件在实际生产中使用较少，其原因是使用背板连接件不能加强整个柜体的刚度，尤其是空间比较大的柜体。所以，目前柜类家具的背板安装，基本上还是采用柜体扒槽或裁口方法。

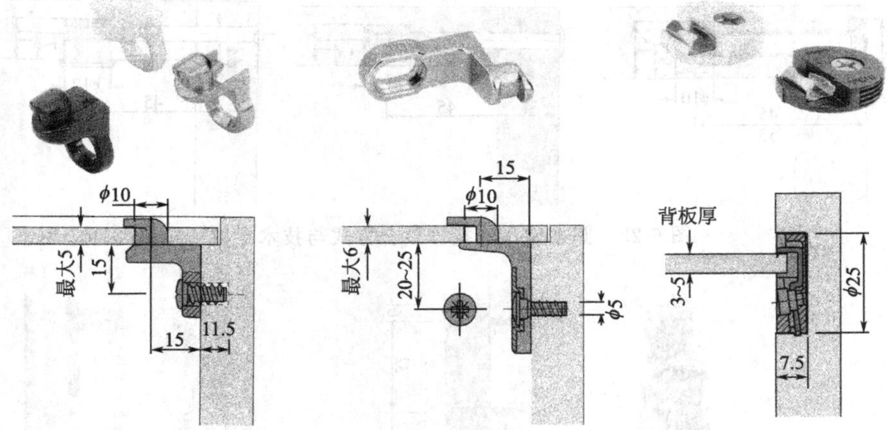

图 6-30 背板连接件接合方式与技术参数

(6) 支撑件

支撑件主要包括搁板支撑件（又称搁板销或层板托）、挂衣杆座等，用于支撑搁板、挂衣杆等零部件，见图 6-31、图 6-32。

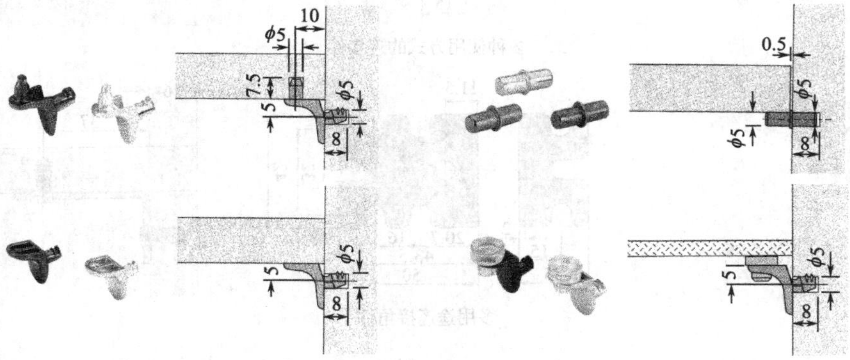

图 6-31 常见搁板销安装方式与技术参数

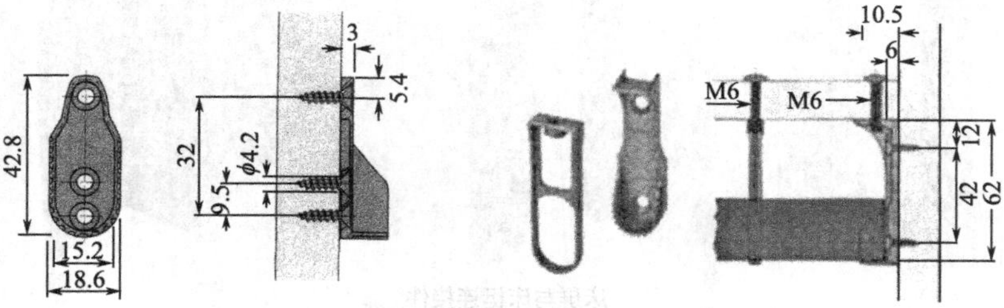

图 6-32 常见挂衣杆座安装方式与技术参数

6.2.6.3 转动结构件

转动结构连接件指各种铰链和门撑，种类和规格很多，主要用于门板与箱体的活动连接，实现门的开启与关闭。按照门与箱体之间的连接方式的不同，门的转动连接方式分为门单边转动和两端头转动两种形式，转动轴线为垂直轴线的用于平开门，转动轴线为水平轴线的用于翻门。常用的转动结构连接件有普遍铰链（合页）、门头铰链、杯状暗铰链、玻璃门铰链、翻门铰链、翻门支撑件等，见图 6-33。

合页

门头铰链

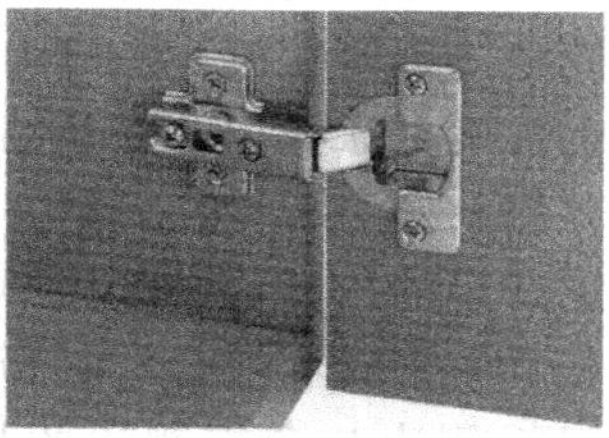
杯状暗铰链

玻璃门铰链

翻门铰链

翻门支撑件

图 6-33 常见转动结构件安装示意图

(1) 普通铰链安装结构特点与应用

普遍铰链也称合页，在早期的传统家具中，是用于门、窗及箱盖等安装使用的主要转动结构五金连接件。但是，由于安装普通铰链转动轴外露，影响家具外观效果、固定式结构、门板不易调整、不适合拆装家具等缺点，普通铰链在现代家具设计中已很少采用。合页分为长轴合页和普通合页，长轴合页的长度与所安装的门高度（或翻门长度）相同，每扇门只需安装一个，没有特殊要求的产品，一般不选用。长轴合页由于常用于钢琴键盘盖板的安装，所以也称其为钢琴铰链，现在仍在使用。家具上用的普通合页的长度一般为 30～60mm，门高度小于 1200mm 时，只需安装两个合页，合页中心与门上下边沿距离分别为门板高度的 1/6；如果门高超过 1200mm，则根据具体超出尺寸多少可选择安装 3～4 个合页。其安装结构形式见图 6-34。

(2) 门头铰链安装结构特点与应用

门头铰链安装在柜门的上下两端与顶、底板接合处，并保证两端铰链的转动轴在同一条中心线上。为了确保门转动开关时不致顶住和碰坏旁板的边部，门的侧边与旁板之间需要设计一定的转动间隙，故需要将门的侧边所对应的旁板处加工出一个弧面。弧的半径应大于门侧边棱线至铰链中心线的垂直距离，并确保上下距离准确一致。另外，对门的开启度需要给予一定的限制，一般只能开启 90°。

门头铰链克服了普遍铰链轴外露的缺点，安装结构简单，拆卸方便，价格便宜。对于玻璃门可采用玻璃门头铰链，在前些年的家具中被广泛采用，目前应用较少。其安装结构形式见图 6-35。

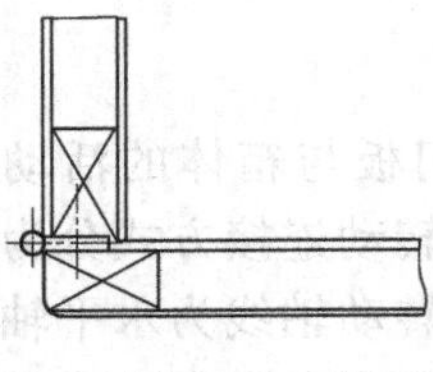

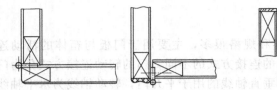

图 6-34　合页安装结构形式

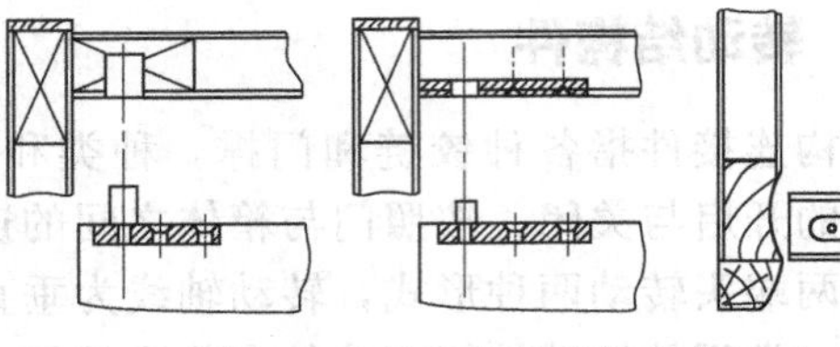

图 6-35　门头铰链安装结构形式

(3) 杯状暗铰链安装结构特点与应用

杯状暗铰链简称暗铰链，一般由铰杯、连接杆、铰臂、连接底座、紧固螺钉、调节螺钉等组成，是现代柜类家具门的安装结构中广泛使用的铰链。暗铰链安装后完全藏于家具柜体内部，安装方便、便于拆装和调整，具有自闭功能，且不影响家具外观，但是价格偏高。根据使用时门能开启的角度不同分为 90°、110°、135°、175°、180°等暗铰链；根据制造所用材料不同分为金属、塑料和混合材料暗铰链；根据结构不同分为普通型、自闭型和阻尼型等；根据安装后门板侧边与旁板侧边的相对位置不同分为全遮（全搭）、半遮（半搭）和内藏（内掩）暗铰链，即直臂、小曲臂和大曲臂暗铰链，见图 6-36。根据铰杯的直径不同又有 26mm 和 35mm 两种规格，其中 35mm 规格的暗铰链最为常用。

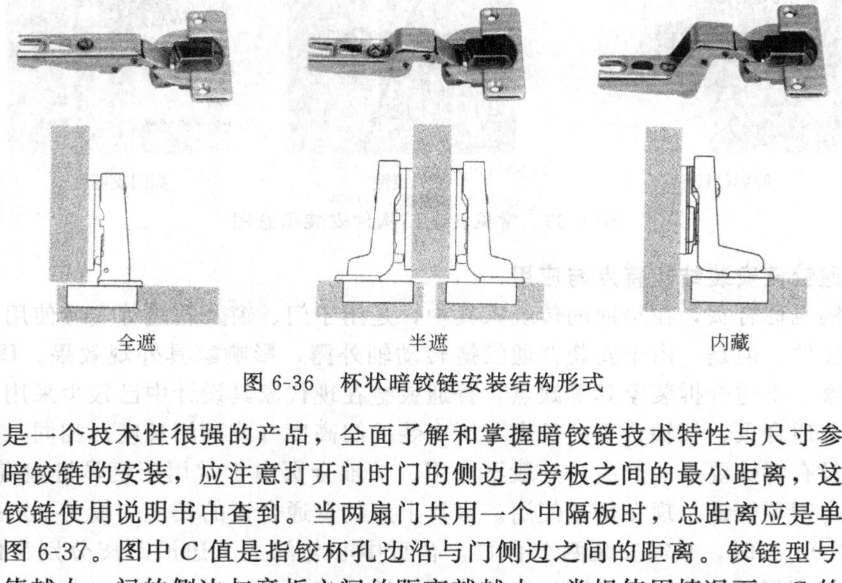

图 6-36　杯状暗铰链安装结构形式

暗铰链是一个技术性很强的产品，全面了解和掌握暗铰链技术特性与尺寸参数是非常必要的。内藏暗铰链的安装，应注意打开门时门的侧边与旁板之间的最小距离，这个尺寸要求可以从不同铰链使用说明书中查到。当两扇门共用一个中隔板时，总距离应是单门最小距离的 2 倍，见图 6-37。图中 C 值是指铰杯孔边沿与门侧边之间的距离。铰链型号不同，C 值也不同，C 值越大，门的侧边与旁板之间的距离就越小。常规使用情况下，C 的取值一般为 3mm、3.5mm、4mm、4.5mm、5mm、6mm、7mm。

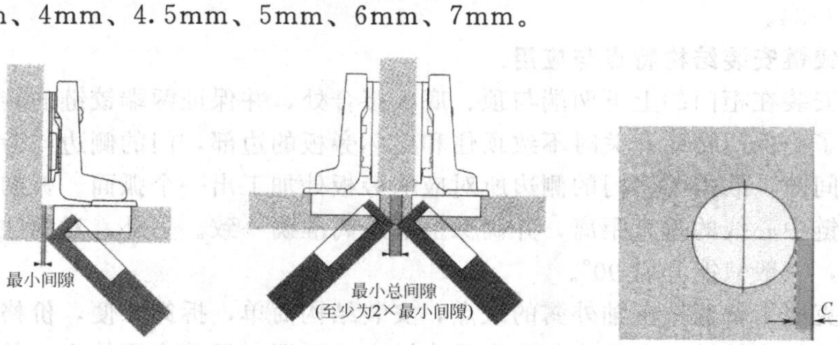

图 6-37　杯状暗铰链的技术特性

铰杯安装孔位和连接底座孔位技术参数见图 6-38。单扇门所需安装杯状暗铰链的个数，取决于柜门的高度、宽度和柜门的重量。当柜门容重为 750kg/m^3 时，建议安装数量见图 6-39。最上和最下铰链距门上下边沿距离一般不小于 90mm。

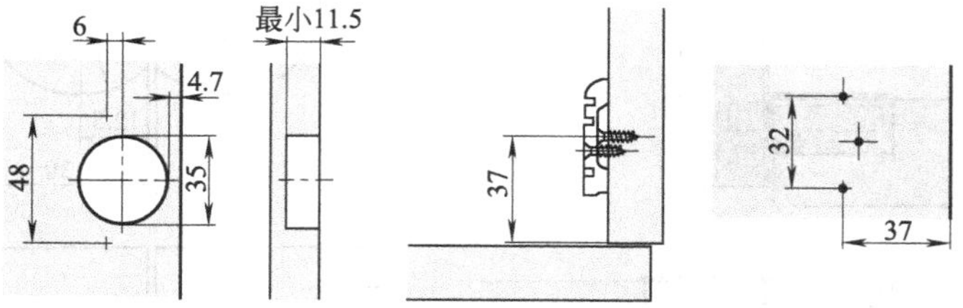

图 6-38 杯状暗铰链安装孔位技术参数示意图

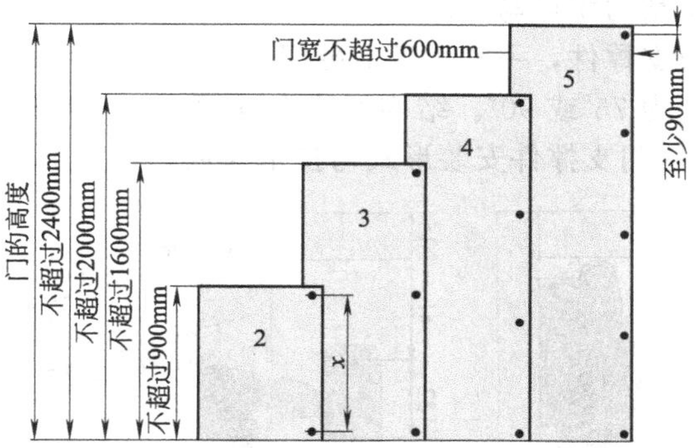

图 6-39 每扇门安装杯状暗铰链个数的确定

(4) 玻璃门铰链安装结构特点与应用

早期家具上玻璃门的安装一般都采用玻璃门用门头铰链，近些年来基本被新型的玻璃门铰链所取代，其中暗铰链式玻璃门铰链就是比较常用的一种。它的结构形式与杯状暗铰链基本相同，所不同的是铰杯的安装，需要先在玻璃门上钻通孔，然后用塑料压件借助于螺钉将玻璃门夹住，最后用装饰盖将外露的塑料压件盖上，见图 6-40。

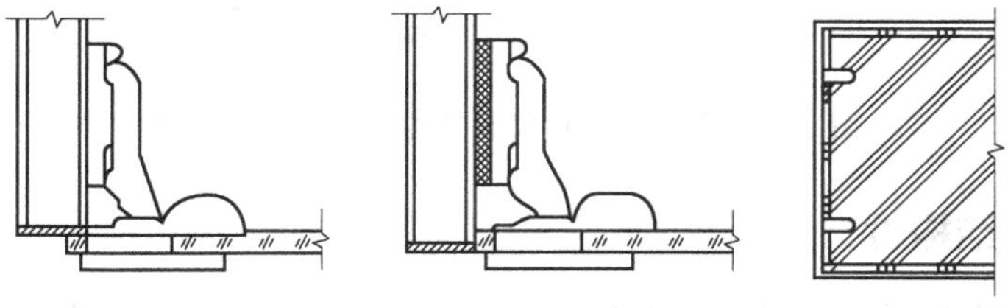

图 6-40 暗铰链式玻璃门铰链安装结构形式

(5) 翻门铰链安装结构特点与应用

翻门铰链又称翻板铰链，是专门用于门绕水平轴线转动开关的门的铰链。翻门分为上翻门和下翻门，翻门铰链用于下翻门安装结构，翻门开启后可使翻门内侧面与底板平齐。由于翻门铰链自身结构的原因，安装时，翻门的下沿到底板要留有足够的空隙，门越厚，要求间隙越大，以防止翻门与底板相互干涉。翻门铰链形式有多种，图 6-41 所示铰链由两部分组成，可分别安装在底板和门板上，安装方便，工艺简单。

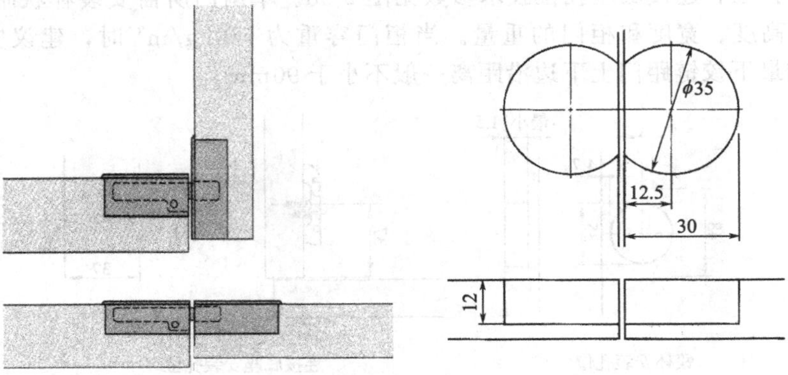

图 6-41　翻门铰链安装结构形式与技术参数

(6) **翻门支撑件安装结构特点与应用**

翻门支撑件又称翻板支撑件，一般用于上翻门，上翻门开启后能够支撑其保持在一定的位置不动。一般开启角度为75°或90°。结构形式有弹簧式、气动式、磨片式等。图6-42所示为弹簧式75°开启角度翻门支撑件安装形式与技术参数。

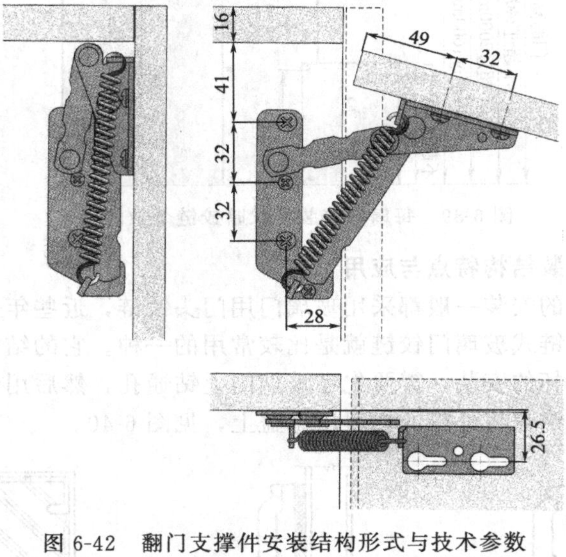

图 6-42　翻门支撑件安装结构形式与技术参数

6.2.6.4　滑动结构件

滑动结构件主要包括抽屉滑道、推拉门滑道、电视机转盘滑轨、滑轮等，最常用的就是各种抽屉滑道。

(1) **抽屉滑道**

抽屉滑道形式多种多样，根据滑动的方式不同分为滚轮式和滚珠式；根据抽屉拉出的程度不同分为部分拉出和全拉出；根据可承受载荷重量不同分为轻型、中型和重型；根据安装方式不同分为托底式、侧向式、抽底式等；根据结构特点不同分为两节滑轨、三节滑轨、自回弹隐藏式滑轨等，见图6-43。滑道长度有多种规格，可根据抽屉侧板的长度自由选用。

在现代家具中最常使用的是托底滚轮式滑道和侧向滚珠式滑道，其中托底滚轮式滑道安装孔位尺寸比较复杂。这种滑道由两部分组成，其中一部分用自攻钉与抽屉旁板底部直接相

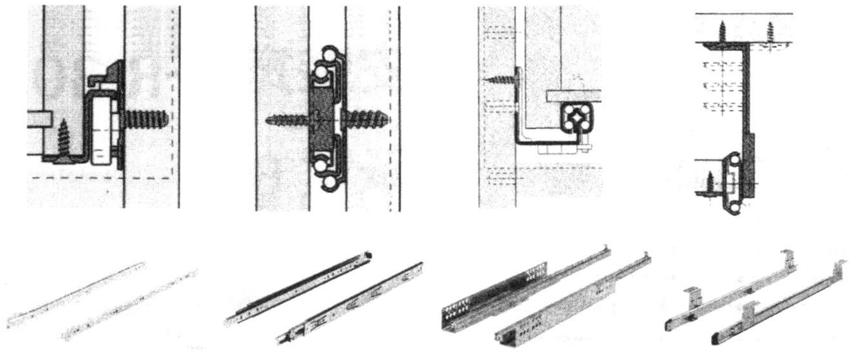

托底式　　侧向式　　抽底式　　键盘托板用滑道

图 6-43　部分抽屉滑道

连。另一部分与箱体旁板相连。与箱体旁板相连有两种类型的孔眼，分别为拧自攻钉的安装圆孔和可以调整上下位置的长孔。安装圆孔有两个，其位置按照“32mm 系统”设置，第一个孔距滑道端部为 26mm，第二个孔距滑道端部为 35mm。安装时，滑道端部距离箱体旁板边缘为 2mm，以防止滑道端部露出箱体旁板边缘，这样刚好符合“32mm 系统”28mm 或 37mm 靠边距的系统安装孔尺寸要求，后续其他安装圆孔之间距离均为 32mm 的倍数，见图 6-44。导轨厚度为 12mm，抽屉旁板外侧至箱体旁板内侧距离设计安装尺寸为 12.5mm，误差 0～1mm；抽屉旁板底部预留空间≥6mm，顶部预留空间≥16mm。

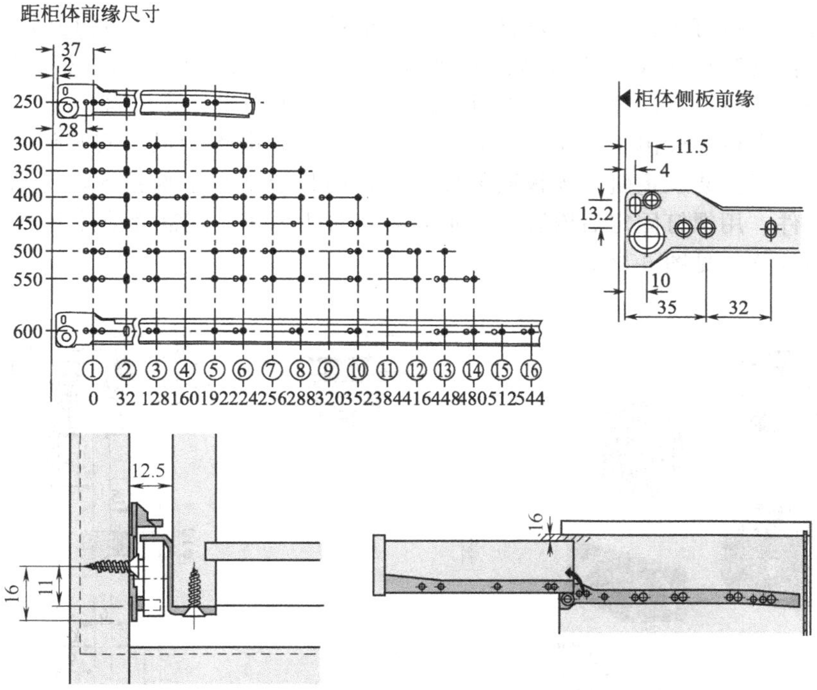

图 6-44　托底滚轮式滑道安装尺寸图

侧向滚珠式滑道一般安装在抽屉旁板宽度方向的中间位置，长度方向安装孔位按照“32mm 系统”设置，滑道端部距离箱体旁板边缘为 2mm，抽屉旁板外侧至箱体旁板内侧距离设计安装尺寸为 13mm，见图 6-45。

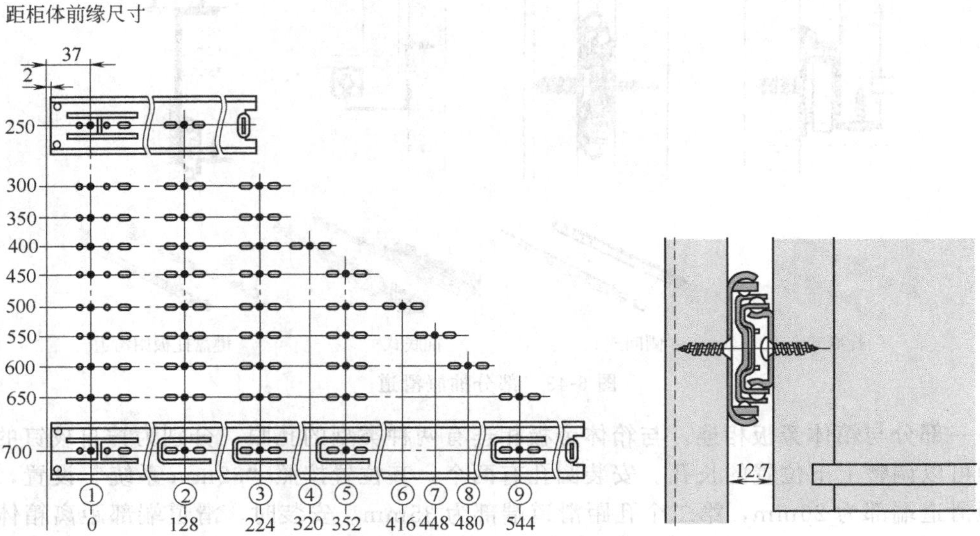

图 6-45　侧向滚珠式滑道安装尺寸图

(2) 推拉门滑道

推拉门也称移门，所以，推拉门滑道也叫移门滑道，是一种用于水平方向移动开关门的五金配件。移门滑道有多种类型，从材料上分为塑料的和金属的；从结构上分为滚轮滑道和滚珠滑道；根据安装形式又分为嵌装式和吊挂式。常用柜类家具，如书柜、装饰柜、吊柜等，多采用嵌装式滑道；而对于高大的重型推拉门，多采用吊挂式滑道。

嵌装式移门滑道一般由承重轨、导向轨、滑动件和导向件构成。安装使用时，先在顶、底板上扒槽，底板嵌装承重轨，顶板嵌装导向轨；门板上部和下部钻孔，上部安装导向件，下部安装滑动件，用螺钉固定后嵌装到承重轨与导向轨之间，调整滑动件上的螺钉，使门板保持在合适的位置，见图 6-46。

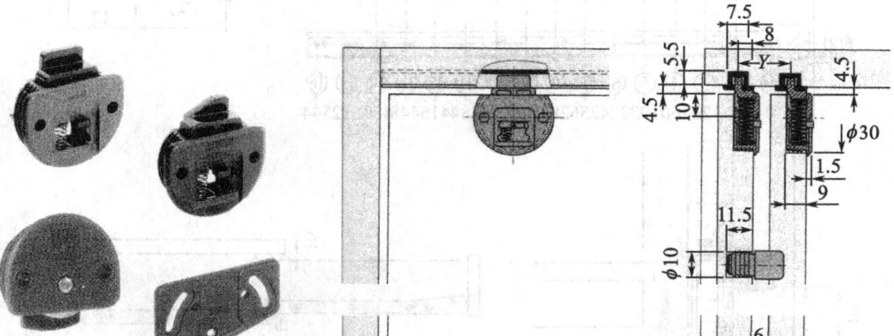

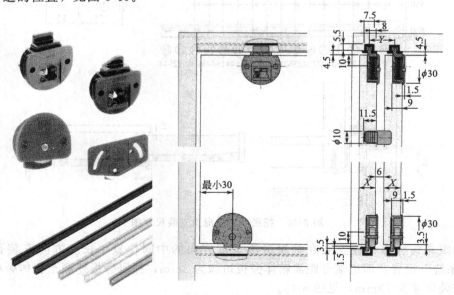

图 6-46　嵌装式移门滑道及安装尺寸图

（3）电视机转盘滑轨

为使电视机在观看时能够调整角度，可在电视机下方安装电视机转盘滑轨。需要调整时，就可拉出底盘转动电视机，见图 6-47。

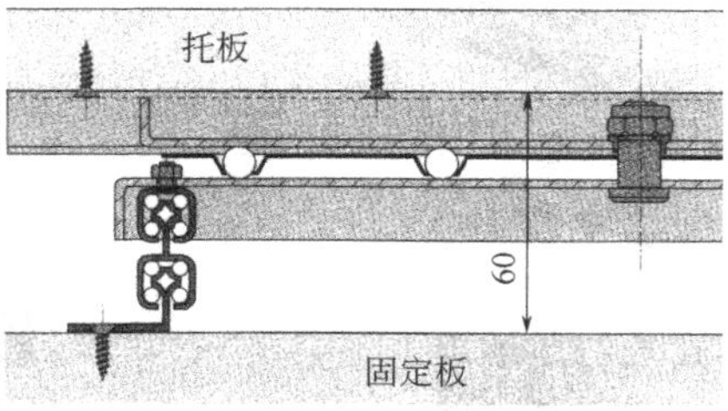

图 6-47　电视机转盘滑轨

（4）滑轮

滑轮因使用时需安装在家具底部，所以又称脚轮。为实现某些家具能够方便移动，如活动柜、活动桌、转椅等，可在家具的底部安装滑轮。根据可滑动方向，分为单向脚轮和万向轮；根据与家具的连接方式不同，分为平底式、丝扣式和插销式脚轮，见图 6-48。有的滑轮上设计有刹车装置，当踩下刹车时，滑轮不能转动，将家具停放在某一位置。平底式脚轮使用螺钉与家具底部接合，丝扣式脚轮使用螺栓和预埋螺母接合，插销式脚轮采用插销与预埋套筒接合。

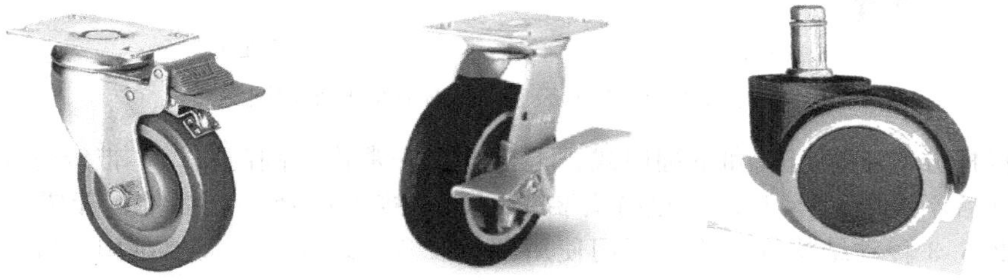

图 6-48　滑轮

6.2.6.5　安全结构件（锁）

家具的安全结构件主要是指各种锁具，在家具柜门或抽屉关闭后能够锁住，以保证存放物品的安全性。随着家具行业的发展，出现了各种各样的新式锁具，如三点联动锁、按压锁、卷帘门锁、连杆锁等，尤其是现代办公系统的发展，为了同时锁住几个抽屉而开发产生了连杆锁。连杆锁分为正面连杆锁和侧面连杆锁，连杆锁的安装需要在桌或柜的旁板上开出一定尺寸的沟槽，把锁传动杆装入其中，并利用“32mm 系统”的系统孔固定，同时为每个抽屉配上相应的挂钩装置。正面连杆锁由锁头、锁传动杆、锁销和传动杆引导块构成，安装结构见图 6-49。

6.2.6.6　位置保持装置

位置保持装置包括碰头（或称磁碰、门吸）、翻门拉杆等五金件，主要用于活动构件——门的定位。门吸的作用是使柜门关闭时减少门与框之间的反弹力以及碰撞时的噪声，不至于在接触的瞬间门被反弹。常用的有磁性门吸、磁性弹簧门吸、钢珠弹簧门吸、塑料弹簧门吸等，见图 6-50。

翻门拉杆（支撑）主要用于吊柜、书柜或酒柜等家具的翻门（或翻板），使翻门打开后被控制或固定在水平方向某一位置。

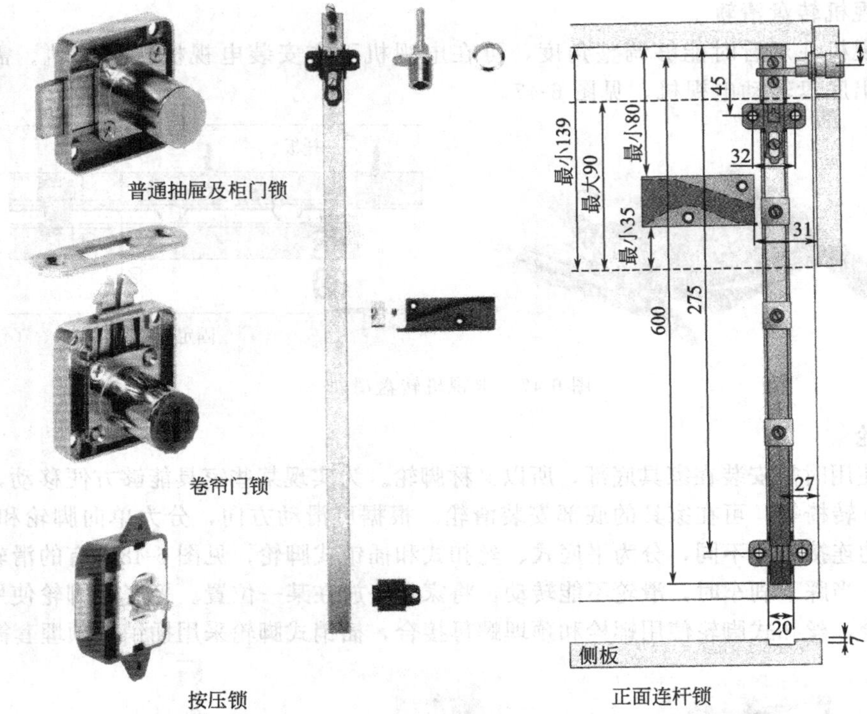

图 6-49　锁具及正面连杆锁安装结构图

翻门拉杆分为上翻门式和下翻门式。上翻式拉杆常称为翻门支撑，带定位功能，以保证上翻门打开后不会随意落下。上翻门安装也可以直接采用翻门支撑件，无需再安装翻门拉杆，见 6.2.6.3 转动结构件。当上翻门使用翻门铰链安装时，就需要翻门支撑的配合，以使其保持在一定位置。下翻门拉杆又称为牵筋拉杆或牵筋吊撑，当下翻门打开时，由于受到门自身重力或外力的作用，翻门很容易损伤，甚至损坏，所以，必须使用牵筋吊撑将下翻门控制在水平方向某一位置。下翻门打开后可以当作搁板或桌面使用，见图 6-51。

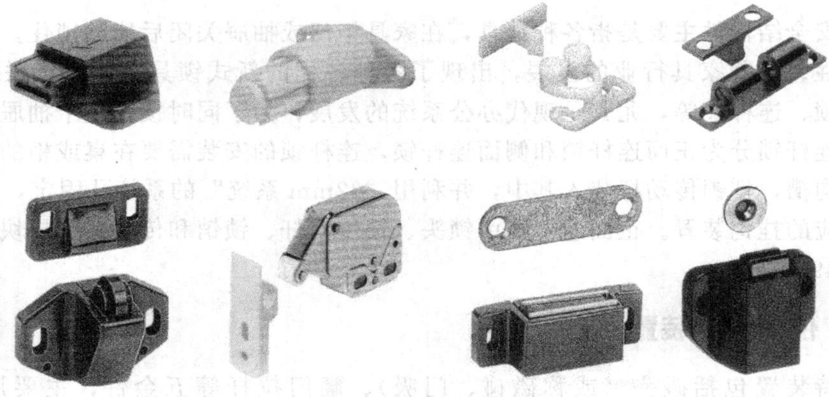

图 6-50　常用门吸

6.2.6.7　高度方向调整结构

高度方向调整的主要作用在于通过五金件结构自身的上下调节，使一件或多件家具在横向平面达到水平或一定角度。常用五金件有调整脚钉、调整垫脚、调节地脚以及专门用于吊

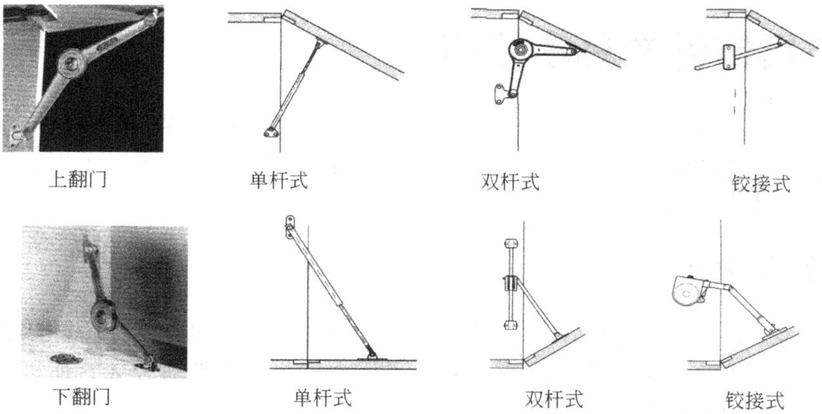

图 6-51　翻门拉杆安装示意图

柜的吊码等。调节地脚主要用于厨房家具的地柜，以减少潮湿地面对地柜的影响，见图 6-52。调节地脚形式也多种多样，规格很多，一般高度为 80～180mm，直径为 80mm，高度调节范围为 0～50mm。

随着厨房家具的发展，吊柜越来越多地走入了人们的视线。吊柜安装离不开吊码，以实现吊柜能够被调整到水平位置。常用吊码形式及拧入式吊码安装尺寸，见图 6-53。

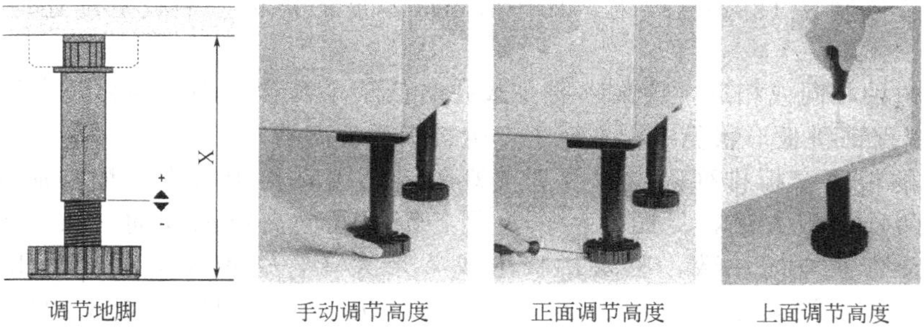

图 6-52　调节地脚的安装与调节

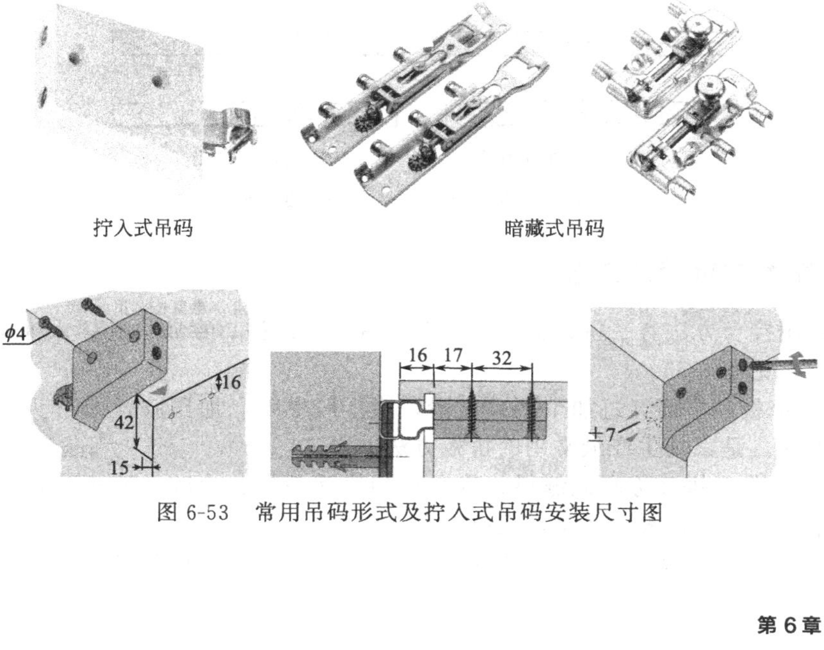

图 6-53　常用吊码形式及拧入式吊码安装尺寸图

6.3 家具部件的基本结构

无论家具造型与结构是复杂还是简单，家具都是由一些基本零部件按照一定的接合方式构成。按照家具部件的结构形式的不同，分为实木拼板、覆面人造板、木框、箱框、抽屉以及实木件接长等基本结构。

6.3.1 实木拼板

采用不同的结构形式，将实木窄板胶拼成所需宽度的板材称为拼板。传统家具的桌面、台面、椅面、凳面等都是采用拼板制成。实木拼板木材由于消耗量较大，所以，在现代家具生产中，主要用于中高档家具。

6.3.1.1 实木拼板技术要求

实木拼板对生产工艺技术要求较高，加强拼板结构设计研究，严格按工艺技术要求操作，是保证拼板质量的前提条件。

① 窄板宽度应与拼板厚度相协调，30～50mm 的厚桌面，窄板宽度可取宽些，但一般不超过 200mm；16～25mm 的常用厚度规格，为了减少拼板的收缩和翘曲变形，窄板宽度一般控制在 120mm 以内；10～15mm 厚度的拼板，窄板宽度还应变小，一般不超过 80mm。

② 窄板树种相同或相近，含水率要一致并略低于平衡含水率，相邻两窄板含水率差不大于 2% ，以保证拼板形状稳定，不至于产生拼板开裂离缝。

③ 拼板的板面窄板排列除考虑纹理美观外，还需有利于减少干缩湿胀变形。为此，拼板材面有两种配板方法，见图 6-54。一是各窄板条同名材面朝向一致。湿度变化时，各窄板条变形弯曲方向一致，整块拼板形成一个大弯，这种配板方法适用于桌面等有依托的拼板，拼板被固定，防止了这个大弯的产生。二是相邻窄板条的同名材面朝向相反。当板面有变化时，虽有多个小弯，但整块拼板应能保持平整，适用于门扇等无依托结构的工件。

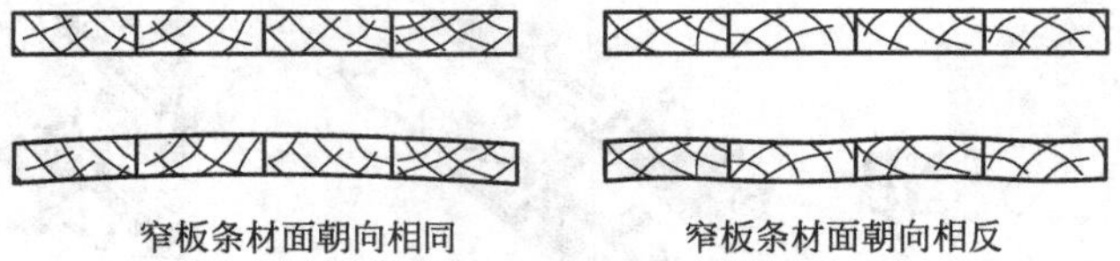

图 6-54 拼板材面配板方法与变形趋势

6.3.1.2 实木拼板接合方法

拼板的常用接合方法有平拼、裁口拼、企口拼、齿形拼、穿条拼、插入榫拼、暗螺钉拼和明螺钉拼等，见图 6-55。

① 平拼。窄板相拼面经过加工平直光滑，涂上胶黏剂，加压胶合即可。这种方法加工简单，接缝严密，是家具生产最常用的拼板方法。

② 裁口拼。裁口拼又称高低缝拼，将窄板相拼面裁口、涂胶、加压胶合。这种接合方法的强度比平拼高，拼板表面平整，但材料消耗较大。

③ 企口拼。企口拼又称槽簧拼、凹凸拼、龙凤榫拼，将窄板相拼面加工成槽、榫，然

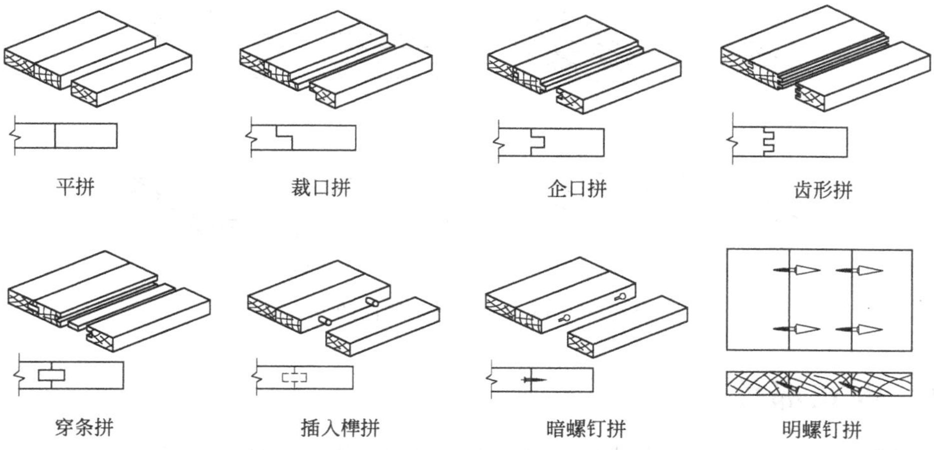

图 6-55　实木拼板接合方法

后涂胶，加压胶合。此种拼板接合强度高，拼板表面平整度好，材料消耗与裁口拼基本相同。当胶缝开裂时，凹凸结构仍可掩住缝隙，常用于密封要求较高的产品。

④ 齿形拼。齿形拼又称指形拼，将窄板相拼面根据板材厚度加工成两个以上的小齿，然后涂胶，加压胶合。此种拼板接合强度高，拼板表面平整，拼缝密封性好，适用于厚板、长板胶合，以及要求胶接牢固的工件。

⑤ 穿条拼。将窄板相拼面都加工成榫槽，借助木条或胶合板条，双面涂胶，加压胶合而成。根据拼板厚度，可以开双槽拼接，以提高接合强度。在家具生产中应用较广，常用于人造板拼接，或将此结构设计用于覆面人造板边部处理。

⑥ 插入榫拼。窄板相拼面经过加工平直光滑后，先在其上面钻孔，然后涂胶，插入圆榫，加压胶合。此种拼板方法要求钻孔位置精确，接合强度较高。常用于人造板拼接，也常用于覆面人造板边部处理。

⑦ 暗螺钉拼。将窄板的一侧加工出钥匙形槽孔，另一窄板侧面相应位置拧上木螺钉，装配时将螺钉从钥匙形圆孔处垂直插入，再向钥匙形窄槽方向推移，使螺钉头卡在窄槽底部，实现紧密接合。此法接合强度大，但加工较复杂。暗螺钉拼接结构常用于装饰性木线条与板边的连接，如床屏盖头线、各种覆面板用实木装饰压线等的连接，可保证接合严密。也用于反复拆装的接合，接合面不施胶。

⑧ 明螺钉拼。在一窄板的背面钻出倾斜的半圆锥孔，拼接面可涂胶也可不涂胶，用木螺钉拧入使两窄板接合。此种拼板方法操作简单，接合强度大，适用于使用环境比较恶劣的产品。

6.3.1.3　减少实木拼板翘曲的方法

实木拼板在使用过程中，受周围环境空气湿度变化的影响，拼板的宽度、厚度尺寸会发生变化，在进行结构设计时应给予考虑。在正常使用条件下，干缩湿胀周期为 1 年，其尺寸变化幅度的经验值为拼板宽度（或厚度）的 0.0125 倍。

当空气湿度发生变化时，木材含水率也发生改变，拼板端面容易吸收或释放水分，从而导致拼板开裂、翘曲变形。为了防止和减少这种现象的发生，常采用穿带、吊带或在拼板的两端镶嵌横贯的木条方法加以控制，见图 6-56。

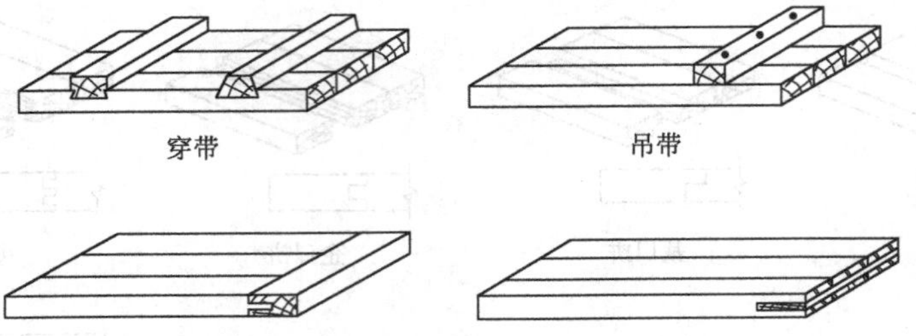

图 6-56 减少实木拼板翘曲的方法

6.3.2 板式部件

板式部件一般是以人造板为基材，表面进行覆面装饰的构件，是板式家具生产中最重要的组成部分，广泛应用于各类家具的设计与制造。随着科学技术和木材综合利用的不断发展，家具生产的主要原材料正在由单一的天然木材向各种人造板和复合材料发展。根据板式部件的结构形式的不同，一般分为实心板和空心板两类。

6.3.2.1 实心板

根据板材加工前的初期形式或开料裁板的表面状况，实心板可分为素面实心板和覆面实心板两种。

素面实心板是指直接采用刨花板、中密度纤维板、多层胶合板、细木工板等各种人造板的素板，或用碎料模压制成的板式部件，又称素面人造板或素面板。

覆面实心板是以各种素面人造板为基材，基材可以是整块人造板，也可由几小块人造板按工件尺寸要求拼接起来，两面胶贴薄木或其他覆面材料组成的覆面板式部件。其中，覆面材料按材质的不同可分为薄木，如天然薄木、染色薄木、艺术薄木、组合薄木等；装饰纸及合成树脂材料，如印刷装饰纸、预油漆纸、合成树脂浸渍纸、热固性树脂装饰层压板等；热缩性塑料薄膜，如聚氯乙烯（PVC）薄膜、聚乙烯（PE）薄膜、聚烯烃（Alkorcell，奥克赛）薄膜等，以及各种纺织物、合成革、金属箔等。覆面实心板生产工艺简单，生产效率高，是现代板式家具生产的理想用材。

6.3.2.2 空心板

空心板是由空心芯板和覆面材料两部分所组成的空心复合结构板件。通常覆面空心板部件的芯层材料由木框和空心填料组成，周边木框的材料一般为实木板、刨花板、中密度纤维板、多层胶合板、集成材等。空心填料可以是实木条、人造板条、蜂窝纸、栅状木条、格状板条、波状单板条等，其主要作用是使空心板具有一定的平面支撑强度。覆面材料多为经贴面装饰的胶合板或中密度纤维板。在家具生产中，常将这种空心板称为包镶板，其中，一面胶贴覆面材料的称为单包镶，两面胶贴覆面材料的称为双包镶。常用的有栅状空心板、格状空心板和蜂窝状空心板，见图 6-57。

空心板的木框接合强度不必过高，但应使框面平整，现代家具生产常采用骑马钉接合方式。木框四周边框零件的宽度一般为 40～50mm。木框中衬零件宽度，根据中衬在木框中的作用而定，若在其对应位置安装零部件，则宽度应满足安装尺寸的要求；对于只起衬垫作用的中衬，宽度一般为 10～20mm。栅状空心板，芯料零件之间的净空距离一般为 100～

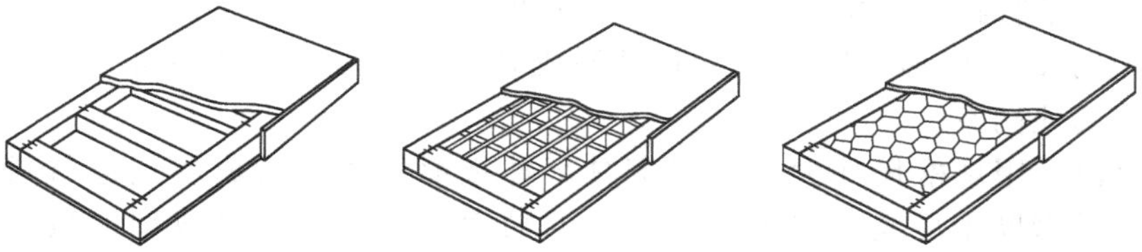

栅状空心板　　格状空心板　　蜂窝状空心板

图 6-57　家具生产常用空心板结构形式

200mm。对于带有格状、蜂窝状等空心填料的空心板，芯料零件之间的净空距离可根据实际结构需要加大距离。芯料排列形式应满足装配、对称和有利于板面平整的原则。如柜门的芯料排列，根据设计要求，在门上需安装三个铰链、一个拉手，这就要求在木框内相对应的位置排列符合安装尺寸要求的中衬（生产中称为附加木），并对称设置，见图 6-58。

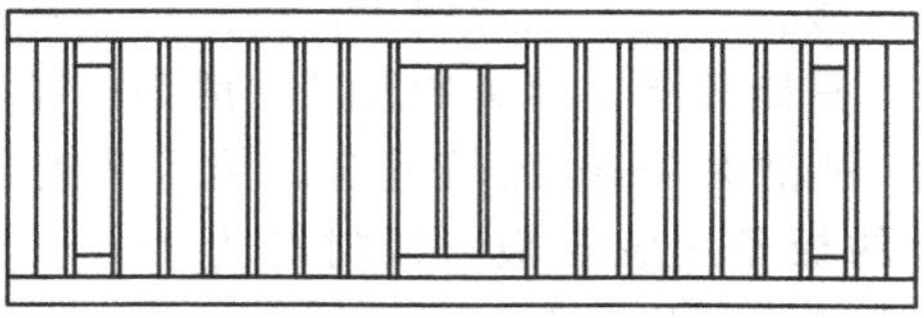

图 6-58　空心门板芯料排列形式

6.3.2.3　板式部件的边部处理

无论是覆面实心板还是覆面空心板，都需要进行边部处理。这是因为板件外露的侧边，不仅影响外观质量，而且板件在使用及运输过程中，边角易受冲击或碰撞而引起破损，贴面材料被掀起或剥落，特别是刨花板部件侧边暴露在大气环境中，当环境湿度变化时，极易吸湿而产生膨胀变形，因此，板式部件的侧边必须进行边部处理，以达到延长其使用寿命、美观与保护板件的目的。

板式部件的边部处理方法主要有封边法、后成型包边法（包边法）、镶边法和涂饰法等。见表 6-2，可根据板式部件侧边的形状以及设计要求来选择不同的边部处理方法。边部处理常用材料有薄木、木条、塑料封边条、浸渍纸封边条、塑料贴面板、金属、薄板及涂料等。

表 6-2　板式部件边部处理方法

处理方法 / 板件侧边形状		封边法			后成型包边法	镶边法	涂饰法
		直线封边	曲线封边	软成型封边			
直线形零部件	平面边	√	√			√	√
	型面边			√	√	√	√
曲线形零部件	平面边		√			√	√
	型面边					√	√

封边法是现代板式家具部件边部处理的常用方法，就是用木质、纸基、塑料等条（带）状封边材料，在板式部件边部经涂胶、压贴等工序封闭板件周边的一种加工方法。薄木封边条厚度一般为 0.4～0.6mm；当有特殊设计要求时，可选用薄板木条，厚度为 10～20mm，此类封边材料封边后还需进行涂饰处理，以提高装饰保护性能。纸基封边条常用的有预油漆纸封边带和三聚氰胺树脂浸渍纸封边带，将其制成卷状，厚度一般为

0.3～0.5mm。塑料封边条主要有聚氯乙烯（PVC），丙烯腈、丁二烯、苯乙烯三种单体的共聚物（ABS），聚丙烯（PP）等，将其制成卷状，厚度一般为0.4～5mm，表面可印刷各种木纹或其他图案。

后成型包边是用规格尺寸大于板式家具部件板面尺寸的后成型包边材料，先对板件进行贴面，然后借助于后成型包边机将多出的贴面材料包覆在已成型的板件边缘的边部处理方法。后成型包边材料通常为高压改性三聚氰胺树脂层压装饰板（俗称后成型防火板），厚度为0.6～1mm，弯曲的最小半径为6～10mm。该种工艺结构处理的板件广泛用于办公、厨房、餐饮、卫浴、实验室等场所家具的生产。值得注意的是，后成型包边法在面层材料被胶压饰面后，为了保证板式家具部件的受力平衡及不发生翘曲，应在板式家具部件的背面胶贴平衡层。企业为了控制生产成本，一般所用的平衡层材料为普通三聚氰胺树脂层压装饰板。

镶边是用木材、塑料或铝合金等材料镶贴在板式家具部件侧边的边部处理方法，可采用榫槽接合、插入榫接合或穿条接合。细木工板镶边，榫头可开在板件上；若刨花板或中密度纤维板镶边，则不能开榫头，只能开槽，榫头的厚度一般为板厚的1/3，如18mm厚的人造板，榫长8mm，榫厚6mm，榫槽深9mm比较适合。插入榫接合比穿条接合强度大，但钻孔精度要求较高。穿条接合的板条用胶合板，板材厚为18mm时，一般采用三层胶合板，槽深10mm，板条宽度比两槽深度之和小1～2mm。

实木条镶边时，木条可以先加工出型面再镶边，也可以镶边后再加工出型面，其木条宽度应大于板式部件厚度1～2mm（上、下各0.5～1mm），待镶边后修整，以使镶边条和板件表面平齐。实木镶边也可在表面贴面前进行，采用的实木镶边条与表面贴面薄木树种相同，纹理、色泽一致。贴面后对边部进行铣型加工，这种工艺结构得到的产品具有整体连续的实木装饰效果。

真空模压贴面是一种现代新型覆膜技术，用规格尺寸大于家具部件尺寸的覆面材料，将已成型的家具部件表面和侧边一次包封起来，其显著特点是不需用模具，覆面、封边一次性完成。

各种典型边部处理结构形式，见图6-59、图6-60。

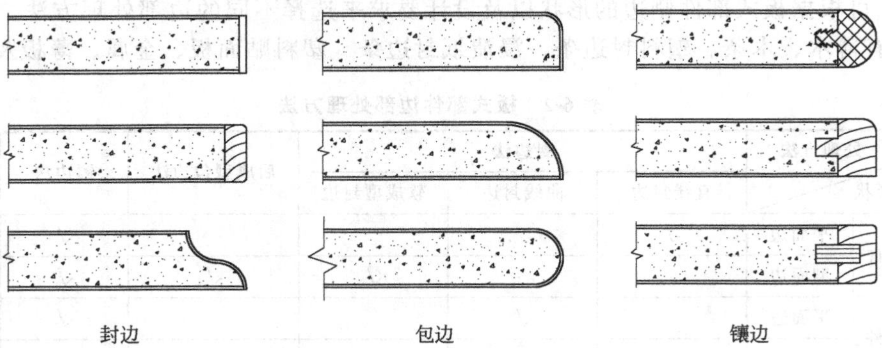

图6-59 边部处理结构形式

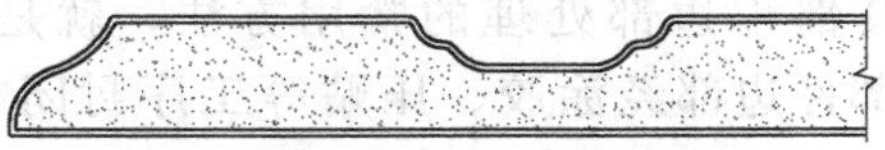

图6-60 真空模压包覆结构形式

6.3.3 木框结构

木框结构是实木家具的主要结构形式之一，框式家具均由一系列的木框架构成，在传统家具结构中占有重要地位。最简单的木框结构由纵横各两根方材通过榫接合而成，纵向方材称为立梃或立边，横向方材称为横档或帽头。复杂一些的木框中间带有方材，横向的称横档，纵向的称为立档。木框中间可以镶嵌实木拼板、覆面人造板等芯板（或称嵌板），或镶嵌玻璃、镜子等其他材料，构成木框嵌板结构，如图6-61所示。木框结构的接合主要表现在角部接合、中档接合和嵌板结构。

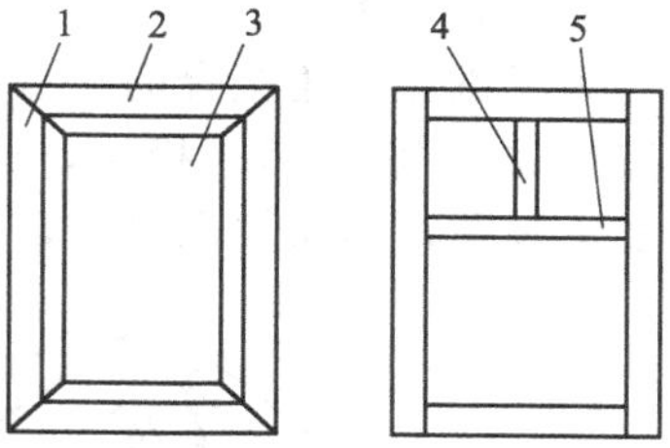

图 6-61　木框形式

1—立边；2—帽头；3—嵌板；4—立档；5—横档

6.3.3.1 木框角部接合

木框是框式家具的主要受力构件，家具中竖直使用的木框一般应设计成立梃夹横档形式，以保证受力稳定，均匀传入地面。木框角部接合可分为两种：直角接合与斜角接合。直角接合牢固大方，加工简便，是常用的接合方式；斜角接合相对比较美观，但加工比较复杂，接合强度较低，常用于外观要求较高的家具。设计时，根据结构的要求和零件在家具中的位置，选用不同的接合结构。

（1）直角接合

直角接合主要采用各种直角榫、燕尾榫、圆榫或连接件接合，如图6-62所示为木框角部直角接合的基本形式。用直角接合时，两根方材中总有一根方材的端面或者两根方材的部分端面露在外表，会影响表面装饰质量，而且接合部位的周边木材纹理既有横向又有纵向。由于木材横向变形量大于纵向，受使用环境的影响，装配后容易出现凹凸不平。

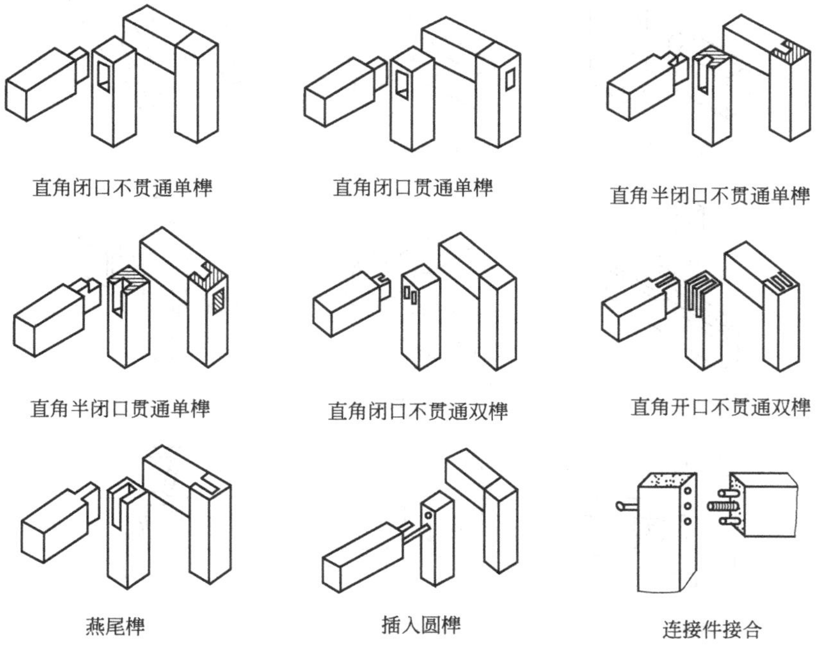

图 6-62　直角接合基本形式

(2) 斜角接合

为了避免直角接合的缺点，可将相接合的纵横两根方材端部榫肩加工成 45°的斜面，或单肩切成 45°斜面后再接合，这样可使不易装饰的方材端面不外露，如图 6-63 所示。斜角接合加工复杂，斜角要求严密，无缝隙，对加工设备精度和工件角度要求都很高。

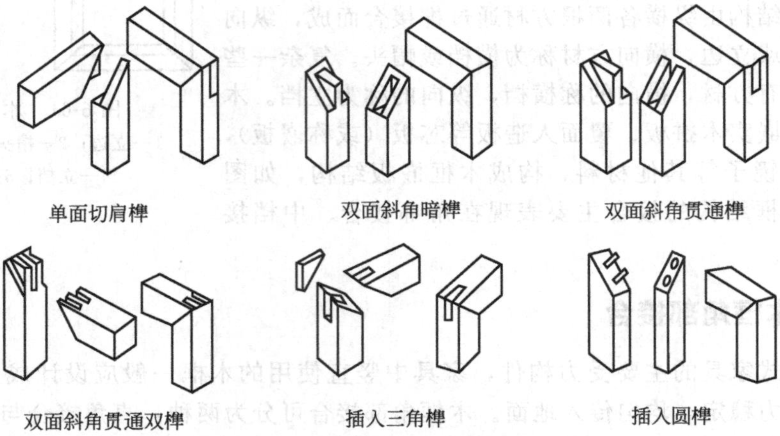

图 6-63 斜角接合基本形式

6.3.3.2 木框中档接合

木框中档接合是指中档与边框相接、中档间的连接，也应用于桌子、椅子、凳子等横撑与腿的连接。中档接合基本形式如图 6-64 所示。直角榫接合牢固，根据方材的尺寸、强度与美观设计要求，可采用单榫、双榫或多榫，暗榫或明榫。为使榫头接合紧密、牢固，在榫

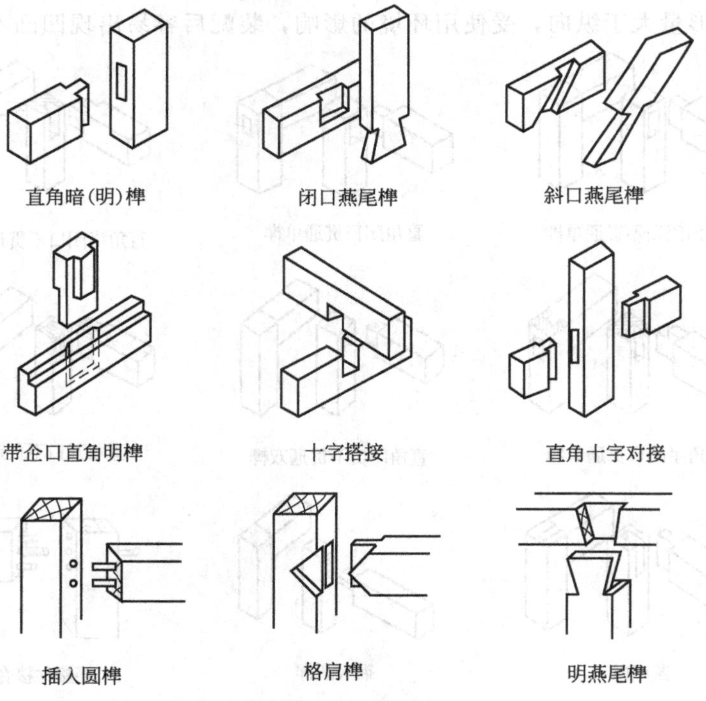

图 6-64 中档接合基本形式

头的端部可以加入木楔。燕尾榫接合为卡接形式，能够很好地拉住开卯方材。十字搭接常用于木框中档间纵横交叉连接，开槽深度为方材厚度的1/2。格肩榫外表比较美观，与木框斜角接合配合使用，常见于传统家具结构。插入圆榫接合加工简便，适用于各种场合，但接合强度较低。

6.3.3.3 木框嵌板结构

在安装木框的同时或装好木框之后，将拼板或人造板嵌入木框中间，这种结构称为木框嵌板结构，是传统框式家具中最常用的结构形式。为表现家具造型，门板等部件多数都采用木框嵌板结构。木框嵌板结构中的嵌板也称芯板或装板，根据其安装方法不同，嵌板结构主要有槽榫法和裁口法两种。由于各自细部结构形式不同，则表现出不同的外观效果，见图6-65。

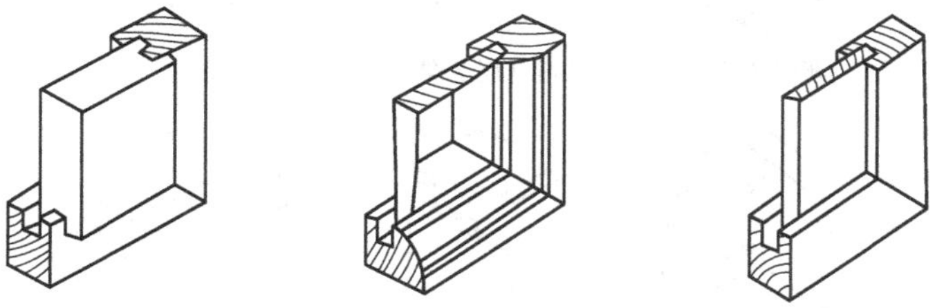

槽榫法嵌板结构

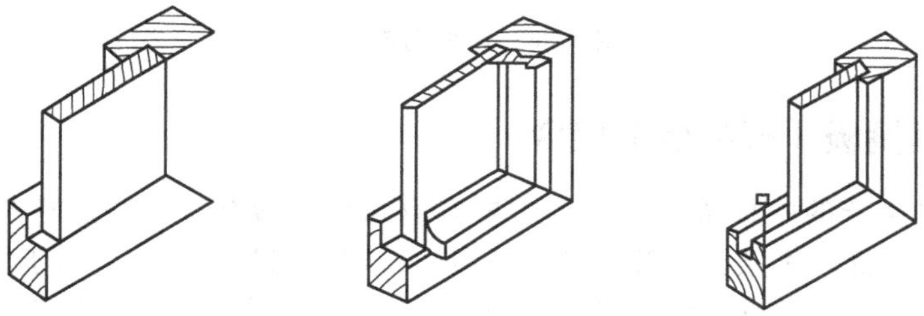

裁口法嵌板结构

图6-65　木框嵌板结构

槽榫法是在木框内开出沟槽，有时木框断面铣成各种型面，在木框合成的同时装上嵌板，一次装配完成。这种结构形式外观平整，接合牢固，但不能更换嵌板。裁口法是在框木上裁口，木框合成后装入嵌板，然后用带有型面的木线条或其他材料固定嵌板，用圆钉或螺钉加固。这种结构装配简单，易于更换嵌板，并且可以利用木线条的型面和突出木框表面的特征，加强家具造型的艺术性。

嵌板插入槽中的深度一般在8mm左右，槽深要留出嵌板自由胀缩的间隙，一般为2～5mm，实木拼板一般纵向留2mm，横向留5mm。为防止嵌板在槽间窜动，生产中常在横向槽中放置2～3个短胶条。槽边距木框表面应不小于6mm，以保证强度要求。槽宽依据嵌板边部厚度确定，并应留有0.1～0.3mm的间隙。

玻璃或镜子的嵌装应采用裁口法，以便于更换。

6.3.4 箱框结构

由四块或以上的板，按一定接合方式构成的框体或箱体称为箱框。所构成的箱框中部可能设有中板，即搁板或隔板，箱框的结构设计就是箱框的角部和中板的接合方法。常用的接合方式有直角榫、燕尾榫、插入榫以及连接件接合等。在现代家具生产中，尤其是用板式部件制作的柜体箱框，其角部及中板均宜采用连接件接合，详见6.2.6五金连接件接合结构，并可根据不同的使用要求灵活选用。

6.3.4.1 箱框角部接合

箱框角部接合根据接合后板端是否外露，分为直角接合和斜角接合两类，见图6-66。直角接合加工方便，是箱框结构常用的接合方法。斜角接合板端不外露，比较美观，但接合强度略低，主要用于外观有特殊要求的箱框接合。

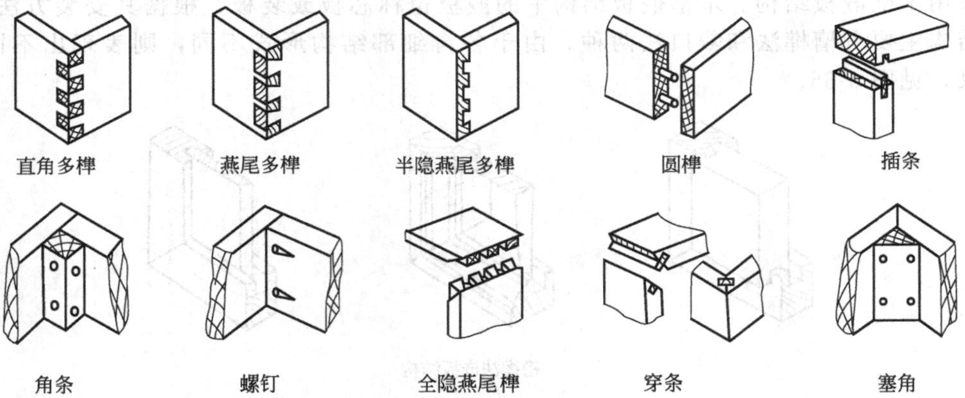

图6-66 箱框角部接合

6.3.4.2 箱框搁板（或隔板）接合

传统框式家具生产的中板接合方法，主要有直角槽榫接合、直角多榫接合、燕尾槽榫接合、结构木条接合、插入木条接合等，见图6-67。在现代家具生产中，对于固定搁板，主要采用插入圆榫接合和五金连接件接合；对于活动搁板的安装，主要采用各种连接件或层板托。

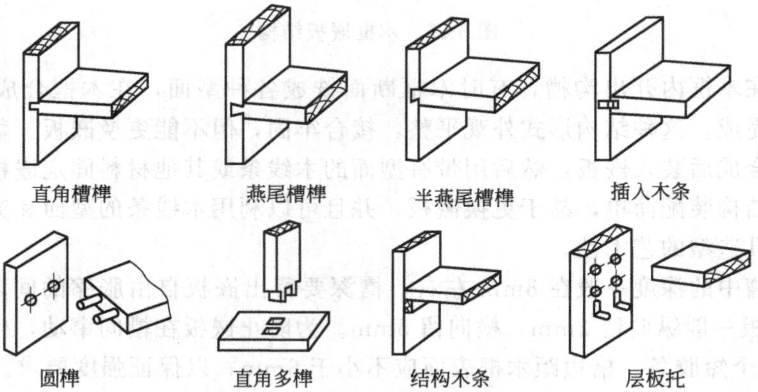

图6-67 箱框中板接合

6.3.5 抽屉结构

抽屉是家具中的重要部件，具有贮存物品和提高装饰性的作用，广泛应用于各种柜类、桌类等家具中。抽屉要坚固耐用，抽屉面与家具整体相协调。

6.3.5.1 抽屉的自身结构

根据抽屉面板是否露在家具外表面，抽屉分为明抽屉和暗抽屉。明抽屉按照抽屉面与旁板的相对位置关系，又分为内藏式抽屉、半搭式抽屉和全搭式抽屉。内藏式抽屉的抽屉面一般在框体旁板内与旁板侧边平齐，要求抽屉与外框间隙必须十分准确，加工精度高；半搭式抽屉的抽屉面板端部遮盖住柜体旁板一部分；全搭式抽屉的抽屉面板端部遮盖住全部外框。

抽屉结构是一个典型的箱框结构，由屉面板、屉旁板、屉背板（屉堵）和屉底板组成。有时在抽屉面里面设有屉面衬板，构成带衬板的抽屉结构。生产中先由屉面衬板、屉旁板、屉背板和屉底板组成箱框，然后再与抽屉面相连接，见图 6-68。

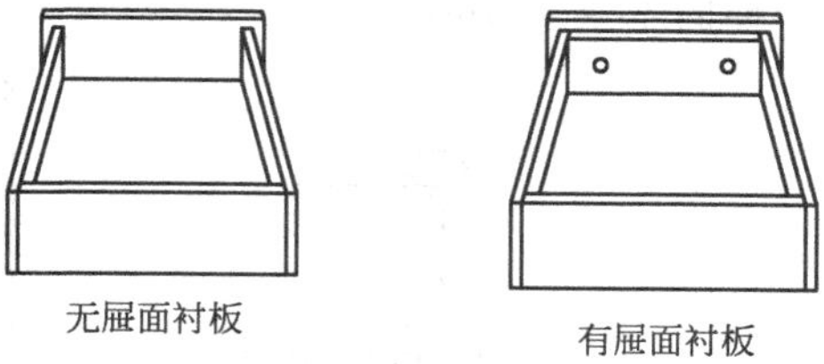

图 6-68　抽屉基本形式

制作抽屉所用材料很多，实木拼板、细木工板、覆面刨花板、覆面中密度纤维板、多层胶合板等都可以。屉旁板和屉背板还可以用聚氯乙烯塑料薄膜覆面的刨花板、中密度纤维板开 V 形槽折合而成，或采用金属或塑料型材。抽屉面板厚度一般为 16～22mm，屉旁板、屉背板厚度一般为 12～16mm，屉底板常采用 3～5mm 厚胶合板或中密度纤维板。

抽屉面板与旁板接合常采用半隐燕尾榫、燕尾槽榫、直角不贯通多榫、圆棒榫、裁口加钉等接合方法；抽屉旁板与背板接合常采用明燕尾榫、直角贯通多榫、圆棒榫等接合方法，见图 6-69。现代家具生产一般都采用偏心连接件接合，详见 6.2.6.2 固定结构件。

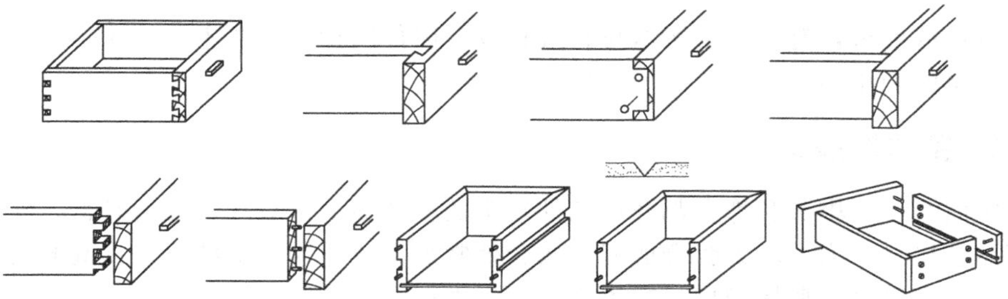

图 6-69　常见抽屉结构

抽屉底板与抽屉框体的接合方法有。屉面板、旁板、背板扒槽，底板嵌入槽中；或屉面板、旁板扒槽，底板嵌入槽中，屉背板在底板之上加钉接合；或屉面板扒槽，底板嵌入槽中，屉旁板、背板在底板之上加钉接合，见图 6-70。当抽屉较大时，应在屉底板下面加托条，以防止底板下沉。屉面板、旁板、背板扒槽到底边距离一般为 8～10mm，槽深为板厚度的 2/5，一般为 6～8mm，底板插入槽中，应留有 0.5～1mm 间隙。

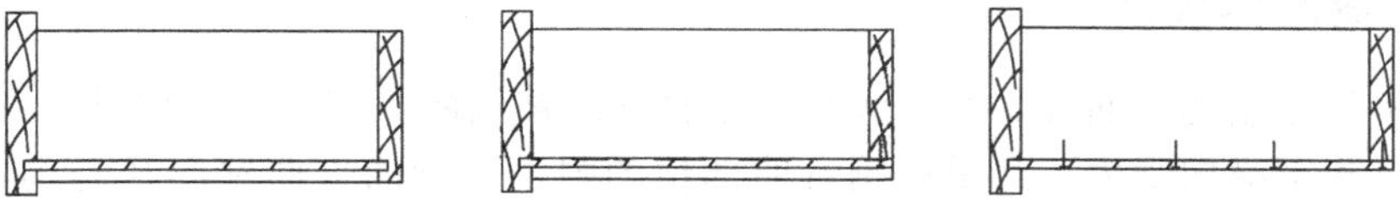

图 6-70　抽屉底板接合方法

6.3.5.2 抽屉的安装结构

抽屉安装在部件围成的框体内，借助于滑道可前后滑动，并应推拉自如，拉出最大量时不至于倾倒和掉落在地上。抽屉滑道可安装在抽屉旁板的底部、中间或上沿。

传统抽屉滑道一般由硬质木材制作，由底部托撑、侧向导向板条组成。为防止抽屉拉出时下垂量过大，常在屉旁板上方加设压屉档条，见图 6-71。悬挂式抽屉安装，是在柜体侧板上固定导向木条，在抽屉旁板外侧中部或稍高于中部开槽，槽深不能超过板厚 1/2，槽宽大于导向木条 0.5mm。

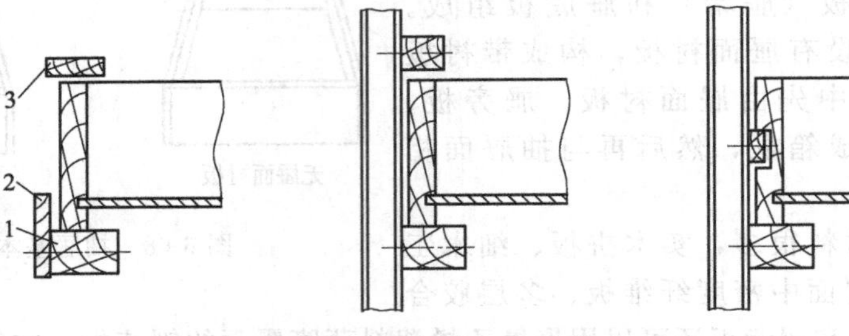

图 6-71　抽屉安装结构形式

1—托撑；2—侧向导向板；3—压屉档条

在现代家具生产，尤其是现代板式家具生产中，抽屉与柜体旁板的连接一般都采用专用抽屉滑道。有关安装尺寸设计，详见 6.2.6.4 滑动结构件。

6.3.6 实木件接长与弯曲件接合

由于设计的要求，有时需要实木材料接长或弯曲件的接合。实木件接长可以实现短料长用，提高木材的利用率。

6.3.6.1 实木件接长

实木纵向接合，榫头和榫孔都开在工件端头的横切面上，故接合强度较低。实木接长的强度主要靠胶接合。为了增大胶合面积，接合处常加工成不同的形状，以提高胶合强度。常用的接长方法有搭接、燕尾榫接、插入榫接和指榫接等，见图 6-72。

搭接分平面搭接和斜面搭接。在两根方材的端部，各去掉一半，加工简单，接合强度较低。有时为提高接合强度，可用销钉或螺钉加固，但影响外观质量。双燕尾榫搭接，端部要加工出燕尾榫和槽，可承受一定拉力，但机械加工比较困难，适于载荷不大的工件。指榫接合是现代家具生产实木接长普遍采用的接合方法，采用专门的设备加工，生产效率高，接合强度大，木材损失较小，接合处表面质量好。设计与生产时应注意露齿方向，露齿分正面露齿和侧面露齿。

6.3.6.2 弯曲件接合

利用实木板锯制的弯曲件，由于大量的木材纤维被锯断，产品在使用过程中出现木材纤维斜向受力，甚至横向受力，严重影响弯曲部位的强度。弯曲件曲率半径越小，强度越低，同时表面涂饰质量也会受到影响。对于较大的弯曲件，如圆环形或较大的圆弧形零件，就需要采用几个较小的弯曲件连接制成。弯曲件连接接合，加工比较复杂，制造成本较高。对于实木板锯制的弯曲件连接接合，可以采用与实木件接长相同的方法，见图 6-73。

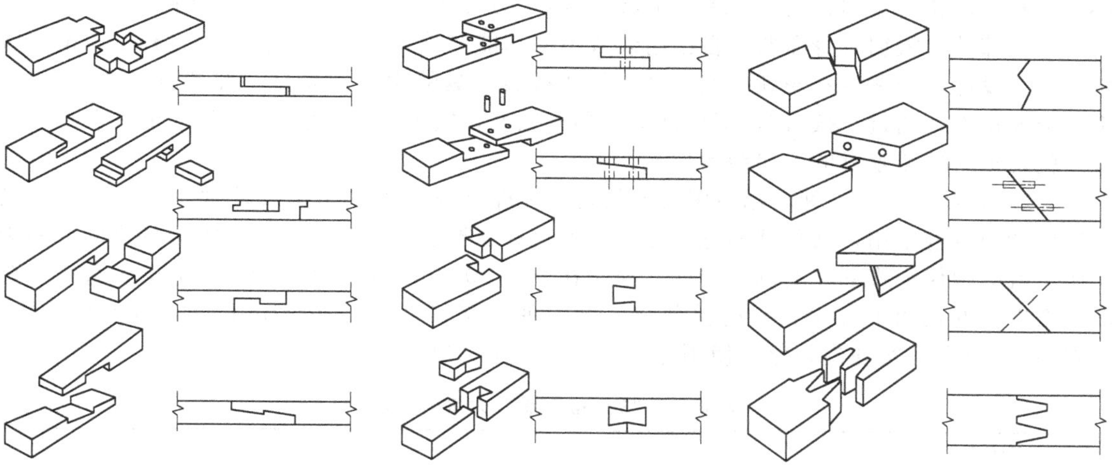

图 6-72 实木件接长方法

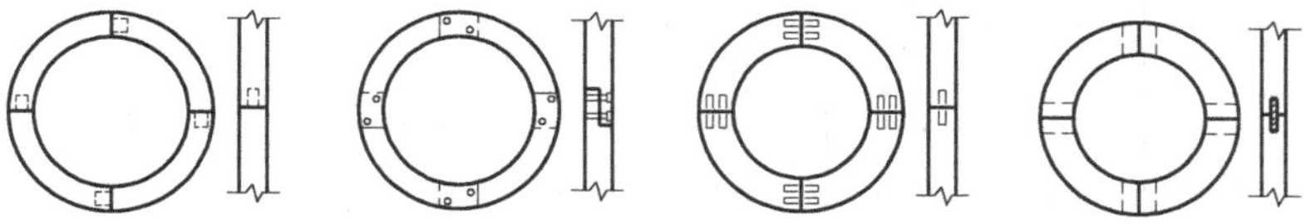

图 6-73 弯曲件接合方法

为改善弯曲件接合强度和表面质量，可采用实木弯曲或单板胶合弯曲工艺制作。实木弯曲是将实木方材经软化处理、加压弯曲和干燥定型等工艺过程，直接加工成所需弯曲形状。但由于各种木材弯曲特性不同、方材断面尺寸不同，弯曲曲率半径受到一定限制，只能用来加工部分材种和部分曲率半径较大的工件，工艺技术难度较大。单板胶合弯曲是采用单板胶合工艺，将多层单板胶合一次直接加工成所需弯曲形状。单板胶合弯曲可以生产制造曲率半径较小的工件，但需要一套专用的加工设备。

6.4 “32mm 系统”板式家具结构

“32mm 系统”出现于 20 世纪 50 年代的欧洲，当时，经历了二次世界大战的欧洲，为了尽快恢复家园，建筑业一派繁荣，需要提供大批量家具满足人们生产与生活的需求，带动了家具工业的发展，于是，家具制造业开始寻求一种能工业化大批量生产的方式。在当时的家具生产中，已经开始使用刨花板、塑料等新材料，五金连接件也有所发展。针对需求量较大的柜类家具，提出了一种新的“模数化”家具制造系统，以及以柜类家具旁板为基本骨架，设计加工成成排的孔，用以安装柜门、抽屉和搁板等的想法。因其基本模数为“32mm”，所以后人就称之为“32mm 系统”，“32mm 系统”就在这样的背景下产生了。

6.4.1 “32mm 系统”板式家具概述

板式家具主要是指以人造板为基材，采用各种专用的五金连接件，包括圆棒榫，装配而成的家具。生产板式家具的主要用材是各种人造板，包括刨花板、中密度纤维板、胶合板、细木工板等。板式家具经历了板式组合家具、板式拆装家具（KD 家具）、自装配式家具

(RTA 家具）和当今的自己做家具（DIY 家具）的发展历程。DIY 家具，消费者可以通过购买不同部件，根据自身需要，自己组装成不同功能和款式的家具。在这一过程中，消费者能够参与设计，消费者本身就是设计师。板式拆装家具的生产理念是“部件就是产品”，采用五金连接件，通过“接口”，即部件上的预先钻孔，实现产品组装，所以，“部件”加“接口”就是板式拆装家具的主要结构形式。

“32mm 系统”是一种国际通用的模数化、标准化板式家具结构设计理念，在板式家具结构设计中普遍采用，其部件的标准化、系列化和互换性是设计的重点。零部件之间要实现互换，就必须保证零部件的制造精度，控制在 0.1～0.2mm 精度水平上。“32mm 系统”要求零部件上的孔间距为 32mm 的整数倍，即应使“接口”都处在 32mm 方格网的交点上，见表 6-3，以保证实现模数化，使用专用的排钻一次钻出。

表 6-3　“32mm 系统”方格网点表　　单位：mm

十位数＼个位数	0	1	2	3	4	5	6	7	8	9
0	0	32	64	96	128	160	192	224	256	288
1	320	352	384	416	448	480	512	544	576	608
2	640	672	704	736	768	800	832	864	896	928
3	960	992	1024	1056	1088	1120	1152	1184	1216	1248
4	1280	1312	1344	1376	1408	1440	1472	1504	1536	1568
5	1600	1632	1664	1696	1728	1760	1792	1824	1856	1888
6	1920	1952	1984	2016	2048	2080	2112	2144	2176	2208
7	2240	2272	2304	2336	2368	2400	2432	2464	2496	2528
8	2560	2592	2624	2656	2688	2720	2752	2784	2818	2848
9	2880	2912	2944	2976	3008	3040	3072	3104	3136	3168

在欧洲，“32mm 系统”被称为“EURO”系统，其中 E 代表 essential knowledge，指基本知识；U 代表 unique tooling，指专用设备的性能特点；R 代表 required hardware，指五金件的性能与技术参数；O 代表 ongoing ability，指不断掌握关键技术。这充分反映出了“32mm 系统”的内涵和结构设计精髓。为什么要以 32mm 为模数呢？其原因主要包括以下几个方面。

① 排钻设备主要靠齿轮传动，齿轮间合理的轴间距不应小于 32mm，否则，排钻齿轮传动装置将受很大影响。

② 欧洲习惯使用英制为度量单位，如选用 1in（25.4mm）作为轴间距，则会与排钻轴间距产生矛盾，而欧洲人习惯使用的下一个英制尺寸 1¼ in（31.75mm），取整数即为 32mm。

③ 32 可以不断被 2 整除，就其数值而言，在家具设计装配中具有很强的灵活性和适应性。

④ 32mm 作为孔间距模数，并不代表家具的外形尺寸是 32mm 的倍数，这与我国建筑行业推行的 300mm 模数不矛盾。

“32mm 系统”板式家具，适合于大工业化生产的要求，在设计、生产、贮存、运输、销售、安装等方面都具有许多传统家具难以相比的优点。

设计上，应用工业设计的原理，把板块的标准化、系列化、通用化放在首位，这样简化了板件的规格、数量，设计工作量相应简化很多。

生产上，由于简化了板件的规格和数量，这样就减少了机械设备的频繁调试，便于质量控制，提高了加工精度和工作效率；同时，也相应地降低了产品生产成本，延长了设备的使用寿命。

贮运上，由于是标准板件，部件就是产品，因此，在贮存与运输过程中，可以采用成批的纸箱包装和大量堆放，有效地利用了贮运空间，减少了破损和难以搬运等许多麻烦。

销售上，由于自装配家具是板件销售，用户可以根据自己的愿望和需要采购，改变产品的造型和色彩组合。可以设想将来的销售情况是：设计者和销售人员将系列产品的有关数据输入计算机中，计算机将这些数据进行处理后，打印出各种规格板件的代号、数量、价格、贮存地点、连接件的种类、数量以及产品的装配示意图和产品价格，用户可以根据这些来选择自己满意的产品，并自行装配。同时，工作人员也可以通过这些数据很快地从库中取出板件，送到客户手中。此外，客户还可以增减或变换板件，自己动手装配出其他形式的产品。

安装上，采用无榫卯结构的接口方法、现代家具五金连接件与圆榫连接来实现板件的接合，实现了零部件的标准化与互换性，安装更加简便。

6.4.2 “32mm 系统”结构设计规范

板式部件是板式家具的基本单元，部件就是产品，因此，“32mm 系统”板式家具结构设计的实质就是对标准板件的孔位设计。又因为家具顶板、面板、搁板、望板、门板、抽屉等都与旁板相联系，所以，旁板是板式家具中最主要的部件，是设计的核心，被称为“信息板”。旁板结构孔位确定后，其他板件的孔位设计就变得容易了。旁板上钻有两种不同用途的孔，即结构孔（construct hole）和系统孔（system hole），见图 6-74。接口孔径为 3mm，用于拧入紧固螺钉；接口孔径为 5mm、8mm、10mm，用于嵌装连接杆件；接口孔径为 15mm、20mm、25mm、30mm，用于嵌装连接母件；接口孔径为 26mm、35mm，用于嵌装暗铰链。

结构孔是形成柜类家具框架所必需的接合孔，是旁板与水平板件（顶板、底板、搁板等）之间用连接件连接接合的安装孔，设在水平坐标上。上沿第一排结构孔中心与板端的距离及孔径，根据板件的结构形式和选用的连接件安装尺寸具体确定。孔径系列常为 5mm、8mm 和 10mm。

系统孔设在垂直坐标上，分别位于旁板前沿和后沿，是装配搁板、抽屉、门板等零部件所必需的孔。标准系统孔孔径为 5mm，孔深为 13mm。当系统孔用作结构孔时，其孔径根据选用的连接件要求而定，一般为 5mm、8mm、10mm、15mm 和 25mm 等。

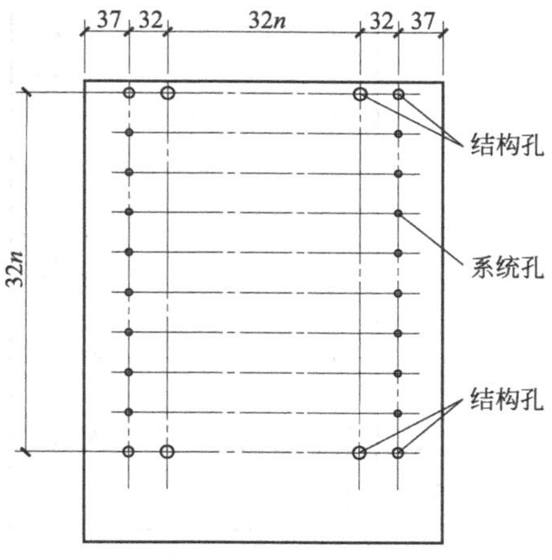

图 6-74　旁板上的结构孔和系统孔

板式部件厚度应≥16mm，常用厚度为 16～25mm。为了方便钻孔加工，“32mm 系统”一般都采用“对称原则”设计和加工旁板上的结构孔和系统孔。所谓“对称原则”，就是使旁板上的安装孔上下、左右对称分布；同时，处在同一水平线上的结构孔、系统孔以及同一垂直线上的系统孔之间，均保持 32n 的孔距关系。这样做的优点是，同一个系列内所有尺寸相同的旁板，可以不分上下、左右，在同一钻孔模式下完成加工，从而达到最大限度地节省钻孔时间。结构孔和系统孔的布局是否合理，是“32mm 系统”结构设计的关键。

6.4.3 旁板孔位与尺寸设计

根据“32mm 系统”结构设计规范，旁板上沿第一排结构孔中心与板端的距离及孔径按照板件的结构形式和选用的连接件而定，见图 6-75。如采用三合一偏心连接件，结构形式为顶板在旁板之间，则结构孔径应为 10mm，孔中心到旁板顶端的距离 $C=S+B/2$。若结构形式为顶板盖着旁板，则 C 应该根据所选用偏心连接件的连接杆长度而定，一般 $C=34$mm，孔径为 15mm。旁板下沿结构孔中心到底端的距离 D，则和望板高度 H_1、底板厚度 B 以及连接形式有关，$D=H_1+B/2$。

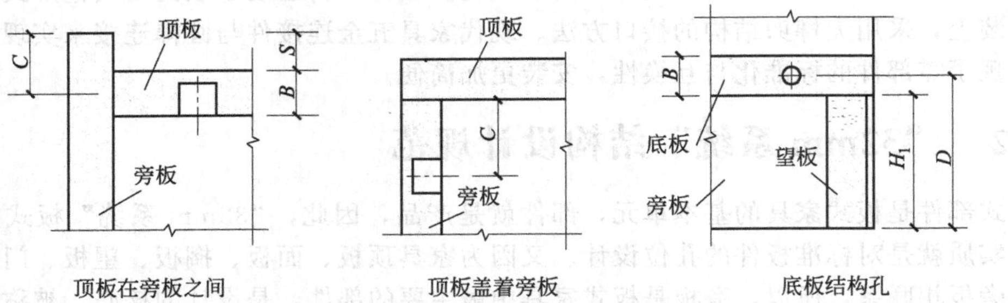

图 6-75 “32mm 系统”结构孔设计

当采用外搭门或外搭抽屉时，系统孔中心到旁板前沿的距离为 37mm 或 28mm；若采用内藏式门或内藏式抽屉，则该距离应为 37mm 或 28mm 加上门板或抽屉面的厚度。前后轴线之间及其辅助线之间均应保持 32mm 的整数倍距离，见图 6-76。

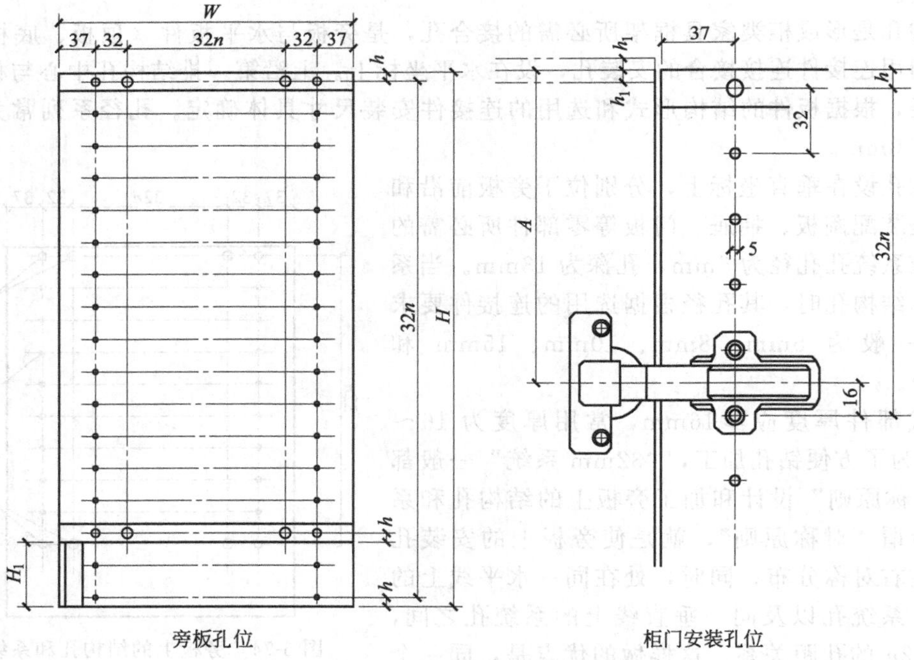

图 6-76 “32mm 系统”孔位设计

当门板上沿与柜体顶板平齐时，门上沿到安装杯状暗铰链铰杯孔中心的距离 $A=h+32n-16$，h 为旁板上、下端边沿到网格最上、下端钻孔中心线的距离，一般为板厚度的 1/2，如顶板厚为 18mm，则 $A=18/2+32\times5-16=153$mm。当门板高出或低于柜体顶板时，A 值应加或减高、低量 h_1。

旁板的高度和宽度与旁板上面的结构孔和系统孔有直接关系，当顶板与旁板的安装方式确定后，结构孔和系统孔也就随之确定了，则旁板的高度和宽度尺寸就确定了。高度 $H=C+D+32n$。按照对称原则，采用外搭门，系统孔中心到旁板前沿的距离设计为 37mm，则宽度 $W=37\times2+32n$。例如，采用 18mm 厚人造板制作柜体，预设计柜高 2000mm，柜宽 580mm，外搭门厚 22mm，顶板在旁板之间，且顶部平齐，即 $S=0$，则 $C=0+18/2=9$mm；取望板高 $H_1=60$mm，则 $D=60+18/2=69$mm；按“32mm 系统”方格网点表，旁板高度方向取点 1920mm，宽度方向取点 480mm，则旁板高度 $H=9+69+1920=1998$mm，宽度 $W=37\times2+480=554$mm，最终设计柜高为 1998mm，柜宽为 554+22=576mm。

6.5 软体家具结构

软体家具一般是指以不同材料制成框架，辅以弹簧、泡沫和填料，表面包覆各式面料制成的，具有一定弹性的坐、卧类家具。如我们常见的沙发、软面椅、软面凳、弹簧软床垫，表面用软体材料装饰的床屏等都属于软体家具。

6.5.1 支架结构

支架是构成软体家具的基础框架，是软体家具的主体结构和基本造型。坐、卧类家具受力较大，它不仅要承受静载荷，而且还要承受动载荷，甚至是冲击载荷，这就要求支架应满足各种使用要求的强度、刚度和稳定性。支架结构有木结构或木质材料结构、钢结构、塑料成型支架以及钢木组合结构等。目前，国内生产沙发的支架多以实木和多层胶合板相结合的框架结构为主。利用多层胶合板锯割成型，不仅可以满足沙发外观曲线造型的需要，还可以实现生产的标准化，提高生产效率。因此，利用速生材加工生产软体沙发内结构框架，是代替实木沙发内结构框架的一个重要发展方向。软体家具也有不用支架的全软体家具，如软床垫、软座垫等。

木结构或木质材料结构支架属于框架结构，可采用明榫接合、螺钉接合、钉接合以及连接件接合等方式连接，如图 6-77 所示。受力大的部件，须挑选材质坚硬、弹性较好、无虫眼、疤节等缺陷的材料制作，这样，有利于保证沙发在长期落座、反复受力的情况下，接合牢固、软体材料和面料等不会松弛起伏，整个结构也不会松动，从而保证沙发的使用效果和寿命。外露的扶手、脚等部件，应选择纹理美观、材质优良的木材。由于内框架有软体材料包覆，不外露，加工质量要求不高，在受力小的部位可以使用一些有缺陷的木材，以提高木材的利用率。

钢结构支架常用材料有圆钢管、方形钢管、矩形钢管等，一般采用焊接或螺钉接合，或弯管成型，如图 6-78 所示。

塑料支架常用材料有聚丙烯、硬质聚氨酯和聚苯乙烯等。由于塑料的特性，可以注塑、压延成型，所以常根据软体家具造型与结构一次成型。如聚丙烯软垫椅框架、硬质聚氨酯椅子框架、聚苯乙烯塑料浇注成型的全塑沙发等。塑料支架的优点是材料损耗较小，质地均匀，光滑美观，耐腐蚀，成型工艺简单。使用一吨塑料，平均可以代替十多立方米木材。

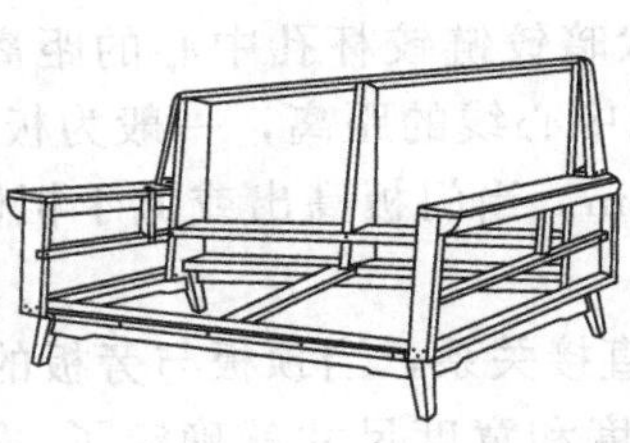

图 6-77　沙发木支架

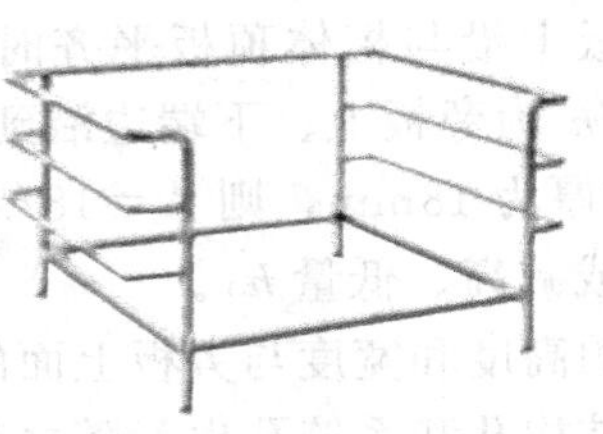

图 6-78　沙发钢支架

6.5.2　软体部位结构

软体部位所用材料一般有螺旋弹簧、蛇簧、泡沫塑料以及薄型材料等，根据设计要求，其结构形式各不相同。

6.5.2.1　弹簧结构

传统的弹簧结构是利用弹簧作软体材料，然后在弹簧上包覆棕丝、棉花、泡沫塑料、海棉等，最后再包覆装饰面料。弹簧有螺旋弹、拉簧、蛇簧等。

图 6-79 所示是一种典型的传统弹簧结构。全包沙发的软体部位结构分为座、靠背和扶手三部分，其中座、靠背均采用螺旋弹簧。螺旋弹簧下部缝连或钉固于底托上，上部用绷绳绷扎连接并固定于木架上，使其能弹性变形而又不偏倒。在绑扎好的弹簧上面先覆盖固定头层麻布，再铺垫棕丝，然后覆盖固定两层麻布，再铺垫少量棕丝后包覆泡沫塑料或棉花，最后蒙上表层面料。其中弹簧的作用是提供弹性，棕丝、泡沫塑料、棉花等填料的作用在于将大孔洞的弹簧圈表面逐步垫衬成平整的座面。加两层麻布有利于绷平，减少填料厚度。一般家具可酌情减免头层麻布上面的材料层次。

填料除上述典型的材料外，亦可选用其他种类，根据产品档次和填料的回弹性能选用。软体部分的高度由绷扎后的弹簧高度和填料厚度构成，填料厚度应小于 25mm。弹簧高出座望板上沿至少 75mm。

用蛇簧作为软体结构主体，制作座和靠背软体部位，是使用专用的金属支板或钉子将数根蛇簧固定在框架上。座簧固定于前、后望板，背簧固定于上、下横档，各行蛇簧用螺旋穿簧连接成整体，中部各行间也可用金属连接片或拉杆代替螺旋穿簧。

蛇簧上、下部的结构与螺旋弹簧结构沙发相同，即蛇簧上部有麻布、填料和面料，下部设有底布。

6.5.2.2　软垫结构

现代沙发生产多采用软垫结构，将整个沙发分为两部分，一部分由支架和绷带制成的底胎；另一部分是软垫，由泡沫塑料、海绵与面料等构成，见图 6-80。

图 6-79　螺旋弹簧结构沙发

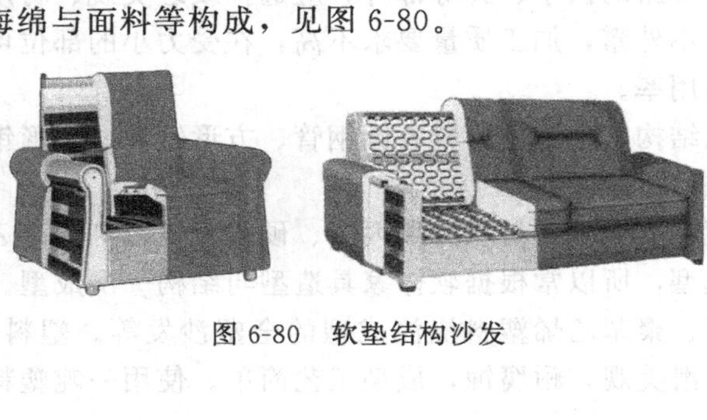

图 6-80　软垫结构沙发

以泡沫塑料、海绵等为主要弹性材料的座和靠背，在其下需设底托支承。底托制作同弹簧结构，上面覆麻布与面料，见图 6-81。

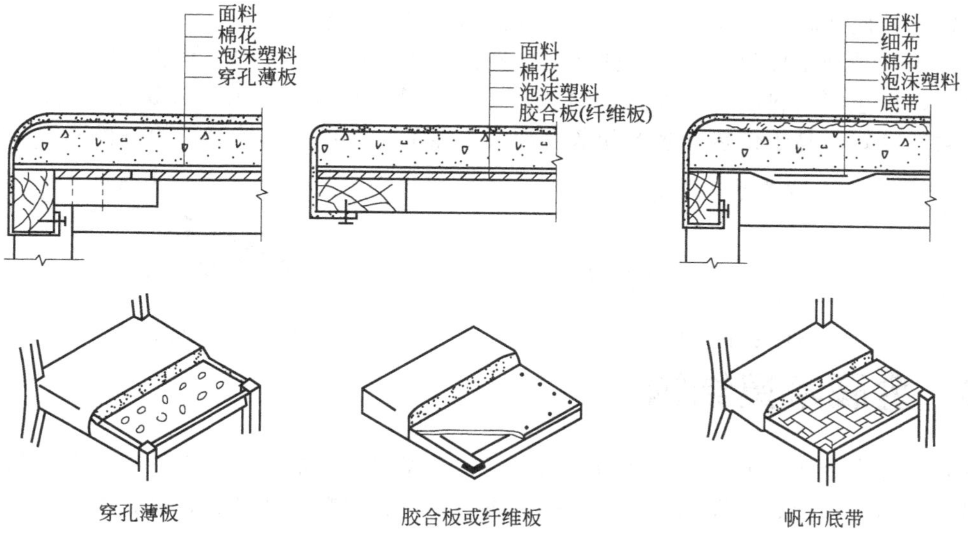

图 6-81　软座垫结构

无论何种结构，填充料对沙发的舒适度都起着决定性作用，填充料应有良好的弹性、抗疲劳、寿命长。传统的填充料是棕丝、弹簧、绷带等；现代常用各种发泡塑料、海绵、合成材料等。一般市场上主要使用的填充物按成本由低到高有泡沫、海绵、蓬胶棉、PP 棉等。

6.5.2.3　薄软材料座面

薄软体材料有藤面、绳面、布面、皮革面、人造革面、棕绷面以及合成塑料面等，用这些软体或半软体材料，有的直接固定在座框上，有的直接编织在座框上，有的单独纺织在木框上后再嵌入座框内，有的缝挂在座框上，如图 6-82 所示。

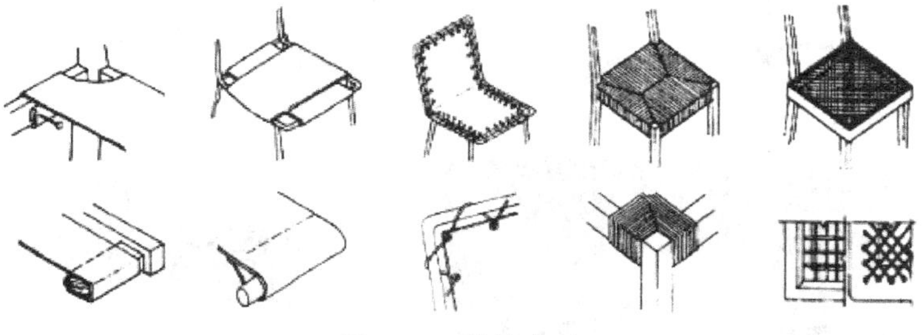

图 6-82　薄软座面

6.5.3　床垫结构

床垫一般由床网（弹簧）、填充物和面料三大部分组成，一般没有框架。床垫结构有多种，分为弹簧床垫、泡沫塑料床垫、全棕床垫、棕绷床垫、充水床垫、充气床垫、功能床垫、拉簧床垫等。常用的是弹簧床垫和全棕床垫。

弹簧床垫通常是由弹簧芯、麻布、棕垫、泡沫塑料、海绵和面料等材料制成，如图 6-83 所示。弹簧芯由圆柱形螺旋弹簧组合而成，是弹簧床垫的骨架，并决定床垫的基本尺寸和弹性。

在这种结构的基础上，针对床垫中间受力最大、易塌陷等问题，设计开发出了独立袋装弹簧床垫。将圆柱形螺旋弹簧，分别装入经特殊处理的棉布袋中，可独立承受压力，弹簧之间互不影响，使邻睡者不受干扰，并且有效预防和避免摩擦。

全棕床垫是利用棕丝或棕片的弹性与韧性作软体材料，通过均匀铺装、展平和胶压成一定厚度后，再包覆面料制成，如图 6-84 所示。全棕床垫的厚度一般比弹簧床垫的厚度要薄，弹性和柔软度好，易于传热、吸湿和散发汗气与热量，是目前比较流行的一种薄型床垫。

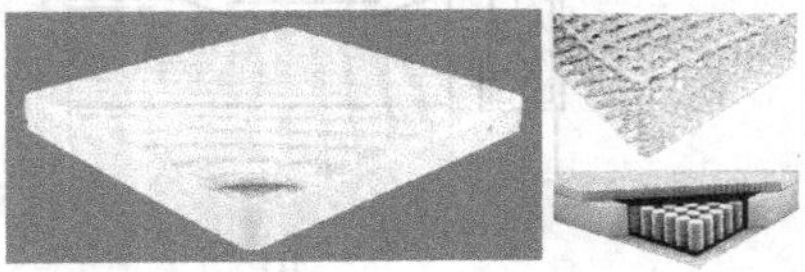

图 6-83　弹簧床垫

图 6-84　全棕床垫

6.6　金属家具结构

主要部件由金属制成的家具称为金属家具。金属家具包括全部零部件都由金属制成的全金属家具，如档案柜、文件柜等；也包括金属与木材、塑料、玻璃、石材、竹藤、皮革、纺织面料等辅助材料组成的家具，如钢木餐桌、展示柜、折叠椅等。

6.6.1　结构形式与特点

家具的结构形式取决于造型、使用功能以及所采用的材料特点和加工工艺的可能性。根据金属材料的特性，金属家具的结构形式可分为固定式、拆装式、折叠式和插接式，如图 6-85 所示。

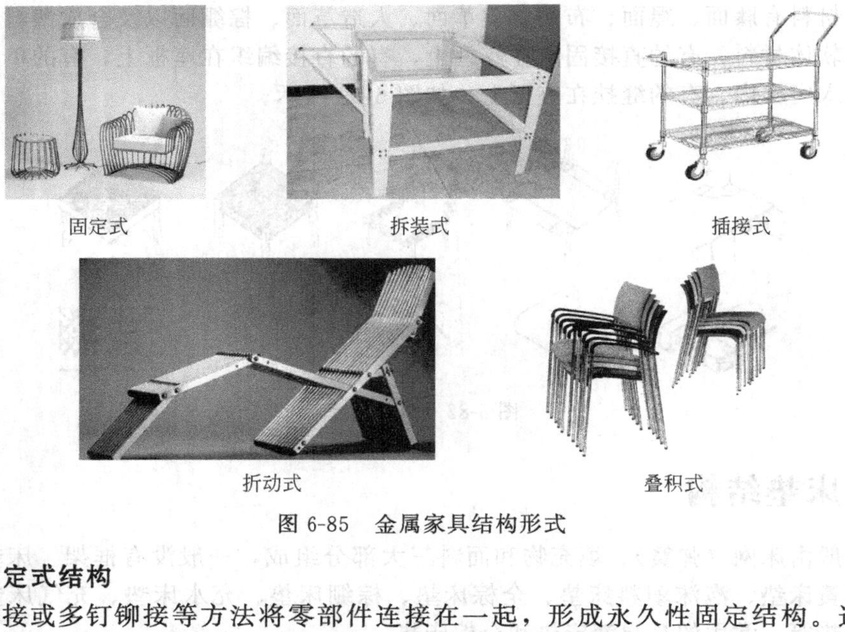

图 6-85　金属家具结构形式

(1) 固定式结构

采用焊接或多钉铆接等方法将零部件连接在一起，形成永久性固定结构。这种结构稳定、牢固，有利于造型设计，但体积较大，不便表面涂饰和包装运输。

(2) 拆装式结构

产品中各主要部件之间采用螺栓、螺钉以及其他连接件连接。其优点是便于加工和表面涂饰，有利于包装和运输，牢固性、稳定性也较好。要求零部件加工精度高、互换性强。

(3) 折叠式结构

折叠式可分为折动式和叠积式，常用于桌、椅类家具。折动式结构是利用平面连杆机构原理，通过铆钉、转轴等连接。使用时打开，用完可折叠存放，占用空间小，利于携带。折动结构对零件的尺度和孔距要求较高，家具整体强度、刚度和稳定性略低。叠积式结构的主要连接方式是焊接、铆接和螺钉连接等，家具堆叠存放，占地面积小，搬运方便，但对零部件加工和安装精度要求较高。家具设计的尺度要合理，否则会影响堆放数量、安全性和稳定性。叠积式家具设计主要从脚架与背板的空间位置来考虑，越合理的形状与叠积方式，堆叠的家具数量就越多。

(4) 插接式结构

零部件通过套管和插接头（二通、三通、四通）连接，将大管的内径套入小管的外径。插接头与零件间常常采用过盈配合，有时也有在零件的侧向用螺钉或轴销锁住插接头，以提高插接强度。插接结构装卸方便，便于机械加工和表面处理，有利于包装和运输。但要求插接的部位加工精度高，零部件、连接件要具有良好的互换性。插接式结构整体牢固性、稳定性较差。

6.6.2 连接方式

根据金属家具的结构形式，其连接方式主要有焊接、铆接、螺栓连接、螺钉连接、插接、挂接等。

① 焊接。焊接可分为气焊、电弧焊、自动焊等。牢固性及稳定性较好，主要用于固定式结构的零部件之间永久固定连接，可承受较大载荷和剪切应力。见图 6-86。

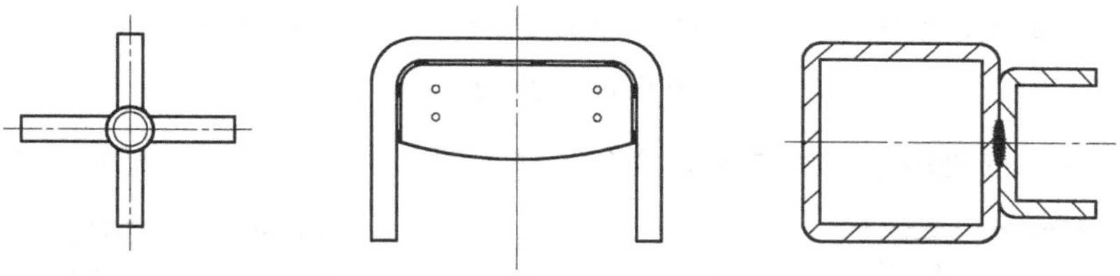

钢管之间全焊　　钢管与椅背断续焊　　钢管与配件点焊

图 6-86　焊接

② 铆接。铆接主要用于折叠结构或不适于焊接的零件之间的连接。根据零部件之间是否有相对运动，可分为固定式铆接和活动式铆接，见图 6-87、图 6-88。此种连接方式可先将零件进行表面处理，然后再装配，便于加工。

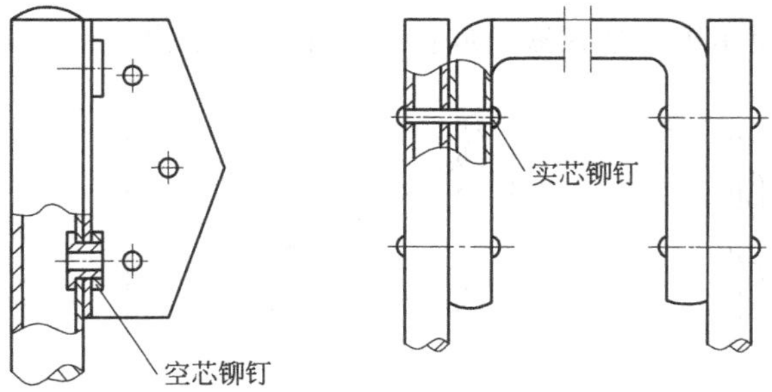

钢管与配件铆接　　钢管与钢管铆接

图 6-87　固定式铆接

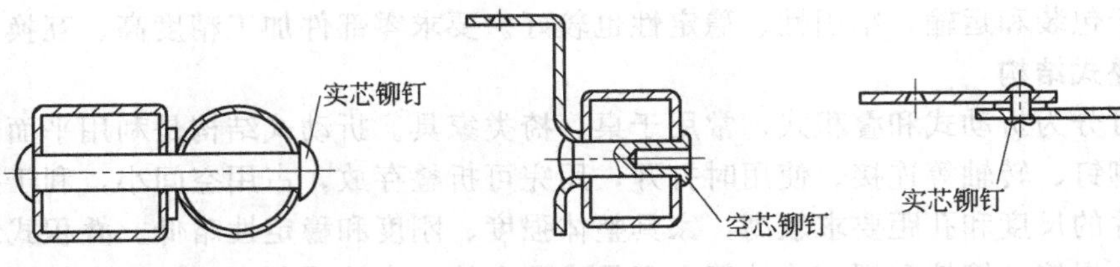

图 6-88 活动式铆接

③ 螺栓、螺钉连接。螺栓、螺钉最大的特点是可以重复多次使用，实现家具零部件的可拆装，所以，螺栓、螺钉连接主要应用于拆装式家具。见图 6-89。

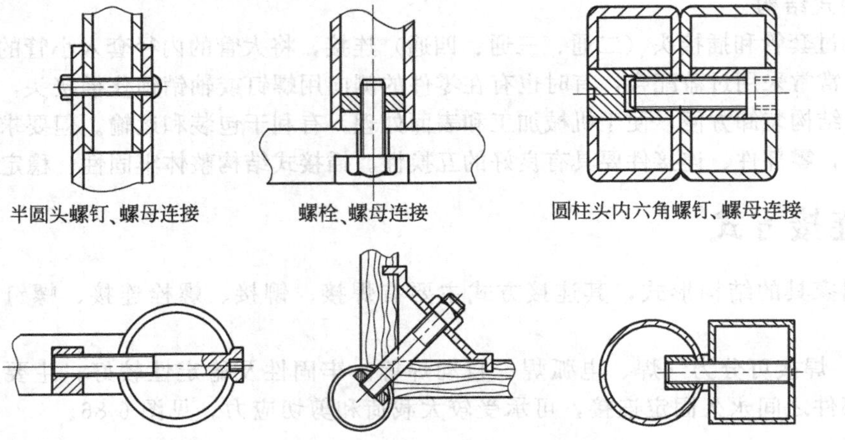

图 6-89 螺栓连接

④ 插接。插接主要用于插接式家具两个零件之间的滑动配合或紧配合，见图 6-90。

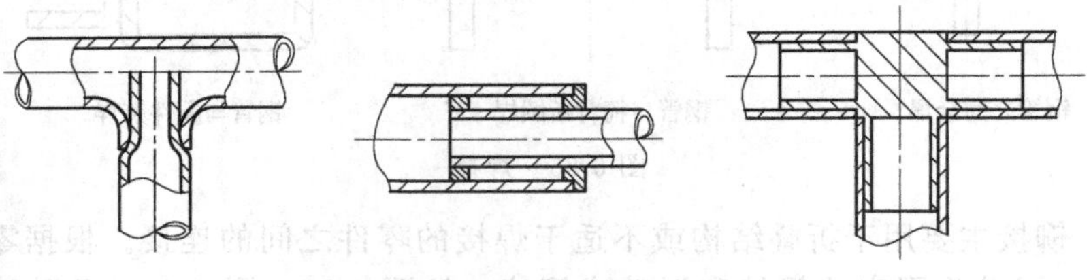

图 6-90 插接

⑤ 挂接。挂接主要用于悬挂式家具或拆装式家具的挂钩连接，见图 6-91。

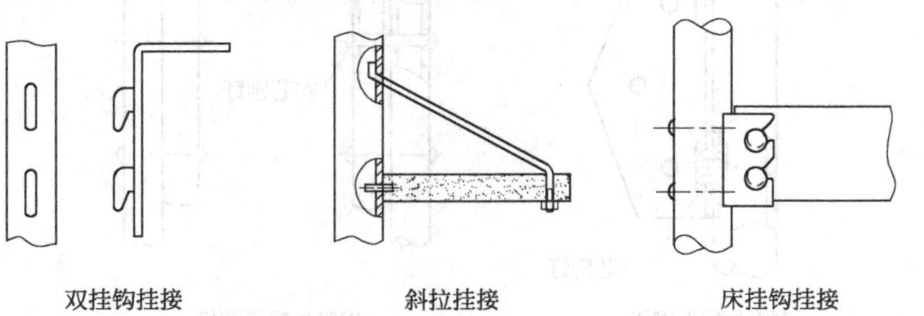

图 6-91 挂接

第7章 专题结构设计

针对具体家具设计，其中的结构设计是一项技术性要求较高的实践活动。不同种类、风格的家具、不同材料制作的家具、不同工艺设备生产的家具、不同场合使用的家具等，对家具结构设计的要求各不相同。下面就常见民用家具结构设计进行介绍。

7.1 椅、凳类家具结构设计

凳是指没有靠背的坐具，是椅子形成前的初步形式。椅子是指有靠背的一类坐具，带扶手的称为扶手椅，不带扶手的称为靠背椅，可折叠的又称为折叠椅，等等。椅、凳同属于支撑类家具。椅子是人们日常工作、学习和生活当中使用最广泛的家具，在家具发展的历史进程中，扮演着重要角色，已经成为了各个时期不同风格家具的代表。它不仅具有支撑人体的功能实体，而且还是审美的对象、艺术的载体。古典椅子，雕刻、镶嵌、镀金、绘画等装饰形式浑然一体；现代椅子，各种不同质感的材料及加工方法的综合利用，使得家具造型丰富多彩，焕然一新。

7.1.1 椅、凳类家具功能设计

椅、凳类家具的使用范围非常广泛，包括休息用椅、工作用椅以及日常生活用椅等，对椅子的功能设计要求各不相同，没有一种能够满足所有功能要求的椅子。这就要求根据使用环境、用户要求、功能特点进行全面综合考虑，从人体工程学的角度出发，首先满足使用的舒适性及生理上的合理需要。

7.1.1.1 功能要求

定义椅子的舒适性是非常困难的，因为它是一个主观的概念。休息用椅、凳的设计，应根据使用场合不同区别对待，作出相应的调整。当人们在一段时间内步行或站立后，可能会感到疲劳，如果能坐到椅子上，就会使肌肉得到休息，感到很舒服。这类椅子设计主要取决于使用场合及方式，更多的是考虑短暂休息使用，如候车室、体育场馆等公共场所，可设计硬板椅、凳。而当人们工作一天之后，为了能够悠闲自在地休息、聊天、看书、看电视或闭目养神，更多的是考虑使用的舒适度，所以，设计的重点要处理好椅、凳的造型、结构以及座板的软硬程度。

对于工作用椅、凳的设计要根据不同的需要作出相应的调整，如短时间工作，更多的是考虑椅、凳的造型和软硬舒适程度；如长时间工作，除了要考虑座板的软硬舒适程度外，关键是要考虑椅类的靠背形状和角度，这样可以使人保持旺盛的工作精力。

椅子设计除了为使用者提供一种舒适感之外，还必须根据使用空间环境、经济效益、社会需要等满足一些辅助功能要求。如餐椅设计，酒店用餐椅应舒适、美观，适合让人久坐，而快餐店的椅子就不一定讲究舒适，使用者通常坐不久。会议室、办公室、休息室等场合使用的椅子，则必须使人们长久坐着仍能保持舒适感。汽车、火车、轮船以及影剧院、会堂中的座椅设计，应在有限的空间里容纳一定数量的使用座位。另外，椅子设计还要配合室内环境设计，能表现出朴素、豪华、端庄、高贵气氛，或具有某种直观形态，以迎合人们的心理。

7.1.1.2 不同坐姿与椅子的形式

由于工作、学习以及休息时表现出不同的坐姿，则对椅子的功能与形态要求就各不相同，即不同的用途、性质，在坐姿上对椅子有不同的要求。

坐姿包括五种坐的形态，如图 7-1 所示，(a) 为坐在椅凳上从事体力劳动，上肢在工作，上半身需要一定的活动，臀部不能全部坐在椅面上，腿脚还需要对身体提供必需的支撑，全身处于劳动状态。这种用途的工作椅称为作业型椅子，要求座面平直，靠背也不需要过大的倾斜。(b) 为从事上肢活动，如吃饭、学习、办公、开会等，脚部不需要支撑身体，对休息性能的要求比作业型椅子有所增加，是常用的轻作业型椅子。(c) 为一般休息姿态，主要是头部活动，手为辅助，全身肌肉处于松弛状态，此坐姿适合使用扶手椅。(d) 是休息姿态，全身倾斜较大，背部、腕部、臀部压力平均，脚部比较自在，腰部曲折小，肌肉松弛，达到休息的目的。同时上肢还可以从事一些阅读、吃东西、喝茶等轻微活动，主要适合使用介于普通椅子和躺椅之间的休息用椅。(e) 是一种完全休息的姿态，不从事任何活动，椅座面和靠背更加倾斜，脚部向前伸出，全身处于仰卧姿态，达到全身休息的目的，适合使用躺椅。

另外，椅子与桌子、工作台，沙发与茶几，床与床头柜之间，在尺寸设计上都必须保持密切的联系，并按不同的用途做相应的调整，见图 7-2。

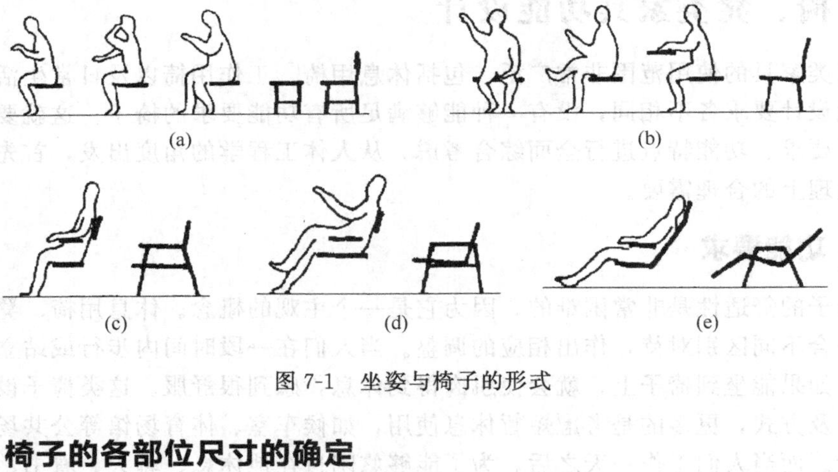

图 7-1 坐姿与椅子的形式

7.1.1.3 椅子的各部位尺寸的确定

椅子的各部位尺寸，不论是座面的高低、深度和宽度，还是扶手高度、靠背高度、倾角与形状，以及座面的弯曲度等，均应严格按照人体工程学要求设计。如果不合适，就会影响人体的肌肉、韧带和关节等组织，使人感到不安和痛苦，所以，椅子的各部位尺寸都要适合人体的尺寸。一般要求如下。

① 座椅形式与尺寸应以舒适为前提，休息椅应使不舒适感降低到最低程度；

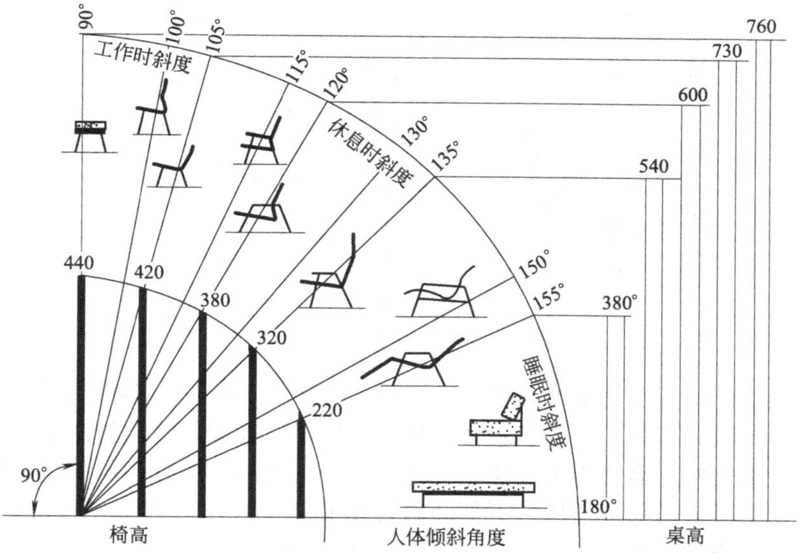

图 7-2　靠背斜度与椅高、桌高之间的关系

② 座椅尺寸应与人体测量学中的有关测量值相适应；

③ 座椅能支承坐者并保持坐姿稳定，工作椅要保证上肢活动自如；

④ 座椅应允许坐者改变坐姿和起坐的方便；

⑤ 靠背填腰要能符合脊椎曲线自然形状，并分担脊椎所承受的部分重力；

⑥ 座板表面应适当凹陷，以利于改善坐骨隆起处压力分布；

⑦ 尺寸应标准化，按照国家标准进行调整。

在国家标准 GB/T 3326—1997 中，对于桌、椅、凳类家具主要尺寸都给出了相应的尺寸范围。设计实践中，可根据不同功能用途、使用环境和技术条件，依照标准，充分发挥个人的想象力和创造力进行创新设计。

7.1.2　椅子的构成与基本结构

根据制造椅子所用材料和加工方式的不同，可将椅子分为实木椅、曲木椅、模压胶合板椅、竹藤椅、金属椅和塑料椅等。一般来讲，无论是哪种椅子，都是由框架和与人体相接触的面两部分构成，包括框架、座面、靠背，以及望板、拉撑、塞角和扶手等，通过各种连接方式，协同完成功能上的不同要求。

7.1.2.1　框架

框架是椅子成形的基本骨架，起着支撑人体的作用，在满足实用功能的前提下，可以随意构思设计，形式可以千变万化。根据使用材料的不同，可分为木框架、金属框架和竹藤框架等，其结构方式随椅子的类型和选材而各不相同。

木框架一般由前腿、后腿、上脑、望板、拉撑、塞角等组成，见图 7-3。由于椅子在使用过程中，经常受到外力的反复作用与撞击，为满足强度、稳定性和刚度要求，木框架一般采用硬阔叶材制造。当采用针叶材时，为了提高强度，零部件的断面尺寸应适当增大。

(1) 椅腿

椅腿是兼具结构性与装饰性的框架构件，对椅子的功能和形式都有重要影响。椅腿一般

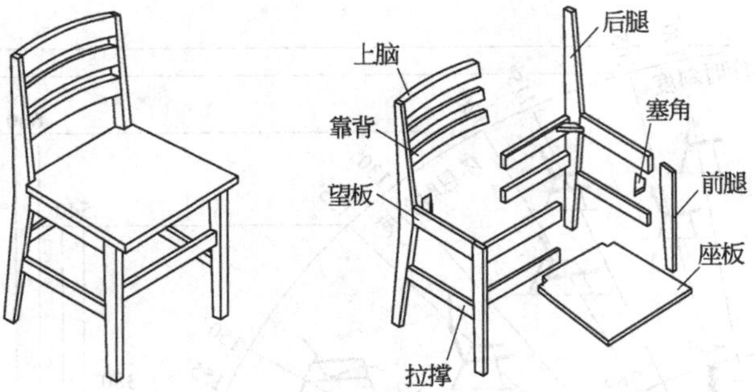

图 7-3　实木椅子的基本构成

是直线型的，也有一些是上直下弯，断面有方形、圆形、椭圆形，多数为长方形。前腿通常是直的，垂直于地面，但为了美观、轻巧，增加稳定感，前脚可略向前弯曲，并且下部断面尺寸略变小。后腿通常与靠背连为一体，并且上下部均向后、向外倾斜一定角度。上部倾斜是为了使人坐在椅子上增加舒适感；下部倾斜是使着地支点向后移动，获得更好的稳定性。从保证接合强度和视觉效果考虑，后腿在不同高度层面，断面尺寸一般不同，表现为上下小，中间大。腿部的外表面装饰多种多样，可根据产品设计风格特征及其他设计因素进行综合处理。

(2) 望板

望板位于座面下方，紧靠座面与腿相连接，是构成框架的横向连接构件，分前、后、左、右（侧）望板。望板与腿相连构成的座面框架基本形式，见图 7-4。前望板长度一般大于后望板，这样两前腿间的宽度大于两后腿间距离，形成梯形，可以增加椅子的稳定性，防止摇动。梯形座面框架望板与腿接合时，一般要求榫头垂直于榫肩，则望板榫头轴线与望板的中心轴不一致，所以接合时榫头是倾斜的。

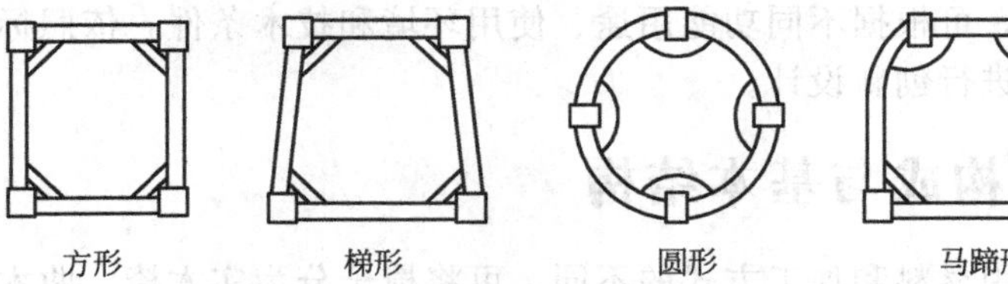

图 7-4　椅子座面框架基本构成形式

(3) 拉撑

拉撑位于望板下方，与望板相似，断面尺寸小于望板，分别与腿相连接，起到加强框架强度和稳定性的作用。通常情况下，前、后拉撑位置靠上，左、右拉撑位置偏下，总的来讲，拉撑的位置越低，稳定性越好，但不能太低，太低影响美观。前面的拉撑对强度影响较大，后面的拉撑对强度影响较小。在现代家具设计与制造中，由于科学技术的发展，使得零部件之间接合强度得到了提高，所以，在保证框架具有足够强度和稳定性的前提下，为了家具造型审美的需要，可以省去拉撑。

(4) 塞角

为了增加椅子的强度和稳定性，常在望板与腿和座面之间用塞角连接。塞角加胶用木螺钉与望板连接，有时在望板上开出 2～3 条沟槽，塞角两端加工出榫头，这样再加胶用木螺钉连接，强度更高。拆装家具常用金属塞角与望板和腿连接，见图 7-5。

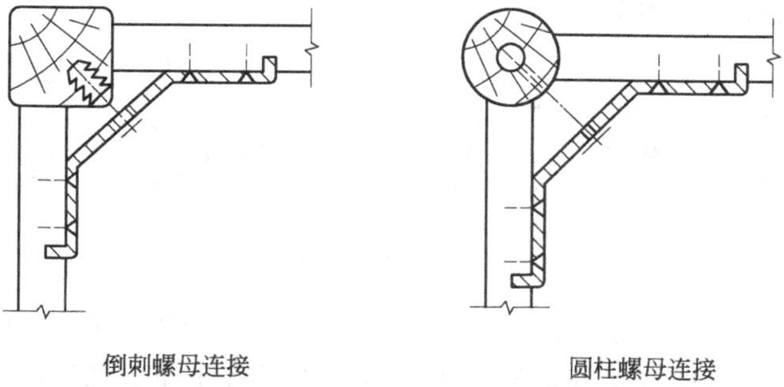

图 7-5　拆装家具金属塞角连接形式

(5) **金属框架**

金属框架的构成一般有三种，一是铸造支架，常用于排椅侧面；二是用钢筋、扁铁等仿木框架形式经焊接构成；三是采用钢管经铆接或焊接构成。用金属制成的框架，可以充分发挥材料的特性，设计出与木家具迥然不同的样式。金属材料的发展和工艺技术水平的提高，使椅子支架结构更趋合理。

(6) **竹藤框架**

竹藤框架多采用竹杆和粗藤杆为原材料，有时也与木材配合使用。竹藤制成的框架富有弹性，结构简单、便于弯曲，利于制造。

(7) **脚垫与滚轮**

为防止在使用过程中椅腿刮伤地板，常在椅脚底端加装橡胶垫、塑料垫、防滑垫等。而对于一些办公用椅，当需要设计成可以自由滑动时，可在椅脚底端加装滚轮（万向轮）。

7.1.2.2　座面

座面设计对椅子的舒适性和装饰性都起着重要作用，根据设计要求不同，座面构成也应不同。座面一般分为木制、编织、绷布和软垫等四种基本类型。根据座面厚度，可将座面分为薄型座面和厚型座面。薄型座面包括木板面、藤面、绳面、布面、皮革面、塑料板面，以及胶合成型板面等；厚型座面也称软垫，由绷带或弹簧制成底胎，上面铺设泡沫，再在表面包覆面料构成。

木制座面是实木椅最常见的一种做法，由实木拼板加工而成。为增加舒适性，座面中央部分可加工成凹形，以配合人体臀部的外形，减少臀部压力。

编织座面是利用不同材料制成的条形柔软材料编织形成座面，其特点是加工简便、质轻，利用不同颜色的材料编织出各种图案显露于外，具有良好的装饰效果，见图 7-6。

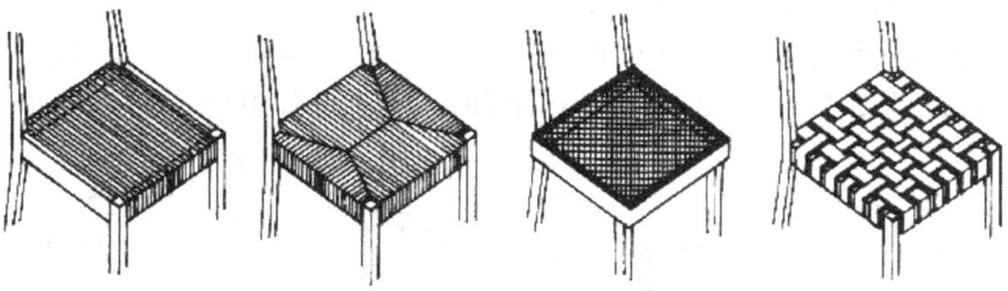

图 7-6　编织座面形式

绷布座面是用柔软材料，如帆布、皮革等，固定在框架上，往往与靠背形成一个整体。一种制作方法是将面料围绕着框架折回缝上；另一种制作方法是先将面料周边加工出圆孔，然后用绳子与框架连接，见图 7-7。

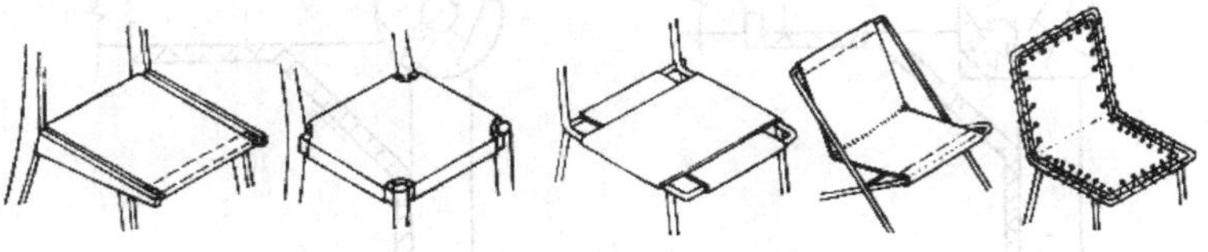

图 7-7　绷布座面形式

软垫座面是在椅座上加工柔软的座面，可将弹簧或绷带固定在框架上，上面铺设泡沫，然后再蒙上面料制成，座面直接和框架成为一体；也可将座面单独做成一个构件，然后安装在框架上，见图 7-8。

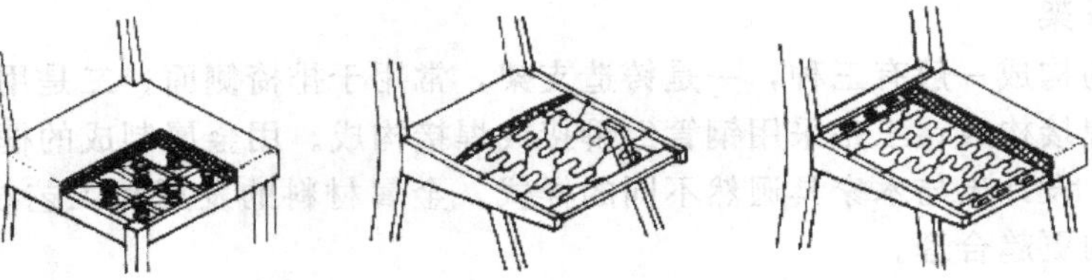

图 7-8　软垫座面形式

7.1.2.3　靠背

靠背是由后腿构件延长而组成的，通常与座面材料和形式相呼应。但是靠背不是主要受力部位，而靠背角度和曲线形状对椅子造型和舒适性影响很大，尤其是上脑造型对椅子风格的影响作用更大，表现也比座面更为丰富。所以，靠背设计应在满足使用功能要求的前提下，发挥好各种材料的作用，丰富造型形态，做好装饰处理。靠背基本类型可分为编织靠背、软垫靠背和木质靠背。

编织靠背如同编织座面，是利用各种材料制成的绳子、绷带及竹藤等柔性材料，在靠背框架部位进行编织或将编织后的构件安装在框架上而形成靠背，见图 7-9。

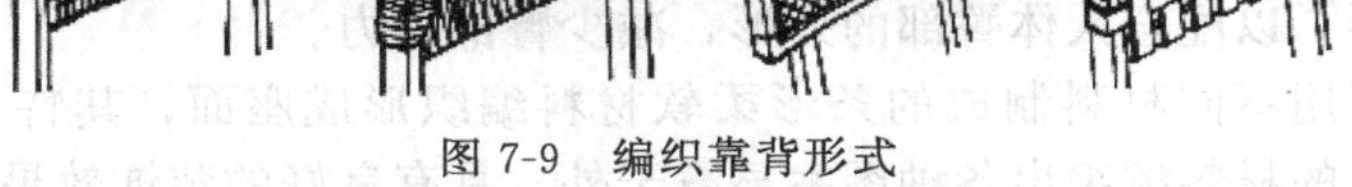

图 7-9　编织靠背形式

软垫靠背与软垫座面类似，是用弹簧或绷带固定在框架上，起支撑作用，上面粘贴泡沫塑料做垫层，外包织物或皮革；或用木质材料、泡沫塑料和面料单独制成一个构件，然后用螺钉安装在框架上，见图 7-10。靠背形状有多种，常见的有矩形、盾形、圆形和椭圆形等。

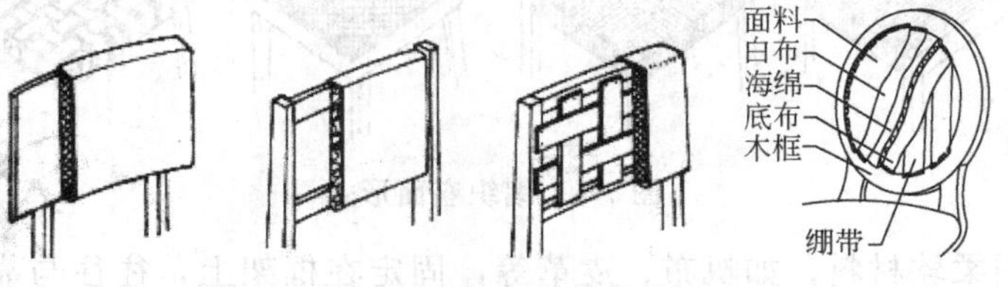

图 7-10　软垫靠背形式

木质靠背是木质后腿直接向上延长，与靠背中间构件采用榫接合，形成一个整体框架结构。按其构成形式主要分为水平式、垂直式和板块式。水平式靠背部件平行布置，也叫梯条式或背撑式。从正面看一般为直线或曲线木条，传统风格的椅子多采用复杂的曲线，现代风格的椅子一般采用较为简洁的线型，见图 7-11。垂直式是靠背构件垂直布置，构件分线材与板材两类。线材为垂直排列，有的产品也称为梳形靠背，如中国传统家具梳背椅。美国的温莎椅属于典型的竖轴式垂直排列线材形式，给人以丰富的外观感受，见图 7-12。垂直板材靠背也称竖板式，由于板材面宽，可以设计成多种风格式样。我国明代椅子以素洁的板面靠背，或进行简单的浮雕，形成了独特的式样；国外有壶形、琴形、瓶形、盾形或花格图案，见图 7-13。板块式是由一块形状不同的板式构件所组成，构件本身可以采用实木板、胶合板或塑料板等材料，经加压弯曲制成，适用于机械化生产，是现代家具的常见形式。见图 7-14。

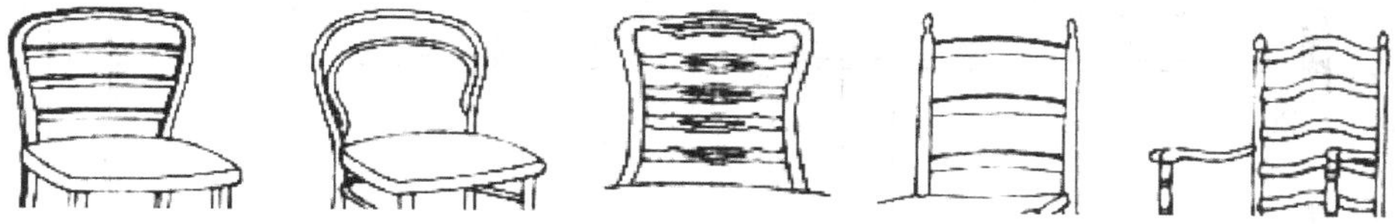

图 7-11　水平式木质靠背形式

图 7-12　垂直线材木质靠背形式

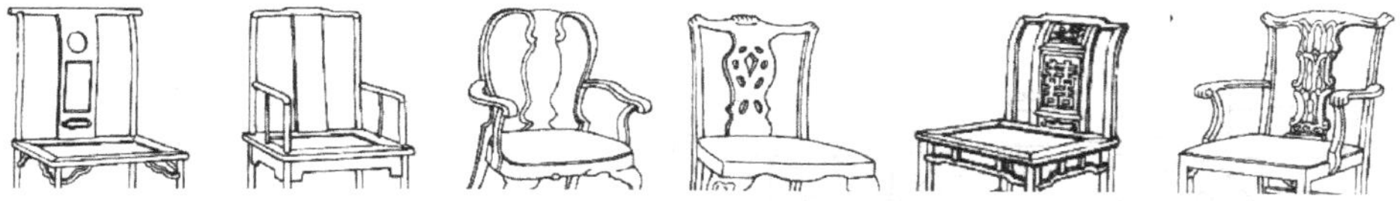

图 7-13　竖板式木质靠背形式

图 7-14　板块式木质靠背形式

7.1.3　实木椅结构设计实例

科学合理的结构设计是实现家具造型与功能的保证，家具结构设计的最终表达方式是绘制结构装配图。实木椅结构变化较大，也最为复杂，是使用最广泛的家具之一。传统木板椅结构设计见图 7-15。

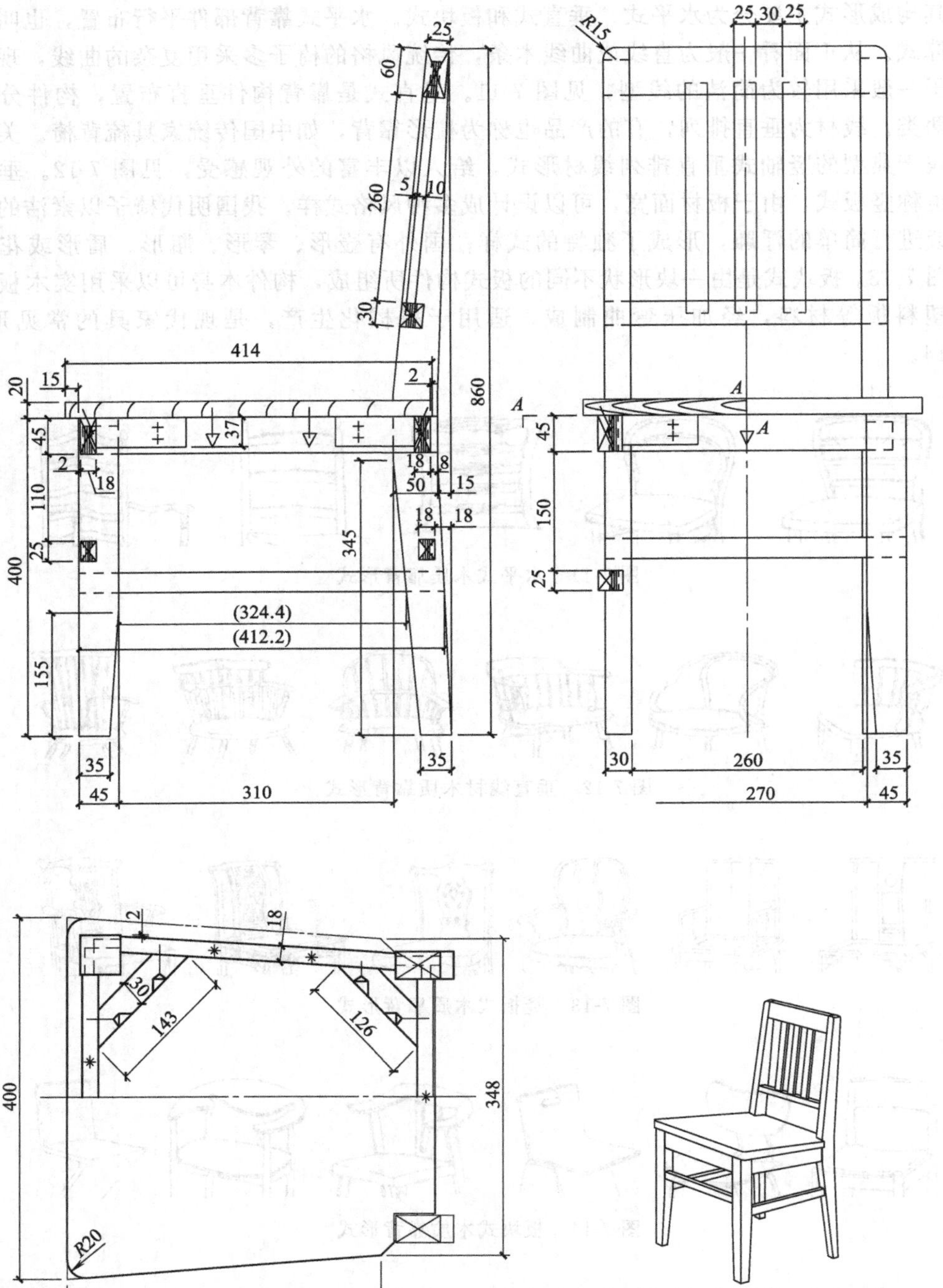

图 7-15　传统木板椅结构装配图

7.2 柜类家具结构设计

柜类家具是指各种用来贮存或展示物品的家具，又称贮存类家具。在人们的日常生活和工作中，一切与衣食住行和工作娱乐相关的活动都需要与之相适应的各种贮存家具，以满足存放物品的需要。其典型特征是具有三维立体贮存空间的形体，且至少有一个方向敞开或在使用时可以开启的门。柜类家具种类很多，常见的主要有衣柜、书柜、床头柜、电视柜、客厅柜、装饰柜、文件柜、餐边柜、茶具柜等。

7.2.1 柜类家具功能设计

柜类家具的主要功能是用来贮存或展示物品，一般按使用功能的不同来取名，如大衣柜、小衣柜、床头柜、书柜等，所以，具体的柜的使用功能非常明确。但对于同一使用功能的柜的内部贮存空间，由于贮存对象和贮存方式的不同以及尺寸上的差异，功能分区存在不同。不同使用功能的柜，具有不同的空间形式和尺度。只有掌握了物品的尺寸，又确定了贮存方式，才可以确定柜体的内部空间尺寸划分。

7.2.1.1 贮存空间与人的关系

人们在日常生活和工作过程中，会根据需要经常存放、取出或整理物品，这样一来，贮存空间就与人体尺寸产生了间接的尺寸关系，所以，功能空间尺寸设计必须在适合于人体活动尺寸的一定范围内设计确定尺寸。这一尺寸的确定是以人体站立或弯腰以及下蹲时手臂上下及向前动作的幅度为依据。通常认为，存放最方便的区间为人体站立伸手能够得着的范围，这个范围从站立垂手指尖高至举手指尖高，高度尺寸范围为 650～1850mm。因此，要把使用频率最高的物品存放在这个区域，而把不常使用的物品存放在其他区域。各种类型物品贮存高度见表 7-1。

表 7-1 各种类型物品贮存高度

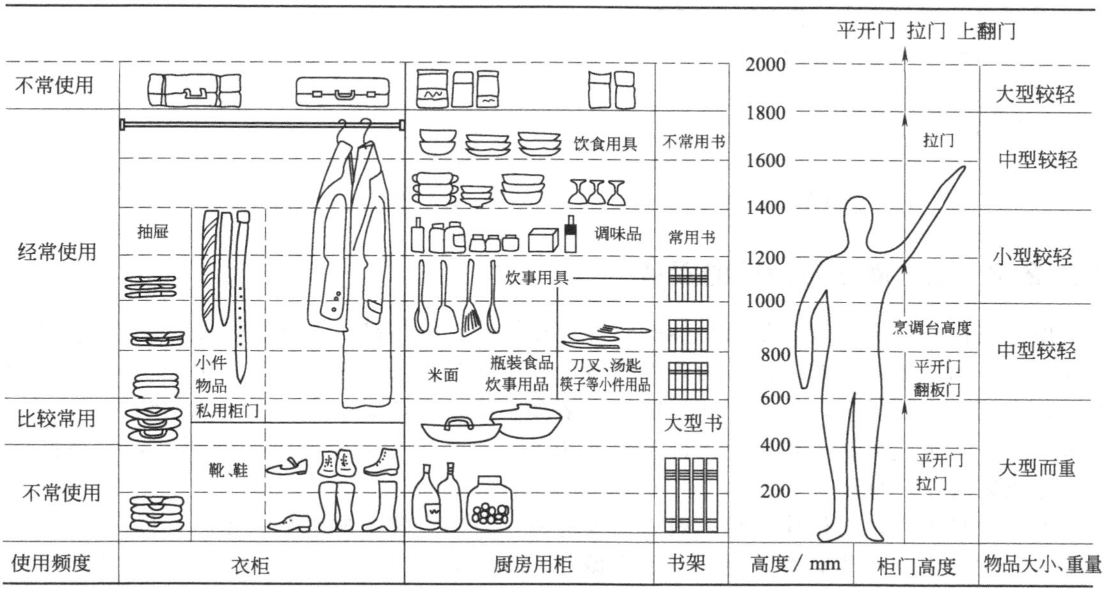

7.2.1.2 贮存空间与物的关系

在柜类家具设计之前，必须要明确的是贮存物品的种类、数量、尺寸和贮存方式。在现代社会中，人们的生产生活方式比以往有了很大改变，个性化需求不断发生，从服装鞋帽到床上用品、从各种用具到各种容器、从纸质书刊到数字影像、从必需品到装饰品极其丰富。了解掌握各类用品尺寸是十分必要的，是柜类家具功能尺寸设计必须解决的重要内容。日常生活和工作中，贮存物品的种类主要有：服装、鞋帽、被褥等起居用品；电视、音响、投影等电器用品；炊具、餐具、酒具、食品等厨房用品；书刊、数字碟片等教育、娱乐用品；文件、资料等办公用品，以及各种辅助用品等。

7.2.1.3 柜类家具主要尺寸确定

了解掌握了柜类家具与人的关系、与物的关系之后，根据内部功能尺寸要求、结构板件的规格尺寸和柜类家具主要尺寸标准 GB/T 3327—1997，设计出柜类家具的最终外形尺寸。

7.2.2 柜体构成与结构设计

柜类家具的构成要素基本相同，主要由顶板、底板、旁板、背板、底脚和柜门等构件构成。在复杂多用的柜中，还设有抽屉、搁板、中隔板、望板、挂衣杆以及一些辅助构件等。按照主要构件的结构的不同，分为框式构成和板式构成。

框式构成是用方材做框架，中间嵌装薄板组成柜体，属于传统框式结构。板式构成是采用实木拼板或细木工板等各种人造板组成柜体，属于现代板式结构。如采用可拆装的五金连接件接合，则称为板式拆装结构。

7.2.2.1 柜体构成的基本形式

柜体构成的基本形式主要有两种：一种是顶板在旁板之上，见图 7-16；另一种是顶板在旁板中间，见图 7-17。底板与旁板的构成形式与此相同，随造型设计变化而变化。

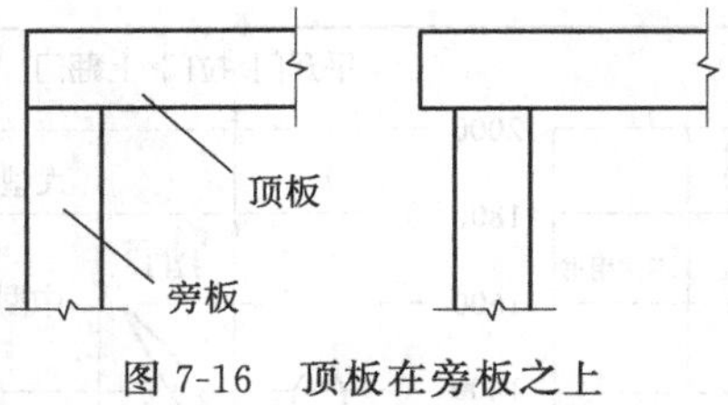

图 7-16 顶板在旁板之上

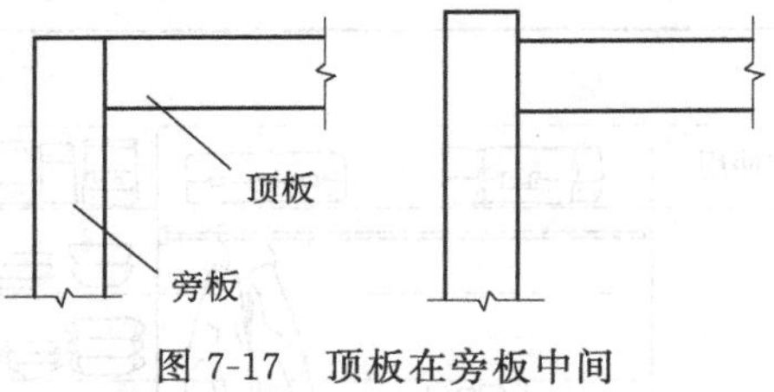

图 7-17 顶板在旁板中间

7.2.2.2 顶、底板与旁板的接合

顶、底板与旁板的接合是指柜体的角部连接结构。柜体结构不同，则顶、底板与旁板的接合也就不同。传统框式结构常为各种榫接合，结构与工艺复杂；同时，由于柜体容积一般很大，榫接合不可拆装，给生产和运输带来诸多不便，生产成本高。在传统的结构中也有通过木螺钉、木条或角铁等将两个板件接合起来的，操作简单，但不能多次拆装，价格低廉，质量与效果较差，见图 7-18。

现代家具生产中，柜体用料一般采用人造板，可以缓解木材紧缺的矛盾，提高木材的利用率，同时，生产工艺简单，便于实现机械化、自动化流水线生产，便于运输和储存。顶、底板与旁板的接合通常为板式拆装结构。

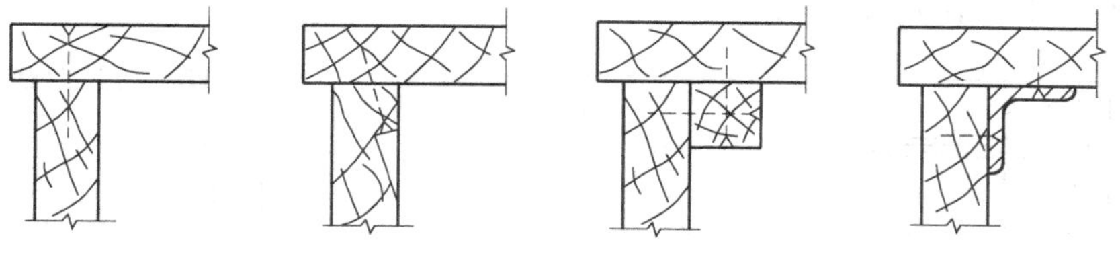

图 7-18　顶、底板与旁板非拆装传统结构

板式拆装结构的顶、底板与旁板的接合主要采用固定结构件接合固定。根据其连接结构原理的不同，分为偏心式、倒刺式、螺旋式、拉挂式等，其中偏心连接件应用最为广泛，详见 6.2.6.2 固定结构件。

柜体的深度方向每个角部接合，根据柜体的大小，通常采用 2～3 个连接件，以保证有足够的接合强度。安装连接件不应影响产品使用和外观质量。

7.2.2.3　搁板的安装结构

分隔柜内空间的水平板件称为搁板。搁板用于分层陈放物品，以便充分利用内部空间。搁板材料一般为实木拼板、人造板和玻璃等。根据与柜体的装配关系，分为固定搁板与活动搁板。

固定搁板是指与柜体装配后固定，有利于加强柜体的强度和刚度。与箱框中搁板接合相同，可采用槽榫接合、直角多榫接合、插入榫接合或五金连接件接合等。现代家具生产主要采用插入圆榫接合或五金连接件接合，其中偏心连接件应用最为广泛，详见 6.2.6.2 固定结构件。

活动搁板是指安装时可以上下调整高度，安装到柜体后可以自由去下，对柜体刚度没有加强作用。传统家具中安装活动搁板的方法一般采用木条，即在柜体的旁板上用元钉、木螺钉或气钉固定水平木条，然后搁板自由放置在木条之上，见图 7-19。现代家具生产广泛采用搁板销或可以将搁板自由去下的连接件，详见 6.2.6.2 固定结构件。

7.2.2.4　背板的安装结构

背板又称后身板，用于封闭柜体后面，使柜体不变形，对加强柜体刚度起着至关重要的作用。背板常用材料为三层或五层胶合板，或中密度纤维板，其厚度一般为 3～5mm；对有特殊要求的柜体，也可采用 8～12mm 厚实木拼板，或采用 15～18mm 厚贴面刨花板或贴面中密度纤维板。背板宽度设计一般不超过 500mm，否则，应在背板中间位置的柜体上加横档，以增加制品强度和刚度。背板较宽也不利于包装和运输，根据实际情况可将背板分割成两部分，安装时再用背板龙骨（或称背板接条）拼在一起，见图 7-20。

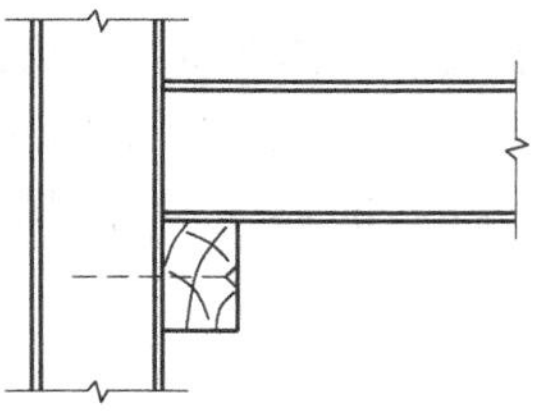

图 7-19　木条与活动搁板

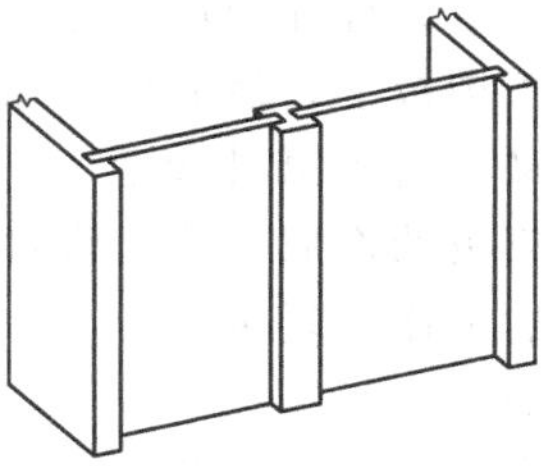

图 7-20　背板接条

常用背板与柜体的接合方法，见图 7-21。

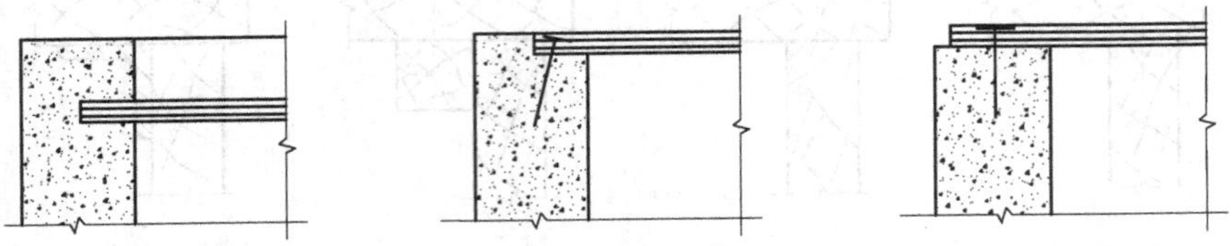

图 7-21 常用背板与柜体的接合方法

① 扒槽装板接合。在柜体顶、底板和旁板上扒槽，背板直接插入。但当柜体较大时，刚度不好，应增加提高刚度的结构。扒槽距旁板边沿距离一般为 10mm，槽深 6～8mm，背板插入槽中应留有 1～1.5mm 间隙。

② 裁口加钉接合。柜体顶板和旁板裁口，底板一般不裁口，背板放入口中用元钉或木螺钉固定在柜体上。柜体刚度较好，但不能多次拆装。裁口宽度一般为 10mm，并留 1～1.5mm 间隙。裁口深等于或略大于背板厚度。

③ 平贴加钉结合。背板平贴在柜体上，用元钉或木螺钉固定。柜体刚度较好，但不能多次拆装，外观质量差。

④ 背板安装也可采用专用的背板连接件接合，详见 6.2.6.2 固定结构件，但由于采用背板连接件接合柜体刚度较差，所以，生产实践中使用很少。

7.2.2.5 抽屉及其安装结构

各种柜类、桌类以及厨房家具中常常带有抽屉，以提高家具的功能性和装饰效果。抽屉自身及其安装结构详见 6.3.5 抽屉结构。

7.2.2.6 脚型与安装结构

各种柜类家具（包括桌类家具）的底部均有底脚支撑。柜类家具的脚和望板以及拉档构成脚架，是支撑柜体的主要部件，对家具造型和结构有重要的影响。常见脚架形式有四种，即亮脚、包脚、装脚和旁板落地脚。

(1) 亮脚

亮脚是传统框式家具中常用的脚型，富于变化，形式多样，有几何形体、自然形体和变体形等，高度一般为 120～180mm，是柜类家具设计的重点研究部位之一，也是床、桌、几等类家具的重点研究部位。

亮脚一般由脚和望板以及拉档构成框架式脚架，属框架结构。通常先将四脚与望板采用闭口直角暗榫接合，构成独立的脚架，然后再用木螺钉通过望板与柜体连接，见图 7-22。脚架一般要附加塞角以加强脚架的牢固性。

弯脚脚架应设计在柜体下方四角的尽端，上部与柜体之间用钉接合加缩颈线条，先用钉将线条固定于望板上，然后由线条向上拧螺钉将脚架固定于底板。这种结构既有利于脚架与柜体连接，又丰富了家具造型。直脚脚架一般缩装于柜体下方四角之内，脚尖略向外倾斜，脚的榫眼和望板的榫肩一般也设计成倾斜。当脚为圆形时，榫肩的弧度要与脚的接合处的圆弧相吻合，加工比较复杂。

(2) 包脚

包脚至少由一个正面和两个侧面脚板，或前后和两侧脚板围合构成，高度一般为 60～100mm，内部四角常用塞角加固，属箱框结构，见图 7-23。一般前部采用全隐燕尾榫、圆榫、插入板条、闭口直角多榫等接合；后部采用半隐燕尾榫或直角多榫接合。包脚底边一般不全部着地，而是在中部加工出高 10～20mm 的缺口，或在四角加钉 5～10mm 的脚垫，以便于柜体底部的通风透气。

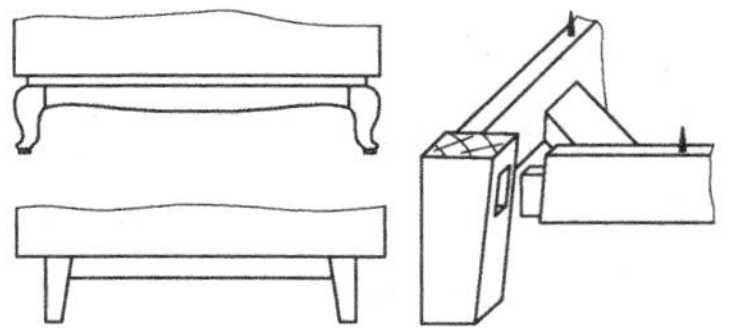

图 7-22　亮脚结构

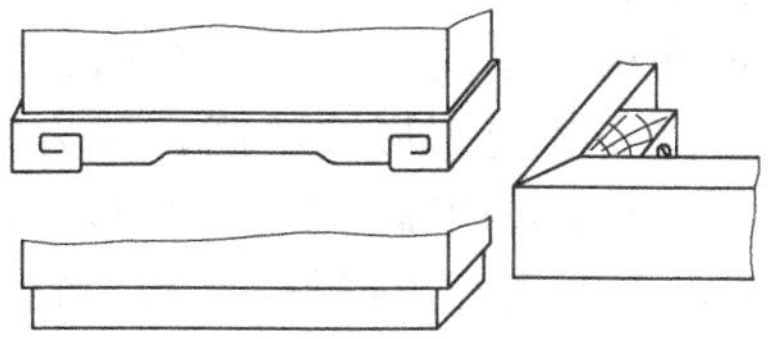

图 7-23　包脚结构

包脚一般先制成包脚底座，然后通过底板用圆榫或木螺钉与柜体连接。长宽尺寸或大于或小于柜体宽深尺寸，以构成层次感。包脚能承受很大载荷，常用于贮存较重物品的大型家具，或用于需要获得庄重视觉效果的家具。

在现代板式家具生产中，旁板是直接着地的。为设计成包脚效果，可在旁板和望板外侧加装板条，起到包脚效果。

(3) 装脚

装脚一般是由木材、金属或塑料制成的方锥形或圆锥形的脚，脚或制成的脚架可以拆装，便于运输。装脚一般比亮脚高，家具整体显得轻巧，但装脚结构强度较低，脚的锥度也不易过大。

实木装脚可采用直角榫或圆榫直接与柜体底板安装接合，或借助于方材，通过与方材接合后再用木螺钉与柜体底板接合；也可通过望板和拉档先组装成脚架，再通过脚上端榫头和从望板上拧入木螺钉接合，见图 7-24。金属或塑料装脚可用木螺钉直接与柜体底板接合，或从底座上方用螺栓拧进装脚中接合。

(4) 旁板落地脚

旁板落地脚是指柜体旁板向下延伸而形成的柜脚，见图 7-25。两“脚”间加望板连接，望板高度一般为 60～100mm，提高接合强度与美观性可在靠“脚”处加塞角。生产中望板或塞角一般都略向内缩进 2～3mm，以有利于保证产品质量和提高工艺性。旁板落地脚需加脚垫，以便于家具平稳着地。

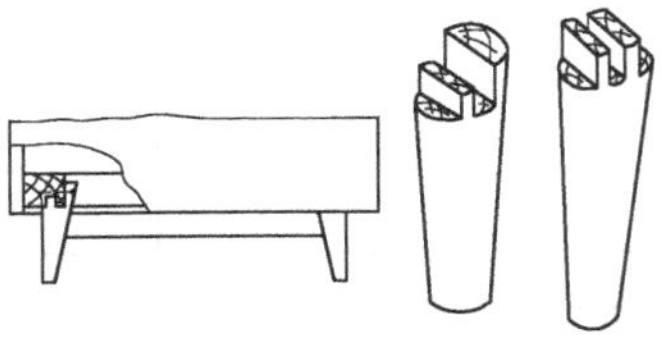

图 7-24　装脚结构

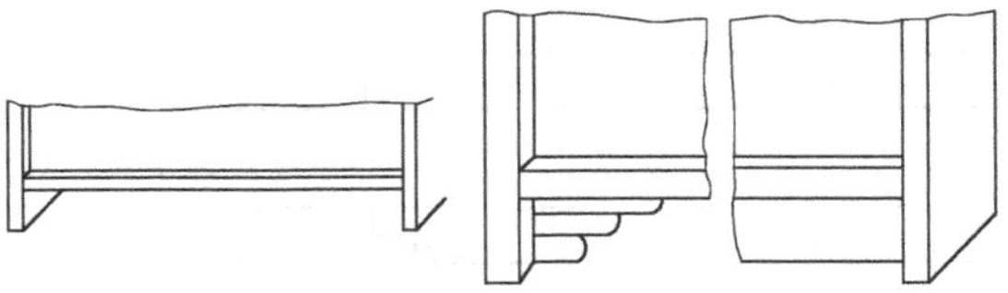

图 7-25　旁板落地脚结构

7.2.3　柜门与安装结构设计

门用于封闭柜体，是柜类家具中最重要的构件，对家具表面装饰起着至关重要的作用。要求尺寸精确、配合严密、便于开关、结构稳定、具有足够的强度。

7.2.3.1 柜门的分类

根据不同的分类方法，柜门有多种类型。

① 根据制作材料不同，分为实木门、复合门、人造板门、玻璃门、铝合金门等；

② 根据构造不同，分为扣线门、装板门、平板门、百叶门等；

③ 根据安装使用形式不同，分为平开门（开门）、翻门、推拉门（移门）、卷帘门等。

家具设计中采用哪种类型的门，这和整体家具设计有关，一般来讲，当门高度大于或等于宽度时，多采用开门或推拉门；当门高度小于宽度较多时，多采用翻门。对于开门，单扇门板宽度一般应不大于 500mm，其高度视实际需要而定；推拉门单扇门板宽度应不大于 800mm，高度不宜过高，以不大于 2000mm 为宜；翻门单扇门板长度一般不大于 800mm。

7.2.3.2 开门形式与安装结构

开门是指绕垂直轴转动开闭的门，是家具最常用的一种安装使用形式。根据安装后门板侧边与旁板侧边的相对位置不同，分为全遮门（全搭门）、半遮门（半搭门）和内藏门（内掩门）。门板侧边与旁板侧边平齐，称全遮门；门板侧端遮住柜体旁板一部分，称为半遮门；门板安装在两旁板之间，称为内藏门，见图 7-26。内藏门在柜体旁板内与旁板侧边平齐或略缩进，门板与柜体之留有活动间隙，一般为 1～2mm，要求间隙必须均匀、准确，加工精度高。

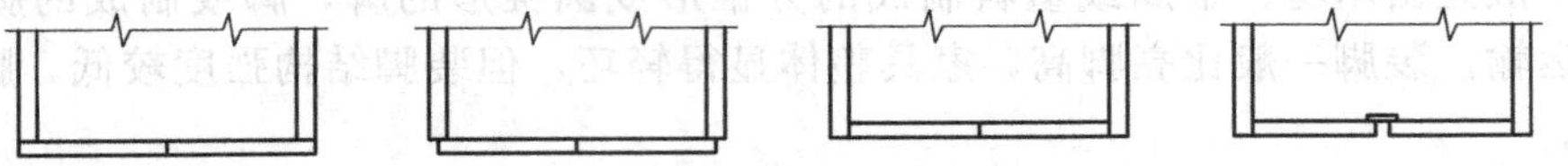

图 7-26 开门安装形式

双扇对开门之间也要留活动间隙，一般为 2～3mm。对开门之间有时设计安装门掩线，以遮盖两门之间的缝隙和增加美观。为了家具造型的需要，对开门之间特意设计较宽尺寸时，则必须设计安装门掩线。门掩线材料可用实木板条、胶合板条、塑料条，或专用五金配件门挡条。双开门之间接缝可取多种形式，接缝设计应保证面对柜体时右侧门先开。门掩线可直接与门用螺钉接合，有时也可进行门裁口，两门搭接做成掩缝结构效果，见图 7-27。

柜体设有中隔板时，门与中隔板的结构形式，一种是两扇门搭在中隔板上，构成半遮门形式；一种是藏在中隔板内，构成内藏门形式，见图 7-28。

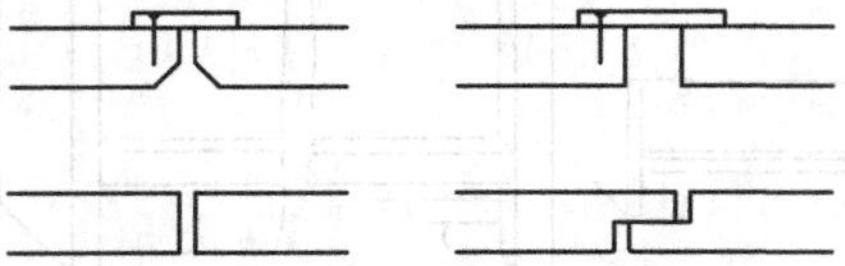

图 7-27 对开门中缝的结构形式

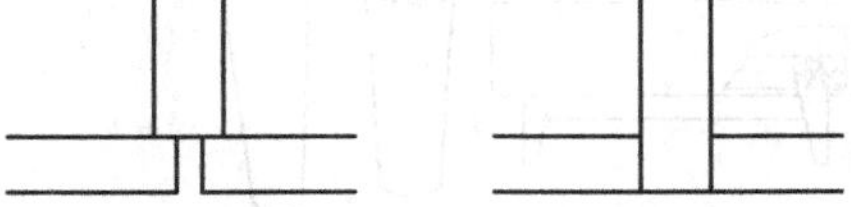

图 7-28 带中隔板开门结构形式

门板与柜体的活动连接采用各种铰链，根据设计需要可使用普遍铰链（合页）、门头铰链、杯状暗铰链、玻璃门铰链等，现代家具生产常采用杯状暗铰链。各种铰链安装尺寸、结构特点与应用详见 6.2.6.3 转动结构件。

为保证门板在关门时位置固定，防止向内凹陷，门板里侧应在适当位置设置门吸或定位挡块（条）。门吸种类较多，形式多样，详见 6.2.6.6 位置保持装置，可根据实际需要选定。由于门板安装相对柜体的顶、底板或中隔板位置不同，当门板外搭在顶、底板或中隔板时，使用带锁紧功能的暗铰链安装门板，这时就可以省去门吸和定位挡块（条）。

7.2.3.3 翻门形式与安装结构

翻门是指绕水平轴转动开闭的门，分上翻门和下翻门两种。下翻门打开后可以兼做临时台面用，上翻门绝大多数用于安装位置较高的柜体，如厨房吊柜。

翻门安装可采用普通铰链、门头铰链、杯状暗铰链，或专用的翻门铰链、翻门支撑件等。各种铰链安装尺寸、结构特点与应用详见 6.2.6.3 转动结构件。

翻门打开后必须被控制或固定在水平方向某一位置，上翻门采用翻门支撑，下翻门采用牵筋吊撑。翻门关闭时，尤其是下翻门，为使门板能始终保持关闭状态，应设计安装门吸。各种位置保持装置安装结构特点与应用详见 6.2.6.6。

7.2.3.4 移门形式与安装结构

移门是指沿滑道可以左右移动开闭的门，也称拉门、推拉门。移门开启不占据柜前空间，适合于较小室内空间。移门一般设计两扇门板，双滑道，以实现门板能相错打开。设计移门的缺点是每次开启最多只能敞开柜体一半，开启面积较小。

制作移门的材料常用木质材料或玻璃，木质材料可采用木框嵌板结构制作，内嵌胶合板，或采用 10～20mm 的人造板制作。装饰柜移门一般用 3～5mm 玻璃制成。移门一般设计使用凹槽式拉手，以方便推拉开启。

移门滑道有多种类型，传统的移门安装是在顶、底板或搁板上直接开槽用作滑道，方法简便、经济，但质量差，移门推拉不顺畅，一般只适用于重量较轻的移门；较高级一些的家具多采用塑料、铝合金以及带有滚珠、滚轮的滑道，以便减少移门推拉所产生的摩擦力，使移门推拉轻便、自如，见图 7-29。

现代家具生产多采用专门的移门滑道，种类较多。柜类家具常用嵌装式滑道，安装结构尺寸详见 6.2.6.4 滑动结构件。

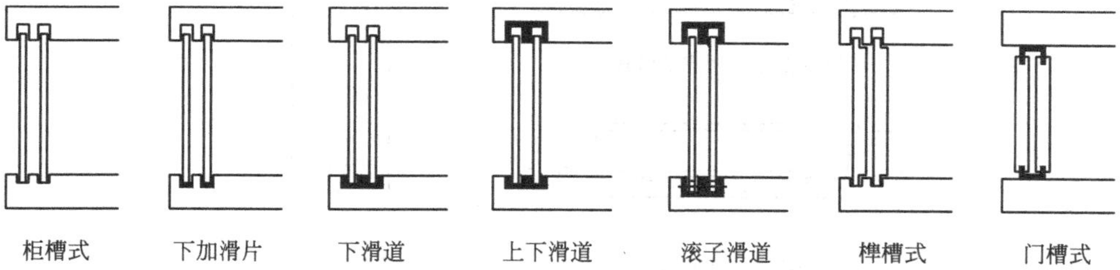

图 7-29 移门滑道结构形式

7.2.3.5 卷帘门形式与安装结构

卷帘门是指能沿弧形导槽移动卷曲置入柜体的帘状移门，也称卷门、帘门，既可以左右移动开闭，也可以上下移动开闭，见图 7-30。卷帘门一般采用半圆形或下方上圆形木条整齐排列，胶钉在尼龙布、厚帆布等柔性和强度较好的织物上制成。木条宽度在 15mm 左右，两端加工成 8mm 厚的单肩榫，要求纹理通直、没有节疤、规格一致、表面磨光，胶钉时相互之间留不大于 1mm 的间隙。

旁板两侧或顶、底板间设置导槽，槽宽比榫厚大 1～1.5mm，两槽间距比榫间距大，以保证滑动灵活。开门时，帘门移入柜体里面的夹层中，或柜内下部或上部的螺旋形导槽中。导槽转弯部分的曲率半径不应小于 100mm。卷门正面弯曲处，通常需要设计挡板或木条遮蔽。

卷门打开时，不占空间，又能使整个正面敞开。卷门风格独特，装饰效果好，但制造成本较高，一般只用于有特殊要求的家具中。现今有塑料卷帘门成品。

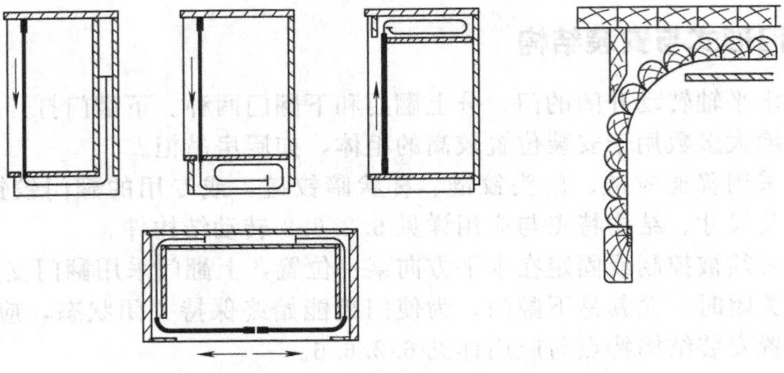

图 7-30 卷帘门导槽结构示意图

7.2.3.6 拉手的安装

拉手安装在家具的柜门和抽屉面上，是一个功能构件，通过手指接触拉手使柜门和抽屉开启或关闭；同时，拉手又是一个很好的装饰件，设计选用好与家具造型风格相配的拉手，可对家具外观效果起到画龙点睛的作用。

拉手形式多样，有点状、线状、块状以及两种或两种以上元素组合构成；制作材料丰富，有金属的、实木的、塑料的。拉手安装一般凸出柜门和抽屉外表面，也有在柜门和抽屉上先开槽，然后将拉手嵌装在槽内，这种嵌装的拉手又称为扣手。有些家具在柜门门边和抽屉面上直接设计加工出拉手或扣手，形式别致。常见拉手或扣手安装形式见图 7-31。

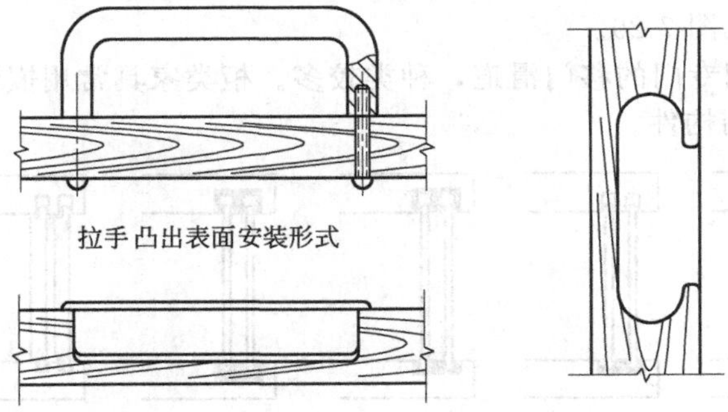

图 7-31 常见拉手或扣手安装形式

7.2.4 板式床头柜结构设计实例

现代板式家具零部件接合是通过各种连接件实现的，零部件的安装需要在零部件上钻各种孔，即"接口"，所以，板式家具结构设计的主要内容就是接口的设计。接口设计首先要清楚连接件的结构尺寸，熟悉各种连接件的功用，同时，应了解掌握工装设备的加工能力和生产工艺过程，以及接口的合理设计安排。下面以床头柜施工图，包括结构装配图和零部件图为例进行结构设计。

主体材料为 18mm 厚三聚氰胺双贴面刨花板，即 $B=18$mm，预设计柜宽 440mm、高 600mm、深 440mm，望板高度 $H_1=60$mm，全搭门，顶板在旁板之上、侧面凸出旁板 20mm，前边凸出门板 20mm，柜体主要结构采用三合一偏心连接件连接，望板采用双销直角倒刺螺母连接件连接，抽屉安装托底滚轮式滑道。

根据 6.4 “32mm 系统” 板式家具结构设计理论，旁板高度 $H=C+D+32n$，$C=34\text{mm}$，$D=H_1+B/2=60+18/2=69\text{mm}$；按 32mm 系统方格网点表，旁板高度方向取点 480mm，则旁板高度 $H=34+69+480=583\text{mm}$；按照对称原则，采用外搭门，系统孔中心到旁板前沿的距离设计为 37mm，则旁板宽度 $W=37\times2+32n$，取点 320mm，$W=37\times2+320=394\text{mm}$，最终设计柜高为 $583+18=601\text{mm}$，柜深为 $394+18+20=432\text{mm}$。如果柜高和柜深要求必须保证预设整数尺寸，高度方向可通过调整望板高度尺寸，减掉 1mm 获得，即望板高度设计成 59mm；深度方向可通过调整旁板宽度尺寸，不采用对称原则钻孔，将旁板加宽 8mm，即旁板宽度设计成 402mm。柜宽尺寸不涉及和旁板钻孔的配合。床头柜结构装配图见图 7-32，零部件图见图 7-33～图 7-43。

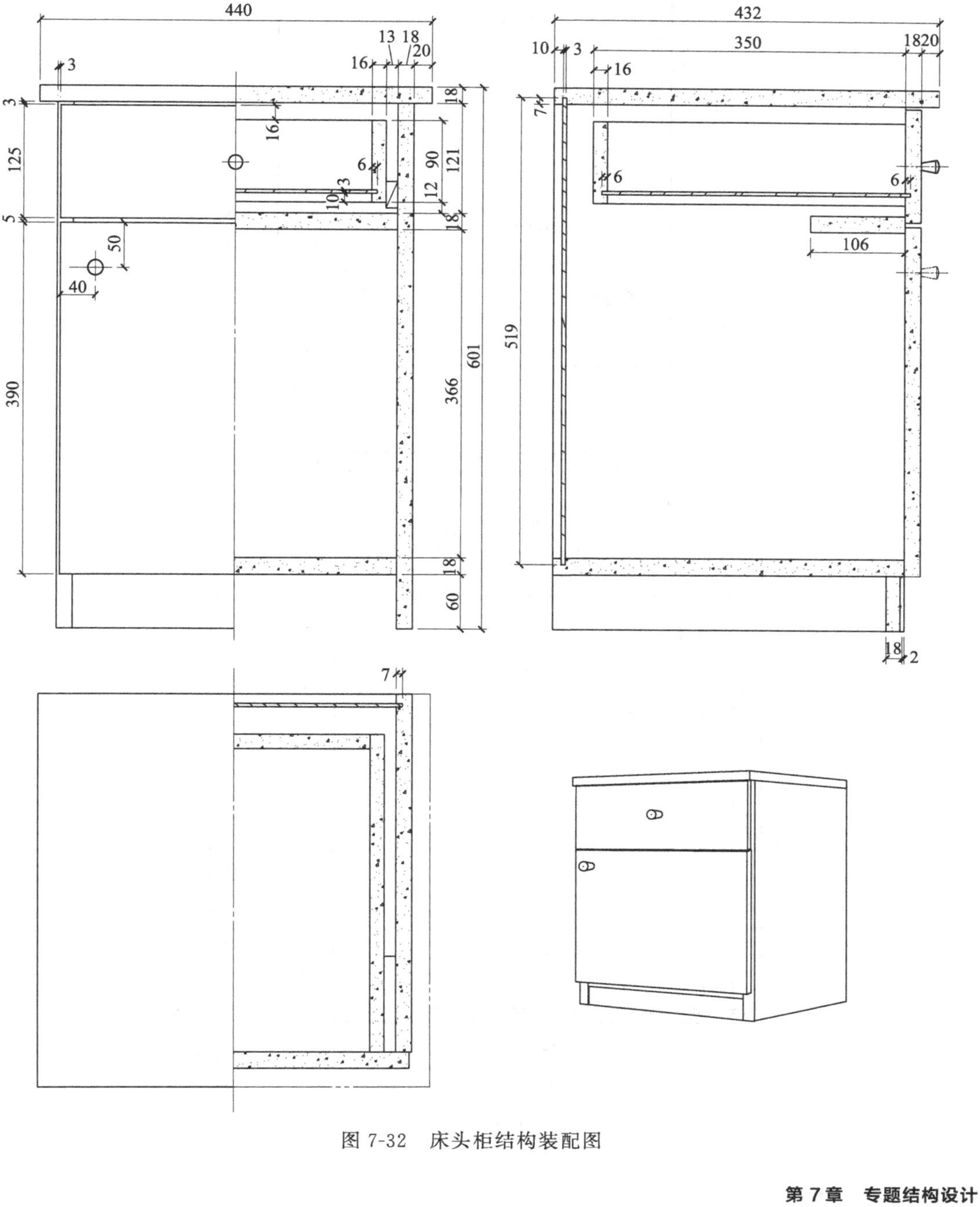

图 7-32 床头柜结构装配图

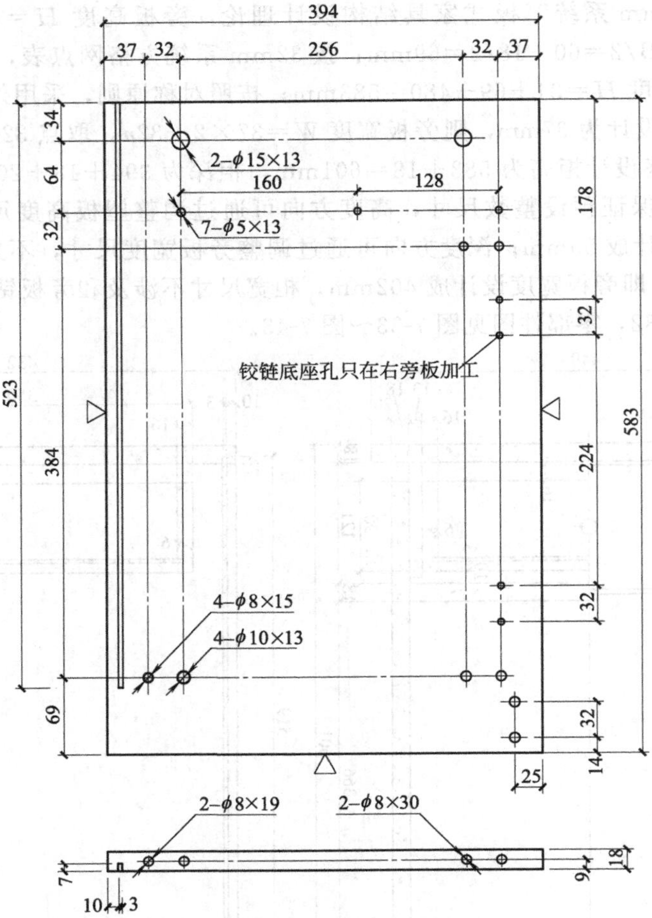

图 7-33　右旁板

左旁板对称加工；“△”封边标记

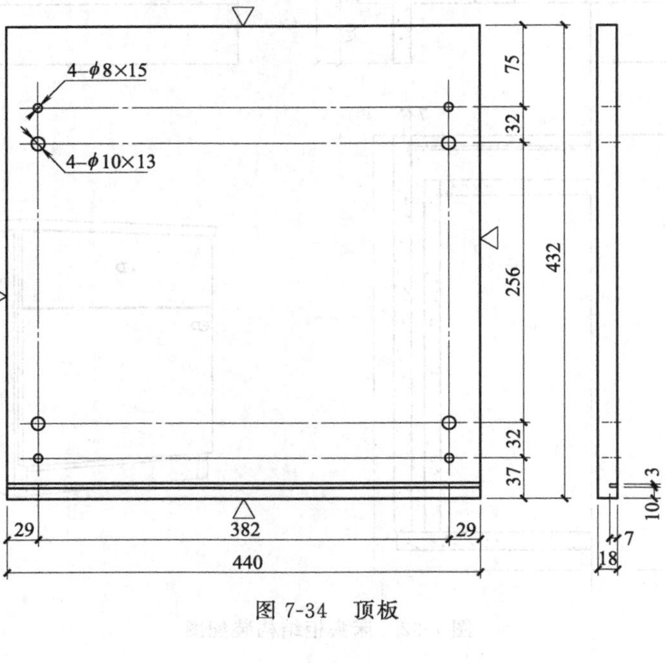

图 7-34　顶板

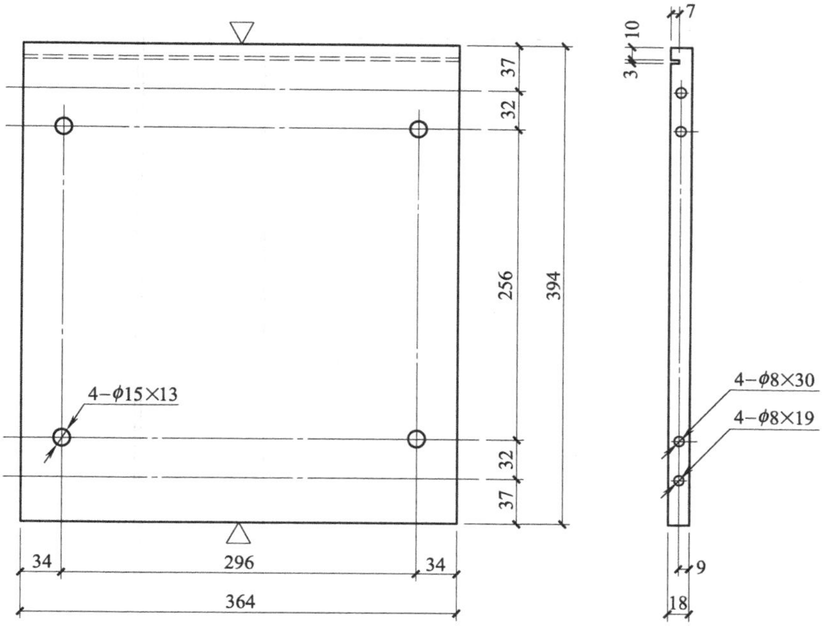

图 7-35　底板

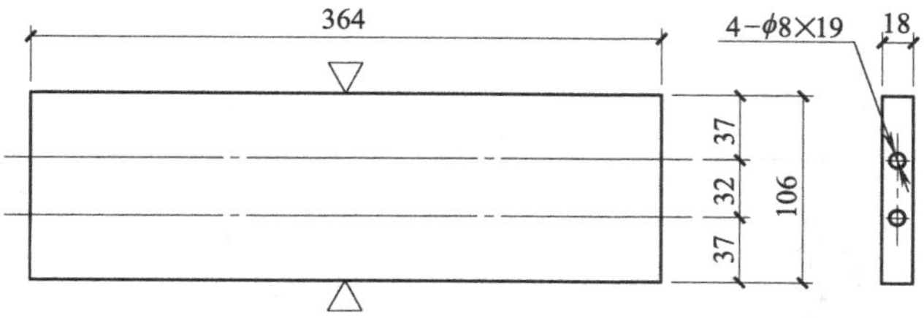

图 7-36　横档

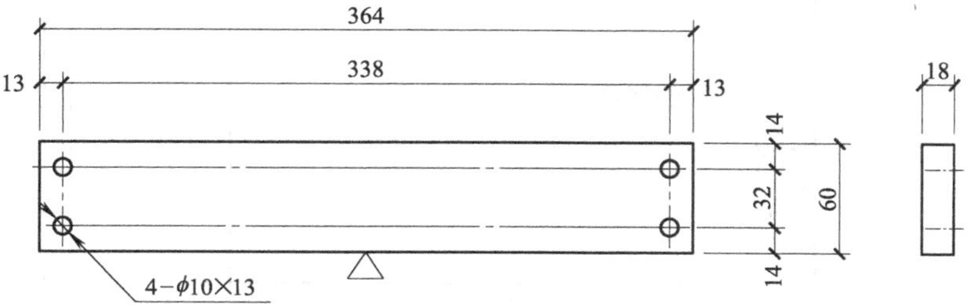

图 7-37　望板

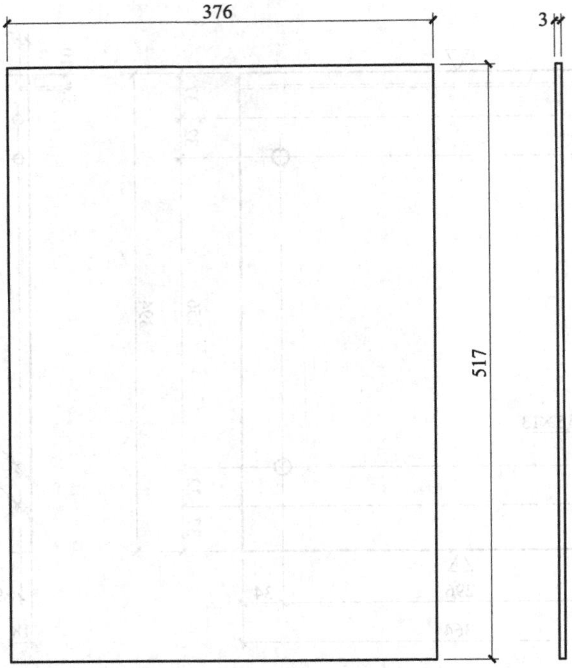

图 7-38　背板

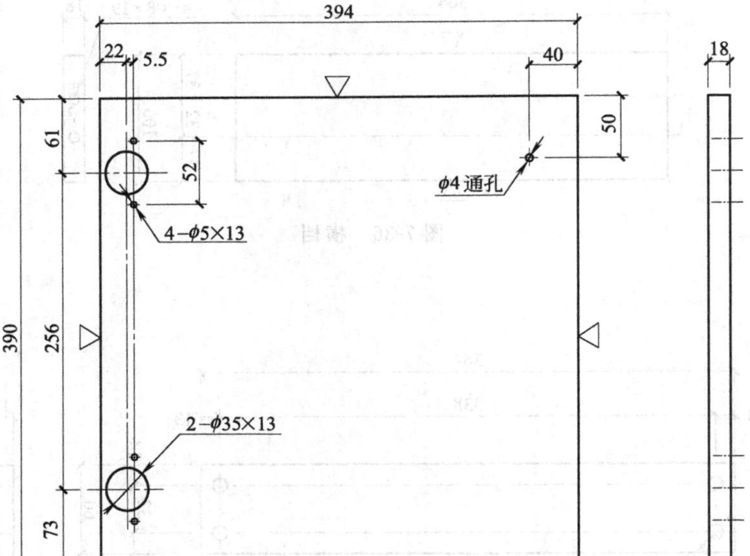

图 7-39　门

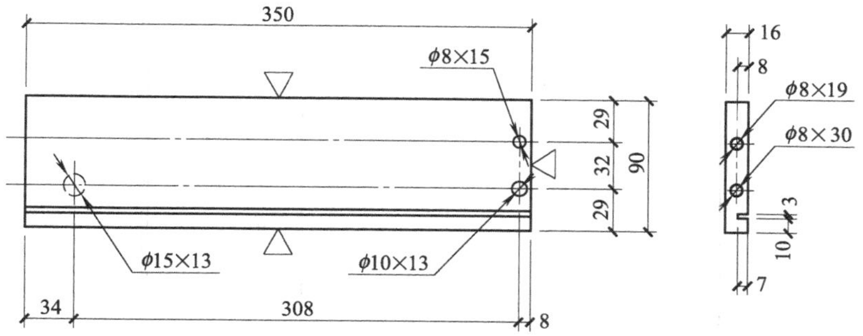

图 7-40　左屉旁板

右屉旁板对称加工

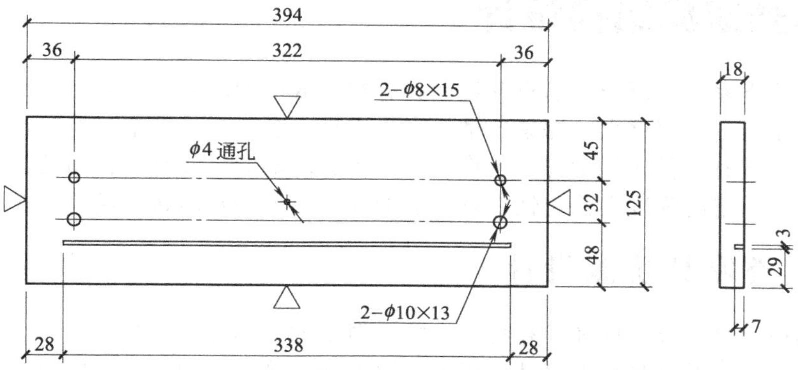

图 7-41　屉面板

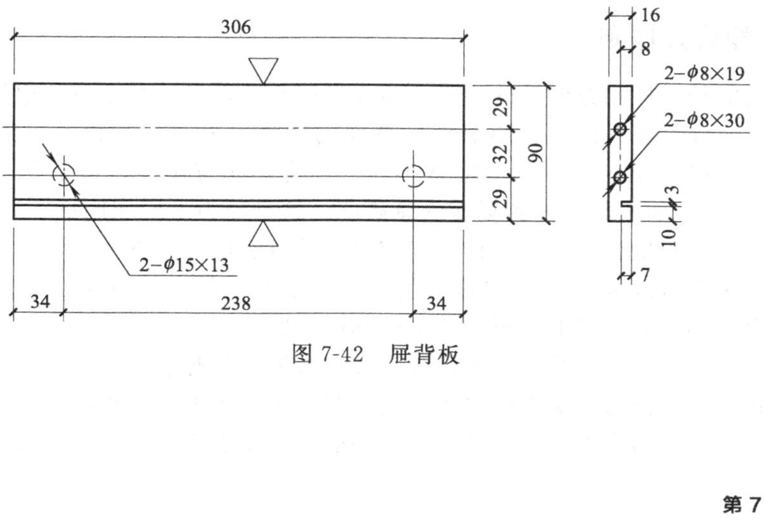

图 7-42　屉背板

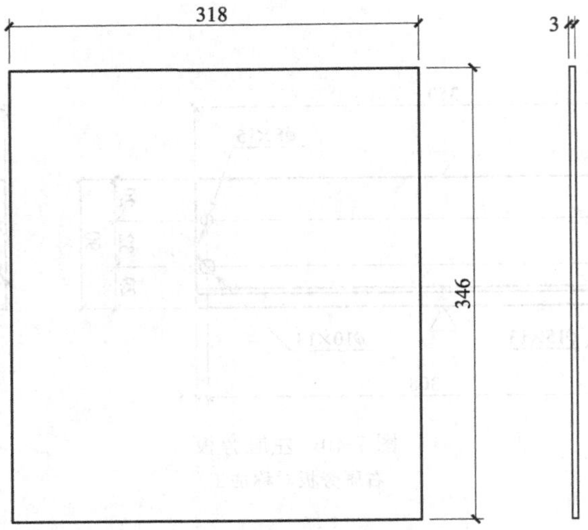

图 7-43　屉底板

7.3　桌类家具结构设计

桌子为凭依类家具，泛指一切离开地面具有作业或活动的光滑平面，由腿或其他支撑构件固定起来的家具，如写字桌、课桌、微机桌、讲桌、会议桌、餐桌、茶几、棋牌桌、梳妆台、实验台等。既有提供人们学习、工作或操作的支承功能，又有贮存物品的功能。桌子的一般特征是具有一定的强度和稳定性，有合适的高度、大小及形状，灵活多变，节省空间。

7.3.1　桌类家具功能设计

桌类家具虽兼具支撑人体和贮存物品功能，但不能简单理解为是支撑类家具和贮存类家具的功能组合。贮存类家具功能设计，以最大限度地满足存放物品的需要为前提，使用过程中不与人体直接接触；而支撑类家具不但要与人体直接接触，而且还要承载人体的全部或大部分重量，功能设计的主要目的是减少或消除疲劳。桌类家具的功能设计在一定程度上是介于前两者之间，其功能设计以舒适性和方便性为基本要求，以最大限度地节省和发挥贮存空间作用为手段，辅助人们的工作与生活。

7.3.1.1　功能设计原则

为满足使用的舒适性和方便性的要求，桌面高度是功能设计的重点。根据人体工程学可知，桌面的高度应该是座椅面坐骨结节点到桌面的距离（差尺）与该点到地面的距离（座高）之和。差尺一般为 300mm，设计时按不同的用途作相应调整。从桌子功能上看，最重要的尺寸是“差尺”，而不是地面到桌面的总高度。这是因为人们使用桌子主要是为了工作、书写、阅读或操作，当坐骨结节点的位置确定后，该点和肘的位置关系，变成了确定桌面高度的重要依据。采用从地面到桌面的总高度，确定桌面高的设计方法，往往就忽略了这一点。桌面过高会引起耸肩，肘低于桌面还会引起肌肉紧张，产生疲劳；桌面过低会使人体脊椎弯曲扩大，造成驼背、腹部受压，妨碍呼吸和血液循环等弊病。

由于人们在日常工作与生活中的内容不同，与桌子产生的联系也就不同，而这种联系又是松散的，所以，除桌面高度外，桌类家具的功能设计要点比较分散。如办公桌必须具有存放文件的功能，而会议桌及餐桌就不需要，但必须考虑灵活方便，以适应不同场合的需要。茶几属于全方位视觉先导型产品，需要根据相配套的家具来突出设计重点。桌子除了具有桌面的主要支撑功能外，大多数产品还兼带有放置或贮存物品功能，应考虑与物品的关系。现代办公使用许多电子终端设备，所以，现代家具功能设计还应处理好桌子与电子终端设备的关系。

7.3.1.2 桌类家具主要尺寸确定

桌子有两种使用方式，即坐式使用和站立使用。其主要尺寸是桌面高度、桌面尺寸和容膝空间。在明确了桌子的主要用途和功能的前提下，根据人体工程学要求，参考国家标准，桌、椅、凳类家具主要尺寸按照 GB/T 3326—1997 确定。

7.3.2 桌的构成与基本结构

桌子由放置物品的桌面和支撑桌面的支架两大部分构成，有时根据功能的需要，还有存放物品的抽屉和小柜等附加构件。由同一桌面和必要的支架组成的不可拆的固定形式的桌，称为单体式桌；而桌面或支撑体由两个或两个以上部件或单体组合而成的桌，称为组合桌；可折叠的桌，称为折叠桌。按桌面的形状的不同，分为方桌、长方桌、圆桌、半圆桌、椭圆桌以及异形桌等。

7.3.2.1 桌面

桌面是桌类家具的主要部件，用于放置物品、书写和操作等，要求表面平整，在受力情况下不产生变形，具有良好的稳定性以及耐水、耐热、耐磨、耐腐蚀、耐冲击等性能，以适应各种不同要求。

桌面可用木质材料、玻璃、石材、瓷砖和编织材料等制成，其中以木质材料、或木材与其他材料组合最为常见，如实木拼板、饰面人造板等；玻璃、石材次之。石材和瓷砖类材料主要用于制作实验台和厨房家具工作台面，易清洁、耐高温、耐腐蚀、耐冲击。

传统木制桌面结构多为木框嵌板结构，嵌板为实木拼板；如配合石材制作桌面，则多为嵌装结构。现代木质桌面可直接采用实木拼板或饰面人造板，或采用不同结构形式的饰面人造板镶边结构。对于具有扩展功能的桌类，如方圆餐桌，桌面可通过折动或连动装置，改变形状，以适应灵活使用。桌面不同结构形式，见图 7-44。

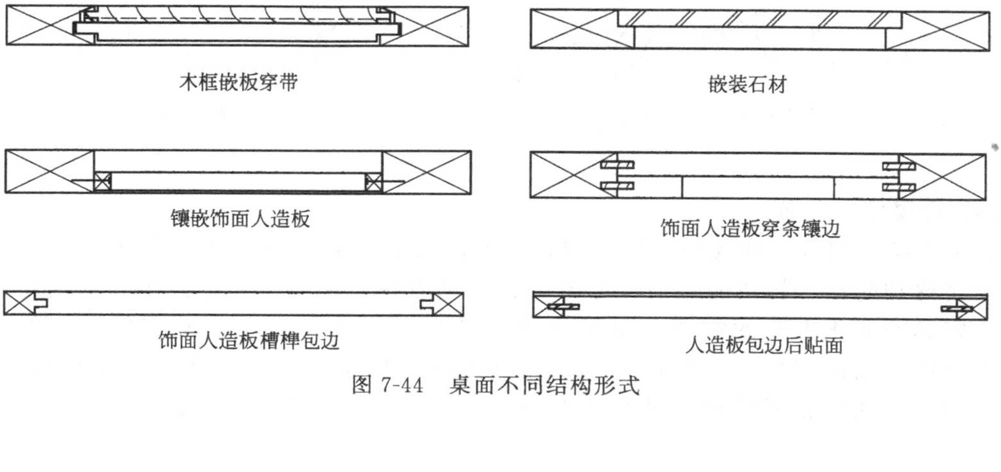

图 7-44　桌面不同结构形式

7.3.2.2 支架

支架的作用是支撑桌面，使桌面具有一定要求的高度，是桌类家具的重要构件。要求具有足够的强度、刚度和稳定性，体现家具造型美。支架形式多种多样，根据结构和材料的不同，分为框架式支架、板式支架和金属成型支架三类。

(1) 框架式支架

框架式支架是用木材制作的支撑框架，由腿、望板以及横撑组成。传统家具生产多采用榫接合，是典型的框架式结构，见图 7-45。现代家具设计可采用五金连接件连接，制成可拆装的木支架。为满足功能和造型需要，腿、望板和横撑自身及其结构形式有多种变化，有时需要折叠或伸缩等，以满足功能要求，见图 7-46。

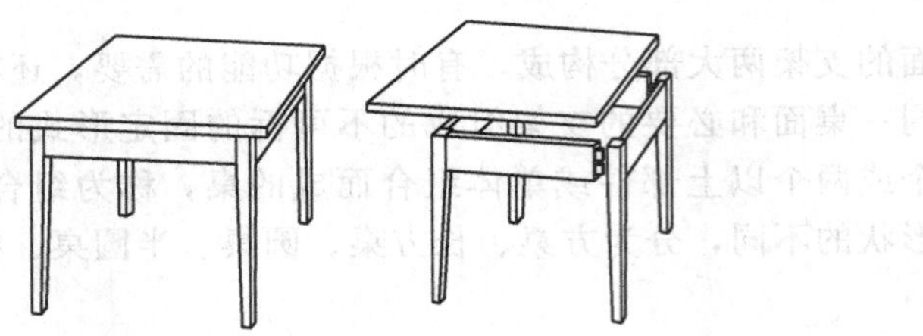

图 7-45　框架式支架基本构成形式

图 7-46　折叠餐桌

(2) 板式支架

板式支架是用各种板材构成支架直接支撑桌面，其构成形式不拘泥于传统的四条腿加望板结构，多采用五金连接件连接板式构件，常为可拆装结构。板式桌常设计抽屉和小柜等附加构件，以满足贮物功能的需要，同时提高了支架的强度和稳定性，见图 7-47。现代办公用桌，为体现简洁明快的时代感，突出家具造型美感，常配套设计一些金属构件，见图 7-48。

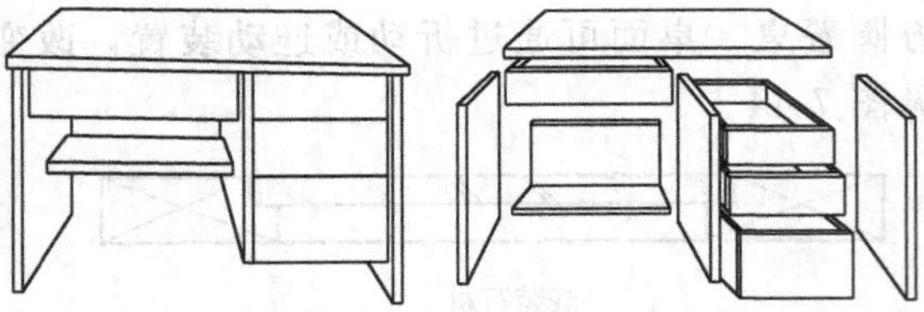

图 7-47　板式支架基本构成形式

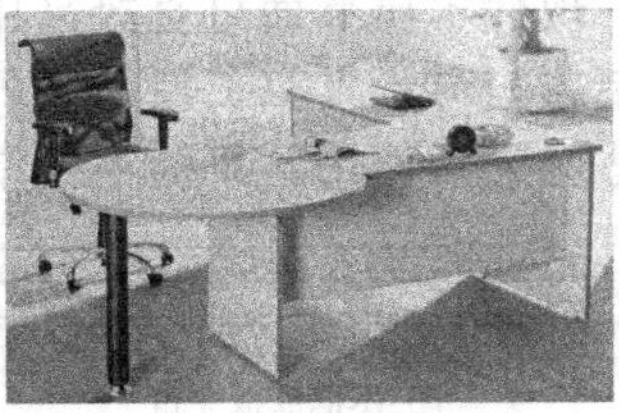

图 7-48　板式办公桌

(3) 金属成型支架

金属成型支架有单腿支撑的独脚架，也有两条腿或多条腿支撑的支架形式，具有明显的现代感和简洁、轻快的特征，见图 7-49。随着现代家具五金的发展，为满足功能、造型和家具产业化生产的需要，金属成型支架形式层出不穷，多种多样。不但如此，通过设计还可以调节桌面高度或角度，尤其是办公用桌设计可以实现自由组合，变化功能空间，是现代家具结构形式的突出表现。部分金属支脚与设计实例，见图 7-50、图 7-51。

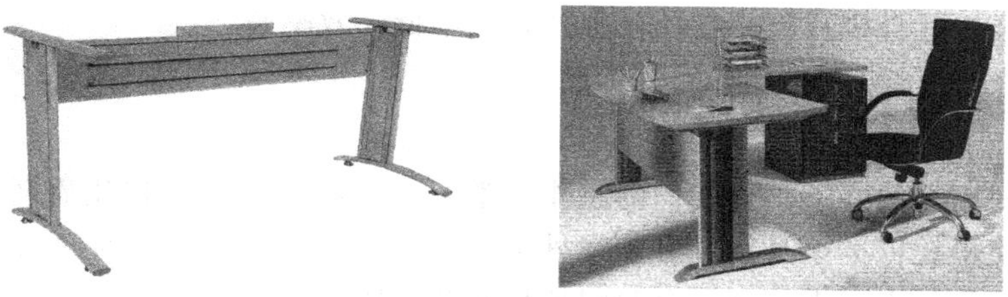

图 7-49　金属成型支架与现代办公桌

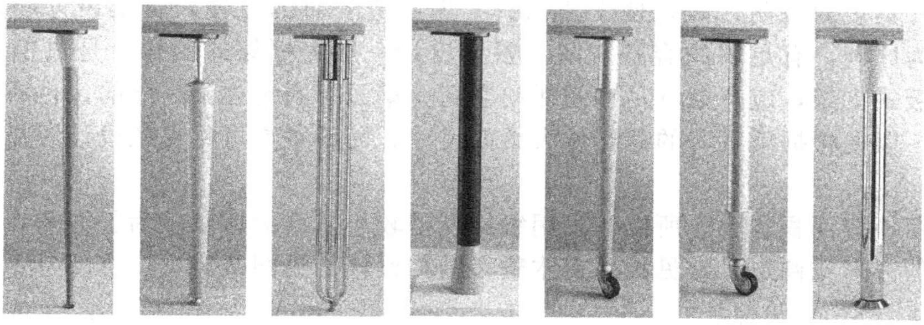

图 7-50　部分金属支脚

图 7-51　金属成型支架办公家具设计实例

7.3.2.3　附加构件

根据功能的需要，桌类家具常设计一些抽屉、小柜以及格架等贮物构件，这些构件主要用于存放物品。附加构件结构应与桌子支架结构相一致，可为框式结构，也可为板式结构，或为金属、塑料等配套件。附加柜体可以与桌子连成一个整体，也可以单独构成一个独立的附加贮物柜，其结构设计同柜类家具。

7.3.2.4　支架与桌面的连接

支架与桌面的连接一般有三种连接方式，即榫接合、木螺钉吊面和连接件连接。传统框式家具常采用榫接合，将与面板接触的方材上端加工出榫头，插入面板背面预先开出的榫眼中。也可采用圆棒榫，适用于实木拼板、木框嵌板结构或细木工板制作的桌面。此种方法加工复杂，不可拆装，生产成本较高，不适合机械化、自动化生产。

木螺钉吊面是在望板上预先加工出斜三角形孔，然后通过拧入木螺钉使支架与面板连接；也可先将小木条涂胶用木螺钉固定在旁板上，再连接面板，工艺简单，操作方便，常用于人造板制作的面与旁板的连接，也适用于视平线以下的柜类家具顶板与旁板的连接，以及椅子面板与支架的连接。

现代家具生产根据不同的质量和工艺要求，支架与桌面的连接多采用各种不同形式的连接件连接，常用的是金属偏心连接件，技术条件详见6.2.6.2固定结构件。采用连接件连接可实现家具拆装，适合机械化、自动化生产，成本低，效率高。

7.3.3 餐桌结构设计实例

为满足不同用途的要求，在我们的工作、学习和一些操作当中使用着各种各样的桌子，功能的多样性使得凭依类家具桌、台和案种类繁杂，造型变化丰富，结构差别很大，但构成形式基本相同，都是由面板和支架以及附加抽屉和柜体等组成。

餐桌即进餐用桌，同其他桌子构成要求相同，但桌面一般比较大，有长方形、方形、圆形和椭圆形，桌表面应耐污染，便于清洁。考虑到进餐时的方便，支架设计应以不妨碍人腿、脚活动为原则，有足够的容膝空间。餐桌设计一般为框架式结构，是典型的框架式支架，如采用板式支架，应考虑有足够的活动空间。桌面有固定规格尺寸的，也有可以折叠或拉伸结构的，以便根据就餐时的需要加大桌面尺寸。简易餐桌可将支架设计成折叠式，以节省占地面积。

家庭餐厅一般面积较小，所以，民用餐桌规格较小，桌面形状多为长方形，很少采用占地面积较大的方形或圆形。常见民用实木餐桌结构设计，见图7-52。

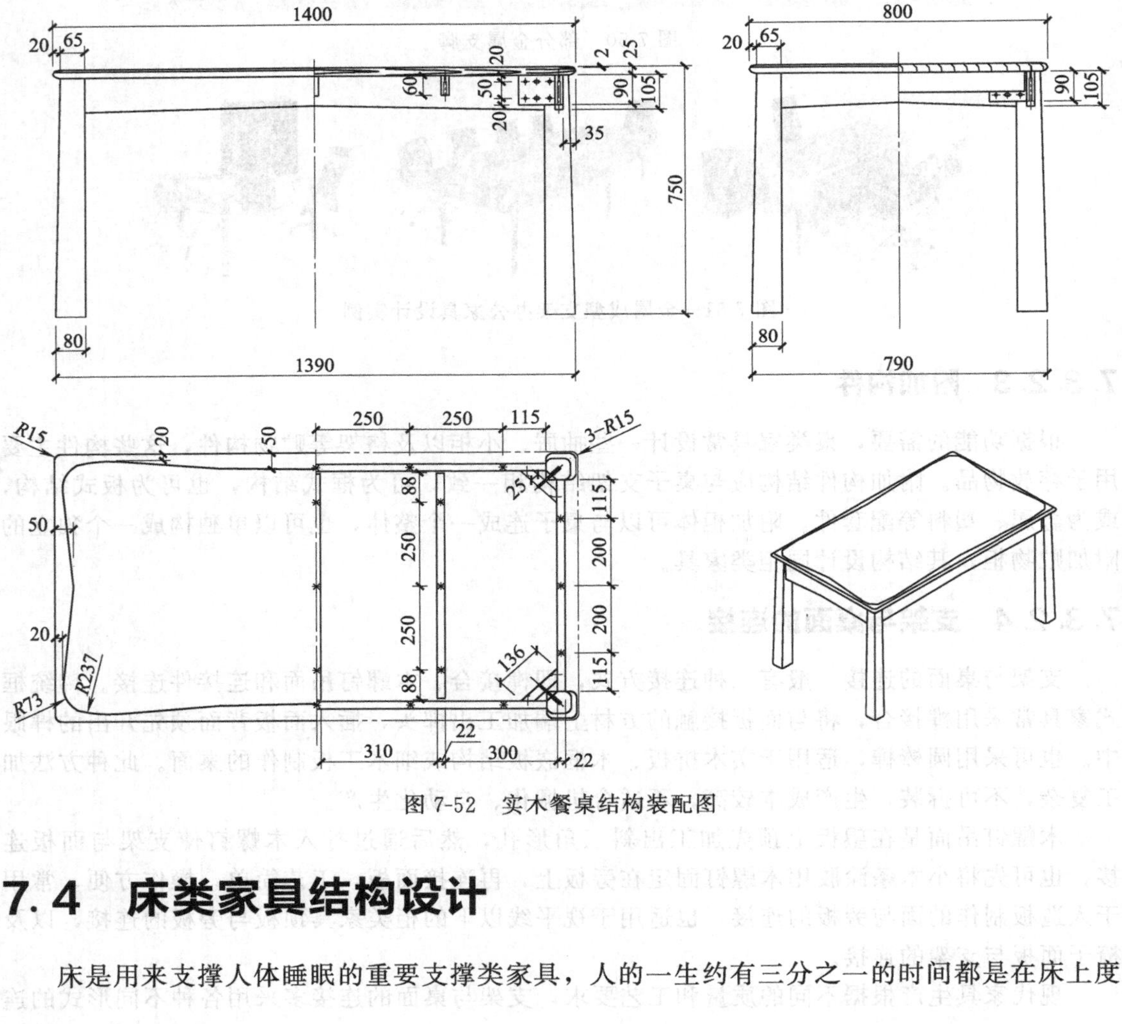

图7-52 实木餐桌结构装配图

7.4 床类家具结构设计

床是用来支撑人体睡眠的重要支撑类家具，人的一生约有三分之一的时间都是在床上度过的，与每个人的关系都极为密切。在所有的家具中，床的发展历史最为悠久。如今，床不仅是睡觉的工具，也是家庭的重要装饰品。

床大致可分为单层床和双层床，单层床是我们日常生活中使用最广泛的床，按床面宽度规格不同又分为单人床和双人床；双层床是指具有上下两层铺位构成形式的床，多用于集体生活空间当中。如果按使用场合的不同可分为民用床和公用床（如宾馆用床、医院用床等）；按制造所用主要材料不同可分为木质床、金属床、竹床、软床等；按人一生成长过程的年龄段可以分为婴儿床、儿童床和成人床等；按结构不同又可以分为框式床、板式床、折叠床、沙发床、组合床、收藏式床等。

7.4.1 床类家具功能设计

床的功能十分明确，就是供人们睡觉用。日出而作，日落而息，这是人类生物钟在人体内固定了的一种节奏。睡眠是人为了更好地、有更充沛的精力去进行人生活动的基本休息方式，因此，床的功能设计非常重要。

7.4.1.1 床垫的重要作用

睡眠的生理机制十分复杂，我们可以简单地把睡眠描述为，睡眠是人的中枢神经系统兴奋与抑制的调节产生的现象。日常活动中，人的神经系统总是处于兴奋状态，到了夜晚，为了使人的机体获得休息，中枢神经通过抑制神经系统的兴奋性使人进入睡眠。休息的好坏取决于神经抑制的深度，也就是睡眠的深度。

影响睡眠的物质条件很多，如环境温度、湿度、照明、通风、安静程度和床具的功能特性等，其中，床具的功能特性是影响睡眠的重要因素。这主要表现在两方面，一是床垫的功能特性，二是床具的功能尺寸，这两方面的设计要符合人体工程学原理与要求。

通过对人一晚上的生理测量获得的睡眠过程的变化，见图 7-53，在纵轴上把睡眠深度分为四个等级，即 1 级入眠到 4 级熟睡，横轴为睡眠时间。通过测量发现，人的睡眠深度不是始终如一的，而是在进行周期性变化。一般睡眠是从入眠急速经过 2 级、3 级睡眠深度而进入熟睡的 4 级，不久会回到浅睡眠状态，然后再次进入深度睡眠。以 1.5～2h 为一个小周期，经过 4～5 个小周期后，直到天亮，睡眠结束。

对睡眠的研究还发现，人在睡眠时身体在不断地活动，见图 7-54，而睡眠深度与活动的频率有直接关系，频率越高，睡眠深度越浅。偶尔我们在公园或车站的长凳上躺一下休息时，起来就会感到全身不舒服，身上被硬木板压得有些疼痛，因此，床垫上面应有一层柔软材料，而软硬的舒适程度与体压的分布直接相关，体压分布越均匀越好，反之则不好。实验

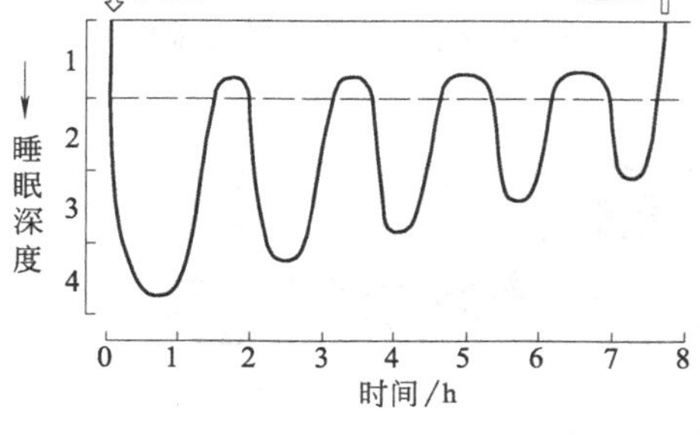

图 7-53　睡眠深度的时间变化周期

图 7-54　睡姿变化

表明，在略硬的床上，压力分布的状态和感觉的敏锐程度大体一致；而在软床上，无论是感觉敏锐的地方还是迟钝的地方，会受到相同的压力，则令人感觉不适。

睡眠时床垫与人直接接触，所以床垫的功能设计非常重要。床垫所用材料不同，有软有硬，即垫性。垫性是衡量床垫材料性能好坏的一个重要指标，它能科学地反映出床垫材料适合人体的程度。床垫一般分上、中、下三层结构，上层与人体直接接触，要求柔软；中层用于稳定并保持人体的正确睡眠姿态，要求具有一定的硬度；下层是用来接受来自人体冲击力的受压层，并将中层的压力均匀地传递到下方，因此要求具有一定的弹性。

对床具的研究与设计，在国外已有近 40 年历史，形成了比较完整的设计理论，而且有广泛的应用。在国内这方面研究还比较少，但也有一些专业生产床具的公司从事床垫的研究。目前，床垫已形成标准化、系列化产品，在实际的设计过程中，根据不同的需要可直接选用。

7.4.1.2 床类家具主要尺寸确定

床的基本要求是使人躺在床上能舒适地尽快入睡，并且短时间内进入深度睡眠，以达到消除一天的疲劳、恢复体力和补充工作精力的目的。在这一前提下，根据人体测量学和人体工程学原理，国家制定了床类家具主要尺寸标准 GB/T 3328—1997，设计时可参照确定。对于特殊场所或特殊人群使用的床，如医院的床应高一些，以方便病人使用，减少活动难度；宾馆的床也应高一点，以方便服务员清扫和整理卧具。

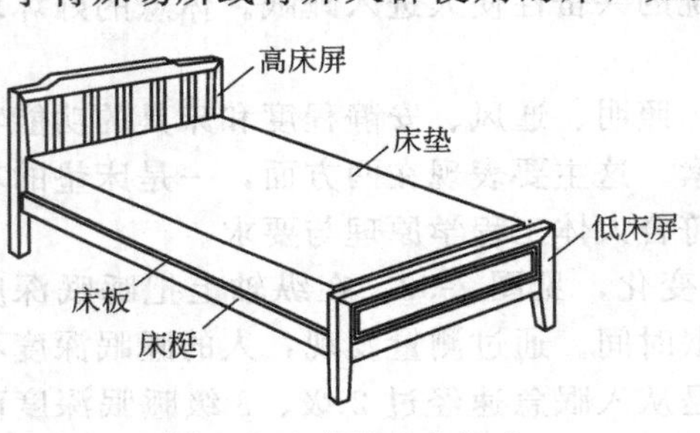

图 7-55 床的基本构成

7.4.2 床的构成与基本结构

床主要由床屏、床梃和床板构成，见图 7-55，现代生活一般在床板上面设计放置床垫，以改善床的功能，提高舒适性。由于床的体量一般都较大，因此，为了移动和搬运的方便，床屏、床梃、床板以及床垫之间均为拆装结构。

7.4.2.1 床屏

床屏分高床屏和低床屏，高床屏又称高床头、床头，低床屏称低床头、床尾，是家具造型与结构设计的重点。有些床的设计只有高床头，而没有低床头，如宾馆用床，这样对于特殊高人群使用时，可以在低床头边加凳以满足其使用要求。就木质床屏来讲，其结构形式主要有框架结构（包括木框嵌板结构）、板式结构，以及在框架或板式结构的基础上再进行软包的软包结构等，见图 7-56。

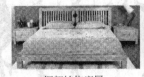

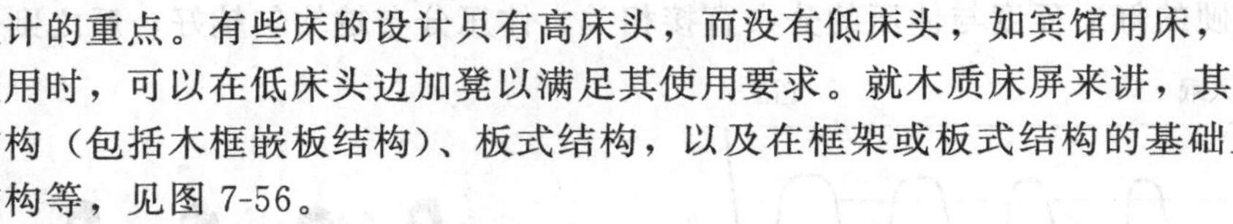
框架结构床屏　　板式结构床屏　　软包结构床屏

图 7-56 床屏基本结构形式

7.4.2.2 床梃

床梃俗称床帮，用以连接高床屏和低床屏，与其他部件一起支撑床板。床梃可以是一条长条状构件，也可以是箱状结构，也称为床箱，与床下空间一起构成小的贮藏空间，收纳物品，见图 7-57。但是，由于床在使用过程中，床梃经常受到较大的冲击载荷作用，所以，床梃无论采用什么形式与结构设计，都必须满足强度要求。

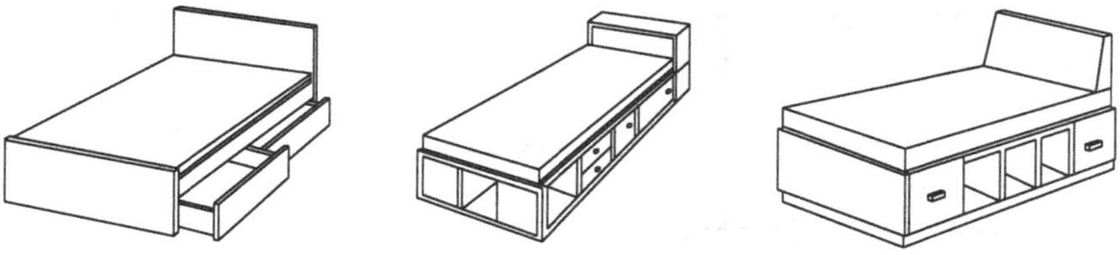

图 7-57 床箱贮藏空间形式

床梃和床屏的安装一般采用可拆装的拉挂式连接件连接，详见 6.2.6.2 固定结构件。常用的有两种连接方式，一种是端部挂接式，另一种是侧面挂接式，即在床梃的端头或端头内侧面安装连接件，然后与安装在床屏上的连接件相连，实现床梃和床屏的可拆装连接。

两根床梃之间有时根据强度和稳定性的要求，需要设计安装拉撑，和床梃一起支撑床板。如为床箱结构，则箱体隔板与床梃连接，起到了支撑床板的作用。床梃和床屏内侧一般应先用木螺钉安装固定带胶木条，用以承托床板或配套的排骨床架，防止四周塌陷。

7.4.2.3 床板与床垫

床板也称床铺板，常用实木板条、多层胶合板或其他人造板等材料制造，用以支撑床垫，或直接支撑人体。现代家具生产有专门配套的排骨床架，见图 7-58，可取代床板。

床垫是床的重要配套产品，如前所述，对睡眠质量有极其重要的影响。床垫按结构不同分为弹簧床垫、泡沫塑料床垫、全棕床垫、棕绷床垫、充水床垫、充气床垫、功能床垫、拉簧床垫等，可根据不同需求自由选定。

普通型

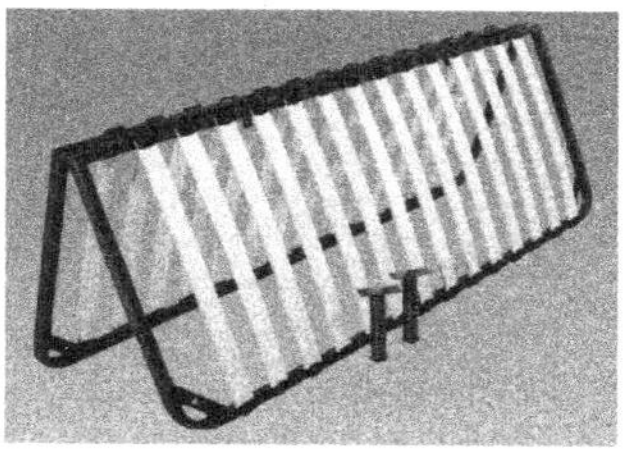

可折叠型

图 7-58 排骨床架

7.4.3 双人实木床结构设计实例

床的结构设计主要表现在床头，床头也是造型审美的重点。实木框架结构床结构较为复杂，也最富有变化。常见双人实木床结构设计见图 7-59。实际生产中，为表达清楚起见，施工图一般不画床垫，并且高床头和低床头分开表达造型与结构。

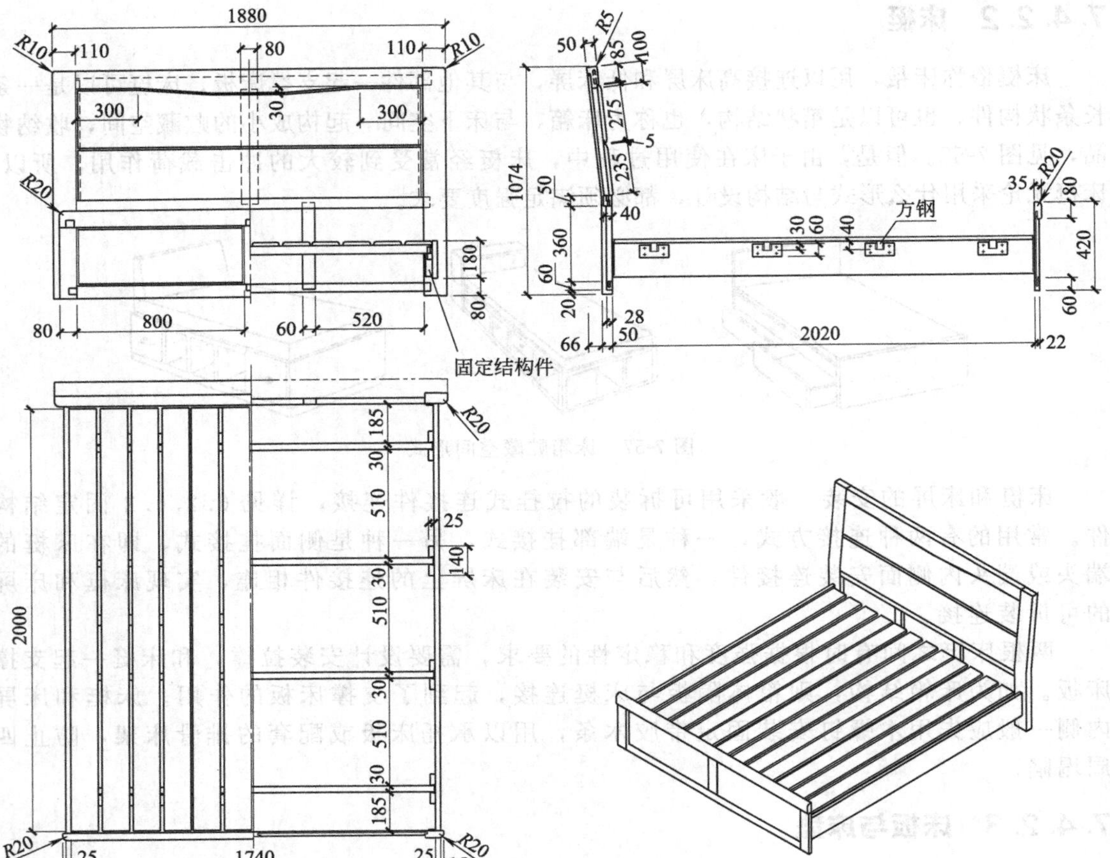

图 7-59 双人实木床结构装配图

参考文献

[1] 于伸. 家具造型与结构设计 [M]. 哈尔滨：黑龙江科学技术出版社，2004.

[2] 梁启凡. 家具设计学 [M]. 北京：中国轻工业出版社，2000.

[3] 董玉库. 西方历代家具风格 [M]. 哈尔滨：东北林业大学出版社，2000.

[4] 许美琪. 西方古典家具史论 [M]. 北京：清华大学出版社，2013.

[5] 许美琪. 西方现代家具史论 [M]. 北京：清华大学出版社，2015.

[6] 董玉库. 西方家具集成 [M]. 天津：百花文艺出版社，2012.

[7] 唐开军，行淼. 家具设计 [M]. 北京：中国轻工业出版社，2015.

[8] 胡景初，戴向东. 家具设计概论 [M]. 北京：中国林业出版社，1999.

[9] 施大光. 中国古代家具拍卖图鉴：上卷 [M]. 沈阳：辽宁画报出版社，1996.

[10] 施大光. 中国古代家具拍卖图鉴：下卷 [M]. 沈阳：辽宁画报出版社，1997.

[11] 程瑞香. 室内与家具设计人体工程学 [M]. 北京：化学工业出版社，2008.

[12] 申黎明. 人体工程学 [M]. 北京：中国林业出版社，2010.

[13] 戴端. 产品设计表现技法 [M]. 北京：中国轻工业出版社，2002.

[14] 尹定邦. 设计学概论 [M]. 长沙：湖南科学技术出版社，2003.

[15] 朱毅，杨永良. 室内与家具设计制图 [M]. 北京：科学出版社，2012.

[16] 邓旻涯. 家具与室内设计图形表现方法 [M]. 北京：化学工业出版社，2009.

[17] 刘忠传. 木制品生产工艺学 [M]. 第 2 版. 北京：中国林业出版社，1990.

[18] 吴悦琦. 木材工业实用大全——家具卷 [M]. 北京：中国林业出版社，1998.

[19] 赵农. 设计概论 [M]. 西安：陕西人民美术出版社，2000.

[20] GB 3330—1982 家具工业常用名词术语.

[21] GB/T 3326—1997 家具——桌、椅、凳类主要尺寸.

[22] GB/T 3327—1997 家具——柜类主要尺寸.

[23] GB/T 3328—1997 家具——床类主要尺寸.